WILEY

国外油气勘探开发新进展丛书
GUOWAIYOUQIKANTANKAIFAXINJINZHANCONGSHU

二十五

DRILLING ENGINEERING PROBLEMS AND SOLUTIONS: A FIELD GUIDE FOR ENGINEERS AND STUDENTS

钻井工程复杂问题及处理方法

【哈萨克斯坦】M. E. Hossain 　【加拿大】M. R. Islam 　著

朱忠喜　路宗羽　徐新纽　译

石油工业出版社

内 容 提 要

　　本书从钻井工程中的基础理论入手，概述了钻井过程中常见的复杂问题，分别介绍了钻井操作、钻井液、井筒水力学、井控、钻具、井身结构、固井、井眼稳定性、定向井水平井和环境保护等10个方面的问题及其对应的处理方法，几乎涵盖了与钻井工程相关的各个方面，内容丰富。在介绍各方面的复杂问题时，给出了在应对重大的现场问题时各类相关的或科学性的细节，采用大量的现场实例、图、表进行展示，便于读者直观快速地理解问题产生的原因及可能产生的后果，同时给出具体的处理方法。

　　本书可以作为处理钻井现场复杂问题的指导书，供现场工程师和学者参考，也可供高等院校师生参考阅读。

图书在版编目(CIP)数据

　　钻井工程复杂问题及处理方法/(哈) M. E. 侯赛因
(M. E. Hossain)，(加) M. R. 伊斯兰 (M. R. Islam)著；
朱忠喜，路宗羽，徐新纽译. —北京：石油工业出版社，
2023. 2
　　(国外油气勘探开发新进展丛书；二十五)
　　书名原文：Drilling Engineering Problems And
Solutions：A Field Guide For Engineers And
Students
　　ISBN 978 - 7 - 5183 - 5280 - 7

　　Ⅰ. ①钻… Ⅱ. ①M… ②M… ③朱… ④路… ⑤徐…
Ⅲ. ①钻井工程 Ⅳ. ①TE2

　　中国版本图书馆 CIP 数据核字(2022)第 231032 号

Drilling Engineering Problems and Solutions：A Field Guide for Engineers and Students
by M. E. Hossain and M. R. Islam
ISBN 9781118998342
First published 2018 by John Wiley & Sons, Inc. and Scrivener Publishing LLC
Copyright © 2018 by Scrivener Publishing LLC.
All Rights Reserved. This translation published under license. Authorized translation from the English language edition, published by John Wiley & Sons. No part of this book may be reproduced in any form without the written permission of the original copyrights holder, John Wiley & Sons, Inc. Copies of this book sold without a Wiley sticker on the cover are unauthorized and illegal.
本书经 John Wiley & Sons, Inc. 授权翻译出版，简体中文版权归石油工业出版社有限公司所有，侵权必究。本书封底贴有 Wiley 防伪标签，无标签者不得销售。
北京市版权局著作权合同登记号：01 - 2020 - 4582

出版发行：石油工业出版社
　　　　　(北京安定门外安华里 2 区 1 号　100011)
　　　　　网　　址：www. petropub. com
　　　　　编辑部：(010)64523537　图书营销中心：(010)64523633
经　销：全国新华书店
印　刷：北京中石油彩色印刷有限责任公司
2023 年 2 月第 1 版　2023 年 2 月第 1 次印刷
787×1092 毫米　开本：1/16　印张：24.5
字数：585 千字
定价：100.00 元
(如出现印装质量问题，我社图书营销中心负责调换)

《国外油气勘探开发新进展丛书(二十五)》
编 委 会

序

"他山之石，可以攻玉"。学习和借鉴国外油气勘探开发新理论、新技术和新工艺，对于提高国内油气勘探开发水平、丰富科研管理人员知识储备、增强公司科技创新能力和整体实力、推动提升勘探开发力度的实践具有重要的现实意义。鉴于此，中国石油勘探与生产分公司和石油工业出版社组织多方力量，本着先进、实用、有效的原则，对国外著名出版社和知名学者最新出版的、代表行业先进理论和技术水平的著作进行引进并翻译出版，形成涵盖油气勘探、开发、工程技术等上游较全面和系统的系列丛书——《国外油气勘探开发新进展丛书》。

自 2001 年丛书第一辑正式出版后，在持续跟踪国外油气勘探、开发新理论新技术发展的基础上，从国内科研、生产需求出发，截至目前，优中选优，共计翻译出版了二十四辑 100 余种专著。这些译著发行后，受到了企业和科研院所广大科研人员和大学院校师生的欢迎，并在勘探开发实践中发挥了重要作用。达到了促进生产、更新知识、提高业务水平的目的。同时，集团公司也筛选了部分适合基层员工学习参考的图书，列入"千万图书下基层，百万员工品书香"书目，配发到中国石油所属的 4 万余个基层队站。该套系列丛书也获得了我国出版界的认可，先后七次获得了中国出版协会的"引进版科技类优秀图书奖"，形成了规模品牌，获得了很好的社会效益。

此次在前二十四辑出版的基础上，经过多次调研、筛选，又推选出了《非常规油气藏水力压裂：理论、操作与经济分析（第二版）》《地下流体动力学》《石油岩石力学——钻井作业与钻井设计（第二版）》《钻井工程复杂问题及处理方法》《压裂液化学与液体技术》《石油天然气生产与输送的腐蚀研究及技术进展》等 6 本专著翻译出版，以飨读者。

在本套丛书的引进、翻译和出版过程中，中国石油勘探与生产分公司和石油工业出版社在图书选择、工作组织、质量保障方面积极发挥作用，一批具有较高外语水平的知名专家、教授和有丰富实践经验的工程技术人员担任翻译和审校工作，使得该套丛书能以较高的质量正式出版，在此对他们的努力和付出表示衷心的感谢！希望该套丛书在相关企业、科研单位、院校的生产和科研中继续发挥应有的作用。

中国石油天然气股份有限公司副总裁　张道伟

前　　言

　　近年来随着人们对环境可持续发展的认识越加明确，技术的进步实际上就是对一些复杂问题的快速处理，而这些问题原本不应该出现。如今技术进步之后又常被视为"技术灾难"的时代，钻井技术的发展改变了这种认识。钻井技术的进步非常显著，它是石油行业的骄傲。但是每当有灾难性的事件出现时，各种指责就开始上演，大家都开始否认以往所取得的巨大成就。2010 年的"深水地平线"事件让很多人对现代钻井技术的有效性产生质疑，尤其是在海上钻井领域质疑声更甚。在那次灾难性的钻井作业中，在寻求即时解决方案时技术上还是有瑕疵的。在这一悲剧尘埃落定之后，得出的经验教训是：必须要有一本"问答式"解决各类问题的书籍，阐述各类钻井事故问题经充分研究后的解决方案。本书是第一本针对现场问题并给出解决方案的书，可以作为将来避免此类问题的指导书。书中给出了在应对重大的现场问题时各类相关的或科学性的细节。与其说本书是为技术人员提供快速解决问题的方案，倒不如说是给具有数十年经验的现场工程师一种回应。本书是一部对专业工程师和教授都有帮助的著作，他们可以根据书中的现场实际问题结合自己的研究内容和经验更好地服务于这一专业。

S. T. Saleh，Geomech

G. V. Chilingar，南加州大学

致 谢

首先感谢法赫德国王石油矿业大学(KFUPM)的科研院长通过项目号 141025 为本书写作提供的资金支持,也非常感谢 KFUPM 石油工程系的支持。感谢 Sidqi Ahmed Abu – Khamsin 教授为完成该书提供的无数行政支持和帮助。感谢家人在写作期间的全力支持。感谢妻子一直以来的支持和奉献,在这个漫长写作过程中,Ijlal Hossain, Ryyan Hossain, Omar Mohammed Ali – Hossain 和 Noor Hossain 这几个孩子的陪伴是最重要的灵感来源。此外,还有许多朋友、同事、员工和文秘人员也对本书投入了大量时间和精力。

目　　录

第1章 概　　述

爱因斯坦(Albert Einstein)有句名言:"科学家研究已有的事物,而工程师创造之前没有的事物。"任何工程项目都是开始于问题,这一点也不奇怪。但是,问题的严重程度和量级则因工程的性质而异。石油资源是现代文明的生命线,钻井作业是石油工业最重要的组成部分。因此,钻井工程面临许多难题,解决这些难题具有很大的挑战性。更主要的是钻井工程的对象在地表之下,无法直接观察。在缺乏直接证据的情况下,钻井工程师只能根据区块现有地质资料和工作经验进行推测。因此,对设计人员、管理人员和现场专家而言,钻井工程的计划及实施是一重大挑战。为了完成工程项目,规划阶段必须对所有可能会出现的问题场景进行预判,然后提出具体解决方案。因为一旦出现问题,人们是没有时间马上拿出解决方案的。本书旨在帮助解决钻井作业过程中可能遇到的各种问题。当然,所列举的问题并非详尽无遗,但是所阐述的解决问题的方法却是力求科学全面的。因此,施工人员可以结合个人经验充分利用好本书。本章介绍了钻井施工人员、司钻、井队组员和相关专业人员常见的基本钻井问题,从而可以明确遇到的钻井问题所属的关键领域及其出现的根本原因。

1.1　钻井工程简介

尽管最近人们对石油资源的可持续性表示担忧,但石油资源仍然是现代文明的生命线。石油和天然气在将来很长一段时间仍将是主体资源。石油生产与钻井技术有着内在的联系,从勘探到生产,从监测到维修以及环境修复都与之相关。石油工业整个勘探和生产成本中有近四分之一用于钻探。石油工业的整个过程包括地震、勘探、油田开发、炼制、储存、运输(配送)、市场营销和终端利用。钻井技术是由许多个人、专家、公司和组织努力发展起来的技术,是石油勘探和生产的必要步骤,是世界上最古老的技术之一。钻井工程是一个由设计、分析和实践,最终实现可持续钻井的技术分支(Hossain and Al-Majed,2015)。简而言之,钻井就是用于沟通原油和天然气藏的技术。钻井工程师的职责就是高效地钻进地层,并对从地面到目的层范围内的井眼进行固井,并最大程度地减少安全和环境问题。

1.2　钻井工程的重要性

众所周知,石油工业推动着能源领域的发展,而能源的发展转而又加快了现代文明的进程。当前的现代文明是以能源和油气资源为基础的,人类每天都从石油工业中受益。随着时间的流逝,人类文明的进步和人们的生活需求促使人们出于不同的原因(例如饮用水,农业,用于照明的油品提炼,发电,机械零件组装等)进行钻井。可供开采的石油资源只有一小部分,而能被利用的石油资源更是少之又少,地下烃类资源是能够被有效利用的最好资源。钻井工程是使油气资源到达地面的核心环节。因此,钻井工程中的任何进步都会给能源领域带来巨大收益,为整个经济发展带来更大利益。

1.3 钻井工程的应用

纵观人类文明发展历史,各种类型的钻井方式在其中起着至关重要的作用。因此,钻井技术的应用也非常广泛,小到儿童玩具,大到为各种科学技术目的而进行的现代钻井。自古以来,人类就一直在使用钻井技术汲取地下水。钻井技术是一种经验性、科学性和工程性相结合的专业技术,如同制造业、制药业、航空航天、军事防御、室内实验室,以及重工业领域(如石油)的各种小型实验室。现代城市和城镇地区都采用钻井技术来获取饮用水和生活用水,或通过钻井技术抽取地下水进行农业灌溉。因此,钻井技术虽然没有特定的应用领域,但是它应用的广泛性在各种领域都有体现。本书仅针对油气钻井工程来展开。因此,这里的钻井工程是指具有两个或多个切削刃(即钻头)的工具系统(即钻机),通过旋转穿透地层并向地下油气储层钻进的工程。因此,钻井工程的主要应用就是从地层中发现并开采油气。

1.4 钻井工程中的问题、原因以及对策

石油和天然气工业被认为是地球上最危险的工业之一。从地下储层中开采油气具有相当大的风险性和不确定性。因此,找出其风险性和不确定性的根源非常重要。石油工程中的风险和不确定性因素大多都是在钻井过程中遇到的。因此,钻井中存在的问题为石油工程提供了施工标准及准则。成功钻达目的层的关键是根据钻井过程中可能出现的问题进行钻井方案设计。预测可能出现的问题越全面,解决方案就会越准确。最佳情况就是能够避免任何问题发生。这种预防式方法会使钻井施工更安全高效。众所周知,即使发生一次生命财产损失、环境破坏或钻井平台灾难,都可能会对整个石油行业产生非常不利的影响。钻井事故一般包括钻杆黏卡、卡钻、钻杆失效、井壁失稳、井斜和井眼轨迹失控、钻井液污染、井喷、有害气体和浅层气侵、井漏、地层伤害、设备损坏、人员受伤和通信故障等。在小井眼钻井、连续管钻井、大位移钻井、欠平衡钻井等方面还存在一些其他特殊问题。有句话说:"预防胜于治疗。"因此,钻井的目标就是"以最低的成本,不出任何意外事故地安全钻井,不伤害我们的地球"。以一种可持续的钻井方式,最大程度地减少钻井问题和降低成本。

1.5 钻井作业及其问题

在全球范围内,旋转钻井已经持续了一个多世纪。尽管钻井本身是人类几千年来所熟知的一项技术(可追溯到古代中国和埃及),但最早的商业油井是1857年在美国宾夕法尼亚州的蒂图斯维尔所钻的井。在这之前,4条腿井架、广口瓶式井架、反循环钻井、弹簧冲击法和其他钻井辅助技术已获得发明专利。著名的德雷克油井是用绳索顿钻钻成的,钻达深度仅为地表以下69ft,虽然这深度比目前水井还要浅得多,但在当时却是一大壮举。来自南达科他州的

两兄弟 M. C. Baker 和 C. E. Baker 在大平原的疏松地层中使用旋转钻井技术钻过浅层水井,但直到 19 世纪末,Baker 兄弟才在得克萨斯州纳瓦罗县的科西嘉那油田使用旋转钻井技术进行钻井。1901 年,Anthony Lucas 上尉和 Patillo Higgins 将其应用于得克萨斯州的德尔托普油井钻探。到 1925 年,人们通过使用柴油发动机改进了旋转钻井技术。与此同时,在德雷克油井之后不久,斯威尼石钻井技术在 1866 年获得了发明专利。该发明包含许多现代钻井的重要元素,例如水龙头、转盘和牙轮钻头。在钻头方面,最重要的一点就是将金刚石钻头引入进来。1863 年的这项法国发明的钻头(古埃及人曾在采石场使用过这种钻头)在 1876 年才用来钻一口直径 9in 钻深 1000ft 的井中。在石油钻井初期,钻井液大多采用天然泥浆,并添加了当地造浆黏土。可想而知,石油钻井初期泥浆工程师发现水中混入地层泥土形成的泥浆,其清洁井筒的能力会增加,从而逐步总结泥浆配制方法。1913 年美国矿务局正式将泥浆配制进行了规范化,此后,泥浆一词被钻井液代替。钻井液化学被大家所认知。到了 20 世纪 20 年代,天然黏土被重晶石、氧化铁和商业膨润土取代。随着钻井液公司(荷兰的贝劳德公司)的成立,钻井液化学材料取得了巨大的发展,使得钻入更深的地层成为可能(Barrett,2011)。在 20 世纪 70 年代钻井液技术出现量的飞跃,当时常规的钻井液材料被视为对环境是不安全的,并且出台了新的法规,从那时起环保型钻井作业开始出现。

如今,各种先进的钻井技术可以钻达以往直井和定向井所不能钻达的地层中来进行油气开采。20 世纪 80 年代,石油工业进入变革期,这期间引入了水平井技术,并将水平井技术不断发展和完善。目前,钻井公司使用先进技术以前所未有的精度和速度进行直井、定向井或水平井钻探。但是,这些技术发展并不均衡,有些方面仍需提高和改进。由于过去几十年来主要关注的是自动控制,而不是钻井施工的整体效率,因此忽略了这些方面的提高和改进。一旦井位得到确定,钻井队便会在开钻之前进行钻机安装的准备工作。在整个钻井过程中,可能出现许多问题,例如技术、地质、地理、人力、管理、财务、环境和政治问题。本书仅关注技术、地质和环境层面的问题及其解决方案。

法鲁克·阿里(Farouq Ali)曾写道:"让人类登上月球比描述一个油藏更容易"(JPT,1970)。事实上,石油行业是唯一一个不具备"实地访问"或"现场考察"这种奢侈体验的行业。钻井本身就是一个难题,其最大问题就是无法用肉眼直接观察地下真实发生的情况。即使钻井方案设计非常周密,在钻井过程中也几乎不可避免会出现钻井问题。人们需要了解和预测钻井问题,搞清楚产生问题的原因并做好解决方案,在确保顺利钻达目的层的前提下有效控制钻井成本。

最普遍的钻井问题包括:卡钻、井漏、井斜和定向、钻杆失效、井壁失稳、钻井液污染、地层伤害、环空清洁、有害气体和浅层气(如含硫化氢和浅层气释放)、井壁坍塌、井内桥接阻卡、井眼弯曲或偏斜、厚滤饼、井内污染和腐蚀、钻具掉落、钻柱失效、井涌、钻速低,以及与设备、信息交流和人员有关的问题。还有一些与定向钻井相关的问题,具体包括定向井(水平井)钻井、分支井钻井、连续管钻井、欠平衡钻井、小井眼钻井等。为了确保在发现问题并制订了解决方案后真正能够发挥作用,必须要回答以下问题:(1)可能出现的问题是什么;(2)如何识别问题发生的信号特征;(3)需要采取什么样的措施来快速和经济地解决这些问题;(4)如何运用以往经验和最佳解决方案。搞清楚这些问题的答案,将对降低钻井成本、提高油气开采的效益以及缩短建井周期有所帮助。

1.6 钻井问题的可持续解决方案

钻井是石油勘探和开发过程中的必要环节。但是,在岩性极其复杂的地层钻进数千米是一项艰巨的任务。常规旋转钻井技术的缺点是钻井成本高,钻井液毒性大,会污染岩层和地下水。在20世纪70年代钻井液配方中设计的有毒化学药品目前仍在使用。鉴于人们对保护环境的认识不断提高,钻井工程正在朝着可持续性发展的方向迈进(Hossain and Al – Majid, 2015)。然而,使钻井具有可持续性和环保性是一项极富挑战性的任务,它涉及对工程实践进行根本性的改变,这种改变自一个世纪前的塑料革命出现就一直存在。减少石油生产对环境的影响是石油行业面临的最严峻的挑战。石油行业的最新进展满足了在技术和环境方面的要求,这在十年前几乎是不可能完成的任务。例如,保持钻井液体系具有绿色环保特性是可持续发展的主要任务之一。但是,如何使钻井液达到绿色环保要求是一个重要课题,因为钻井液的特性源于基本原材料、添加剂、技术水平以及加工工艺。因此,具有可持续性的钻井施工和环保钻井液的发展需要从成本和效益两个方面进行全面研究。

在这个全球化时代,技术发展日新月异。由于企业之间的不断发展和竞争,保护地球成为一个最受关注的话题。因此,在管理方面,可持续发展组织的特征可以这样定义:(1)政治与安全的驱动和制约;(2)社会、文化和利益相关上的驱动和制约;(3)经济和金融上的驱动和制约;(4)生态上的驱动和制约。因此,可持续发展概念就是近期技术研发的载体。可持续发展技术的目标就是朝着自然发展过程前进。从本质上看,所有功能或技术在无限的时段内(即 $\Delta t \to \infty$)必然是可持续的、有效的和有一定规律的。最近的一些研究展示了如何根据相同的自然规律进行技术的可持续发展(Appleton, 2006; Hossain et al., 2010; Hossain, 2011, 2013; Khan et al., 2005; Khan and Islam, 2005; Khan, 2006a, 2006b)。高风险油气勘探和开发的可持续发展就是要使用适合的技术措施。

通常,某一项技术被采用依据的标准是其技术可行性、经济效益、法规要求和环境要求。Khan和Islam(2006)提出了一种基于可持续发展框架下的新技术评估方法。在他们的研究中,不仅考虑了环境、经济和法规要求,还要调查该技术的可持续发展性指标(Khan et al., 2005; Khan and Islam, 2005; Khan, 2006)。"持久性"或"可持续技术"已在许多出版物、公司宣传册、研究报告和政府文件中使用,而并不需要明确地进行说明(Khan, 2006; Appleton, 2006)。有时候,这些传统的方法或概念会误导人们进行真正的可持续发展。

工程是一门艺术,需要主观参与和经验引导。学习如何处理工程问题的最好方法是坐在一位友好、有耐心、有经验的从业者旁边,一起一步一步地解决问题。钻井工程的基础研究内容包括完整知识体系和最新的信息,对具有可持续性的钻井工艺设计非常有用,可以减少在钻井中遇到的各种问题。

缺乏对环境的可持续发展方面的适当训练,给当前的能源管理部门带来极大问题。尽管每个人似乎都有解决方案,但越来越明显的是,这些解决方案并未让环境更清洁。本书给出了一些与钻井作业问题相关的先进和最新的研究成果,以及与钻井相关的问题和可持续性钻井作业的基础知识。讨论了从钻井液性质到岩石非均质性的相关参数,并提出使钻井作业具有可持续性的方法。本书还将讨论在难钻地层中进行定向钻井和水平井钻井的复杂性,以便为钻井问题提供切实可行的解决方案。

1.7　小结

本章讨论与钻井工程有关的一些核心问题。从石油钻井的历史开始谈起,本章介绍了书中所述的钻井工程多个方面,包括在开钻前的工作,以及各种类型的钻井问题和钻井工程可持续发展的概念。

参 考 文 献

[1] Appleton, A. F., 2006. Sustainability: A practitioner's reflection, Technology in Society, vol. 28, pp. 3 – 18.

[2] Barrett, Mary L., 2011, Drilling Mud: A 20th Century History, Oil – Industry History, v. 12, no. 1, 2011, pp. 161 – 168.

[3] Canada Nova Scotia Offshore Petroleum Board. 2002. Environmental Protection Board. White Page. (Cited: April 21, 2002).

[4] EPA, 2000. Deovelopment document for final effluent limitations guidelines and standards for synthetic – based drilling fluids and other non – aqueous drilling fluids in the oil and gas extraction point source category. United States Environmental Protection Agency. Office of Water, Washington DC 20460, EPA – 821 – B – 00 – 013, December 2000.

[5] Holdway, D. A., 2002. The Acute and Chronic Effects of Wastes Associated with Offshore Oil and Gas Production on Temperature and Tropical Marine Ecological Process. Marine Pollution Bulletin, Vol. 44: 185 – 203.

[6] Hossain, M. E., Ketata, C., Khan, M. I. and Islam, M. R., "A Sustainable Drilling Technique", Journal of Nature Science and Sustainable Technology. Vol. 4, No. 2, (2010), pp. 73 – 90.

[7] Hossain, M. E. (2013), "Managing drilling waste in a sustainable manner", presented as an invited speaker from the Middle East Region in the conference on Drilling Waste: Manage, Reduce, Recycle, organized by the Drilling Waste Forum, 8 – 11 December, 2013, Beach Rotana Hotel, Abu Dhabi, U. A. E.

[8] Hossain, M. E., "Development of a Sustainable Diagnostic Test for Drilling Fluid", Paper ID – 59871, Proc. of the International Symposium on Sustainable Systems and the Environment (ISSE) 2011, American University of Sharjah, Sharjah, UAE, March 23 – 24, 2011.

[9] Hossain, M. E. and Al – Majed, A. A. (2015). Fundamentals of Sustainable Drilling Engineering. ISBN 978 – 0 – 470878 – 17 – 0, John Wiley & Sons, Inc. Hoboken, New Jersey, and Scrivener Publishing LLC, Salem, Massachusetts, USA, pp. 786.

[10] Khan, M. I, and Islam, M. R., 2003a. Ecosystem – based approaches to offshore oil and gas operation: An alternative environmental management technique. SPE Conference, Denver, USA. October 6 – 8, 2003.

[11] Khan, M. I, and Islam, M. R., 2003b. Wastes management in offshore oil and gas: A major Challenge in Integrated Coastal Zone Management. ICZM, Santiago du Cuba, May 5 – 7, 2003.

[12] Khan, M. I, Zatzman, G. and Islam, M. R., 2005. New sustainability criterion: development of single sustainability criterion as applied in developing technologies. Jordan International Chemical Engineering Conference V, Paper No.: JICEC05 – BMC – 3 – 12, Amman, Jordan, 12 – 14 September 2005.

[13] Khan, M. I. and Islam, M. R. 2005. Assessing Sustainability of Technological Developments: An Alternative Approach of Selecting Indicators in the Case of Offshore Operations. ASME Congress, 2005, Orlando, Florida, Nov 5 – 11, 2005, Paper no.: IMECE2005 – 82999.

[14] Khan, M. I, Zatzman, G. and Islam, M. R., 2005. New sustainability criterion: development of single sus-

tainability criterion as applied in developing technologies. Jordan International Chemical Engineering Conference V, Paper No. : JICEC05 – BMC – 3 – 12, Amman, Jordan, 12 – 14 September 2005.

[15] Khan, M. I. and Islam, M. R. 2005. Assessing Sustainability of Technological Developments: An Alternative Approach of Selecting Indicators in the Case of Offshore Operations. ASME Congress, 2005, Orlando, Florida, Nov 5 – 11, 2005, Paper no. : IMECE2005 – 82999.

[16] Khan, M. I. and Islam, M. R. , 2006a. Achieving True Sustainability in Technological Development and Natural Resources Management. Nova Science Publishers, New York, USA, pp 381

[17] Khan, M. I. and Islam, M. R. , 2008. Petroleum Engineering Handbook: Sustainable Operations. Gulf Publishing Company, Texas, USA, pp 461.

[18] Khan, M. I. and Islam, M. R. , 2006b. Handbook Sustainable Oil and Gas Operations. Gulf Publishing Company, Texas, USA.

[19] Patin, S. , 1999. Environmental impact of the offshore oil and gas industry. EcoMonitor Publishing, East Northport, New York. 425 pp.

[20] Veil, J. A. , 2002. Drilling Waste Management: past, present and future. SPE paper no. 77388. Annual Technical Conference and Exhibition, San Antonio, Texas, 29 September – 2 October.

[21] Waste Management Practices in the United States, prepared for the American Petroleum Institute, May 2002.

第 2 章　钻井作业相关问题

旋转钻机及其组件是现代钻井的主要工具。钻井时,给钻头施加一个向下的力破碎岩石,向下的力和离心力共同作用实现高效钻井。石油行业通常使用高强度钻具组合,这需要投入巨大成本。然而,在每个钻井施工阶段都会遇到各种挑战,每个挑战都会大大增加完钻时间。通常,一个问题会引发另一个问题,并且出现滚雪球的现象,从而使钻井工作无法进行。在此过程中,没有"小问题"或"大问题"之分,因为所有问题都错综复杂地联系在一起,最终将安全和环境一起置于危险境地。除了"时间损失"的短期影响外,还会造成不可估量的财产损失。本章讨论了一些常见的钻井问题,例如含硫化氢地层、浅层气,设备和人员问题,井下落物、岩屑床、打捞作业、废弃物回收和脱扣等。这些就是常遇到的钻井问题,要了解这些问题产生的根本原因以及解决方案。在钻井规划中,成功实现目标的关键是在预测潜在钻井问题的基础上设计钻井方案,而不是靠小心和谨慎。最理想的情况就是避免出现任何问题,因为钻井问题在发生后处理成本会非常高。最普遍的钻井问题包括卡钻、井漏、井斜、管柱失效、井眼不稳定、钻井液污染、地层伤害、井眼清洁、含硫化氢气体和浅层气地层、设备和人员相关问题。

2.1　钻井中遇到的问题及对策

2.1.1　含硫化氢地层

在钻井和修井作业期间,酸性气体或原油泄漏可能会造成灾难性的后果。钻遇含硫化氢的地层是人员和设备所面临的最困难和最危险的考验之一。在很短的时间内,较低浓度的硫化氢气体就有可能会导致人员受伤甚至死亡。硫化氢气体还会引起设备或材料失效而导致严重的设备故障。该风险主要取决于地层流体中的硫化氢含量、地层压力和出气速度。这些信息用于评估存在硫化氢气体的风险等级。此外,如果已知或已经预测到这种风险,应根据国际钻井承包商协会(IADC)的规则,遵守具体的要求。根据这些资料信息来对钻井或修井作业中特殊设备、布局及应急程序进行设计和选择。

可以从现场或该地区的先前数据中预测硫化氢的存在。对于第一口预探井,要像必定会钻遇硫化氢一样,遵循 IADC 规则采取所有预防措施。当钻遇硫化氢时,应遵循以下步骤和措施。

2.1.1.1　施工方案

(1)研究该地区的地质和地理信息。该研究应包括相邻井的井史,以便预测可能钻遇硫化氢的区域。应知晓有关的区域和现场条件,具体包括温度、压力、所处井深和硫化氢浓度。

(2)根据预测的不同压力制订不同的钻井液配方。还应准备硫化氢清除剂,以减少硫化氢对钻柱和相关设备的腐蚀,控制硫化氢对其表面腐蚀程度。通常的做法是保持高于正常水平的 pH 值(即 10.5~11),一旦分析完溶解的硫化物,就立即使用适合的除硫剂处理钻井液。硫化氢对水基钻井液的污染会迅速降低钻井液性能。建议保持钻井液流动状态并立即处理使其保持所需的性能。

(3)保持高 pH 值或使用除硫剂不利于保护钻井设备免受硫化氢污染,因为在井涌情况下,井眼内可能会部分或全部没有钻井液,从而降低或减少了除硫剂与钻柱、井口和防喷器组件接触条件。在这种井控情况下,应考虑使用抗硫材料。防喷器必须符合美国腐蚀工程师协会对含硫化氢气体时的规范要求。

(4)在钻达含硫化氢地层之前,应在模拟井涌的演习中测试应急设备(防喷器、除气器等)和应急程序。

(5)设备布局(例如振动筛、节流管汇、钻井液罐)尤其是排风口,例如火炬管线、除气器通风口、气液分离器通风口和分流器管线等通风口应考虑风向。现场或平台上的风向袋应能识别上风口处的集合点。对于海上作业,每个集合地点都应便于从平台中撤离。

2.1.1.2 钻井设备选择

设备的选择应考虑金属特性,减少因硫化氢腐蚀导致的失效。对认定含有硫化氢的井应遵循以下建议。

(1)防喷器组。

① 酸性气体专用金属材料。

所有可能暴露于 H_2S 中的防喷器组承压部件应采用符合美国腐蚀工程师协会推荐第 01-75 号标准和美国石油协会推荐做法第 53 号标准的材料进行制造。这些部件包括环形防喷器、闸板、钻井四通、液压节流阀和垫圈等。

② 酸性环境使用非金属材料。

酸性环境所用非金属材料应符合美国石油协会推荐做法第 53 号标准第 9 节第 8 条规定的材料。含氟聚合物如聚四氟乙烯或聚苯硫醚,氟橡胶如氟化橡胶或全氟橡胶,这些材料是可以使用的。

③ 焊接处应满足酸性气体环境。

在组件装配时需要焊接的位置,焊接组件的焊接处及热影响区的金属材料应与子组件的母体具有基本相同的化学和物理特性。包括硬度特性和适当的抗冲击特性。焊接还要求没有裂纹、切边和未熔合完全等线性缺陷。

④ 应使用酸性气体检测设备。

根据美国腐蚀工程师协会推荐做法第 01-75 号标准,各组件应标明其适用于酸性环境。

应遵循美国腐蚀工程师协会推荐第 01-75 号标准第 5.4 节中详细说明的冲压程序。

⑤ 运输、装配和维护应符合酸性气体的要求。

在运输、装配和维护防喷器组时,应遵循操作规程,以避免低温可能导致设备部件硬化。防喷器组更换零件的材料规范应具有与原始设备相同的规范。

(2)法兰、阀盖、螺栓和螺母材料。

用于硫化氢环境的每一种上述部件材料都应满足 API 规范(第 14 版)第 6A 部分第 1.4 节中规定的要求。

（3）节流管汇。

节流管汇组件组成中使用的管路、法兰、阀门、配件和排放管线（火炬管线）应使用符合美国腐蚀工程师协会推荐第53号标准的金属和密封件。

（4）除气器（气液分离器）。

除气器应能有效地去除循环回地面的受污染钻井液中夹带的气体。应延长除气器上的排气口，以便将分离出的气体输送至较远处进行燃烧或连到节流管汇的火炬管线。气体钻井液分离器用于分离钻井液中的 H_2S。该分离器应连到排气管线中进行燃烧，避免气体释放到靠近钻机一侧区域的大气中。

（5）火炬管线。

根据美国石油协会推荐做法第49号标准，应在除气器、节流管汇和钻井液气体分离器处安装火炬管线。所有火炬管线应配备持续或自动点火装置。

（6）钻杆。

由于井筒中温度和压力变化大，并且钻杆与硫化氢直接接触，因此应使用较低等级的钻杆，以最大程度地减少氢脆或硫化物应力腐蚀开裂（SSCC）。在美国石油协会推荐做法第49号标准中也可以查到减小钻杆氢脆和硫化物应力腐蚀开裂的控制方案。可以考虑使用配备有特殊工具接头材料的钻柱。

（7）监测设备。

在已知或认为可能会出硫化氢的地区钻井时，每台钻机都应配备足够的硫化氢监测（检测）设备。建议在钻达硫化氢地层之前350m或一周前安装此设备。应在关键采样位置（例如振动筛、钻井液池、钻井液罐位置等）连续监测硫化氢浓度，并将结果传输到司钻控制台和钻井队队长的办公室。当硫化氢浓度达到 $10mL/m^3$ 时，应在检测位置及远处发出视听警报。硫化物测试应作为钻井液测试项目中的一部分，在可能遇到硫化氢气体（H_2S）的地区进行。

（8）录井仪。

录井装置和设备应远离振动筛罐，并与井口保持至少50m的距离。

（9）通风系统。

配备永久性隔板的钻机应配备足以清除积聚 H_2S 的通风系统。

2.1.1.3　培训

在可能钻遇 H_2S 气体的地区钻井时，必须对人员进行相关培训。无论遇到 H_2S 的可能性有多大，都应在拉警报、使用安全设备和逃生程序环节上进行训练。应急程序必须定期演练，并进行实钻应急演习。

2.1.1.4　H_2S 应急计划

当钻井过程中预计会出现硫化氢时，应制订应急计划。应急计划应在钻井作业开始前制订，并应包括以下内容。

（1）了解接触 H_2S 和二氧化硫（SO_2）对身体的影响。

（2）应遵守安全和培训规程，并使用安全设备。

（3）存在下列情况时的操作程序：

① 预警状态；

② 中度危及生命;

③ 极度危及生命。

(4)各工种人员的责任和义务。

(5)应指定在极端危险情况下人员集合地点或简报区。每个钻井设施应至少设立两个简报区。在这两个区域中,在任何时候上风口的区域都是安全区域。

(6)疏散计划应到位并充分演练。

(7)必须制订计划,以确定谁将通知当地政府以及事件所处的阶段。

(8)必须准备好紧急医疗设备清单,包括位置地址以及电话号码。

(9)在钻前会议中,公司监督应与钻井承包商和服务承包商一起审查钻井计划,明确各方在可能钻遇 H_2S 时的责任。

(10)所有人员均应接受全面培训,并且在钻遇 H_2S 之前 350m 或一周前与 H_2S 相关的设备配置到位。

(11)在制订预防 H_2S 程序之前,应仔细研究现有的文献资料。推荐参考文献为:API RP 49《含硫化氢井的安全钻井》。

2.1.2 浅层气

浅层气带是指任何可能在接近地表或泥线深度处遇到的含油气带。一般来说,这样的地层不可能完全封闭,会有来自浅层的气体侵入井筒,又由于地层薄弱,完整性差,使气体窜达地面或泥线处。当在固定式或自升式钻井平台进行连续钻井作业时,这种情况尤其危险。浅层气通常处于受压状态下。然而,当浅层气被钻透时,由于气体压力梯度引起孔隙压力显著增加,会出现欠平衡状态。

世界各地随时都可能钻遇浅层气体。解决这个问题的唯一办法就是决不能关井。还需要通过防喷器的分流系统对浅层气进行分流。可能会在地层破裂压力非常低的几百英尺深处钻遇高压浅层气。危险之处在于,如果关井,地层很可能被压裂。这将导致最严重的井喷问题,并最终引起地下井喷。

识别和避免浅层气将是钻井设计和现场勘测的主要目标。所有钻井设计都应明确说明钻遇浅层气的可能性和风险。这些将基于地震勘探与解释,结合邻井地质和钻井数据一起进行判断。对于陆上钻井,应在有浅层气风险地层进行地震勘探。在没有此类勘探的情况下,进行浅层气评估应基于勘探地震、井史和浅层气圈闭概率等数据资料。如果在选定井位处可能存在浅层气,则甲方公司和钻井承包商必须在开钻前制订好一份针对浅层气方案。应特别考虑:井队人员位置、演习、人员疏散和紧急断电。对于海上作业,浅层气尤其危险,特别是在开钻前没有制订具体的行动方案。如果在钻井过程中发现井涌,司钻应收到书面指示采取何种措施。钻浅层井眼时常规意义上井涌应对措施是不可用的。例如,钻速变化很大,钻井液体积不断地增长。最可靠的指标就是差变式流量传感器。由于浅层气藏早期探测难度大和埋藏深度浅的原因,反应时间非常短。在这种情况下,需要极度谨慎和警觉。

2.1.2.1 浅层气带预测

尽管气穴的位置难以预测,但高精度的地震数据采集、处理和解释技术提高了浅层气藏预测的可靠性。因此,可以利用勘探数据进行浅层气预测。即使没有浅层气存在,钻井方案中也应包括浅层气出现概率的说明。这项说明不仅用于"浅层气调查",还应包括勘探地震数据、井史数据、浅层圈闭概率、煤层和任何地表迹象或渗漏的评估。浅层气钻井程序是基于钻井方案计划书中对浅层气的描述,并针对该井制订实用的浅层气井钻井程序。为了避免井涌和溢流,应遵循以下原则:(1)尽可能避免浅层气;(2)优化浅层气初期勘探;(3)用专用装置钻小导眼进行浅层气探测,这是一种容易实施并且可靠性较高的浅层气探测方法及重大问题预防方法;(4)地面分流设备不能承受浅层气长时间的侵蚀,地面导流器被视为一种"争取时间"的手段,以便撤离钻井现场;(5)在水下对浅层气体进行分流比在地面进行分流更安全;(6)使用现有钻井设备进行动态压井只有先钻一个小的导孔(例如,9⅞in 或更小)并在井涌的早期以最大泵速压井才能成功;(7)浮式钻井作业中无隔水管顶部井眼钻井是一种安全有效的钻井方法。

2.1.2.2 浅层气穴识别

在正常压力地层中钻井深度较浅时,除了返出钻井液中气体读数较高之外,没有其他特征能表明会出现气穴。由于浅层钻井时钻井液的过平衡程度通常很小,波动压力可能会引起欠平衡而发生井涌。因此,应尽一切努力避免抽汲。浅层气风险等级评估可划分为:(1)高,一种异常显示了浅层气异常特征与所有地震异常特征相同,与邻井中浅层气相关或所处位置与已知区域浅层气处于同一水平;(2)中等,一种异常显示了浅层气的异常特征与大部分地震异常特征相同,但可解释为非气层,也可以怀疑有气体存在;(3)低,有些地震异常特征与浅层气异常特征相同,尽管有一些解释上存在疑问,但可解释为非气层;(4)可忽略不计,即不存在层位异常和浅层气异常特征,存在的异常也是由其他非气体原因造成的。

有两个因素使浅层气钻井极具挑战性。首先,含气层顶部的压力超过预期,通常是由于气层厚度或地层倾角引起的"气体效应"造成的。这种压力通常是未知的,地震勘探往往无法给出地层厚度或气体浓度。在更复杂的情况下,深层天然气可能沿断层向上运移。例如,在苏门答腊岛因为钻头已穿过断层面,即便在很浅的位置使用 10.8lb/gal 钻井液也无法阻止气体侵入。其次,地层破裂压力低是影响浅层气作业的一个主导因素。

这两个因素降低了钻井的安全窗口。轻微的静水压头损失(例如,抽汲、不及时灌浆、没加气体封堵剂的水泥浆)、钻井液密度设计偏差(例如,未考虑气体效应),或任何不受控制的钻速及随后的环空密度过高,都将有序快速地引起井眼卸载。浅层气流就会出现急速扩展现象。从发现井侵到井眼卸载的这段时间中,中间过渡时间非常短,导致钻井人员几乎没有反应时间。大多数井涌检测传感器的质量和可靠性较差也会加剧问题的严重程度。

以往的经验表明地面分流设备所承受的动载荷越严重,其失效概率也越高。其中一个相关影响是腐蚀,它导致钻井设备受到高流速冲击而发生火灾和爆炸的可能性增高。

井场塌陷对钻井底部支撑装置稳定性构成主要威胁。由于不可能消除它们(即大多数浅层气易发区都是从底部支撑单元发展蔓延开来的),因此在钻井过程中应加强规划和密切监测。

2.1.2.3 案例分析

描述:在一个海上平台上,以分批钻井方式在表层段钻四口新井。四口井的13⅜in 套管鞋按设计下至 1800~2000ft 范围内(图 2.1)。在该井段钻井时,风险分析训练过程中得到的所有风险控制措施都在现场实施了。在第一口井中,随钻测井工具安装在井底钻具组合(BHA)中,没有发现浅层气的迹象。

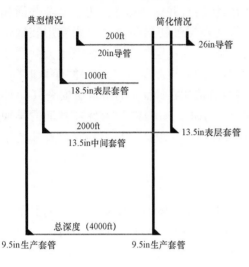

图 2.1　套管下放位置

钻井方案:四口井以海水作为钻井液钻井,因为钻井液是用于套管钻井作业的。

钻井作业和潜在问题:在每次接单根时进行循环净化井眼。按照计划,四口井中的第一口井用海水钻井和清洗井眼。钻出导管后,就会发生流体漏失。

补救措施和后果:向井下泵入堵漏材料,继续钻井,期望堵漏材料在井壁形成滤饼,从而阻止井漏。钻井液漏失减少,但直到达到井段总深度(TD)和下套管固井后才停止。此外,在钻第一口井时,准确测量井漏位置,这需要在每个测点进行多次测量尝试。做这些尝试是由于随钻测量(MWD)工具的数据传输不良造成的。结果是,与其他井相比,非生产(如钻头不在井底)时间增加了 10%。MWD 传输的问题也影响了电阻率测井和自然伽马数据,这些数据计划用于提供浅层气聚集的早期信息。结果很难根据测井仪提供的实时数据进行解释。

最终解决方案:施工团队决定将钻井液由海水改为低黏度钻井液。他们希望形成一个更好的滤饼,提高井漏控制能力。为了改善随钻测量的传输系统,在工具上安装了低遥测速率仪器,以减少测量所需的时间。这些措施使得接下来的三口井没有钻井液漏失,也没有因为冗长的测量程序而出现延误钻井时间。

经验教训:在第一口井出现问题后,海水洗井钻井液体系被低黏度水基钻井液取代。因此,其余三口井均采用改进的钻井方式进行了钻井。严重的井漏没有发生,遥测信号的质量有了很大的改善。对使用海水时出现问题的合理解释是:(1)钻井液不具备在井壁周围形成一致滤饼所需的性能;(2)使用海水也会引起湍流,这可以提供良好的井眼清洁能力,但会加剧对浅层的井眼的冲刷。井眼扩大和滤饼的无法形成降低了涂层效应,使得井漏无法得到有效控制。遥测信号质量的问题归因于遥测速率设置和钻井液产生的噪声。在随钻测量中设置较低的遥测速率有助于适应套管钻井的特殊条件,因为套管钻井时,钻柱的内径会发生变化很大,例如底部钻具组合 2.8in 和其余的钻柱 12.6in。

个人经验:以下是在井眼上部使用分流器程序的现场经验。一旦有水流迹象,则应注意以下几点。

(1)不要停泵。

(2)打开分流器管线以开启或关闭分流器(两个功能应联锁)。

(3)提高泵冲到最大限度(不要超过厂家提供的额定最大泵速或安全阀允许的最大压力)。

(4)将钻井泵的吸入口切换至储备池的高密度钻井液。将泵冲计数器归零。

（5）使用 PA 系统发出警报并宣布紧急情况和（或）通知钻井监督。让施工人员注意观察气体聚集情况。

（6）如果换掉高密度钻井液后井内停止流动，则停泵并观察。

（7）如果在泵送高密度钻井液后，井内继续流动，则继续泵送，并在钻井液池中准备水或考虑制备更高密度钻井液。当所有钻井液都用完后，改为泵送水。只要井中流体继续流动，就不要停泵。

浅层气钻井通用指南：钻井时应遵守以下指南。

钻探井时，应考虑用 8½in 或更小钻头尺寸钻一个导眼。BHA 设计应安装浮阀，并应考虑偏斜和随后的扩眼。小导眼的主要优点是：（1）将控制钻速（ROP），以避免钻屑使环空过载并导致井漏；（2）继续钻进之前先要处理好所有井漏，盲钻或边漏边钻需要得到主管部门批准；（3）应密切监测泵压，并检查所有接单根（自升式）时井筒流量；（4）应以中等速率将钻杆从井眼起出，以防止抽汲。

浅层气钻井常规推荐做法：适用于上部普通井眼钻井和特殊分流器钻井的常规钻井施工操作步骤归纳如下。建议的目的是简化操作，最大限度地减少可能出现的井下问题。

（1）应在可能存在浅层气的区域钻一个导眼，导眼尺寸小，有助于动态压井作业。

（2）应该限制钻进速度。注意避免井筒中固相的过度堆积而造成地层破裂和钻井液漏失。钻井时返出钻井液密度过大也可能掩盖住钻遇的高压地层。但是在循环洗井时可能发生井涌。限制钻井速度也能使钻入含气地层的钻速减小，从而使气体侵入井筒的速度减小。钻速过高时，含气地层会降低钻井液的静液柱压力，这最终可能导致溢流。

（3）应尽可能地减少抽汲。当管柱向上运动时（例如，接单根和起下钻），建议以最佳排量速度进行循环。尤其是在大井眼（即大于 12in）中，检查循环排量是否足够高，提拉钻柱的速度是否足够低，以确保不会发生抽汲现象，这一点非常重要。顶部驱动系统要配置高效的泵排系统。稳定器会增加抽汲的风险，因此，应该少用稳定器。

（4）为了尽可能早发现气侵，对钻井液的精确测量和控制至关重要。校准气体检测设备和差压流量计并使其充分发挥作用对上部井眼钻井是非常必要的。在起下钻之前要进行流量检查。无论何时钻速突增都会引起钻井液池液面增高，同时也可以观察到其中的异常。在潜在浅层含气区钻导眼时，当随钻测井出现任何异常时对每次接单根时的流量进行检查。测量钻井液的进出口相对密度，以及检查渗漏情况，这些工作都是需要不断进行的。

（5）为了防止钻柱出现不可控的逆流，上部井眼钻井时所用的 BHA 都必须安装浮阀。浮阀是唯一有效的井下机械屏障。在浅层含气区，可以考虑在底部钻具组合中使用两个浮阀。

（6）应使用大钻头喷嘴（或不装喷嘴）以及大钻井泵管线，以便在发生井漏时泵入堵漏材料（LCM）并在钻头处顺利通过。在动态压井作业期间，大喷嘴也是有利的，可以实现更高的泵注速度。例如，钻头上安装有 3 个 ¼₃₂in 喷嘴，在 20000kPa 泵压下，可使用 1300~1600hp 泵以约 2700L/min 的排量泵送。当使用 3 个 ¹⁵⁄₃₂in 的喷嘴时，在 20000 kPa 泵压下，泵速可以提高到约 3800L/min。如果使用带有中心喷嘴钻头，还将进一步提高泵速，并能减少钻头泥包出现概率。

（7）在可能存在浅层气的区域，应避免浅层井涌。这些区域的上部井眼钻井作业应力求简单快速，以减少可能出现的井下复杂问题。用于切断井涌的 BHA 也有流量限制，这将大大减少通过钻柱的最大流量。动态压井作业将非常难以成功实施。

2.1.3 一般设备、通信、人员相关问题

大多数钻井问题都是由于地下不可见的力量导致的。这些钻井问题除了与地层、施工不当和地质情况直接相关外,也和设备、信息交流不畅以及人为失误有关(与人员相关)。本节讨论与设备、通信和人员相关的钻井问题。

2.1.3.1 设备

完备的钻井设备及其维护是最大程度减少钻井问题的主要因素。除了沟通和人员方面的问题外,所涉及的设备也可能是问题的根源。钻井问题可通过以下途径显著减少:(1)高效钻井液循环水力系统(即泵功率);(2)高效起下钻提升系统;(3)发生卡钻时满足提拉钻柱的井架负载和钻杆强度;(4)在任何井控状态下进行有效控制的井控系统(闸板防喷器、环形防喷器、内防喷器)。(5)数据监测和记录系统,可对所有钻井参数的趋势变化进行监测并能够进行后期数据回放;(6)合适的管柱材料,以适应所有预期的钻井条件;(7)有效的钻井液处理设备,确保钻井液的性能符合其预期功能。以下钻井设备在钻井过程中可能会产生潜在的钻井问题:(1)钻井泵,(2)固控设备,(3)旋转系统,(4)水龙头,(5)井控系统,(6)海上钻井系统。在大多数情况下,除了弯曲、疲劳和屈曲外,设备故障还可能由腐蚀引起。

┌─────────────┐
│ **案例分析** │
└─────────────┘

对低等级井口设备的调查发现,埋地套管头底盘、短套管和表层套管因腐蚀而损坏,尤其是在中东陆上油田的注水井和供水井。在陆上油田,埋地井口设备和表层套管的腐蚀损坏一直是人们关注的问题。20世纪80年代中期对地下井口设备进行随机抽查发现,低等级埋地套管底盘、短套管和表层套管因腐蚀而损坏。陆上油井的典型埋地基座和地面套管设备如图2.2所示。$13\frac{3}{8}$in 套管或焊接或用螺纹与 $13\frac{3}{8}$in × $13\frac{5}{8}$in 基座相连。$18\frac{5}{8}$in 导管在距离套管底盘几英寸到2~3ft 的空间内用水泥固结在地基上。

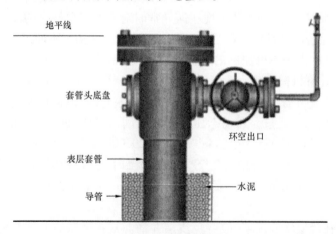

图2.2 典型的套管头底盘和表层套管设备(Farooqui,1998,有修改)

　　程序和数据:典型的套管头底盘检查操作是将套管头底盘下方挖开,露出 3～6ft 的表面套管,或直到套管头底盘下方遇到硬水泥,满足二者需要的条件即可停止。对暴露部分进行喷砂处理,然后检查是否有腐蚀迹象。1991—1996 年的此类检查数据见表 2.1,而图 2.3 至图 2.5 所示为油井和水井的套管头底盘和表面套管严重腐蚀损坏的一些实例。

表 2.1　检测井的数据

井型	井龄(年)				
	1～5	6～10	11～15	>15	总计
油井					
检测井数	72	72	71	311	526
严重腐蚀井数	1	2	6	6	15
检测井占比,%	1	3	8	2	3
注水井					
检测井数	34	34	73	103	244
严重腐蚀井数	0	4	4	8	16
检测井占比,%	0	12	5	8	7
供水井					
检测井数	9	24	20	27	80
严重腐蚀井数	1	9	3	6	19
检测井占比,%	11	38	15	22	24
总井数					
检测井数	115	130	164	441	850
严重腐蚀井数	2	15	13	20	50
检测井占比,%	2	12	8	5	6

 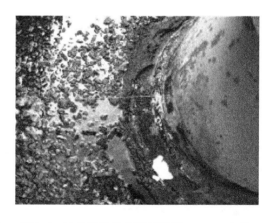

图 2.3　注水井表面套管损坏(Farooqui,1998)　　图 2.4　油井的坑状表面套管(Farooqui, 1998)

图 2.5 从供水井套管中漏出的水

原因:尽管阴极保护程序明显成功地减少了由于外部腐蚀损坏造成的套管泄漏数量,但还是有损坏发生。腐蚀损坏的可能原因:在各种与水有关的井的作业过程中地面管道和井口阀门漏水,该地区近地面存在高盐和有腐蚀性的水,妨碍了对浅层套管有效的阴极保护作用。

初步解决方案:考虑到套管腐蚀或井口设备故障可能造成的浅层泄漏带来的安全和环境危害,已经采取了一些措施来控制损害。这些措施包括定期检查和维修,应用抗腐蚀涂层进行保护,以及要求新钻完的井立即进行涂层保护。

经验教训:腐蚀损坏可能危及低等级井口设备和表层套管上部几英尺的油井安全。这被认为是一个潜在的问题,它可能导致井内流体流出井筒。已经实施有效的保护程序包括定期检查、标准化维修程序,以及使用保护涂层和牺牲阳极对所有新井进行初期保护。

2.1.3.2 信息交流

在钻井过程安全方面,没有比沟通更重要了。在钻井之前,沟通就已经开始。它从计划前期和开钻前会议时就开始了。沟通不会在开钻前的会议上停止,而是会贯穿于所有的会议中。在运营商(承包商)的非公开会议上,运营商需要审查各自的职责、多媒体信息服务(MMS)需求、IADC 报告、防喷器(例如,有效性和起下钻所处状态)、土地契约和防喷器关闭程序。公司主管、钻井工程师、钻井技师、司钻、钻井泵操作员、固井总工程师和钻井液工程师的职责都有明确的规定和授权。

除了在各种会议上有良好的沟通,机组人员和总部之间也需要有良好的沟通。现场的工作人员在各种问题的报告中都需要全面和详细描述。他们的沟通需要包括事态发展趋势和相关情况,及解决问题的施工方案和建议。

除了各方之间的沟通,还有另一种在钻井作业中极为重要的沟通方式。司钻必须学会与井下情况进行沟通。他能通过监测各种情况的发展趋势来做到这一点。各种情况的发展趋势准确告知司钻井下到底发生了什么,并告诉他每个人每天都需要做出的关键决策信息。为了看到这些趋势,必须把它们记录下来。司钻必须监测的变化趋势包括:(1)压力及脉冲变化趋势,(2)扭矩变化趋势,(3)阻卡变化趋势,(4)钻速变化趋势,(5)钻井液变化趋势,(6)钻井液池变化趋势。变化趋势、日报、评估报告和其他记录都是有效的沟通工具。地质录井有助于地质学家找准层位并优化方案。钻头记录有助于钻井队今后选择钻头。这些报告和记录有助于工程师对油井进行后评价。这有助于他确定是遵循原计划还是进行必要调整,以及如何在规划阶段改进工程方案。良好的信息交流有助于管理层准确地监督和优化施工作业。

好的钻井培训方案不仅仅是提供信息,还帮助司钻、工程师、领班和服务公司学会相互沟通,优化钻井作业,准确把握钻井生产情况。1977年,比尔·默奇森(Bill Murchison)创办了默奇森钻井学校,他为自己的钻井工艺技术和高级井控课程设定了五个目标。它们是:(1)如何监督钻井作业,(2)如何预先规划现场作业,(3)如何分析和解决钻井问题,(4)如何预防意外事件,(5)如何在钻井平台上进行信息交流。现今,同样的五个目标正在帮助世界各地的公司在钻井平台上更好地监督、优化和信息交流。事实证明,这些培训非常有价值,许多石油公司、承包商和服务公司都制订了标准政策,让他们所有的新服务人员都参加默奇森钻井学校的钻井技术和先进井控课程培训。这已经成为他们去钻井现场之前进行培训的一部分内容。

为了在会议上进行有效的沟通,必须注意许多事项。以下是一些需要考虑的事项。

(1)会议必须由工程师精心策划(例如,他在制订计划之前必须会见许多人)。

(2)会议的目的需要非常清楚地阐明。开钻前会议有五个目的:① 打开所有沟通渠道,② 减少意外事件,③ 审核钻井方案,④ 审核地质因素,⑤ 协调承包商、服务公司和运营商之间的责任。会议必须制订一个议程来实现这些目标。

(3)会议需要有合适的人出席。运营商负责人和承包商负责人都需要在场。钻井技师和司钻、领班、工程师、地质学家、海上安装经理和服务公司的代表都需要参加这次会议。除非所有这些关键人物都出席会议,与其他人交流他们的关注点,并就如何实施该计划达成共识,否则整个钻井作业的效率、收益和成功都将受到影响。

2.1.3.3 人员

在钻井(完井)作业条件相同的情况下,人员是作业成败的关键。任何钻井(完井)问题都将导致钻井总体成本非常高。因此,对直接或间接参与施工的人员进行继续教育和培训是成功钻井(完井)作业的关键。

例如,每五起重大海上事故中就有四起是人为失误造成的。这突出了安全的重要性,安全是任何海上公司企业文化的支柱。近年来,人们越来越认识到人的因素在安全要求较高行业中的重要性。许多概念对石油和天然气工业来说都是全新的,许多开创性的工作和技术发展都来自核工业和航空领域。这些都为人员因素设定了标准。

多数重大事故的根本原因都是人为因素造成的,与人为失误直接相关。研究发现,尽管大多数事故会有多种原因,但超过80%都与人为因素有关。人为因素是一门相对较新的学科。它涉及人类适应技术和环境的能力与限制。人为因素所面临的挑战是,以规范性的方式行事,使系统和工作方式更安全、更有效。许多钻井事故都与人为因素有关。然而,目前还没有一种特殊的方法,使钻井安全专业人员可以合理地评估实际的人为因素风险水平,并据此选择合适的风险控制措施。

全球钻井行业80%以上的事故与人为因素有关。通过对1970—2006年在中国的59起严重井喷事故进行研究,发现人为因素占井喷事故直接原因的比例可达93.53%。它包括个人违规和管理缺陷,这些都是人为因素。

到目前为止,还没有专门的方法可以使钻井安全专业人员对实际的人为因素风险控制进行合理的评价,为给定的钻井过程选择合适的风险控制措施。因此,有必要建立一种专门的钻井人为因素风险定量评价方法,以便采取措施控制钻井作业的风险。

当今石油工业使用的许多事故调查技术和方法,列出了一套潜在的人为原因和后续改进建议。Norsok(2001)将事故定义为"造成生命财产损失,或健康、环境或经济损失的严重意外事件或系列事件"。另一种说法是能量误入歧途(Hovden et al.,2012)。两起事故的区别主要在于能量的类型和数量上的偏差。为了进行有效的风险管理和预防,对事故的认识是很重要的。为了增强对事故的认识,必须对事故进行调查。事故调查模型旨在将复杂的事件简化为有形和可理解的东西。

案例分析

一名员工正在操作底座内的工作篮同时正在执行多个任务,准备将短节下入环空。事发前几分钟,他曾用一把5lb(2.3kg)的锤子拆除环形液压管路。完成任务后,他把锤子扔到了载人篮的底部。当他在整个吊篮中移动以整理防喷器装卸工具(链式起重机)时,5lb(2.3kg)的锤子意外地"跳"出吊篮。它被"发射"到下面的司钻一侧约10ft(3m)处,击中另一名员工的安全帽。锤子砸在了他的安全帽和护目镜之间,从而导致了他左眉毛下方的撕裂。

事件原因:(1)使用后锤子未固定或拴牢;(2)其他员工站在"落物危险区"内,看着工作篮中的员工完成工作;(3)操作工作篮的员工没有叫"停止任务",使其他员工移出"危险区域";(4)工作篮中的内务管理程序不完善(即,没有将锤子和其他物品固定或拴牢)。

纠正措施:(1)提醒员工在高空作业时,即使在工作篮中作业,也要系紧或固定所有工具;(2)要求员工讨论各种作业的"火线"(危险区),特别是当存在坠落或物体"掉落"的可能性时;(3)要求员工讨论"停工要求"权利(义务),并提醒"停工要求"包括停止并要求其他工作人员和旁观者离开"危险区域";(4)作业篮的JSA(工作)计划必须进行审核修订,包括保持吊篮有序的重要性(即,必须保持内务管理)。

注意,本案例研究取自AIDC网站,用于研究目的。

2.1.4　井下落物

井下落物的定义是:"如果工具丢失或钻柱断裂,在井内形成的障碍物称为垃圾或落鱼。"如果发生井下落物,则无法钻进。预防措施是对操作员进行培训。使用特殊的抓取工具来打捞落鱼。在极端情况下,可以使用炸药炸毁落鱼,然后用磁铁捞出碎片。

井内碎片会造成许多问题,增大生产井额外成本,特别是在超深水和大斜度井眼中。即使是一小块碎片出现在了正确的地方但是在错误的时间下,也会危及油井生产。因此,碎片管理已成为石油和天然气生产商关注的一个主要问题。考虑到钻机速率和完井设备成本,岩屑清除归入了风险管理领域。

干净的井筒不仅是无故障试井和完井的先决条件,它还有助于确保油井寿命内的最佳产量。残留在井筒中的碎片会毁掉一个复杂的、数百万美元的完井工程。它可能会导致完井时达不到预定深度,也无法实现最佳生产水平。这些问题正在推动该行业建立可靠、高效的系统,以快速清除井筒中的有害碎屑和较大的垃圾。

2.1.4.1　物体掉落井中

即使非常小心谨慎,但在钻井过程中,扳手、螺母螺栓、岩石或任何物体(不包括打捞工具)也可能会不慎落入井眼中。此外,LS－100(LS－100 是一种小型便携式钻井液动力钻具,由得克萨斯州休斯顿的 Lone Star 钻头公司制造)通常在接近设计极限的情况下作业,在钻杆和工具上存在高度的结构应力。这将遇到意想不到的非常软的沙层或过滤层或硬岩层。因此,它可能导致井壁崩落或钻具断裂。有时,整个钻杆可能会掉进井里。

如果在钻达最终深度后有物体掉入井眼中,则可以将其留在井眼中并继续完井。如果不是这样,可以制作一个"打捞"工具来取回掉落的物体。这类"打捞"活动需要学会随机应变。虽然这项任务似乎是例行公事,但并没有一种"绝对正确"的方式来执行这项工作。如果落鱼落在钻头或其他工具的顶部,应在井内恢复循环,并将打捞工具放在掉落的设备上。如果丢失的工具、钻头或钻杆不是很关键,最好避免打捞,而只是稍微改变一下位置,然后开始侧钻一个新井眼。即使设备很重要,在其他人试图打捞时,最好还是在一个新的位置开始钻井,因为回收设备要花费相当长的时间,成功的可能性很低。在继续钻井作业时,打捞的决定可以搁置一旁。

2.1.4.2　打捞作业

打捞是将在井筒中卡住或掉落的设备清除的过程。它的名字来源于某一时期,将一个类似于鱼钩的钩子用一根线连接上,然后下入井中,以提取掉落的物品。从那时起,任何干扰正常作业的物体都被称为落鱼,并需要从井中移除。移除这些对象的操作被称为"打捞作业"。通常,在钻井词汇中,打捞工作被简单地称为"打捞"。落鱼分为管状物(如钻杆、钻铤、油管、套管、测井工具、测试工具)或其他物体(如钻头牙轮、小工具、钢丝绳、链条、手动工具、大钳部件、卡瓦块和垃圾)。在整个行业,25% 的钻井成本可能是由打捞造成的。打捞作业分为三类:(1)裸眼打捞,在打捞区域内没有套管的情况下;(2)套管井打捞,落鱼在套管内的情况下;(3)过油管打捞,在管径(油管)较小的情况下需要进行的打捞。图 2.6 显示了基本的打捞工具,包括打捞矛和套筒,每一个都有磨铣的边缘。使用齿刀和蜡、铅模来确定被卡在井下的是什么东西。任何放进井眼里的东西都会被留在那里,任何外径小于井眼直径的东西都可以掉进去。在打捞工作开始后,在井眼内的任何东西或打捞工具本身可能也不得不通过打捞来移除。所以应该做好预防措施。

需要进行打捞作业的主要原因是:(1)钻杆扭断或脱扣,(2)卡钻,(3)钻头和钻具故障,(4)异物,如手动工具、测井仪器和断了的钢丝绳或电缆掉落到井中。当必须要在还没下套管的井中准备打捞作业时,就要在采取行动之前尽可能多地了解井下情况。此外,打捞作业前需要回答的问题有:(1)从井中捞出什么?(2)落鱼是卡住了,还是处于自由状态?(3)如果卡住,是什么原因导致卡住?(4)井内情况如何?(5)落鱼的大小和状况如何?(6)打捞工具可以下到落鱼的内部还是外部?(7)其他工具是否可以穿过要使用的打捞组件?(8)如果落鱼不能被捞出,至少有两种方法可以摆脱它吗?

在裸眼或套管井中进行任何打捞作业都涉及以下工具和附件:(1)打捞矛和打捞筒;(2)内外刀具;(3)铣刀;(4)丝锥和模环;(5)冲洗管,① 冲洗管打捞筒(可释放),② 冲洗

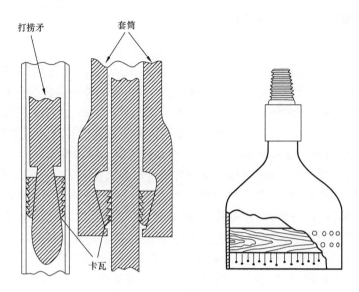

图 2.6 基本的打捞工具

管回接接头,③ 冲洗管钻铤矛;(6)附件,① 减振器,② 机械震击器,③ 液压震击器,④ 震击器加速计,⑤ 液压提拉工具,⑥ 换向工具;(7)安全接头,(8)垃圾回收器,(9)印模板。在涉及钻柱的打捞作业中,施工人员通常可以通过确定掉落前发生的情况来确定掉落的钻杆是否卡在井内。第 7 章将讨论卡钻问题。

打捞的历史:在石油钻井的早期,人们使用顿钻钻井而不是旋转钻井。为了回收无意中留在井眼中的钻井工具,钻井人员使用了一个由麻绳连接到杆上的钩。在操作过程和物理方法上与垂钓者相似,因此打捞落物的过程被命名为"钓鱼"(Moore,1955)。在路易斯安那州百慕大附近的 Prud'homme 家族种植园,博物馆里陈列着一套顿钻钻井设备,包括 1823 年用来挖三口水井的打捞工具。一位法国工程师设计了这套设备,一位非洲技术人员建造了它(Brantly,1961)。大多数打捞工具都是为顿钻钻井和生产作业设计的,然后再用于旋转钻井。自从商业钻井作业开始以来,打捞工具就一直是必不可少的。人们普遍认为,在世界范围内,打捞作业占钻井成本的 25%(Short,1995)。由于打捞是一种非常规程序,所有与给定作业有关的人员都更有可能犯操作错误。需要对打捞作业工艺进行研究,这对工程、地质、运营和会计人员都是有益的。

常规打捞:在油田作业中,打捞是一种移除井筒中掉落物或卡堵物的技术。"打捞"一词源于早期的顿钻钻井。在那个时代,当绳索出现断裂时,工作人员会在绳索上挂上钩子,试图钩住绳索来将其捞上来,或者"钓"到工具。必要性和独创性使开发这些油田打捞工具有了新的动力。工业时代早期的试错法为目前使用的多种打捞工具奠定了基础。落鱼可以是很多东西,包括:(1)卡住的钻杆,(2)断裂的钻杆,(3)钻铤,(4)钻头,(5)钻头牙轮,(6)掉落的手动工具,(7)砂卡或黏卡钻杆,(8)卡住的封隔器,(9)井中其他垃圾。有一些传统的打捞作业,如:(1)冲洗作业,(2)打捞筒作业,(3)打捞矛作业,(4)钢丝网打捞作业,(5)拆除作业,(6)震击作业,这些都是为处理不同种类的落鱼而开发的打捞技术。

当用大多数工具和打捞工具将物体从井眼中拉出时,应特别小心,以免将打捞作业扩大。

还应注意防止拉到一个特别窄的地方,否则就不能再退回去。打捞作业是钻井和修井作业规程中非常重要的一部分。随着钻井时间和深度增加,成本增大,井内复杂程度也提高,钻井人员经常会核算打捞作业的经济性。当计划进行打捞作业时,作业者将与打捞服务公司密切合作,设计一个施工流程并进行成本估算。考虑到成功的概率,打捞作业的成本必须小于重新钻井或侧钻的成本,这样才有经济意义。

　　图2.7所示为钻头组件,如牙轮、喷嘴和其他碎片,这些碎片通常小到可以被磁铁(图2.8)或打捞篮(图2.9)取出。最常见的落物是钻头牙轮。牙轮掉落有几个原因:(1)固相控制不好,(2)水力能量不足,(3)钻头选择不当,(4)操作员错误,如掉落或顿钻,(5)制造缺陷,(6)在井底钻井时间过长,(7)岩石耐磨性强,(8)底部不明杂物。磁铁用于从井中打捞铁质材料小碎片。有些打捞磁铁有循环口,可以将岩屑从落鱼中冲走。一般情况下,钻井液循环会将垃圾带离井底。在工具接头下方,钻井液流速随着环空变宽而减小。钻井液流速的降低使得垃圾能够进入开启的打捞篮中(图2.9)。

图2.7　钻头组件

磁铁块

图2.8　磁铁打捞器

　　除了制造缺陷和耐磨性地层外,适当注意可以避免所有这些情况发生。井口只有是打开时,工具才可能掉入井内。在起下钻过程中,当复杂的井底钻具组合通过转盘时,是最容易发生工具掉落的情况。此时,必须拆下旋转头(如有旋转头时)。一些扩眼器和稳定器无法通过一个胶芯。松开的大钳和卡瓦应在起下钻前维修好,在此期间应特别注意使用手动工具。在流动短节顶部使用橡胶垫有助于防止接单根过程中出现工具掉落情况。

　　钻铤掉落的原因是:(1)疲劳和接头螺纹磨损,(2)上扣扭矩过大或不足,(3)谐振应力,(4)卡瓦(卡箍)引起的失效。使用量规可避免上扣扭矩失效。通过探伤可以发现磨损,通过适当的监督可以防止卡瓦造成的损伤,合理的转速可以将谐振应力降至最低。如图2.10所示,过大的扭矩会导致钻柱脱落掉在井下。图2.10中(左),钻杆在钻具接头下方扭断。即使是厚壁钻铤也可能受到磨损和疲劳的影响。

　　图2.11所示为打捞筒组合,分为三个部分。顶部接头将打捞筒连接到工作管柱上。工具有一个锥形螺旋设计,以容纳抓手,来固定落鱼。引导器有助于将打捞筒定位到落鱼上。

打捞篮开口

图 2.9　打捞篮

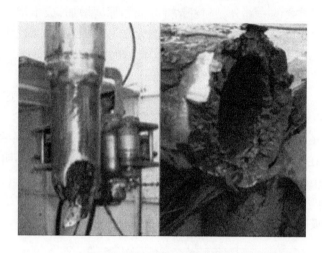

图 2.10　钻柱故障(钻铤穿孔)

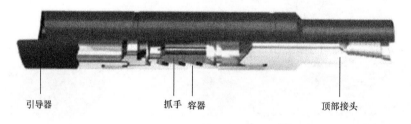

引导器　　　　　抓手　容器　　　　　顶部接头

图 2.11　打捞筒

打捞牙轮钻头、大钳牙和小工具:当钻头在地面、落鱼在井中时,有几种选择。如果井里灌满钻井液,磁铁打捞工具可用,就直接下到井底去打捞落鱼。如果没有灌满钻井液,或者没有磁铁打捞工具,下入一个使用过的钻头,在钻头上面携带两个打捞杯,试图用打捞杯磨碎和清洗落鱼。如果没法钻出井眼,那么循环钻井液,然后使用打捞篮来进行打捞。当打捞篮到达或钻井液循环完成,将打捞篮在井底来回提拉。使切孔的长度与打捞篮相同,然后起出井眼。打捞篮类似于岩心桶,通过弹簧作用将落鱼保存在筒内。如果找到落鱼,就继续钻进。如果没有,下一个用过的钻头,试着进行钻进和清洗。如果没法钻出井眼,用凹面磨铣工具磨铣打捞杯。这两个打捞杯应该留在钻柱中,直到把铁屑全部打捞起来。在下入金刚石或 PDC 钻头之前,应特别注意清除井眼内的所有金属垃圾。

磨铣:除了打磨落鱼顶部外,磨铣工具还用于磨碎杂物(图 2.12)。它们也可用于切割套管进行开窗、锻铣套管、切割落鱼颈部,以及磨铣无法打捞到的管柱(如固结在井中的钻杆)。聚簇状碳化钨,如硫酸镁用作平面铣刀。更大的颗粒磨铣材料用于磨大尺寸的落物。过高钻压会导致大颗粒磨铣材料从磨刀面上脱落。高速和高钻压当然不会总是产生高钻进速度。在磨铣槽中放置一两个磁铁,在磨铣时可以不断清除磨屑。碎屑会不断堆积,需要及时检查和清理。

打捞计算:决定是否打捞必须在保护井筒、回收昂贵设备和遵守原则之间进行权衡。每一

锥形磨铣工具　　　　　　　　　　柱形磨铣工具

图2.12　锥形磨铣工具(左)和柱形磨铣工具(右)

种选择都有其自身的成本、风险和影响。在采取具体行动之前,施工人员必须考虑若干因素。(1)井眼参数:设计深度、当前深度、落鱼深度和钻机日费。(2)落物成本:落鱼的价值减去保险涵盖的任何组件的成本。(3)打捞成本:打捞人员的日费和打捞工具及震击器的日租费。(4)打捞时间表:调用打捞工具和人员的时间、打捞作业的持续时间和成功的概率。

早期研究基于墨西哥湾的油井,已经推导计算出了打捞作业多长时间在经济上是合理的公式。英国石油公司工作人员评估了在北海打捞的经济成本,该评估显示墨西哥湾和北海存在的卡钻问题明显不同。在墨西哥湾,大多数卡钻是由于压差卡钻造成的。在钻井液基液中混入柴油被认为是最成功的解决方法。在北海,机械卡钻是主要问题,而没有最好的补救措施。混入某种材料只是众多可能选择中的一种。Keller 等人(1984)提出了经济的打捞时间(Economic Fishing Time, EFT)的概念。他们提出了一个公式来计算打捞成本与立即侧钻成本相等的时间。他们认为成功打捞的概率可以估计为:

$$EFT = \frac{P_s KHC}{DFC} \tag{2.1}$$

式中　EFT——经济打捞时间,d;

P_s——成功打捞的概率;

KHC——已知钻成本(落鱼价值 + 重新钻至原始深度的成本);

DFC——打捞日费。

利用威布尔分布描述经济的打捞时间,威布尔分布具有以下概率密度函数(PDF):

$$f(t) = m\lambda t^{m-1} e^{-\lambda t^m} dt \tag{2.2}$$

式中　t——时间,h;

λ——威布尔刻度参数;

m——威布尔形状参数。

在时间 t 之前解卡的概率由累积分布函数(CDF)给出:

$$f(t) = 1 - e^{-\lambda t^m} \tag{2.3}$$

式中　$f(t)$——随时间变化的解卡概率。

使用 $f(t)$ 代替固定概率并设置 $t = EFT$,式(2.1)可重写为:

$$EFT = \frac{F(EFT)KHC}{H} \tag{2.4}$$

式中　EFT——经济打捞时间;

H——每小时打捞成本。

可重新整理为：

$$\frac{F(\text{EFT})}{\text{EFT}} = \frac{H}{\text{KHC}} \tag{2.5}$$

这个比例被称为成本比例。

经济因素：在任何打捞作业中都必须权衡考虑。尽管打捞作业的实际成本通常比钻机和其他维持整个钻井作业的投资成本小，但如果不能及时从井眼中清除落鱼或杂物，则可能需要侧钻(即在障碍物周围定向钻井)或钻另一个井眼。因此，在进行打捞作业时，必须仔细、持续地评估打捞作业的经济性和井场产生的其他成本。知道何时结束打捞作业并开始钻井这一主要目标是非常重要的。在这种情况下，式(2.1)可以根据打捞作业允许的天数(D_f)重写为：

$$D_f = \frac{V_f + C_S}{R_f + C_d} \tag{2.6}$$

式中 V_f——更换落物的价值，美元；

$\quad\quad C_S$——侧钻的估计成本或重新钻井的成本，美元；

$\quad\quad R_f$——打捞工具和服务日费，美元/d；

$\quad\quad C_d$——钻机(和基本维持正常工作)日费，美元/d。

最佳打捞时间(OFT)：OFT 是 EFT(经济打捞时间)的一个经济上有吸引力的替换量，因为它试图最小化总成本。当打捞作业开始时，只有两种可能的结果：成功打捞或未能成功打捞。与这些结果相关的成本是：

$$\text{Cost}_{\text{free}} = Ht \tag{2.7}$$

$$\text{Cost}_{\text{fail}} = Ht + \text{KHC} \tag{2.8}$$

获得成功打捞的概率由式(2.3)给出。因此，卡钻事故的预期成本(EC)为：

$$EC = Ht\, F(t) + [1 - F(t)] \times [\text{KHC} + Ht] \tag{2.9}$$

式(2.9)可简化为：

$$EC = Ht + \text{KHC} - \text{KHC}\, F(t) \tag{2.10}$$

梯度方程如下：

$$\text{Gradient} = F(t)\text{KHC} - H \tag{2.11}$$

OFT(最佳打捞时间)是梯度变为零的点，可以从式(2.11)得出：

$$f(\text{OFT}) = \frac{H}{\text{KHC}} \tag{2.12}$$

假设补救作业时间(ROT)的小时费率与打捞时的费率相似，则式(2.5)和式(2.12)可改写如下。

$$\frac{F(\text{EFT})}{\text{EFT}} = \frac{1.43H}{\text{KHC}} \tag{2.13}$$

$$f(\text{OFT}) = \frac{1.43H}{\text{KHC}} \tag{2.14}$$

在这种情况下,成本比率的计算必须是:

$$\text{Cost Ratio} = \frac{1.43H}{\text{KHC}} \tag{2.15}$$

如果不考虑补救作业时间,建议的打捞时间将比真实的最佳打捞时间 OFT 长。所有必要的信息现在都可以用来形成新的打捞公式。通过代入式(2.15)中的各项,公式变为:

$$\text{Cost Ratio} = \frac{1.43H}{V + 56H + 9D + \dfrac{7HD}{1250} + 13000 + RH} \tag{2.16}$$

式中　V——卡点以下钻柱的价值,美元;

D——估计的卡点深度,m;

H——每小时钻机作业费,美元;

R——钻卡点下方原始井眼所用的时间,h。

案例分析

在钻 $7\frac{7}{8}$in 的井眼过程中,$6\frac{1}{8}$in 的钻铤扭断,余下的钻铤和 BHA 留在井内。在起钻完成后,施工人员叫来打捞服务公司打捞留在井中的钻柱。打捞专家制订了由钻杆、钻铤、震击器、缓冲接头和打捞筒组成的打捞管柱(图 2.13)。司钻把打捞管柱下入井中,成功地送达落鱼顶处。打捞筒与脱落钻柱连到一起后,当司钻缓慢拉动打捞管柱时,打捞人员注意到重量增加。一旦打捞专家确信打捞筒已锁住落鱼,司钻便将其拉出井眼,将落鱼放在管架上进行检查。最终,施工人员将问题归因于管柱疲劳。

个人经验:为了在井上打捞,必须停止钻井,使用专用打捞工具。大多数打捞工具都是用螺纹固定在打捞管柱的末端,类似于钻杆,然后下入井内。有两种方法打捞管柱:(1)第一种是打捞矛,它插在管柱里面,然后从内部抓住管柱;(2)另一种是打捞筒,这种工具包围管柱外围并从外部夹住管柱,将其带到表面。当一个落鱼很难固定时,就用套铣筒或冲铣管。将冲铣管下入井中,将落鱼磨成光滑的表面,然后泵入钻井液清除碎屑,并使用另一种工具取出剩余的落鱼。

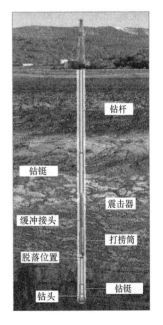

图 2.13　打捞管柱

有时,用杂物磨铣工具和打捞篮从井筒中打捞落鱼。在这种情况下,一个磨铣工具下放到井里,并旋转将落鱼磨成更小的碎块。然后,下入打捞篮(也被称为垃圾筐),钻井液被泵入井中,磨掉的落鱼部分被冲入打捞篮,然后通过打捞篮提升到地面。为了回收井内塌陷或形状不规则的套管,可以使用锥形磨铣工具。采用永磁体吸住磁性落鱼。电缆打捞矛使用钩子和倒钩钩住断裂的电缆。此外,可能会在井内引爆炸药,把落鱼炸成碎块,然后用打捞筒等工具把小块捞出来。

当打捞专业人员无法确定哪种打捞工具最适合用来捞取落鱼时,可以使用印模块给落鱼印模,并让专业人员确切地知道在处理什么样的落鱼。打捞一口井可能要花费数天才能完成,在此期间,钻井无法继续进行。但是,施工方仍需负责钻井费用。一些钻井承包商提供打捞保险,使施工方不承担打捞作业期间的钻机费用。

2.1.4.3 杂物打捞施工

杂物通常被描述为在钻井、完井或修井作业过程中掉落或留在井眼中不可钻的小金属物件(图2.14)。必须先取出这些不可钻物件,然后才能继续作业。值得注意的是,杂物打捞施工也可能被视为打捞作业的一部分。把落鱼或杂物从井中清除得越快越好。这些物品留在井眼中的时间越长,取出这些物品就越困难。此外,如果落鱼或杂物在井的裸眼段,井眼稳定性将出现更多问题。

井眼中的落鱼,如金属碎片或脱落(掉落)的设备,可能会卡在井壁和钻杆、工具接头或钻铤之间(图2.14)。当钻杆在落鱼旁提拉时,落鱼也将被推入井壁,还可能引发更严重的打捞问题。为了避免杂物落井,一定要注意保护井眼,而且不要把任何物体留在转盘区域。遗漏在井里的杂物可能包括:(1)牙轮、轴承、或钻头受损时留下的其他零件,(2)破碎的扩眼工具或稳定器上的部件,(3)扭断时掉落的金属碎片,(4)铣削下来的落鱼顶部产生的金属碎片,(5)自然形成的硬块、结晶、或研磨性矿物,(6)钳牙、扳手,或因为钻机设备故障或事故掉入井眼的其他物品,(7)卡在井下的封隔器、岩心桶和钻杆测试工具等设备,(8)钢缆工具和部分钢缆。

2.1.4.4 扭断

扭断是由于金属疲劳或冲蚀导致钻柱分离的现象(图2.15)。扭断使流体循环停止,导致钻头暴露在高温中(即没有冷却、没有润滑)。钻杆疲劳失效可能会导致扭断(图2.16)。这种情况通常发生在管柱下部被卡住的情况下。有扭断的早期特征,如扭矩提示。钻井过程中扭矩偏移越大,越容易发生扭断。因此,司钻应该特别注意该情况。

扭断通常是由于没有以相同的转速转动管柱造成的。这也是由以下原因造成的:(1)管柱处理粗糙,(2)钻柱缺陷,(3)在钻杆受压的情况下,在大斜度井眼中发生应力逆转,(4)钻铤稳定性差,被钳牙划伤,(5)不恰当的上扣扭矩操作,(6)冲蚀造成的腐蚀,(7)其他损坏,如在常规钻井时的恒定弯扭应力下形成和扩展的裂纹形成的薄弱点。管柱经常以螺旋状破裂或长裂纹的形式断开。扭断发生的表面迹象包括:(1)钻柱重量损失,(2)未钻透,(3)泵压降低,(4)泵速增加,(5)钻井扭矩降低,(6)转速增加。

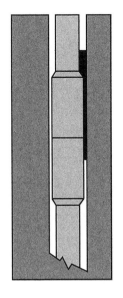

图 2.14　杂物打捞施工

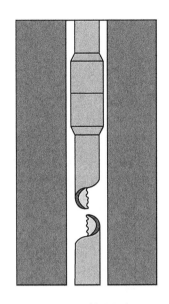

图 2.15　管柱扭断

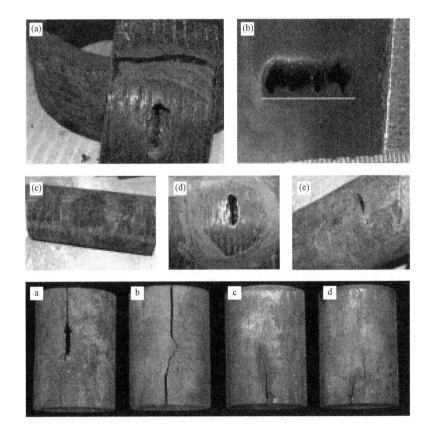

图 2.16　钻杆疲劳失效导致的扭断

2.1.5 难钻岩层

一般来说,岩石特别坚硬时钻进是很困难的。与钻坚硬岩石有关的问题是非常令人沮丧的。硬岩孔隙压力也是很难解释的。然而,可以假设在长深度段孔隙压力接近"正常",因为在坚硬岩石中的钻进速度很慢,并且没有发生井涌(即在超压页岩段)。因此,许多硬岩钻井问题无法得到合理解释。对于过平衡钻井,坚硬岩层钻井问题有:(1)钻速慢;(2)井漏;(3)压差卡钻;(4)应力腐蚀疲劳,如钻杆扭曲、掉牙轮、钻柱冲蚀;(5)定向困难;(6)严重的狗腿;(7)深部污染,测井评价差,无法修复的地层损害。对于欠平衡钻井,硬岩钻井问题有:(1)页岩坍塌——架桥和填充物(即损失时间,井涌);(2)腐蚀性气体侵入——钻杆和钻头脆裂;(3)井眼扩大——打捞作业困难,水泥顶替困难,套管坍塌(无水泥环);(4)塑性流动(即页岩或盐)扭矩过大,封隔层下漏失,管柱卡住。坚硬的岩石很难钻进,因为从超压页岩到欠压的砂岩和碳酸盐岩压力变化极为复杂。

对压力变化幅度了解越多,越有助于减少井筒压力不平衡严重程度,并找到最佳的折中方案。人们认识到钻井液密度特别是钻井液化学成分永远无法完全解决这些硬岩钻井问题。在这些不稳定地层中,测井压力图很难解释,因此常常被认为是无用的。对全球石油和天然气运营公司来说,一个重大的挑战是最大限度地减少互层、难钻岩石段内的钻头钻进时间。在这些更具挑战性的应用中,聚晶金刚石复合片(PDC)和牙轮钻头设计已经达到了极致,并且经常由于 PDC 热稳定性、严重磨损、轴承故障或冲击损伤而失效。这导致不断起下钻更换钻头或洗井,清除井眼内残留杂物,增加了工作时间和高额成本。

2.1.6 钻遇阻力层

一旦遇到阻力层,导致钻井速度急剧下降,就需要决定是停止钻进还是继续钻进。如果阻力层由砾石组成,则可能需要增稠钻井液以提升岩屑携带能力。如果阻力层是坚硬花岗岩,则应停止使用 LS – 100 钻机,尝试寻求其他钻井方法或在其他位置钻井。

2.1.7 钻进速度慢

钻速慢是指钻速(ROP)没有达到预期水平。钻速(ROP)的定义是钻头破碎岩石从而加深井眼深度的速度。这个速度的单位通常是英尺每小时(ft/h)或米每小时(斯伦贝谢术语)。机械钻速是评价钻井施工的指标和基本施工参数之一。钻速慢是钻井施工的结果。此外,当识别和分析所有关键的施工参数时,钻井效率将对成本产生预期的影响。这些参数称为性能限定符(PQs)。PQs 包括每个底部钻具组合(BHA)的进尺、井下工具寿命、振动控制、耐久性、定向效率、定向响应能力、机械钻速、井眼质量等。

大多数影响 ROP 的因素都会对其他 PQs 产生影响。这些因素可分为三类:(1)规划,(2)环境,(3)执行。规划类包括井眼尺寸、井剖面、套管深度、驱动机构、钻头、底部钻具组合(BHA)、钻井液(即类型和流变特性)、流量、水力马力和井眼清洁等,环境类因素如岩性类型、地层可钻性(即硬度、研磨性等)、压力条件(即压差和静水压)和地层倾角。钻压(WOB)、转速和钻柱动力学属于执行类别。ROP 可分为两种主要类型:瞬时值和平均值。瞬时钻速是钻进过程中在有限的时间或距离内测量的钻速。它提供了一个特定地层钻进情况或钻井系统在特定施工条件下如何工作的快照透视图。平均 ROP 是由相应 BHA 从下钻(TIH)到起钻(POOH)所钻的整个井段测量的钻速。

众所周知,钻井液性能对钻井速度有显著影响。这一事实在钻井文献早有阐述并得到了大量实验室研究证实。一些早期的研究直接关注钻井液特性,清楚地说明了运动黏度对给定钻头条件下钻井速度的影响。在实验室条件下,通过改变流体黏度,钻速可受多达三个因素的影响。从早期文献可以得出结论,钻井速度不直接取决于流体中固体的类型或数量,而是取决于这些固体对流体性质的影响,特别是对流经钻头喷嘴的流体黏度的影响。这一结论表明,钻速应与反映钻头剪切速率条件下流体黏度的流体性质直接相关,如塑性黏度。反映流体中固体含量的第二个流体性质也与钻速相关,因为固体会影响流体的黏度。

影响机械钻速(ROP)的因素很多,而且这些因素可能是很重要的变量。到目前为止,这些变量尚未得到很好的认识。由于难以完全分离所研究的变量,因此想对 ROP 进行严格的分析就会变得很复杂。例如,由于岩石性质变化未被发现,实地数据的解释可能存在不确定性。对于钻井液效应的研究,一直以来都有一个难题,那就是很难制备出两种性质完全相同的钻井液,只能同时研究一种钻井液。虽然一般来讲希望提高钻速,但绝不能以产生不利影响为代价来获得这种效果。最快的 ROP 并不一定会导致每英尺钻井成本最低。其他因素可能会增加成本,例如钻头加速磨损、设备故障等。

影响机械钻速的因素分为环境因素和可控因素两大类。表 2.2 显示了基于这两个类别的参数列表。地层性质和钻井液需求等环境因素不可控。另一方面,可控因素如钻压、转速和钻头水力学参数是可以立即改变的因素。钻井液被认为是一种环境因素,因为钻井液需要一定的密度才能达到足够的过平衡压力以避免地层流体侵入井眼。另一个重要因素是整体水力学参数对整个钻井作业的影响。钻井作业受许多因素的影响,如岩性、钻头类型、井下压力和温度条件、钻井参数,主要受钻井液的流变性的影响。钻速是可控因素和环境因素的函数。据观察,ROP 通常随着当量循环密度(ECD)的降低而增加。

表 2.2　影响钻速的变量

环境因素	可控因素(可变因素)
深度	钻头磨损状态
地层特性	钻头设计
钻井液类型	钻压
钻井液密度	转速
其他钻井液性能	流量
过平衡压力	钻头水力参数
井底液柱压力	钻头喷嘴尺寸
钻头尺寸	动力钻具几何结构

控制钻速的另一个重要因素是岩屑的运移。Ozbayoglu 等人(2004)在水平井和大斜度井钻井时,针对主要钻井参数对岩屑运移的影响进行了广泛的敏感性分析。结果表明,环空平均流速是影响岩屑运移的主要参数,流速越大,岩屑床发育越小。钻速和井眼倾斜超过 70°对岩屑层的厚度没有任何影响。钻井液密度对岩屑层发育有中等影响,随着黏度的增加,岩屑床减

小。偏心率增加对岩屑床的清除有积极的影响。岩屑越小,清除岩屑床就越困难。很明显,紊流有利于防止岩屑床发展。然而,在旋转钻井的任何工程研究中,可以容易地将影响机械钻速的因素分为以下几类:(1)人员效率;(2)钻机效率;(3)地层特征(例如,强度、硬度、研磨性、地下应力状态、弹性、黏性或泥包趋势,流体含量和孔隙压力、孔隙度和渗透率等);(4)机械因素(如钻头工作条件——① 钻头类型,② 转速,③ 钻压);(5)水力因素(如射流速度、井眼清洁);(6)钻井液性质(如钻井液密度、黏度、滤失量和固体含量);(7)钻头牙齿磨损量。然而,对于水平井和斜井,井眼清洁也是影响钻速的主要因素。通过设计实验确定了这些变量之间的基本交互作用。当两个或两个以上变量同时增加时,与单个效应相比,不产生叠加效应,就存在变量相互作用。钻头达到的钻速和钻头磨损率对每英尺钻井成本有着明显和直接的影响。影响机械钻速的最重要变量是:(1)钻头类型,(2)地层特征,(3)钻头工作条件(即钻头类型、钻压和转速),(4)钻头水力学,(5)钻井液性能,(6)钻头牙齿磨损。

(1)人员效率:人力技能和经验称为人员效率。在钻井(完井)作业期间,在同等条件下,人员是这些施工成败的关键。任何钻井(完井)问题都可能导致非常高昂的总体钻井成本。因此,对人员的继续教育和培训对于优化钻速和钻井(完井)施工顺利完成至关重要。

(2)钻机效率:钻机及其设备的完整性和维护是影响机械钻速(ROP)与钻井问题的主要因素。能够有效清理井底和环空的合理水力参数(如泵功率)、能够有效起下钻的合理提升能力、适当的井架设计载荷、允许在出现卡钻问题时安全超载提升的钻柱抗拉强度以及允许在任何井涌情况下实施有效控制的井控系统(如闸板防喷器、环形防喷器、内部防喷器),以上这些对于减少钻井问题和优化机械钻速(ROP)都是必要的。对所有钻井参数变化趋势实施检测和记录系统对钻机效率非常重要。这些系统可以在以后回放钻井数据。为适应所有预期的钻井条件需要特别的管柱材料,有效的钻井液处理和设备维护,确保钻井液的性能符合其预期功能。

(3)地层特征:地层特征是影响钻速的最重要参数。以下地层特征影响机械钻速(ROP):① 弹性,即弹性极限,② 极限强度,③ 硬度和耐磨性,④ 地下地层应力状态,⑤ 黏性或泥包趋势,⑥ 流体含量和间隙压力,⑦ 孔隙度和渗透率。在这些参数中,影响钻速的最重要的地层特征是地层的弹性极限和极限强度。莫尔破坏准则预测的剪切强度有时被来表征地层的强度。

地层的弹性极限和极限强度是影响钻速的最重要的地层性质。据推测,单个齿下产生的弹坑体积与岩石的抗压强度和抗剪强度成反比。地层渗透率对钻进速率也有显著影响。在渗透性岩石中,钻井液滤液可以进入钻头前面的岩石中,并平衡作用在每个齿下形成的碎屑上的压差。也可以认为,岩石孔隙空间中所含流体的性质也会影响这一机制,因为要平衡含气体岩石中的压力,需要的滤液体积要比含液体岩石中的更大。岩石的矿物成分对钻进速率也有一定的影响。

为了确定单次压缩试验的抗剪强度,大多数岩石的平均内摩擦角在 $30 \sim 40°$ 之间变化。以下模型已用于标准压缩试验:

$$\tau_0 = \frac{\sigma_1}{2}\cos\theta \tag{2.17}$$

式中　τ_0——破坏时的剪切应力,psi;

　　　σ_1——压应力,psi;

　　　θ——内摩擦角,(°)。

启动钻井所需的临界力或钻压$(W/d)_t$,通过绘制钻井速度与每钻头直径的钻压的函数,然后外推至零钻井速度来获得。以这种方式获得的实验室相关性如图2.17所示。

地层渗透率等其他因素对钻速有显著影响。在渗透性岩石中,钻井液滤液可以进入钻头前面的岩石中,并平衡作用在每个齿下形成的碎屑上的压差。地层作为一个几乎独立或不可控的变量,在一定程度上受到静水压力的影响。室内实验表明,在某些地层中,增加静水压力会增加地层硬度或降低其可钻性。岩石的矿物组成对钻速也有一定的影响。含有坚硬、研磨性强矿物的岩石会导致钻头牙齿迅速变钝。含有黏性黏土矿物的岩石会导致钻头泥包并以非常低效的方式钻孔。

(4)机械因素:机械因素有时也称为钻头工作条件。以下机械因素会影响机械钻速:① 钻头类型,② 转速,③ 钻压。

① 钻头类型:钻头类型选择对钻速有显著影响。对于牙轮钻头,当使用长齿和大锥偏角钻头时,浅层的初始钻速通常最高。然而,这些钻头仅在软地层中适用,因为在较硬地层中,牙齿磨

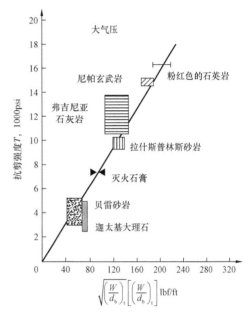

图2.17　大气压下岩石抗剪强度与临界钻压之间的关系(Hossain and Al – Majed,2015)

损迅速,钻速突然下降。当使用最长的牙轮钻头时,通常可以获得最低的每英尺钻进成本,这将使牙齿寿命与最佳钻头工作条件下的轴承寿命一致。通过选择金刚石或PDC毛坯的尺寸和数量,可以设计金刚石和PDC钻头的每转进尺。切刀的宽度和数量可以用来计算刀片的有效数量。从钻头表面伸出的刀具长度(小于底部间隙)可以限制切削深度。PDC钻头在软、硬、中硬、非研磨性地层中表现最好,这些地层不是黏性的。因此,必须考虑钻头类型的选择,即是否必须使用刮刀钻头、金刚石钻头或牙轮钻头,并且各种齿结构在一定程度上影响给定地层中可获得的钻速。

图2.18显示了在所有其他钻井变量保持不变的情况下,通过实验获得的机械钻速(ROP)与钻压(WOB)的典型曲线图。在超过临界钻压(a点)之前,不会获得显著的钻速。对于低至中等钻压(ab段),钻速随钻压值的增加而逐渐线性增加。在高钻压值(bc段)处再次观察到线性急剧增加曲线。尽管所讨论段(ab段和bc段)的ROP与WOB的相关性均为正,但bc段的斜率更陡,表明钻井效率提高。b点是岩石破坏模式从刮削或研磨转变为剪切的转换点。在c点以外,随后钻压的增加只会导致ROP(cd段)略有改善。在某些情况下,在钻压极高的情况下(de段),可以观察到钻速下降。这种行为有时被称为钻头泥包(d点为钻头泥包点)。在高钻压值下,钻速响应差通常是由于岩屑生成率较高,或钻头切削元件完全穿透正在钻进的

地层,没有空间或间隙进行流体旁通,从而导致井眼清洁效率较低。

② 转速:图 2.19 显示了 ROP 与转速的典型特征形状响应。在所有其他钻井变量保持不变的情况下,通过实验获得转速。在较低转速(ab 段)下,钻速通常随转速(N)的增加而线性增加。转速值越高(b 点之后,bc 段),ROP 的增加率越小。高转速下的钻速响应较差,通常也归因于井底清理效率较低。在这里,钻头泥包是由于对钻屑的井底清理效率较低。

Maurer(1962)提出了牙轮钻头的理论公式,将钻速与钻压、转速、钻头尺寸和岩石强度联系起来。该公式由单嵌件冲击实验中的以下观察结果得出:弹坑体积与刀具穿透深度的平方成正比;刀具穿透深度与岩石强度成反比。对于这些条件,方程可以写成:

$$ \text{ROP} = \frac{K}{S_c^2} \Big[\frac{W_b}{d_b} - \Big(\frac{W_{bt}}{d_b} \Big)_t \Big]^2 N \tag{2.18} $$

式中   ROP——钻速,ft/min;

   K——比例常数;

   S_c——岩石抗压强度;

   W_b——钻压;

   W_{bt}——临界钻压;

   d_h——钻头直径;

   N——转速;

   $(W_{bt}/d_b)_t$——每英寸钻头直径的临界钻压。

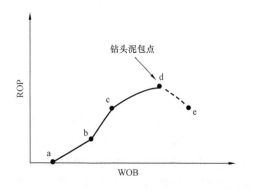

图 2.18　钻头钻速对钻压增加的典型变化图
(Hossain and Al – Majed, 2015)

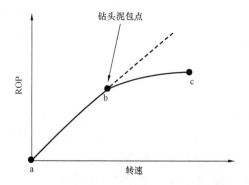

图 2.19　机械钻速随转速增加的典型变化图
(Hossain and Al – Majed, 2015)

这一理论关系假设井壁清洁良好,钻头齿穿透不完全。Bingham(1965)在大量的实验室和现场数据的基础上提出了以下钻探公式,可以写成:

$$ \text{ROP} = K \Big[\frac{W}{d_b} \Big]^{a_5} N \tag{2.19} $$

式中 K——比例常数,包括岩石强度影响;

   a_5——钻压指数。

在这个方程中,假设临界钻压忽略不计,并且钻压指数必须在当前条件下通过实验确定。

③ 钻压:钻压的重要性如图 2.18 所示。图 2.18 显示,在施加临界钻压(W_t)之前(oa 段,即直到 a 点),钻速没有显著提高。随着钻头重量值的增加(ab 段),钻速迅速增加。然后在中等钻压值(bc 段)下观察到 ROP 的恒定增长(线性增长)。超过此点(c),仅观察到 ROP 略有改善(cd 段)。在某些情况下,在极高的钻压值下,可以观察到钻速下降(de 段),这种行为被称为钻头泥包。这是由于井底清理效率较低(因为切割产生的速度增加了)。

(5)钻井液性质:据报道,影响钻速的钻井液性质包括,① 密度,② 流变流动特性,③ 过滤特性,④ 固体含量和粒度分布,⑤ 化学成分。随着流体密度、黏度和固体含量的增加,机械钻速趋于降低。随着过滤速率的增加,其值趋于增大。钻井液的密度、固体含量和过滤特性控制着钻头下方碎石区的压差。流体黏度控制着钻柱中的摩擦损失,从而控制着钻头射流中用于井眼清洁的水力能量。还有实验证据表明,即使钻头非常干净,增加黏度也会降低钻速。钻井液的化学成分对钻进速度有影响,因此钻井液的化学成分会影响某些黏土的水化速度和泥包趋势。随着钻井液密度的增加,牙轮钻头的钻速降低。钻井液密度的增加会导致钻头下方的井底压力增加,从而导致钻孔压力和地层流体压力之间的压差增加。

(6)钻头牙齿磨损:由于牙齿磨损,随着钻削时间的推移,大多数钻头的钻削速度会变慢。铣齿牙轮钻头的齿长由于磨损和切削而不断减小。通过硬面或表面硬化工艺改变牙齿,以促进牙齿磨损的自锐化类型。然而,虽然这有助于保持齿尖,但并不能补偿齿长的减少。硬质合金镶块式牙轮钻头和 PDC 钻头的齿失效不是由于磨损而是由于折断。通常情况下,整个牙齿是在发生断裂时脱落。除非在钻头作业过程中大量的牙齿被破坏,否则对于镶齿钻头来说,由于钻头磨损导致的钻速降低并不像铣削齿钻头那样严重。

(7)钻头水力特性:通过在钻头处进行适当的喷射操作,可以显著提高钻速。改进的喷射作用促进了钻头表面和井底的更好清洁。在描述水力学参数对渗透速率的影响时,选择最佳的水力学参数目标函数存在不确定性。钻头水力马力、射流冲击力、雷诺数等是描述钻头水力对钻速影响的常用目标函数。

(8)定向井和水平井钻井:自 20 世纪 80 年代水平井技术"完善"以来,发达国家的大多数井都使用水平井。同时,斜井和定向井也在海上钻井中得到了应用。定向井和水平井钻井的常见应用领域是海上和陆上,在这些领域中,直井钻探是不现实的,或者说在这些情况下水平井可以保证更高的投资回报。在过去三十年里,从垂直井到水平井发生了重大转变。水平井的使用使得更多的地层可以进入。随着水平井数量的增加,水平井钻井成本下降。正如 IEA 报告(2016)所示,在过去的几十年中,横向长度从 2500ft 增加到了近 7000ft,同时,钻井速度(ft/d)增加了近三倍,如图 2.20 所示。尽管水平井效率的提高降低了钻井成本,但该技术并没有在发展中国家流行起来,因为在发展中国家,水平井价格仍然被认为非常昂贵。

定向钻井的主要应用是:① 开发位于人口中心下方的油田,② 在储层位于主要天然障碍物下方的钻井,③ 侧钻现有井眼,④ 延长储层接触,从而提高油井产能(Hossain and Al - Majed,2015)。

(9)提高油田作业的机械钻速:提前钻井所花费的时间通常占油井总成本的很大一部分。在典型的油井中,钻进时间通常占油井成本的 10% ~ 30%。这意味着钻头的钻速对降低钻井成本有相当大的影响。研究人员开发了一种方法来确定在一组特定钻头运行中哪些因素控制着钻速。该方法利用基于井底的钻井液测井数据、地质信息和钻头特性,得出机械钻速与实际钻井参数或其他钻井条件属性之间的数值关联。然后,利用这些相关性生成建议,以最大限度地提高钻井作业中的机械钻速。该方法的目的是量化操作控制变量对 ROP 的影响。为了揭示这些变量的影响,必须建立数据集,以尽量减少环境条件的变化。因此,第一步是通过相似的地层选择一组具有相同钻头尺寸的钻头。其次,确定岩性一致的层段,优先选择表现出横向均质性的地层。一般来说,像页岩和石灰岩这样的地层通常比砂岩这样多变的岩性更适合。岩石性质测井可用于验证可比性。根据每项具体分析的目标,可以对不同钻井液类型、不同钻头等级的钻头进行进一步的分类,或者将使用锋利钻头的井段与磨损状态下的井段进行分类。每一步都有助于进一步揭示钻头设计、机械或液压钻井参数对钻速的影响。一旦区间被选择和排序,就可以得到感兴趣的变量的数值平均值。这一点至关重要,因为在钻井参数测量中存在许多误差源,因此提高了数据质量。平均化以提高样本量是减少误差影响的最明显的方法。

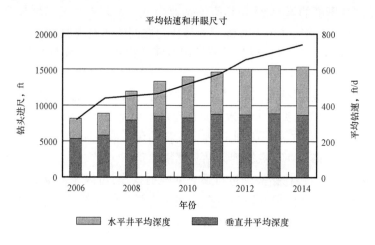

图 2.20 历史钻井趋势

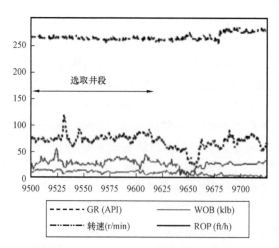

图 2.21 实钻井段实时钻进数据和平均值
(Fear,1999)

图 2.21 显示的是测井数据,该数据是在钻进早期从页岩层段提取的,并对其进行了平均计算,之后由于砂岩中的钻头磨损导致 ROP 下降。在同一层段的其他钻头下入过程中,也会重复这一过程,从而获得适合分析的数据集。例如,BP 勘探公司定制了一款岩石物理软件,该软件通过对纸质日志进行人工处理,自动提取和平均钻井数据。一旦数据准备好,相关分析就在传统的电子表格中进行。用交叉图来寻找机械钻速与自变量之间的可见相关性,用统计函数来确定相关性程度,建立机械钻速预测模型。

案例研究:在伊拉克祖拜尔油田测试了一个带有 16mm 刀具的 6 刃 12¼in CDE PDC

钻头。尝试解决导致机械钻速低的振动问题。地层由中硬度碳酸盐岩和层间层段组成。由于黏滑和振动水平降低,机械钻速显著提高。因此,可以增加钻压。与 18.5m/h 的最佳偏移量相比,机械钻速增加了 29%,与 15.3m/h 的所有三口偏移井的平均值相比,机械钻速增加了 56%(图 2.22)。钻速的提高直接归功于增加了 CDE 技术,因为所有三个钻头都在同一类型的旋转导向底部钻具组合上运行。钻 595m 后,CDE PDC 钻头在切削结构或锥形元件上没有磨损。由于机械钻速增加,与最佳偏移量相比,使用托管架钻头(图 2.23)时,成本每米降低了 27%。这项操作为运营商节省了 32000 美元。

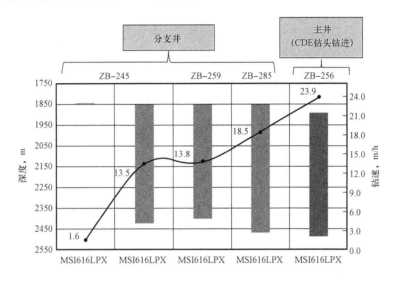

图 2.22　不同井中的钻速

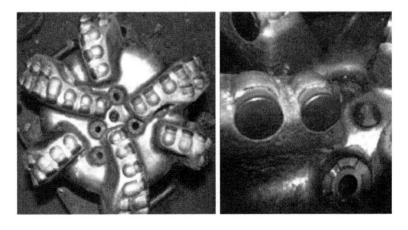

图 2.23　托管架钻头粉碎并剪切岩屑

建议如下。

① 任何机械钻速模型都应将钻速作为许多钻井变量(如钻压、转速、流量、喷嘴直径、钻井液密度和黏度、岩层高度和环空岩屑浓度)的函数进行估算,并具有合理的精度。

② 使用现代化的油井监测设备。

③ 为了提高机械钻速模型的精度,有必要使用多口井的数据。此外,这些数据应来自同一地层。

④ 由于 PDC 钻头喷嘴的结构、几何形状、数量和尺寸等因素,其抽汲力对钻压起着非常重要的作用。因此,应特别注意。

2.1.8　钻遇边缘含水层

含水层可定义为油藏中具有水驱力的含水部分。一般来说,含水岩石是可渗透的,当生产开始时允许流体通过。有时,钻井工人在钻井时会遇到边缘含水层。钻井液可能会污染含水层淡水,这是从事钻井活动的人员所关心的问题。因此,在设计和执行钻井计划期间,需要采取额外的预防措施,以保护淡水含水层。此外,含水层的水可能流入井筒,从而污染钻井液,这可能导致井控问题。

解决方法:为避免上述问题,司钻需要确认钻头穿透含水层的全部厚度。钻头应该尽可能地往下延伸。在整个含水层厚度附近安装井网,并在其上方和下方安装实心套管。开井后,将泵筒安装在井内尽可能低的位置。如果在地面 $15 \sim 22m(50 \sim 75ft)$ 范围内的细砂或淤泥含水层中完井,有时会使用 $20cm(8in)$ 的扩眼钻头(例如玻利维亚的油田)。这使得安装一个更好的过滤器组成为可能,并降低了入口速度,减小了细粉砂、黏土和砂粒进入井内的通道。此外,在使用常规技术开发后,通过向井中添加少量聚磷酸盐,可以最大限度地提高成功率。聚磷酸盐有助于去除含水层中天然存在的黏土。这种黏土污染了钻井液。因此,在这个过程中去除黏土也很重要。

2.1.9　油井停止产水

储层孔隙含有处于化学平衡的天然流体(如水、油、气等)。众所周知,储集岩一般都是沉积成因。因此,水在一开始就存在,并且被困在岩石的孔隙空间中。这种天然流体(即水)可根据地质作用引起的水压迁移,而地质作用也形成了储层。在油气藏中,一部分水被油气置换,然而,一部分水总是留在孔隙中。如果有来自海滨或大洋的水驱,那么它将充当压力去维持驱动的角色。在一些情况下,在生产过程中,有时会出现无产水或产水很少的情况。由此,会造成储层压力下降,影响油气产量。

2.1.10　钻遇复杂地层

复杂储层是指断层阵列和裂缝网络对油气圈闭和生产行为起主导作用的一类独特的储层,其特征是油田储层发育过程中各种因素相互作用。在此类储层中,压裂、断裂等参数对储层特征的研究具有挑战性;原生和次生岩石物性分布复杂;结构要素与"矩阵"特征之间存在关系;构造特征和成岩演化意义重大。即使现代勘探和生产组合已普遍存在于地质复杂环境中,但在钻井、开发和最终从复杂储层中提取剩余油气方面,仍面临着越来越大的技术挑战。改进的分析和建模技术将提高定位连通油气体积和未波及油藏的能力,从而有助于优化油田开发、产量和最终采收率。在这种情况下,沉积因素起着至关重要的作用。这些因素可以显著影响储层的性质,包括初始流体饱和度、残余饱和度、水驱波及效率、优选流动方向以及注入流体的反应。渗透率屏障可能导致需要钻更多的加密井或重新定位这些井的位置,选择性射孔和注入储层单元,单独管理区域,并修改关于热采油作业的适用性的决策。为了提高复杂油藏的钻速,降低钻井成本,需要特殊的钻头结构、钻井方法和钻井参数。

2.1.11　复杂流体系统

全面了解复杂流体系统及其在钻井、生产、衰竭、开发等不同情况下的行为,对提高油气产量和安全钻井具有重要意义。复杂的流体和复杂的油田给传统的钻井和钻井方案带来了更多的挑战。因此,作为一名石油工程师,有必要了解石油和天然气行业处理复杂储层流体系统的挑战、选择和最佳实践。为了降低油气藏复杂流体表征的风险性和不确定性,需要对油气藏复杂流体表征的各个方面进行深入研究。油气藏在储层结构和流体方面存在显著的复杂性。流体的复杂性,即成分分级和变化、杂质和剧烈的空间变化,会影响油田的采收率和产量。在大多数情况下,由于数据有限,缺乏分析和用于捕获数据的适当工具,无法理解和认识到这些复杂性。这些数据对油藏工程研究、处理以及确保井筒和管柱流动具有重要意义。

2.1.12　钻头泥包

钻头泥包是钻井过程中随时可能发生的钻井作业问题之一。钻头泥包是指钻穿胶黏黏土(即黏性黏土)、遇水黏土和页岩地层时,钻屑黏附在钻头表面。在钻穿此类地层期间,当钻头在井底旋转时,部分黏土附着在钻头锥体上(图2.24)。如果钻头清洁不当(通常是由于水力条件差造成的),就会有越来越多的黏土粘在钻头上。最后,达到了一个阶段,所有锥体都被黏土覆盖,无法进一步钻孔。如果喷嘴也卡住,钻头泥包可能会导致一些问题,如钻速(ROP)降低,扭矩增加,如果喷嘴也被堵住则会造成立管压力(SSP)升高。由于无法钻井,振动筛上的岩屑量也减少了。工作人员可能最终需要将井底钻具组合(BHA)从井中取出,以清除钻头泥包问题。

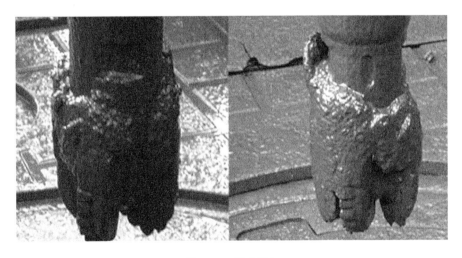

图2.24　钻头泥包

影响钻头泥包的因素很多。这些因素包括:(1)地层即使使用了高抑制性水基钻井液或油基钻井液,黏土岩和页岩仍然有向上泥包钻头的趋势;(2)黏土中的方解石含量,例如,具有较大阳离子交换容量的高活性黏土;(3)井筒中的静水压力,较高的静水压力(例如,5000～7000psi)可导致水基钻井液中的钻头泥包问题;(4)钻压,钻压高将有更多机会造成此问题;(5)钻头设计,不良的钻头切削结构和不良的 PCD 钻头的排屑槽结构导致了这一问题;(6)由于钻头选择不当或钻头磨损,钻头切削结构突出不良;(7)不良的钻头水力性能,低流速将无法清洁钻头周围的岩屑;(8)PDC 钻头的开口容积(即排屑槽)较差。

如果怀疑发生了钻头泥包,可以通过以下方法来判断:(1)机械钻速(ROP)的下降幅度大于预计幅度,例如,如果井队由钻 100ft/h 下降到 50ft/h,而没有改变任何钻井参数(例如,在软地层中的钻速低于预期);(2)钻井扭矩,由于大部分切削齿都被岩屑覆盖,因此钻井扭矩将低于正常钻井扭矩(即扭矩低于预期,并可能随时间而下降);(3)钻压,钻压增加,导致机械钻速(ROP)出现静态或负值反应;(4)立管压力,在流量或钻井参数不变的情况下立管压力增加,钻头周围的泥包减少了环形流动面积,从而导致压力增加(例如,使用 PDC 钻头时,压力为 100～200psi,但并没有相关流量的增加)。

如果在钻井过程中出现与钻头泥包有关的问题,应实施适当的计划以避免钻头泥包。这些计划包括以下 5 点。(1)钻头选择。选择具有最大切削结构设计的钻头(例如,钢齿钻头比插入式钻头更好,因为钢齿钻头的齿啮合更大。因此,钢齿比类似的镶齿钻头更好,有助于清洁岩屑)。对于 PDC 钻头,优选较大的排屑槽区域。(2)钻头喷嘴选择。不建议使用带有高流量管柱或加长喷嘴的钻头。一部分喷射必须对准钻头切削结构。如果使用较大的钻头尺寸,不应该阻挡中心射流。中心喷嘴将更有效地冲洗所有岩屑。使用倾斜的喷嘴将一些水流引导到钻头的锥体上。(3)良好的水力性能。钻头每个横截面积的液压马力是一个可用于测量水力是否良好以缓解钻头泥包的重要数据。每平方英寸液压马力(HSI)小于 1.0 将无法清洁钻头。在泥包环境中,最好使用 2.5 以上的 HSI 进行良好的钻头清洁。但是,不要以牺牲 HSI 为代价来使流量最大化。(4)钻井液。必须向水基钻井液体系中加入钻井液化学添加剂,如部分水解聚丙烯酰胺(PHPA),以防止黏土膨胀问题。如果可行的话,用油基钻井液钻井会减少泥包的机会。(5)钻压(WOB)。司钻不应试着使钻压过大。如果钻压增加,然后出现机械钻速降低的情况,那么可能会出现钻头泥包问题。在这种情况下,司钻应降低钻压并尽快清理钻头。因此,如果钻速下降,不要立刻增加钻压。提醒操作员注意这一情况。

一旦检测到钻头泥包,就需要立即进行一些工作。这些工作如下。(1)停止钻井并从井底起钻。如果钻井作业继续进行,情况会更糟。停下来并从底部提起钻杆是快速解决问题的一种很好的做法。(2)增加转速和流速。增加转速将使钻头周围的岩屑更加快速地旋转。此外,将流速增加到最大允许流速将有助于清洁钻头。(3)监测压力。如果发现立管压力下降到之前的水平,则表明部分钻屑已从钻头上移除。(4)降低钻压。使用更低钻压钻进。(5)泵送高黏度颗粒。泵送高黏度颗粒可能有助于推动切削。(6)使用淡水颗粒。将其浸泡并尽量溶解(松开)成球状的材料。这将有助于岩石变得更加粉质或砂质,可能有助于清洁钻头,并在以上操作不成功时准备起下钻,选择更优的钻头、水力喷嘴布置或钻井液系统。

2.1.13 地层坍塌

井眼坍塌的主要原因是缺乏合适的钻井液。这种情况经常发生在砂岩地层中,因为钻探人员没有使用好的膨润土或聚合物。现在,地层坍塌被定义为"来自井筒的岩石碎片,并且,这些碎片并没有通过钻头的作用直接被移除"。崩落物可以是碎屑、碎片、大块和各种形状的岩石。这些部分通常从页岩段剥落,变得不稳定(图2.25)。崩落形态可以揭示岩石破坏的原因。该术语通常以复数形式使用。当流体循环但岩屑未从井眼排出时,就可以观察到这些问题。

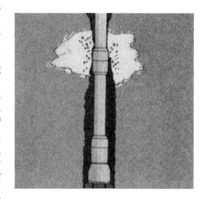

图2.25　地层坍塌

　　在这种情况下,如果司钻继续向前钻进,钻头可能会卡住。当套管组试图插入套管时,井眼将坍塌,或者含水层的很大一部分可能被冲蚀,这使得很难完成一口好井。解决办法是得到一些膨润土或聚合物,或者,如有必要,评估天然黏土作为钻井液的适用性。如果井眼中的液位显著下降,也可能发生井眼崩落。因此,有必要进行堵漏或夜间堵漏,并通过钻杆循环钻井液,缓慢地重新注入井眼。然而,将流体直接注入井眼可能引发崩落。如果在钻井过程中发生坍塌,检查岩屑是否仍在出井。如果是,停止钻井并循环钻井液一段时间。有时,在安装套管时,部分井眼会塌陷,使套管无法插入井眼的整个深度。出现这种情况时,必须取出套管,用加重钻井液重新钻井。当提升套管时,其吊入空中的高度任何时候都不得超过 12.19m(40ft)。如果司钻提升套管超过规定长度,会导致薄壁聚氯乙烯(PVC)弯曲开裂。

2.1.14　井内桥堵

　　桥堵被定义为"不稳定地层的塌陷,可能困住钻柱"(图2.26)。桥堵可能是钻井液压力不足的结果。然而,在实际应用中,桥堵有不同的定义。例如,从钻井的角度来看,井内桥堵被定义为"有意或无意地堵塞岩层中的孔隙空间或流体路径,或在井筒和环空中进行限制"。桥堵可以是部分的,也可以是全部的,通常是由于固体(例如,钻具、岩屑、崩落物或井内垃圾)在狭窄的位置粘在一起或井筒中的几何结构变化引起的。从完井的角度来看,它可以表示为"由于积垢、井筒填充物或岩屑等物质的堆积而造成的井筒阻塞,这些物质会限制井筒的进入,在严重的情况下,最终使井筒关闭"。在修井作业中,桥堵是"物体在井筒内积聚或堆积,如砂粒、填充物或水垢,使流体的流动或工具与井下设备的通道严重受阻"。在极端情况下,井筒可能完全堵塞或桥堵,需要采取一些补救措施才能恢复正常循环或生产。在射孔(完井)作业中,桥塞被描述为"一种定位并坐封以隔离井筒下部的井下工具。桥塞可以是永久性的,也可以是可回收的,这样就可以在生产过程中对下部井段进行永久密封,也可以在上部井段进行处理时将其暂时隔离"。在完井作业中,可回收桥塞被描述为"一种井下隔离工具,使用后可从井筒中取出,如隔离带处理后所需的"。可回收桥塞通常与封隔器结合使用,以实现增产或处理液的准确注入。桥接可来自:(1)岩屑沉降;(2)地层塌陷;(3)构造活动区域或盐层底辟构造周围的地层挤压。

　　桥塞是石油钻井工业井下应用中使用的一种工具。桥塞用于井筒或地下,以阻止油井被使用。桥塞具有永久性和临时性两种应用,它可以使油井永久停止生产石油,它的制造方式也可以使其能从井筒中回收。因此,它允许油井恢复生产。它们还可以在井筒内临时使用,在原油开采或处理过程中阻止原油到达上部区域。桥塞通常由几种材料制成,每种材料都有各自适用的优点和缺点。例如,由复合材料制成的桥塞通常用于高压应用中,因为它们可以承受18000~20000psi(124~137MPa)的压力。另一方面,由于复合材料和井筒内的材料之间缺乏黏结,长期使用容易发生滑移。而由铸铁或其他金属制成的桥塞则非常适合长期使用甚至永久性应用,但是,在高压情况下,它们不能很好地黏附。

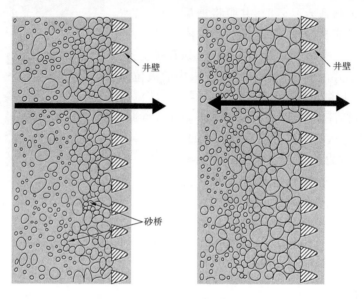

图 2.26　井内桥堵

桥塞不只是被放置在井眼中,然后留在井口进行堵塞。事实上,在井筒内放置桥塞以永久或暂时阻止油气流动是一个十分细致的过程,必须要有策略和技巧地完成。这必须在使用桥塞工具时进行,该工具专门设计用于以有效方式放置桥塞。用于放置桥塞的工具通常有一个锥形螺纹芯轴,该芯轴穿过桥塞的中心。它有一个连续放置的压缩套管,以便当工具与桥塞啮合时,套管围绕着桥塞压缩,工具将桥塞旋转到井下的井筒中。当桥塞到达所需深度时,工具从桥塞的轴向中心分离,并从汽缸上滑脱。当套管减压后,将工具从井筒中取出,并将桥塞留在原位。

2.1.14.1　井内桥堵的成因

井内桥堵有几个原因。(1)岩屑问题:钻井液的主要功能之一是将岩屑高效地输送到地面。该功能主要取决于流体速度和其他参数,如流体流变特性、岩屑尺寸等。必须将岩屑从地层中清除,以便进一步钻井,否则,就会发生桥堵。(2)垂直井或近垂直井眼的岩屑沉降:直井或近直井倾角小于35°。众所周知,钻井液是水、油或气体等流体与固体(即膨润土、重晶石等)的混合物。诸如砂、淤泥和石灰石等固体不会与钻井液中的其他化合物发生水合反应或其他化学反应,而是在钻井过程中作为地层岩屑生成。这些固体称为惰性固体,必须去除才能继续有效地钻探。因此,固相控制被定义为控制钻井液中悬浮固体的数量和质量,以降低钻井总成本。但是,钻井液中的一些颗粒(如重晶石、膨润土)应该被保留,因为它们是保持钻井液性能所必需的。当钻遇的固体(低密度固体)浓度过高时,流变性和过滤特性就会变得难以控制。如果钻头固体浓度增加,则钻速和钻头寿命降低。另一方面,随着钻井固体浓度的增加,井眼问题也随之增加。

当井筒中的岩屑没有从环空中清除时,就会发生桥堵。当井筒中没有足够的切削滑移速度或钻井液性能较差时,就会发生这种问题。当泵关闭时,由于重力作用、环空和充填,岩屑掉落到地层中。最后,会导致卡管。需要注意的是,为了有效地清洁环空,在动态条件下,环空速度必须大于切削滑移速度。此外,钻井液性能必须能够在泵打开时进行剪切,并在泵关闭时暂停剪切。

2.1.14.2　直井中岩屑沉降预警信号

(1)扭矩(阻力)和泵压增加。

(2)在没有任何参数变化的情况下,当提升钻杆时,可能会观察到过大拉压,并且中断循环所需的泵压较高。

(3)直井中由于岩屑床形成而出现卡钻问题的迹象。

(4)当发生岩屑沉降引起卡钻时,循环受到限制,有时甚至无法循环。最有可能发生在停泵(连接)或起下钻时。

2.1.14.3　井内桥堵的补救措施

(1)尝试以低压(300~400psi)进行循环。不要使用高泵压,因为环空被填充的压力更大,将无法再释放管柱。

(2)施加最大允许扭矩并以最大的脱扣负荷降振。不要试图增加振动,因为那样会使情况更糟糕。

2.1.14.4　预防措施

确保环空速度大于岩屑沉降速度。

(1)确保钻井液性能良好。

(2)考虑泵送 hi – vis 颗粒。可以尝试加重或不加重,看看哪一个提供最好的岩屑去除能力。

(3)如果进行泵清扫,确保在进行任何连接之前必须将清扫器返回地面。为了达到良好的钻井效果,井筒中不能有超过一粒颗粒。

(4)起下钻前,循环清洁井筒。确保循环时有良好的往复运动。

(5)循环 5~10min,然后再进行另一次连接,清除底部钻具组合(BHA)周围的岩屑。

(6)记录钻井参数,观察其变化趋势。

(7)优化机械钻速和井眼清洁。

2.1.14.5　固相模型体积

在钻探操作中,由于切开了岩石,会产生大量的岩屑。因此,了解随钻井液到达地面的岩屑的固体体积是非常重要的。在理想情况下,所有的钻井固体均能从钻井液中清除。在典型的钻井条件下,低密度固体体积应保持在 6% 以下。钻屑是每小时钻头产生的碎石量。方程(2.20)可用于估计钻井时进入钻井液系统的固体量。

$$V_s = \frac{\pi(1 - \phi_A)d_B^2}{4}R_{ROP} \tag{2.20}$$

式中 d_B——钻头直径;

V_s——岩石碎片进入钻井液的固体体积,即岩屑量;

R_{ROP}——钻头钻速;

ϕ_A——平均地层孔隙度。

在现场,公式(2.20)可以写成:

$$V_s = \frac{\pi(1 - \phi_A)d_B^2}{1029}R_{ROP} \tag{2.21a}$$

式中 d_B——钻头直径,in;

V_s——岩石碎片进入钻井液的固体体积,即岩屑量,bbl/h;

R_{ROP}——钻头钻速,ft/h;

ϕ_A——平均地层孔隙度。

如果 V_s 以 t/h 为单位,d_B 以 in 为单位,R_{ROP} 以 ft/h 为单位,则公式(2.20)可写为:

$$V_s = \frac{(1 - \phi_A)d_B^2}{2262}R_{ROP} \tag{2.21b}$$

这些固体(重晶石除外)被认为是不可取的,因为:

(1)它们会增加摩擦阻力,但不会提高提升能力;

(2)对钻井泵造成损坏,导致维修费用增加;

(3)由这些固体形成的滤饼往往很厚且易渗透,这会导致钻井问题(卡管、阻力增大)并可能对地层造成损害。

分析了斜井岩屑易沉降的原因及岩屑堆积的一些指标。重点还将放在以下几个方面:空腔中的岩屑堆积、井中岩屑的去除、洗井时斜井中移除岩屑的使用指南,以及与已发表的洗井时岩屑去除研究的比较。Infohost(2012)发现,如果井眼清洁情况良好,岩屑就会堆积。这常见于定向井或水平井。随着钻井过程中循环压力的增加,或者套管拖曳阻力的增加,会导致卡钻。值得注意的是,岩屑堆积表现为:

(1)振动筛上的岩屑量降低;

(2)拉力增加;

(3)发生漏失;

(4)在不改变钻井液性质的情况下泵压增加;

(5)使用钻井液动力钻具钻井时,由于没有钻杆旋转,无法有效去除岩屑;

(6)大斜度井钻井(35°以上);

(7)趋势下的扭矩和阻力异常(扭矩或阻力增加)。

2.2 小结

本章仅讨论与钻机和操作相关的主要钻井问题及其解决方案。阐述了钻井中遇到的各种钻井问题,提出了相应的解决方法和预防措施。每一个主要问题的解决方案还辅以案例研究。

参 考 文 献

[1] Adkins, C. S. (1993). Economics of Fishing: SPE Technical Paper 20320.

[2] Alum, M. A. O and Egbon, F. (2011). Semi – Analytical Models on the Effect of Drilling Fluid Properties on Rate of Penetration (ROP). SPE 150806, presented at the Nigeria Annual International Conference and Exhibition, Abuja, Nigeria, July 30 – August 3, 2011.

[3] Asch, S E. (1956). Studies of Independence and Submission to Group Pressure. Psychological Monographs, 70(9).

[4] Australian Drilling Industry Training Committee Ltd. (1992). Australian Drilling Manual 3rd edition. Macquarie Centre: Australian Drilling Industry Training Committee Ltd, ISBN 0 – 949279 – 20X.

[5] Ayres R. C. and O'Reilly J. E. (1989). Offshore operators Committee Gulf of Mexico spotting Fluid Survey. paper SPE/IADC 18683 presented at SPE/IADC Drilling Conference, New Orleans.

[6] Billings, C. E. (1996). Human – Centered Aviation Automation: Principles and Guidelines. NASA Technical Memorandum 110381, Moffet Field, California: Ames Research Center.

[7] Black, A. D. et al. (1986). PDC Bit Performance for Rotary, Mud Motor, and Turbine Drilling Applications. SPE Drill. Complet. 409 (December 1986).

[8] Bradley W. B., Jarman D., Plott R. S., Wood R. D., Schofield T. R., Auflick R. A. and Cocking D. (1991). A Task Force Approach to Reducing Stuck Pipe Costs. paper SPE/IADC 21999 presented at SPE/IADC Drilling Conference, Amsterdam, 1991.

[9] Bredereke, J. and Lankenau, A. (2002). A Rigorous View of Mode Confusion. In Computer Safety, Reliability, and Security, Proceedings of the 21st International Conference, SAFECOMP (Catania, Italy, 10 – 13 September), ed. S. Anderson, M. Felici and S. Bologna, 19 – 31. Berlin/ Heidelberg: Springer.

[10] Cayeux, E. and Daireaux, B. (2009). Early Detection of Drilling Conditions Deterioration Using Real – Time Calibration of Computer Models: Field Example from North Sea Drilling Operations. Paper SPE 119435 presented at the SPE/IADC Drilling Conference and Exhibition, Amsterdam, The Netherlands, 17 – 19 March.

[11] Chatfield C. (1970). Statistics for Technology. Chapman and Hall, London.

[12] Cobb, C. C., and Schultz, P. K. (1992). A Real – Time Fiber Optic Downhole Video System. paper OTC 7046, presented at the 1992 24th Annual Offshore Technology Conference, Houston, TX, May 4 – 7.

[13] Coolican, H. (1990). Research Methods and Statistics in Psychology. Hodder & Stoughton: London.

[14] Cunha, J. S., and D'Almeida, A. L. (1996). Implementation of a Risk Analysis, Boyd Publishing, p. 271 – 453.

[15] Cunningham, R. A. and Eenink, J. G. (1959). Laboratory Study of Effect of Overburden, Formation and Mud Column Pressure on Drilling Rate of Permeable Formations. , J. Pet. Technol. 9 (January 1959).

[16] D' Almeida, A. L., I. A. Silva, and J. S. Ramos, A F, Detournay, E. and Atkinson, C. (1997). Influence of Pore Pressure on the Drilling Response of PDC bits. Rock Mechanics as a Multidisciplinary Science, Roegiers (ed.), Balkema, Rotterdam (991) 539.

[17] Driscoll, F. (1986). Groundwater and Wells, St. Paul: Johnson Division Engineering, Dallas, Boyd Publishing, p. 133 – 271.

[18] EIA Report, 2016, Trends in U. S. Oil and Natural Gas Upstream Costs, March, available at https://www. eia. gov/analysis/studies/drilling/pdf/upstream. pdf.

[19] Fowler Jr., S. H., and Pleasants, C. W. (1990). Operation and Utilization of Hydraulic – Actuated Service Tools for Reeled Tubing. paper SPE 20678 pre – sented at the 1990 65th Annual Technical Conference & Exhibition of SPE, New Orleans, LA, September 23 – 26.

[20] Gill, J. A. (1983). Hard Rock Drilling Problems Explained by Hard Rock Pressure Plots. SPE – 11377 – MS, presented at the IADC/SPE Drilling Conference, 20 – 23 February, New Orleans, Louisiana.

[21] Gray – Stephens, D. , Cook, J. M. , and Sheppard, M. C. (1994). Influence of Pore Pressure on Drilling Response in Hard Shales. SPE Drill. Complet. 263 (December 1994).

[22] Hendrick, K. & Brenner, L. (1987) Investigating Accidents with STEPP. Dekker: New Y ork.

[23] Hourizi, R. and Johnson, P. (2001). Beyond mode error: Supporting strategic – knowledge structures to enhance cockpit safety. In Blandford, A. , Vanderdonkt, J. , and Gray, P. (Eds.), People and Computers XV – Interaction without frontiers. Joint Proceedings of HCI2001 and ICM2001, Lille: Springer Verlag.

[24] Irawan, S. Rahman, A. M. A. and Tunio, S. Q. (2012). Optimization of Weight on Bit During Drilling Operation Based on Rate of Penetration Model, Research Journal of Applied Sciences, Engineering and Technology 4(12): 1690 – 1695, 2012.

[25] Iversen, F. P. , Cayeux, E. , Dvergsnes, E. W. et al. (2009). Offshore Field Test of a New System for Model Integrated Closed – Loop Drilling Control. SPE Drill & Compl J. 24 (4): 518 – 530.

[26] Janis, L L. (1968) Victims of Group Think. Houghton Mifflin.

[27] Keller P. S. , Brinkmann P. E. and Taneja P. K. (1984). Economic and statistical Analysis of Time Limitations for Spotting Fluids and Fishing operations. paper OTC 4792 presented at 16th OTC, Houston, 1984.

[28] Larsen, H. F. , Alfsen, T. E. , Kvalsund, R. et al. (2010). The Automated Drilling Pilot on Statfjord C. Paper SPE 128234 presented at the IADC/ SPE Drilling Conference and Exhibition, New Orleans, Louisiana, 2 – 4 February.

[29] Method on Fishing Operations Decisions: SPE Technical Paper 36101.

[30] Moore, S. D. (1990). The Coiled Tubing Boom. Petroleum Engineer International (April 1991) 16 – 20.

[31] Mullin, M. A. , McCarty, S. H. , and Plante, M. E. (1991). Fishing With 1. 5 and 1. 75 Inch Coiled Tubing at Western Prudhoe Bay, Alaska. paper SPE 20679, pre – sented at the International Arctic Technology Conference, Anchorage, AK, May 29 – 31, 1991.

[32] Osgouei, R. E. (2007). Rate of Penetration Estimation Model for Directional and Horizontal Wells. MSc thesis, Petroleum and Natural Gas Engineering, Middle East Technical University, Turkey.

[33] Patrick, J. , Spurgeon, P. & Shepherd, A. (1986). A Guide to Task Analysis: Applications – of Hierarchical Methods. An Occupational Services Publication.

[34] Peltier, B. and Atkinson, C. (1986). Dynamic Pore Pressure Ahead of the Bit. paper IADC/SPE 14787, Presented at the 1986 IADC/SPE Drilling Conference, Dallas, TX, 10 – 12 February.

[35] Rademaker, R. A. , Olszewski, K. K. , Goiffon, J. 1. , and Maddox, S. D. (1992). A Coiled – Tubing – Deployed Downhole Video System. paper SPE 24794, pre – sented at the 1992 67th Annual Technical Conference & Exhibition of SPE, Washington, DC, October 4 – 7.

[36] Robison, C. E. , and Cox, D. C. (1992). Alternate Methods for Installing ESP's. paper OTC 7035, presented at the 24th Annual Offshore Technology Conference, Houston, TX, May 4 – 7, 1992.

[37] Shivers III R. M. , and Domangue R. J. (1991). Operational Decision Making for Stuck Pipe Incidents in the Gulf of Mexico: A Risk Economics Approach. paper SPE/IADC 21998 presented at SPE/IADC Drilling Conference, Amsterdam, 1991.

[38] Sinclair, M. (1995). Subjective Assessment. In: Wilson, J. & Corlett, N. (eds) Evaluation of Human Work. Taylor & Francis: London.

[39] Stanton, N. A. (1995). Analysing Worker Activity: A New Approach to Risk Assessment? ' Health and Safety Bulletin 240 (December), 9 – 11.

[40] Walker, E. J. , and Schmohr, D. R. (1991). The Role of Coiled Tubing in the Western Operating Area of the Prudhoe Bay Unit. paper SPE 22959, presented at the SPE Asia – Pacific Conference, Perth, Western Austral-

ia, November 4 – 7, 1991.

[41] Warren, T. and Smith, M. B. (1985). Bottomhole Stress Factors Affecting Drilling Rate at Depth,"JPT1523 (August1985). Websitehttp://wiki. aapg. org/Diagenetically_complex_reservoir_evaluation

[42] Wilson, J. (1995). A Consideration of Human Factors When Handling Kicks. Presented to the Well control Conference for Europe. Milan, Italy, June 1995.

[43] Wilson. J. (1994). Analysis of Kick Data. HSE Report.

[44] Zhu, H. , Deng. , J. , Xie, Y. , Huang, K. , Zhao, J. , and Yu, B. (2012). Rock mechanics characteristic of complex formation and faster drilling techniques in Western South China Sea oilfields. Ocean Engineering. 44, pp. 33 – 45.

[45] Zijsling, D. H. (1987). Single Cutter Testing—A Key for PDC Bit Development, " paper SPE 16529/1, Presented at the 1987 Offshore Europe Conference, Aberdeen, 8 – 11 September.

第3章 钻井液系统相关问题

钻井液体系是在整个钻井作业过程中与井筒保持接触的液体之一。钻井液技术的进步使得在钻井施工过程中为每个层段可持续性施工成为可能。因此,与钻井液相关的施工问题已大大减少。钻井液的成本平均占油井施工总成本的 10%,降低这一成本是一个巨大的挑战。钻井液性能可以通过几种方式影响整体油井建设成本。此外,如果不能正确选择和配制钻井液,将会产生许多问题。本章针对钻井液体系存在的问题,提出了解决方案。但也存在一些与钻井液体系没有直接关系的问题。这些问题将在另一章中讨论。由钻井液引起的钻井问题可视为已初步解决。因此,发现任何新问题都是一项至关重要的任务。对于已识别出的相关问题,必须明确它们的内在逻辑关系。混淆它们之间的逻辑关系可能会妨碍进一步分析问题。

3.1 钻井液体系存在的问题及对策

通过提高钻速(ROP),保护储层免受不必要的损坏,最大限度地降低井漏的可能性,在静态井段稳定井筒,正确制订和维护的钻井系统有助于在整个钻井作业过程中控制成本,并帮助操作员遵守环境和安全法规。钻井液可以在井与井之间重复使用,从而减少浪费并且降低配制新钻井液的成本。虽然目前的再利用并没有以任何明显的方式降低成本,但随着更多的运营商采用这种回收利用,回收的经济效益将得到改善。此外,环境友好型添加剂的引入有利于回收利用和减少环境影响。钻井液系统应尽可能有助于保持含油气层的生产潜力。最大限度地减少流体和固体侵入目的储层是实现预期产能的关键。钻井液还应符合既定的健康、安全和环境(HSE)要求,以确保人员不受危害,保护环境敏感区域不受污染。钻井液公司与石油和天然气运营公司密切合作,以实现这些共同目标。

钻井液是旋转钻井系统的重要组成部分。钻井过程中遇到的大多数问题都与钻井液直接或间接有关。从某种程度上说,油井的完井成功率和成本取决于钻井液的性质。钻井液本身的成本并不高。然而,在钻井过程中,为了选择合适的钻井液,保持合适的钻井液量和质量,钻井成本急剧上升。钻井液的正确选择、性质和质量直接关系到一些最常见的钻井问题,如钻速、页岩崩落、卡钻和井漏等。此外,钻井液影响地层完整性和油井后续生产效率。更重要的是,一些有毒物质被用来提高钻井液的特殊质量,这是一个影响环境的主要问题。这种有毒物质的添加污染了地下系统以及地球表面。从经济上讲,随着人们对有毒化学品对环境影响的认识日益加深,制订了更严格的监管措施,这意味着长期的责任。

因此,选择合适的钻井液并对其性能进行常规控制是钻井工程师关心的问题。钻井施工和生产人员不需要钻井液的详细知识。但是,他们应该了解控制其行为的基本原则,以及这些原则与钻井和生产性能的关系。他们应该清楚地了解任何钻井液方案的目标,即:(1)能够到达目标深度,(2)使油井成本最小化,(3)最大限度地提高产层产量。在钻井液设计中,需要考虑的因素包括油井位置、预期岩性、所需设备和钻井液性质。为此,本章结合笔者编写的《可持续钻井工程基础》(Fundamentals of Sustainable Drilling Engineering)教材,详细介绍了钻井液的基本组成、作用、不同的测量技术、钻井液的设计与计算、钻井液发展的最新知识以及钻井液的发展趋势。这一点很重要,因为获得这些知识将有助于了解钻井液体系问题的真正原因和解决方案。

3.1.1 井漏

在油气井钻井过程中,钻井液通过钻头循环进入井筒,以去除井筒中的钻屑。流体还保持预定的静水压力以平衡地层压力。同一种钻井液通常被重新处理和使用。当钻井作业期间遇到相对低压的地下区域时,静水压力会因泄漏而下降(图3.1)。这种现象通常被称为"井漏"。因此,井漏被定义为钻井液不受控制地流入"漏失区",这是钻井作业的主要风险之一。然而,不同的权威机构和研究者对井漏的定义是不同的。根据油田术语,它被定义为"当钻井液流失到井下地层时,添加到钻井液中的物质的总称"。Howard(1951)将其定义为:"漏失是指整个钻井液不受控制地流入地层,有时也被称为'漏失层'。"它也被定义为"当流体被泵入钻柱时,向环空流动的流体减少或完全没有流体"(Schlumberger,2010)。完全防止井漏是不可能的。然而,如果采取一定的预防措施,限制循环漏失是可能的。井漏控制不好会大大增加钻井成本,也会增加井漏风险。此外,井漏还可能导致井控失效,导致对环境的潜在损害、火灾或人员伤害。在已知含有潜在井漏区风险处钻井是批准或取消钻井项目计划的关键因素。成功的井漏治理应包括识别潜在的"漏失层"、优化钻井水力以及发生井漏时的补救措施。

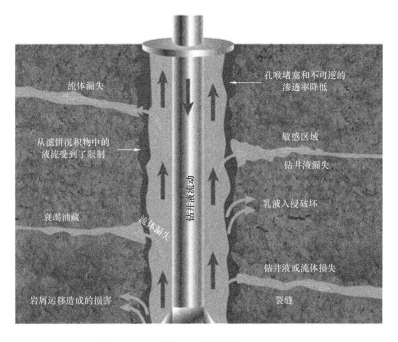

图3.1 井漏区

井漏问题在钻井行业的早期就很明显,当操作人员开始钻探更深或枯竭地层时,井漏问题就大大加剧。石油行业每年花费数百万美元来应对井漏及其带来的不利影响,如钻井时间的损失、卡钻、井喷,以及经常发生的昂贵油井报废。此外,漏失甚至被认为是造成生产损失和无法确保生产测试和样品安全的原因。另一方面,控制井漏可能会导致生产区堵塞,导致产能下降。钻井液漏失的控制和预防是油气井钻井过程中经常遇到的问题。在钻井过程中,由于钻井液压力而形成或扩大的裂缝被怀疑是造成井漏的普遍原因。当然,即使在欠平衡钻井过程中,天然裂缝、人工裂缝和溶洞也会造成井漏,在这种情况下,流体压力对漏失没有影响。

有四种类型的地层或区域可能导致井漏:(1)洞穴状或空洞状地层,(2)松散层,(3)高渗透带,(4)天然裂缝或人工裂缝地层。当遇到相对较高的压力区(地下)时,会发生井漏,造成横流或地下井喷。当出现循环漏失时,就需要注意钻井液的漏失,漏失层根据漏失的严重程度分为:(1)"渗漏"造成的损失小于10bbl/h,(2)10~500bbl/h 的损失为"部分漏失",(3)超过500bbl/h 的损失为"完全漏失"。井漏问题需要采取纠正措施,将堵漏物质(LCM)注入井筒,封闭井漏区。很多材料都可以用作堵漏材料(LCM)。它们包括来自食品加工或化学制造业的低成本废品。表3.1 显示了这里列出的一些堵漏材料(LCM)示例。

表 3.1　PSD 选择标准(Al – Saba et al. ,2017)

方法(理论)	PSD 选择标准	与实验数据相符的占比
Abrams 规则(Abrams,1977)	$D_{50} \geq$ 地层平均孔径的1/3	68%
D_{90} 规则(Smith et al. ,1996;Hands et al. ,1998)	$D_{90} =$ 地层孔隙大小	77%
Vickers 方法(Vickers et al. ,2006)	$D_{90} =$ 最大孔喉 $D_{75} < 2/3$ 最大孔喉 $D_{50} \geq 1/3$ 最大孔喉 $D_{25} = 1/7$ 平均孔喉 $D_{10} >$ 最小孔喉	45%
Halliburton 方法(Whitfall,2008)	$D_{50} =$ 裂缝宽度	55%
Al – Saba 等人(2017)	$D_{50} \geq 3/10$ 裂缝宽度 $D_{90} \geq 1/3$ 裂缝宽度	90%

以往,处理钻井液漏失的方法是向井筒中倾倒一些云母或坚果壳。有许多报道称,为了阻止钻井液流失的极端情况,"投入一切可用的东西"。然而,随着钻井作业变得越来越复杂,在复杂地形和深井钻井方面取得了巨大成就,简单的解决方案不再适用。油气行业正在加速其在深水区和枯竭区的勘探活动,这两个区域都呈现出较狭窄的作业限制、年代较新的沉积地层和高度枯竭的超平衡钻井。这些新发现的主要条件容易形成裂缝,从而导致井漏。此外,钻穿盐层及盐层以下也面临着一系列技术挑战。盐层底部的漏失层会引起严重的井漏和井控问题。这通常会导致某个井段或整口井的漏失。处理严重盐下漏失的时间可能持续数周,这对成本造成了明显的影响,特别是对于深水钻井作业。含油地层中常见的是盐类地层,如果较

老,则称为盐前地层,如果较年轻,则称为盐下地层。墨西哥湾的油层主要是盐下含油层,而巴西近海的含油层则是盐下含油层和盐前含油层的混合物。通过盐层进行钻井作业的难点在于盐层的成分差异很大。例如,墨西哥湾的盐层主要含有氯化钠。而巴西近海盐层主要含有$MgCl_2$,其活性远远高于$NaCl$。盐类地层是其他地层的典型代表,在钻井过程中同样也会遇到塑性和流动性的地层。事实证明,控制该区域的漏失极其困难,因为它涉及将钻井液成分与预期的井下成分相匹配,以最大限度地减少原位盐渗入钻井液,这一过程会造成流体系统的不平衡。此外,盐的可塑性也可能引起位移。因此,钻井液密度应尽可能接近上覆岩层的压力梯度,否则盐可能会转移到井筒中,导致卡钻。很少有井漏补救措施取得成功的,特别是在使用反相乳化钻井液时。通常,盐层应使用耐盐水基钻井液或反相乳化液钻井。较深的盐层可以用油基钻井液钻探,在盐层通过后可以用水基钻井液代替。在美国的巴肯盆地就有这样的地层。在钻穿盐层时,密度、盐度和流变性是至关重要的。考虑密度是由于与保持井眼稳定性有关。盐度与防止盐层淋滤以及防止侵入和井筒内盐沉积有关。流变性的考虑涉及清洗盐屑和在钻井液返回时保持它们漂浮。

当处理诱导裂缝时,问题就更加复杂了,因为诱导地层裂缝的形状和结构始终受地层性质、钻井和机械效应以及随时间变化的地质因素的影响。当过平衡压力超过地层破裂压力时,可能导致破裂和井漏。通过在裂缝中加入堵漏材料(LCM)来暂时堵塞裂缝,而后地下地层近井区的压缩切向应力增加,导致破裂压力增加,进而允许钻井液密度在破裂压力以下运行。

堵漏材料(LCM)通常被用作预防材料或作为一种浓缩"颗粒"引入,来阻止或减少液体流失。设计一种有效的处理方法时,主要目的是确保能够有效地密封裂缝并在压差下阻止漏失。而压差通常是由常规钻井作业中钻井液压力高于孔隙流体压力或钻井液压力超过井筒破裂压力造成的。堵漏材料(LCM)处理的设计取决于把粒度分布(PSD)作为最重要参数(Ghalambor et al.,2014;Savari et al.,2015;Al – Saba et al.,2017),比较了各种 PSD 方法,提出了一种最准确的 PSD 方法。表3.1 列出了这些方法。最新的选择标准是最准确的,它规定 D_{50} 和 D_{90} 应分别等于或大于裂缝宽度的3/10 和6/5。Al – Saba 等人(2017)报告称,坚果壳可以在相对较低的浓度下堵塞裂缝,而石墨和碳酸钙仅在较高的浓度下有效。

一般来说,堵漏材料(LCM)对球度和圆度有着普遍的要求,在分析 PSD 时需要加以考虑。因此,人工 LCM 得到了广泛的应用。

堵漏材料(LCM)的最新进展是开发一系列具有各种尺寸、形状和密度的材料。新一代的这些材料包括智能材料,如哈里伯顿(Halliburton)的一种专利材料(Rowe et al.,2016)。Rowe 等人介绍了微机电系统堵漏材料(MEMS – LCM)。该技术的一个典型应用是用含有基液的钻井液钻穿地层的一部分井眼,穿透地层。接下来是几个周期的 MEMS – LCM 和另一组 LCM 的研究对比,其中 MEMS – LCM 和 LCM 在尺寸、形状和密度上基本上相似。该循环之后,可在钻井液循环通过井筒之前和在 MEMS – LCM 处理之后进行测量以确定钻井液中 MEMS – LCM 的浓度,从而最终确定 MEMS – LCM 下一阶段的浓度。

密封诱导裂缝(即根据井筒压力变化改变形状和尺寸)最重要的一个条件是 LCM 到达裂缝尖端。与诱导裂缝的脉动强度(通过压力脉动表现)相关,压力缓冲是有效密封应满足的另一个条件。最好的是,为了以稳健的方式停止漏失趋势,堵漏材料应能够在足够高的水平上增加裂缝梯度,以避免在随后的钻井阶段重新打开裂缝。表3.2显示了几种堵漏材料(LCM)及其特征浓度。

表3.2 堵漏材料(LCM)清单

LCM(堵漏材料)——65 PPB	
CaCo₃ F – M	5μg/L
NUT PLUG	8μg/L
BAROFIBER M	5μg/L
FRACSEAL C	10μg/L
LC LUBE	5μg/L
FRACSEAL M	10μg/L
MIICA F	10μg/L
MIICA M	6μg/L
N – SEAL	4μg/L

图3.2显示了部分井漏区(图3.2a)和全部井漏区(图3.2b和图3.2c)。在部分井漏区中,钻井液继续流向地面,部分流入地层。然而,当所有钻井液流入地层而不返回地面时,就会发生全漏失。为了解决深水勘探中的井漏问题,开发了一系列井漏决策树(图3.3)。

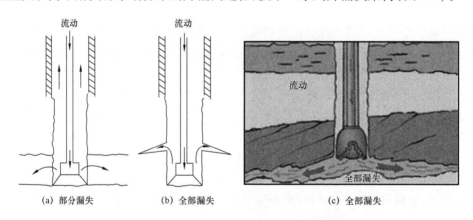

(a) 部分漏失　　　　(b) 全部漏失　　　　(c) 全部漏失

图3.2　漏失层显示的部分漏失和全部漏失

一般来说,在石油工业中有三种基本剂用于控制循环漏失问题。这些是:(1)桥堵剂,(2)胶凝剂,(3)胶结剂。这些药剂可以单独使用,也可以混合使用。桥堵剂是用来堵塞地层中的孔隙喉道、孔洞和裂缝的物质,例如磨碎的花生壳、核桃壳、棉籽壳、云母、玻璃纸、碳酸钙、植物纤维、膨胀黏土、橡胶和聚合材料。桥堵剂根据其形态进一步分类可以分为:(1)片状(例如云母片和塑料片或玻璃纸片),(2)颗粒状(如磨碎的石灰石或大理石、木材、坚果壳、胶木、玉米芯和棉花壳),(3)纤维状(例如,雪松皮、碎甘蔗茎、矿物纤维和毛发)。胶凝剂和胶结剂用于将桥堵剂输送和放置在漏失层的适当位置。高吸水性交联聚合物也可用于解决井漏问题,因为当它们在水中时会形成海绵状物质。

LCM是根据其在低压差和高压差条件下的密封性能进行评估的。此外,还测试了密封性

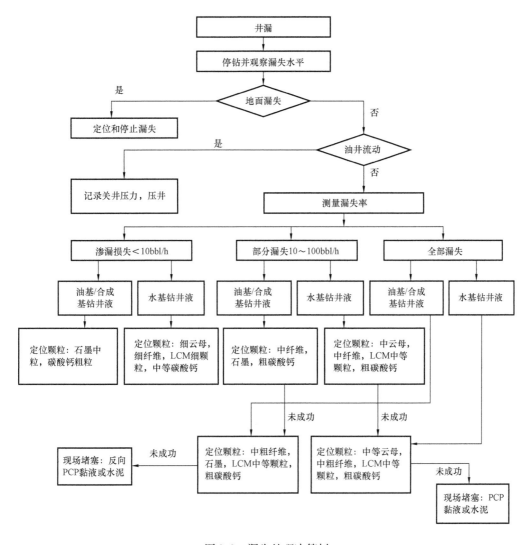

图 3.3　漏失处理决策树

能在钻井过程中承受各种压力的有效性。LCM 可根据其性质和应用情况进行分类,如地层桥接 LCM 和渗流漏失 LCM。通常需要使用不止一种 LCM 类型来消除漏失问题。

　　陆上和海上油田在地层脆弱、有裂缝或疏松时都会遇到这些钻井问题。由于多种原因,深水油气钻探面临着诸多挑战。一些潜在的危害包括浅水流(SWF)、气涌和井喷、疏松砂层的存在、浅层天然气、天然气水合物漏失、海底冲蚀和井眼侵蚀等。这些问题不仅本身是危险的,还可能导致钻井总成本显著增加。因此,减轻这些危害的范围、提升应对这些风险的能力对于安全经济地深水完井至关重要,这样才能在风险最小的情况下系统地完成工作。

3.1.1.1　井漏机理

　　漏失经常发生在洞穴石灰岩或相对较浅的枯竭层以及常压条件下。在这种类型的漏失中,钻井液将以高于地层流体压力的任何压力流入空腔,而不会受到太多阻力。这种漏失普遍存在于盐丘盖层中。在这些条件下,井漏本质上是一个渗滤问题,如果大孔隙空间可以堵住就可以解决该问题。

然而,异常压力引起的井漏在机理上与上述类型不同。在这种情况下,钻井液不会因滤入储层岩石的大孔隙而流失。全部钻井液的损失只能发生在孔隙尺寸大到渗透性这个概念失去其普遍接受的意义的地层中。只有当钻井液密度接近上覆岩层重量(15～18lb/gal)时,才会发生漏失。这种情况下的循环漏失是由于沿薄弱环节的沉积物的拉伸破坏造成的,而不是因为钻井液滤入到了现有的孔隙空间。地层破裂确实发生了,这可以从井漏的情况中得到证实。通常的情况是,在钻井、循环或出井进行电气测量时,可能会发生突然的、失返性漏失。有几种情况可能会导致漏失,例如:(1)天然裂缝地层,(2)洞穴状(即中空)地层,(3)高渗透层,(4)不当的钻井条件,(5)井下压力过高和中间套管设置过高而导致的裂缝,(6)环空井眼清洁不当,(7)钻井液密度过大,(8)高压浅层气关井。

诱发的或固有的裂缝或孔隙可能在浅层呈水平状,或在深度大于约762m时呈垂直状。高流速(即环空摩擦压力损失高)或起下钻过快(即浪涌压力高),会产生过大的井筒压力。这可能会导致钻井液当量循环密度(ECD)。此外,环空井眼清洁不当、钻井液密度过大以及高压浅层气井的关井也会导致诱发裂缝。方程式(3.1)和式(3.2)分别给出了在钻井和起下钻过程中为避免地层破裂而必须保持的条件。

$$\Psi_{eq} = \Psi_{smw} + \Delta\Psi_{afp}, \ \Psi_{eq} < \Psi_{ffg} \tag{3.1}$$

$$\Psi_{eq} = \Psi_{smw} + \Delta\Psi_{asp}, \ \Psi_{eq} < \Psi_{ffg} \tag{3.2}$$

式中　Ψ_{eq}——钻井液当量循环密度;

　　　Ψ_{smw}——静态钻井液密度;

　　　Ψ_{ffg}——等效钻井液密度下的地层压力破裂梯度;

　　　$\Delta\Psi_{afp}$——环空摩擦压力损失造成的额外钻井液重量;

　　　$\Delta\Psi_{asp}$——冲击压力引起的附加钻井液重量。

洞穴状地层通常是具有大洞穴的石灰岩。这种类型的地层漏失速度快、总量大,最难封堵。高渗透性地层是一种潜在的漏失层,它是渗透率大于10D的浅层砂层。一般来说,深层砂体渗透率低,不存在井漏问题。在非洞穴地层,钻井液罐的液位逐渐降低,这种情况下,如果继续钻井,可能会发生井漏。

在钻井液滤失的情况下,上返液体发生部分损失是很常见的。然而,这在异常压力条件下,则是一种罕见的现象。这种类型的井漏机制在本质上可能与火成岩侵入最为相似。在这两种情况下,地层都处于极端压力下,唯一的区别在于压力的来源。

3.1.1.2　预防措施

在钻井作业中,如果要到达目标层位,就无法避开一些地层,如裂缝性地层、溶洞性地层或高渗透性地层,因此完全防止漏失是不可能的。然而,如果采取某些预防措施,特别是与诱发裂缝相关的预防措施,限制循环漏失是可能的。有一些可以减少漏失的预防措施,列举如下:(1)操作员培训,(2)良好的钻井液程序,即保持适当的钻井液密度,(3)在钻井和起下钻过程中尽量减少环空摩擦压力损失,(4)保持足够的井眼清洁,避免环空限制,(5)设置套管以保护过渡带内较薄弱的地层,(6)利用测井和钻井数据更新地层孔隙压力和裂缝梯度以获得更高的精度,(7)研究待钻探区域内的油井。经验法则是,如果预测会发生漏失,则用 LCM 处理钻井液。

如果发生井漏,则需要采取以下措施:(1)在钻井液中泵入堵漏物质,(2)用水泥或其他堵漏剂封堵地层,(3)设置套管,(4)干钻(即使用清水),(5)利用测井和钻井数据更新地层孔隙压力和破裂梯度,以提高精度。现在,一旦预测到漏失区域,就应采取预防措施,用堵漏材料(LCM)处理钻井液,并进行防漏测试和地层完整性测试,以限制井漏的可能性。

地漏试验(LOT):进行准确的地漏试验是防止井漏的基础。地漏试验是通过关闭井眼,在下一段井段钻进前,在最后一根套管下方的裸眼井内加压完成的。根据压力下降点,地漏试验表明套管座处的井眼强度,这通常被认为是任何井段中最薄弱的点之一。然而,将地漏试验(LOT)扩展至裂缝延伸阶段可能会严重降低最大钻井液密度,而最大钻井液密度可用于安全钻进段且不发生漏失。因此,最好在压力曲线开始转换后尽早停止试验。

在地漏试验(LOT)过程中,可使用公式(3.3)和公式(3.4)计算漏失试验压力和管鞋处的当量钻井液密度:

$$LOT_{p} = 0.052 \times MW_{LT} \times D_{T-shoe} + p_{a-LOT} \tag{3.3}$$

$$EMW_{LOT} = \frac{LOT_{p}}{0.052 \times D_{T-shoe}} \tag{3.4}$$

式中　LOT_{p}——漏失试验压力,psi;

　　　MW_{LT}——漏失测试钻井液密度,lb/gal;

　　　D_{T-shoe}——套管鞋垂直深度,ft;

　　　p_{a-LOT}——对泄漏处施加的压力,psi;

　　　EMW_{LOT}——套管鞋钻井液当量,lb/gal。

地层完整性测试(FIT):为了避免地层破裂,许多操作人员在套管座上进行了 FIT 测试,以确定在钻井期间,井眼能否承受预期的最大钻井液密度。如果套管座保持的压力等于规定的钻井液密度,则认为该测试成功并继续钻探。

当操作员选择进行 LOT 或 FIT 测试时,如果试验失败,应在继续钻井前进行一些补救措施,如挤水泥,以确保井眼性能良好。

在 FIT 测试过程中,地层完整性试验压力和管鞋处等效钻井液密度可使用公式(3.5)和公式(3.6)计算。

$$FIT_{p} = 0.052 \times MW_{FT} \times D_{T-shoe} + p_{a-FIT} \tag{3.5}$$

$$EMW_{FIT} = \frac{FIT_{p}}{0.052 \times D_{T-shoe}} \tag{3.6}$$

式中　FIT_{p}——地层完整性测试压力,psi;

　　　MW_{FT}——地层完整性测试钻井液密度,lg/gal;

　　　p_{a-FIT}——应用地层完整性压力,psi;

　　　EMW_{FIT}——套管鞋处钻井液当量密度,lb/gal。

3.1.1.3　钻井液漏失计算

根据钻铤后的环空容积,可以计算出环空长度或低密度流体长度和漏失钻井液密度。如果漏失体积小于环空相对于钻杆的体积,则环空长度(即漏失高度)可以用泵送的用于平衡地层压力的低密度流体的体积和环空能力来表示。在数学上,如果 $V_1 < V_{an\_dp}$,平衡地层压力所需的低密度流体长度由式(3.7)给出:

$$L_1 = \frac{V_1}{C_{an\_dc}} \tag{3.7}$$

式中　C_{an_dc}——钻铤后方的环空体积,bbl/ft;

　　　L_1——环空长度或低密度流体的长度,ft;

　　　V_1——为平衡地层压力而泵入的低密度流体的体积,bbl;

　　　V_{an_dp}——钻杆上的环空体积,bbl。

如果 $V_1 > V_{an\_dc}$,平衡地层压力所需的低密度流体长度由式(3.8)给出:

$$L_1 = L_{dc} + \frac{V_1 - V_{an\_dc}}{C_{an\_dp}} \tag{3.8}$$

式中　C_{an_dp}——钻杆段环空体积,bbl/ft;

　　　L_{dc}——钻铤长度,ft;

　　　V_{an_dc}——钻铤段环空体积,bbl。

地层压力由式(3.9)给出:

$$p_{ff} = 0.052 \left[D_w \times \rho_w + (D_v - D_w) \rho_m \right] \tag{3.9}$$

式中　D_v——漏失井的垂直深度,ft;

　　　D_w——水的垂直深度,ft;

　　　p_{ff}——地层压力,psi;

　　　ρ_m——钻井液密度,lb/gal;

　　　ρ_w——海水密度,lb/gal。

此外,环空井眼清洁不当、钻井液密度过大、高压浅层气关井等都会导致产生裂缝,造成井漏。方程式(3.7)和式(3.8)分别显示了在钻井和起下钻期间为避免地层破裂而必须保持的条件。但是,为了避免断裂也需要满足式(3.10)。

$$\rho_{eq} = (\rho_{mh} + \Delta \rho_s) < \rho_{frac} \tag{3.10}$$

式中　ρ_{eq}——钻井液当量循环密度,lb/gal;

　　　ρ_{mh}——静态钻井液密度,lb/gal;

　　　ρ_{frac}——等效钻井液密度下的地层压力破裂梯度,lb/gal;

　　　$\Delta \rho_s$——冲击压力引起的附加钻井液密度,lb/gal。

例3.1　在17523ft(TVD)处、钻井液密度为11lg/gal 的条件下,钻一个8½in 的井眼时,遇到了一个巨大的石灰岩洞穴。因此,出现了钻井液流失。停止钻井,向环空注入58bbl 8.4lb/

gal 的水,直至油井稳定。计算钻穿该地层时的地层压力和密度。之前的 9⅝in 套管是在 15500ft 处坐封的;钻井包括 900ft 的 6in 钻铤和 5in 钻杆。套管环空对钻杆的承载能力为 0.05149bbl/ft。

解决方案:

给定数据

D_h = 井眼直径 = 8.5in

D_v = 总垂直深度 = 17523ft

ρ_m = 钻井液密度 = 11lb/gal

V_1 = 用于平衡地层压力而泵送的水的体积 = 58bbl

ρ_w = 海水密度 = 8.4lb/gal

D_c = 套管直径 = 9.625in

TVD_c = 套管总深度 = 15500ft

L_{dc} = 钻铤长度 = 900ft

D_{dc} = 钻铤直径 = 6.0in

D_{dp} = 钻杆直径 = 5.0in

C_{an-dp} = 套管环空对钻杆的承载能力 = 0.05149bbl/ft

所需数据

p_{ff} = 地层压力, psi

ρ_{eq} = 钻井液当量循环密度, lb/gal

套管环空对钻杆的体积为:

$$V_{an\_dp} = 0.05149 \times 15500 = 798.0 bbl$$

如果 $V_1 < V_{an\_dp}$, 平衡时的环空长度由式(3.7)给出:

$$L_1 = \frac{V_l}{C_{an\_dp}} = \frac{58bbl}{0.05149bbl/ft} = 1126.43ft$$

利用式(3.9), 地层压力可计算为:

$$p_{ff} = 0.052[D_w \times \rho_w + (D_v - D_w)\rho_m]$$

$$p_{ff} = 0.052[1127 \times 8.4 + (17523 - 1127)11]$$

$$p_{ff} = 9870.8 psi$$

等效钻井液密度可计算为:

$$\rho_{eq} = \frac{p_{ff}}{0.052 \times D_v} = \frac{9870.8psi}{0.052 \times 17523ft} = 10.83 lb/gal$$

3.1.1.4 案例分析

Nasiri 等人(2017)报告了在伊朗多个油气田进行的一系列现场试验。他们评估了膨润土钻井液(伊朗油田最常用的钻井液)中各种堵漏材料(LCM)的产能。报告了以下操作。

(1)在确认有严重漏失现象后,将钻头起升至1314m处。

(2)在制备水泥时,不连续地向井内注入钻井液。

(3)然后将钻头转移至1611m的深度。在该深度时,首先向井中和地层中分别泵送8bbl水和50bbl 95 PCF G级水泥。

(4)下一阶段,在泵入1bbl水后,用94bbl钻井液下入水泥塞。地面没有接收到液体。

(5)在下一阶段,在分配了足够的时间使钻井液稠化后,在1611m深度处重复了固井过程,条件与第一阶段相似。

(6)在泵送40bbl水泥后,钻井液返回地面。

(7)在分配了足够的时间凝固水泥后,重新开始钻井。钻水泥塞至1556m深处。再次确定钻井液损失为40bbl/h。

(8)在此阶段,向井内注入100bbl RIPI – LQ膨润土颗粒。钻井液漏失速率降至1bbl/h。继续钻探至1636m深处。

(9)继续钻探至1686m的深度。在这一过程中,1670m、1671m、1673m、1678m、1679m、1679.5m和1686m深处均发生了严重的漏失,并通过整体泵送350bbl RIPI – LQ膨润土颗粒而停止。

(10)在1722~1724m深度之间发生了严重的漏失,未观察到钻井液回流。值得一提的是,根据地质学家的说法,Fahliyan组顶部的深度为1722m。本次通过泵送100bbl RIPI – LQ膨润土颗粒后钻井液漏失显著减少,并观察到钻井液回流。

(11)继续钻至1756m深处,每小时漏失1~5bbl。随后,向井内注入50bbl高黏度膨润土钻井液进行清理。下一步,将钻头提升至1550m的深度,并用60 PCF轻质钻井液代替原钻井液。首先,向井内注入350bbl轻质钻井液,以置换先前的钻井液。然后将钻头拉至1520m深处,再次向井内注入550bbl轻质钻井液。

(12)第5d,钻井液减轻后,1756m深度出现严重漏失,出口未出现钻井液回流。随后,将100bbl RIPI – LQ膨润土颗粒泵入井内,最终,钻井液漏失显著减少至每小时1~2bbl。

有趣的是,为了确定LCM的浓度,在实验室中生成了图3.4和图3.5。

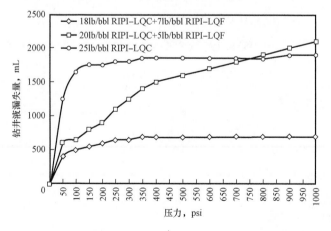

图3.4 不同LCM(RIPI – LQC)的钻井液漏失

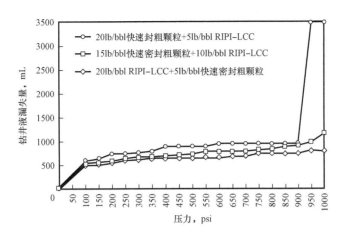

图 3.5　不同 LCM（RIPI - LCC）的钻井液漏失

　　室内实验表明,云母和粗牡蛎壳不能很好地控制钻井液漏失。另一方面,采取快速密封和 RIPI - LQC 材料也难以控制严重漏失(在 0.2in 裂缝中)。因此,为了控制严重滤失,使用了快速密封与 RIPI - LQC 材料结合的方法,以及 RIPI - LQC 与 RIPI - LQF 的混合物。实验结果表明,使用浓度分别为 20lb/bbl 和 5lb/bbl 的 RIPI - LQC 和快速密封混合物,以及浓度分别为 18lb/bbl 和 7lb/bbl 的 RIPI - LQC 和 RIPI - LQF 混合物时漏失量最小。为了更准确地研究,对这些混合物的流体损失量、密封压力和反向压力进行了比较。结果表明,RIPI - LQC 和 RIPI - LQF 混合物具有较好的性能,对钻遇地层的破坏较小。现场试验数据证实了这种新型添加剂对控制部分和全部漏失的适用性。重要的是,在成功解决紧迫的钻井作业问题之前,野外作业严重依赖于实验室研究。

3.1.2　钻机时间损失

　　钻机时间损失是钻井和完井期间非生产时间(NPT)的一个组成部分。钻井和完井时间的估算是一个因变量,受钻井过程中不同活动的影响。钻机时间损失是整个钻井和完井时间的一部分。钻井时间根据起钻和停钻时间、钻井时间、起下钻时间、套管放置时间、地层评价和钻井测量时间、完井时间、非生产时间和故障时间进行估算。钻进时间主要是造孔,包括循环、通井和起下钻、定向作业、地质侧钻和开孔。固定的时间用于下套管和固井、安装防喷器和井口。钻井时需要对油井进行测试,因此包括测试和完井时间。地层评价时间包括取心、测井等。故障时间包括在井眼问题上花费的时间,如卡钻、井控操作、井漏和地层裂缝。钻井和起下钻作业通常需要花费大量时间。除了预测钻井和起下钻作业所需的时间外,还必须估算其他计划钻井作业所需的时间。额外的钻井作业通常可分为井场准备、钻机移动和装配、地层评价和钻孔测量、套管放置、完井和钻井问题等几大类。因此,时间估算应考虑:(1)初始放置,(2)在偏移井中的机械钻速(ROP),根据每个井段的总钻井时间来确定,(3)下套管和固井套管的时间,(4)上、下防喷器和固定井口的时间,(5)循环时间,(6)底部钻具组合(BHA)组装时间。然而,所有这些因素在很大程度上取决于钻井平台人员的经验、效率和可用资源。因此,钻井时间估算是钻井工程师面临的一个挑战。在钻井时间估计中,钻井所需时间的第二个主要组成部分是起下钻时间,可定义为更换钻头和恢复钻井作业所需的时间。起下钻作业所需的时间主要取决于井深、使用的钻机和遵循的钻井实践。可以使用式(3.11)来近似:

$$t_{t} = 2\left(\frac{\bar{t}_{s}}{\bar{l}_{s}}\right)\bar{D}_{t} \tag{3.11}$$

式中 t_{t}——更换钻头和恢复钻井作业所需的起下钻时间,h;

   $\bar{t}_{s}$——处理一根钻柱所需的平均时间,h;

   $\bar{l}_{s}$——一根钻柱的平均长度,ft;

   $\bar{D}_{t}$——起下钻的平均深度(即起下钻水平处的平均深度),ft。

需要注意的是,处理钻铤所需的时间比处理其余钻柱所需的时间要长,但这种差异通常不会影响公式(3.11)中附加术语的使用。需要相关钻机的历史数据来确定$\bar{t}_{s}$。

3.1.3　高成本油井废弃

废弃井的定义是"由于钻井过程中的某些技术原因而被永久封堵或停产的井,或已停止作业的井"。此外,如果一口井达到其经济极限,则宣布该井为弃井。一旦井被废弃,就将油管分离,并将井段填充混凝土。这种充填过程需要限制地层流体从地层到地面的流动路径,以及井之间的相互连通。如果市场供需没有变化或者油价没有上涨的趋势,那么该井将作为永久弃井被封堵。

弃井的原因有很多,例如:(1)在钻了1mile或更长的井后,井遇到了充满盐水的砂质地层,并与放射性、重金属和其他毒素混合,(2)盐水有可能被污染,并渗入淡水含水层或有时到达地表,(3)油井达到其经济极限,(4)存在井喷的可能性,(5)该井不再用于支持油气开发,或者因为经营者的总租约已经到期。

一般来说,政府和不同的环保机构对废弃井所在地的环境保护和公共安全都有严格的要求。为确保油气井的安全、有效废弃,所有作业人员必须遵循一些程序,如:(1)确定和制定项目计划,(2)执行和实施,(3)最终确定地面弃井等。

3.1.4　产量降低

地下油气藏的油气生产包括机械、化学、电学和地质工序。这些工序对地层和井筒流动具有重要作用。但其中很多做法最终都会给油井、地层和地面设施带来问题。这些问题最终要么导致产量下降,要么导致安装在井下或地面的设备出现故障。大多数严重问题可以通过预防性维护技术来避免或延迟。通过对产量、流体类型和流变性的常规分析(即PVT分析),以及检查油井的机械条件,也可以及早识别问题并解决问题。这种做法可以避免昂贵的修井成本,还可以避免井筒的完全漏失。

3.1.5　钻井液污染

钻井液污染与钻井液直接相关。在岩土工程中,钻井液被定义为在地下钻孔时使用的流体。这种液体在钻井、气井和勘探钻机上使用。钻井液也用于更简单的钻孔,如水井。钻井液主要有三类:(1)水基钻井液(可分散和不分散),(2)非水基钻井液(通常称为油基钻井液),

（3）气态钻井液（可使用多种气体）。钻井液的主要功能是（Hossain and Al-Majed,2015）：（1）通过环空将井眼底部的岩屑从井底移除并运输至地面（即,清洁井眼中的钻屑和去除岩屑）,（2）施加足够的静水压力,以降低发生井喷的可能性（即,控制地层压力）,（3）冷却和润滑旋转中的钻柱和钻头,（4）将水功率传递到钻头,（5）形成薄、低渗透滤饼,密封和维护井壁,防止地层损坏（即密封漏区）,（6）在钻机关闭的情况下,悬浮钻屑,使钻屑不会落到井底并卡钻,（7）支撑井壁,（8）保持井筒稳定性（即,在下套管前保持新钻孔打开）。

除上述功能外,还有其他一些辅助功能,如将岩屑悬浮在井内,并将其投放到地面处置区,提高样品回收率,控制地层压力,最大限度地减少钻井液在地层中的漏失,保护相关地层（即,不应损害地层）,便于钻柱和套管的自由移动,减少钻井设备的磨损和腐蚀,并提供测井介质。需要指出的是,为了实现上述功能,必须尽量减少以下副作用（Hossain and Al-Majed,2015）：（1）对地层的损害,尤其是那些可能生产的地层,（2）井漏,（3）冲洗和循环压力问题,（4）钻速降低,（5）井壁膨胀,形成缩径或井眼膨胀关闭,（6）井眼腐蚀,（7）钻杆贴附在井壁上,（8）钻井液中不良固体的滞留,（9）泵部件的磨损。

钻井液成分受地理位置、井深和岩石类型的影响。这种污染会随着岩层深度和其他条件的变化而改变。如果采用适当的固控技术,钻井液维护成本将大大降低。钻屑引起的不良影响占钻井液维护费用的主要部分。钻井液的配制通常是为了满足一定的性能,使钻井液能够发挥其基本功能。需要多次强调的是,选择不受污染的、恰当的钻井液系统是极其重要的。在任何一口井的生命周期中,不良的设计和被污染的钻井液都可能带来非常昂贵的代价。

被污染的钻井液被定义为"当异物进入钻井液系统并导致钻井液特性（如密度、黏度和滤失性）发生不必要的变化"。钻井液在钻井过程中会接触到多种污染物,每种污染物的影响和后果各不相同,因此需要进行必要的处理,以尽量减少和避免钻井问题。钻井液污染可能是由于使用添加剂对钻井液系统进行过度处理,或者在钻井过程中由于矿物或其他物质进入钻井液循环系统造成的。受污染的钻井液对敏感的海洋生态系统是一个巨大的潜在危害。因此,需要一种适当的工艺来充分处理受污染的液体,以便在工艺结束时,将净化的液体和未受污染的水能够排放到环境中。钻井液是在钻井过程中通过钻杆循环的黏性乳状液,在向上泵送研磨后的产品的同时,也向上泵送石油。这些乳状液很快被钻井液、盐水、地层中的不同矿物和石油残渣污染。因此,钻井液应不断清洗,以确保钻井过程顺利进行。

钻井时,钻井液暴露于许多污染物中;每种污染物都有不同的影响和后果,因此需要进行必要的处理,以尽量减少和避免钻井问题。钻井液中最常见的污染物是：（1）固体（添加的、钻孔的、活性的、惰性的）,（2）钙和镁,（3）碳酸盐和重碳酸盐,（4）盐层和盐水流。水基钻井液系统中最常见的污染物是：（1）固体,（2）石膏或硬石膏（Ca^{2+}）,（3）水泥或石灰（Ca^{2+}）,（4）补给水（Ca^{2+}和Mg^{2+}）,（5）可溶性碳酸氢盐和碳酸盐（HCO_3^-和CO_3^{2-}）,（6）可溶性硫化物（HS^-和S^{2-}）,（7）盐或盐水流（Na^+和Cl^-）。

（1）固体：在油田术语中,固体按其密度分为两个基本类别：① 高重力（HGS）,高重力固体的相对密度大于4.2,通常用作加重剂,如重晶石和赤铁矿；② 低重力（LGS）,低重力固体的相对密度为1.6~2.9,通常用作商业膨润土和钻井固体,假定 SG 为2.5。

钻井液中固体的来源基本上是添加剂和地层。向钻井液中加入高密度固体以增加流体密度。尽管它们是故意添加的,本质上是非活性固体,但它们仍然会对流体流变学产生不利影响,特别是当它们因磨损而降解为超细颗粒时。低重力固体通常被称为钻探固体,来自钻探地层。

污染的症状很容易追踪。一般来说,钻井固体是钻井液中最常见的污染物。任何未被固相清除设备去除的岩石颗粒都会再循环,并因磨损而减小尺寸。这个过程增加了暴露的表面积。需要更多的钻井液来湿润表面,需要增加产量以保持所需的流体参数。钻井液中颗粒数量的增加导致颗粒间相互作用的增加,从而增加流变性,特别是塑性黏度。钻井固体的形状不规则和尺寸不一导致滤饼质量差,进而导致滤液体积和滤饼厚度增加。

为了防止固体污染,需要采取一些补救措施。其中,有效利用现有的最佳固相清除设备对于防止不良钻屑堆积至关重要。这包括:① 一次分离(即振动筛),② 水力旋流器(即除砂器和除泥器),③ 离心机(通常为 $1 \sim 1.5$ bbl/min),④ 稀释(即增加钻井液的液相)。

(2)钙和镁:钙离子或镁离子即使在低浓度下也可能污染钻井液系统。当某些水基钻井液的固体含量较高时,它们会对这些钻井液产生不利影响。这两种离子中任意一种离子浓度极高时都可能会对聚合物在水基钻井液中的性能和某些油基钻井液的乳化包体产生不利影响。

钙和镁都可以存在于补给水(特别是海水)、地层水和混合盐蒸发岩地层中。在钻水泥或硬石膏时会遇到大量的钙。在富含镁的页岩(如北海北部和中部)或混合盐地层(如北海南部的 Zechstein 蒸发岩)中钻井时,镁通常会积聚在钻井液中。

镁和钙的存在很容易通过 pH 值发现。镁的主要作用是与钻井液系统中的羟基发生反应,从而耗尽钻井液的碱度和 pH 值。这反过来又会使碱度中不需要的碳酸盐和重碳酸盐成分占主导地位。钙离子可以絮凝膨润土基钻井液和其他含有活性黏土的水基钻井液。它引起了流变学的变化(即塑性黏度降低,屈服点和凝胶强度增加),并失去了过滤控制。通过对滤液的化学分析可以证实钙含量在增加。高钙含量和高 pH 值的结合将沉淀大多数水基钻井液中常用的聚合物。因此,就会使钻井液失去流变性和滤液控制。

可以采取预防措施和补救措施来控制镁、钙污染。少量的镁,如海水中的镁,加入烧碱就可以很容易地除去。$Mg(OH)_2$ 在 pH 值为 10.5 左右时沉淀。当遇到大量镁时(即镁页岩、蒸发岩或盐水流),处理掉污染物是不实际的。$Mg(OH)_2$ 的大规模黏性沉淀将对流变性产生不利影响。它会因此增加凝胶强度。这种沉淀物的大表面积消耗了大量的钻井液化学物质。这在油基钻井液中尤其成问题,因为表面活性剂被有效地从钻井液中剥离出来,可能导致整个系统"翻转"。在这种情况下,在清除镁源之前,不应尝试调整碱度。现代表面活性剂包装通常不需要大量的石灰,因此油钻井液性能不应受到影响。在水基钻井液中,低 pH 值会促进钻杆的腐蚀。因此,在 pH 值恢复之前,应考虑使用除氧剂和成膜胺。

而少量钙(<400 mg/L)则是可以接受的。在大多数水基钻井液中,它甚至是理想的。一定含量的钙可起到缓冲作用,防止出现不理想的碳酸盐碱度。但是,过高浓度的钙会对水基钻井液产生严重的不利影响。大量钙的主要来源是:水泥和硬石膏。

水泥的化学成分很复杂。然而,从钻井液污染的角度来看,它可以是石灰,即 $Ca(OH)_2$,主要的污染物是钙。但是,在某些情况下,氢氧根离子会使问题复杂化。在高温(例如大于250°F)下,严重污染的膨润土基钻井液会固化。当计划在水泥的初始阶段(即,特别是当水泥不是完全坚硬时)钻孔时,应采取一些预防措施,以尽量减少污染的潜在影响。可采取一些具体的处理措施来尽量减少钙的影响,如:① 如果可行,在将水泥置换成钻井液之前,用海水尽可能多地钻出水泥;② 在作业期间,包括在钻水泥前混合新钻井液时,尽量减少苛性钠的添加;③ 用少量(约 0.25lb/bbl)的 $NaHCO_3$ 进行预处理,如果预期使用绿色水泥,那么用量可以增加一倍,避免过度处理,因为在钻井液系统中有过量的碳酸氢盐时,它能絮凝钻井液固体,对流变性和过滤控制产生不利影响;④ 在水泥钻井时密切监测 pH 值和酚酞(P_f),并根据需要调整处理方法,以防止聚合物沉淀(即保持 pH 值低于11.0)和黏土絮凝,$NaHCO_3$ 会降低钙和 pH 值;⑤ 当已知要钻取大量绿色水泥或软水泥时,应考虑将钻井液转化为石灰系统,以用来耐水泥污染,而这个过程的成功转化必须有大量合适的分散剂(如 Lignox)才能完成。油基和合成油基钻井液基本上不受水泥的影响。然而,绿色水泥的含水率会降低油水比。在替换为油基钻井液之前,应尽可能用海水或水基钻井液钻出水泥。

无水石膏($CaSO_4$)是石膏的无水形式,可充分溶解,为黏土絮凝提供钙离子。钙的作用和水泥一样。然而,石膏污染通常对钻井液的 pH 值没有直接影响。当只有在某些特定情形下,多余的钙才可以用纯碱(即 $NaHCO_3$)处理掉。应注意避免过度处理,因为碳酸盐污染的不利影响与钙污染的不利影响一样严重。添加少量降凝剂(如木质素磺酸盐等)能使处理过程中的流变性变得平滑。如果预测到将出大量硬石膏,并使用的是水基钻井液,则应考虑将钻井液转化为能够耐钙污染的石膏系统。油基钻井液不受硬石膏污染的影响。

(3)碳酸盐和重碳酸盐:碳酸盐系统中有三种物质,① 碳酸(H_2CO_3),② 重碳酸盐(HCO_3^-),③ 碳酸盐(CO_3^{2-})。图 3.6 显示了这些物质在不同 pH 值水平下的平衡情况。碳酸盐系统污染物的常见来源有四种:① 地层气体中的二氧化碳,例如,从钻井液中去除钙时的过度处理(即使用过量的苏打灰和碳酸氢钠),② 有机钻井液产品(如 FCL、褐煤和淀粉)的热降解,③ 受污染的重晶石(尤其是在使用水基钻井液钻高温高压井时),所有批次的重晶石在运输到这些井之前都必须实施质量控制程序,这是至关重要的,④ 受污染的膨润土。碳酸盐体系的症状表现为流变性的普遍增加,特别是屈服点和凝胶强度增加,以及滤液的增加。通常情况下,这些影响在高固相钻井液和高温应用中更严重。这些症状对化学悬浮物(如木质素磺酸盐)的处理没有反应。

为了消除碳酸盐和重碳酸盐污染物,需要采取一些预防措施和补救措施。在处理污染物之前,应利用所有可用数据对情况进行评估。应避免过度使用钙离子处理。通过 pH 计和滴定法测定 pH 值、P_f 和甲基橙(M_f),以确定是否存在碳酸盐或重碳酸盐污染以及缓解问题所需的处理方法。理论上,这些值之间的比率和关系可以允许确定碳酸盐的种类。碳酸盐污染的基本处理方法是用来自石灰[$Ca(OH)_2$]或石膏($CaSO_4$)的钙离子沉淀

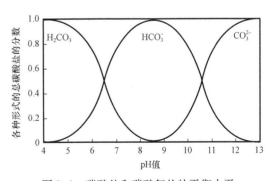

图 3.6　碳酸盐和碳酸氢盐的平衡水平

碳酸盐。然而,钙的加入会对碳酸氢盐产生影响。它们必须首先通过添加羟基转化为碳酸盐。通常这可以通过烧碱或石灰来实现。碳酸氢盐在有羟基的情况下不能存在。在正常条件下,碳酸氢盐在 pH 值高于9.5时开始转化为碳酸盐。

(4)盐的形成和盐水的流动:到目前为止,钻井行业中最常见的盐是氯化钠(NaCl)。然而,有时在钻探复杂的蒸发岩序列时常见氯化钾(KCl)、氯化钙($CaCl_2$)和氯化镁($MgCl_2$)。各种氯化物来源于海水、盐水流、盐丘、盐脉和大量复杂的蒸发岩地层。对于水基钻井液,污染影响的程度主要取决于钻井液类型以及污染盐的浓度和类型。二价盐(即钙和镁)比一价盐(即钠和钾)对水基钻井液的污染影响更大。淡水膨润土钻井液或含活性钻井固体的低盐度钻井液将被高氯化物或盐中的二价离子絮凝。黏度最初会增加,但是在非常高的氯化物水平下,由于黏土结构的坍塌,黏度可能会降低。低固相聚合物钻井液具有良好的抗盐污染性能。

油基钻井液基本上不受钻井过程中盐的影响,尽管钻井液的水相盐度会增加,但如果钻取大量的盐,可能会达到饱和。大量盐水流会对油基钻井液产生不利影响。钻井液往往呈现出颗粒状的外观。随着含水量的增加,流变性会随着油水比的降低而增加。氯化物含量会根据盐水流含盐量的变化而发生显著变化。在极端情况下,饱和盐水流可导致钻井液盐水相重结晶。这可能会导致振动筛上的晶体被去除,并相应地损失表面活性剂。如果不采取快速补救措施(例如更换表面活性剂),固体将发生润湿,并导致相分离。这对井眼稳定性和井控来说可能是灾难性的。如果盐水中含有氯化镁,也会出现类似的问题。它与钻井液中的石灰发生反应,由此产生的 $Mg(OH)_2$ 沉淀将把体系中的表面活性剂去除掉。

使用正确的钻井液密度将最大限度地减少盐水流入体系。调整钻井液密度是防止发生进一步井涌的第一步。早期检测盐水流量将使盐水流入的体积最小化,从而减少盐水流入的影响。

对于水基钻井液来说,化学沉淀法实际上不能降低氯化物含量。用淡水稀释可将氯化物降低到可接受的水平。然而,这仅在低密度钻井液中可行,在高密度钻井液中,为了保持钻井液质量,需要添加重晶石,这在时间和成本上都是非常昂贵的。当使用膨润土系统时,在加入活性体系之前,需对钻遇到的水中的黏土进行预水化,可以提供一些短期黏度和过滤控制。为了长期稳定,有必要用抗盐聚合物(如 PAC、XC 和淀粉)代替膨润土。

上述现象一经发现,必须立即解决。当钻井地层或盐水流中存在镁盐时,应停止向钻井液中添加石灰。当遇到盐水流时,必须稳定地添加亲油的表面活性剂,直到所有亲水迹象被消除。虽然有一个水润湿 API 测试,但经验丰富的钻井液工程师会提前意识到这个问题,并在开始测试前进行处理。

3.1.6 地层损害

地层损害是在油气开采的各个阶段都可能出现的一个不良的操作,其会带来严重的经济损失。一般来说,地层损害是指各种不利过程对含油层渗透率的损害(图 3.7)。地层损害也可以定义为无形的、不可避免的损害情况。它导致不可量化的、未知的渗透率的降低。地层损害是指钻井、完井和修井作业期间使用的井筒流体对储层造成的损害(减产)。它是由于外来流体侵入储层岩石而导致井筒(井壁)附近渗透率降低的区域。然而,许多研究者基于不同的背景定义了地层损害。根据 Amafule 等人(1988)的说法,"地层损害是石油和天然气行业一个成本很高的难题。"Bennion(1999)将地层损害定义为"无形的损害,不可避免的和不可控的,导致不可量化的和不确定减产!"正如 Porter(1989)所说,"地层损害不一定是可逆的""进入多孔介质的东西不一定会出来"。Porter(1989)称这种现象为"反向漏斗效应"。因此,尽量避免对地层造成损害,而不是去试图修复地层。地层损害是一个不理想的操作和严重的经济问题,可能发生在地下储层油气开采的各个阶段,如钻井、完井、增产、生产、水力压裂和修井作业(Civan,2005)。地层损害指标包括:(1)渗透率损害,(2)表皮系数损害,(3)油井产能下降。

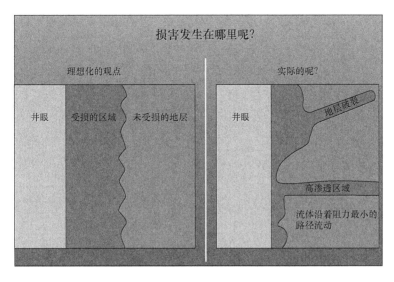

图 3.7 地层损害

影响储层损害的因素很多,有:(1)物理,(2)化学,(3)生物,(4)流体动力学,(5)多孔地层、颗粒和流体的热相互作用,(6)应力和流体剪切作用下地层的机械变形。这些过程在钻井、生产、修井和水力压裂作业期间发生。由于钻井液是对地层损害有重大影响的主要因素之一,因此在选择钻井液时,应考虑以下几个因素以尽量减少地层损害:(1)与生产储层流体的相容性,(2)水化或膨胀地层中黏土的存在,(3)裂缝地层,(4)非酸溶性物质侵入地层。

地层损害的后果是降低储层油气产能和非经济运行。它们是:(1)油藏产量减少,(2)生产力降低,(3)非经济作业。对地层损害进行研究对以下任务很重要:(1)通过实验室和现场试验了解这些过程,(2)通过描述基本机理和过程来开发数学模型,(3)对储层损害的预防和降低方法进行优化;(4)制订地层损害控制策略和补救方法。这些任务可以通过模型辅助数据分析、案例研究、推导和扩展到有限测试条件以外来完成。通用地层损害模型的建立在宏观尺度上描述了相关现象,即采用具有代表性的基本多孔介质平均法(Civan,2002)。

Amable 等人(1988)论证了四组地层损害机制:(1)矿物的类型、形态和位置;(2)原地层和外来流体组成;(3)原地层温度和应力条件以及多孔地层的性质;(4)井开发和油藏开发实践。他们还将影响地层损害的各种因素分为:(1)外来流体的入侵,例如用于改进采收率的水和化学品、钻井液侵入和修井液;(2)外来颗粒的入侵和原地层颗粒的移动,如砂、钻井液细颗粒、细菌和碎屑;(3)操作条件,如井流量、井筒压力和温度;(4)地层流体和多孔基质的性质。图3.8概述了常见的地层损害机制。具体机制如图3.9所示。它们对地层损害有很大的影响,具体表现为:(1)黏土颗粒膨胀或分散,(2)润湿性反转,(3)滤液堵塞,(4)乳化液堵塞,(5)沥青质和污泥沉积,(6)结垢和无机沉淀(即,井筒流体滤液和地层水中可溶性盐的相互沉淀),(7)微粒运移,(8)颗粒堵塞(即固体),(9)细菌,(10)饱和度变化,(11)凝析物堆积,(12)悬浮颗粒。

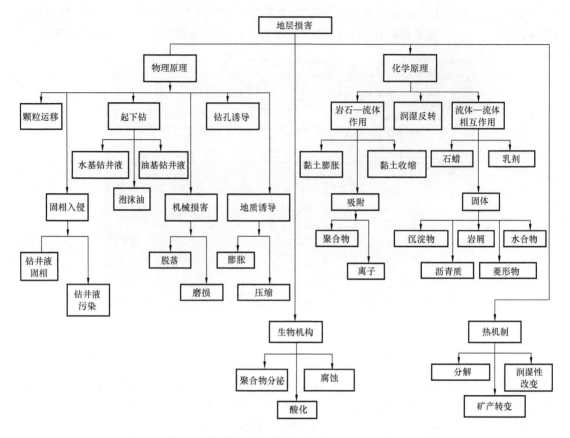

图 3.8 常见地层损害机制的分类和次序(Bennion,1999,有修改)

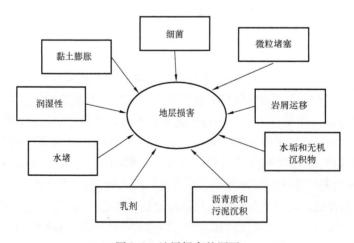

图 3.9 地层损害的原因

(1)固体堵塞:储层—岩石孔隙空间的堵塞可能是由钻井液滤液中的细颗粒或由岩石基质中被滤液去除的固体造成的(图 3.10)。为了尽量减少这种形式的损害,应尽量减少钻井液系统中细颗粒的数量和液体的漏失。

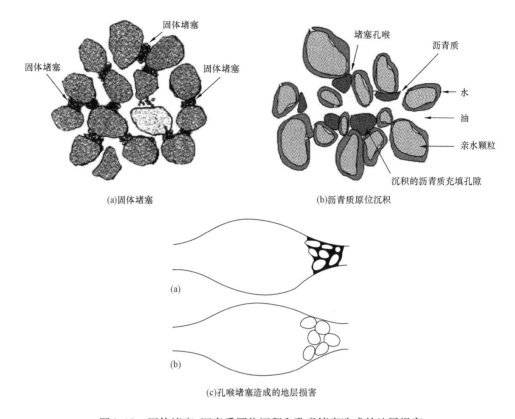

(a)固体堵塞　　　　　　　　　　(b)沥青质原位沉积

(a)

(b)

(c)孔喉堵塞造成的地层损害

图3.10　固体堵塞、沥青质原位沉积和孔喉堵塞造成的地层损害

（2）黏土颗粒膨胀或分散：黏土膨胀被定义为"由于黏土平衡的改变而导致地层渗透率降低的一种损害"。当钻井、完井、修井或增产液的水基滤液进入地层时，黏土就会发生膨胀。这是含有水敏黏土的砂岩所固有的问题。图3.11显示了由吸附、土壤团聚体和黏土膨胀造成的地层损害。当淡水滤液侵入储层岩石时，会导致黏土膨胀，从而减小喉道区域或完全堵塞喉道区域（图3.11c）。页岩也含有丰富的膨胀黏土。膨胀在生产层段中并不常见。因此，黏土膨胀引起的地层损害问题并不像颗粒运移所引起的损害问题那么普遍。储层岩石中最常见的膨胀黏土是蒙脱石和混合层伊利石。早先人们认为，砂岩中观察到的大部分水和速率敏感性是由膨胀黏土引起的。然而，现在人们普遍认为，砂石中的水敏性和速敏性更多地是微粒运移的结果，很少是黏土膨胀的结果。

根据维基百科，弥散被定义为"存在一个系统，在这个系统中，粒子以不同组成或状态的连续相分散"。一个分散体有几种不同的分类方式，包括粒子相对于连续相粒子的大小、是否发生沉淀以及是否存在布朗运动。影响黏土分散和迁移的因素是它们在砂岩中出现的方式，特别是它们与岩石组构和结构特征有关的空间排列（图3.12），以及它们的微团聚体结构、形态、表面积、孔隙度和粒度分布。

（3）饱和度变化：一般来说，油气产量是通过利用储层岩石的饱和度来预测的。钻井液系统滤液进入储层后，会引起含水饱和度的变化。因此，产量有可能下降。图3.13描述了高失水导致含水饱和度增加，这种损失最终导致岩石相对渗透率的降低。

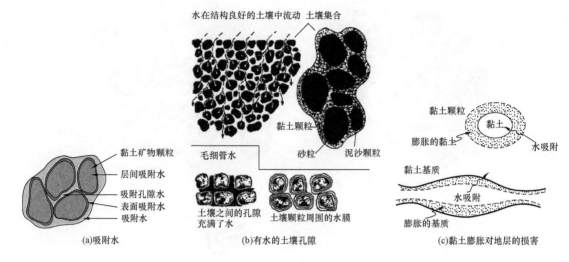

图 3.11 黏土颗粒活动

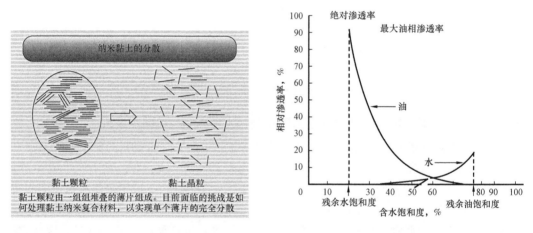

图 3.12 分散引起的地层损害

图 3.13 饱和度造成的地层损害

(4)润湿性反转:储层岩石本质上是亲水的。实践证明,在使用油基钻井液体系钻井时,钻井液滤液中多余的表面活性剂会进入岩石。这种入侵会导致润湿性反转。现场经验和实验室实验表明,该机理可造成高达90%的产量损失。因此,为了防止这一问题,油基钻井液系统中使用的过量表面活性剂的数量应保持在最低水平。

(5)乳状液堵塞:地表存在乳状液并不意味着在近井区域会形成乳状液。通常情况下,表面乳状液是流体进入井内后在节流阀和阀门中发生的混合和剪切的结果。在不引入外部化学品的情况下,在近井区形成乳状液和淤泥是很少见的。两种非混相流体在地层中以高剪切速率混合,有时会形成一种相分散到另一种相的均质混合物。这类乳状液通常比组成它本身的任何一种流体组分都具有更高的黏度,并可导致油气流动能力的显著降低。

一般来说,一旦形成乳液和淤泥,就很难去除。因此,必须防止这种乳液的形成。使用醇类和表面活性剂等互溶剂是从近井区清除这些沉积物的最常见方法。然而,由于注入流体的流度比不理想,将处理液放置在堵塞层会很困难。同样,应进行原油的实验室实验,以确保兼容性。

(6)滤液堵塞:如果大量水基钻井液或完井液流失到油井中,则在井筒周围形成高含水饱和度区域。在该区域,油气相的相对渗透率降低,导致油井产能的净损失。有三种主要方法可用于去除水堵:① 涌流或抽汲,以快速增加毛细管数,② 通过添加表面活性剂或溶剂降低表面张力,同时通过降低烃类和水相之间的界面张力来增加毛细管数,从而在返排过程中清理水堵,③ 使用溶剂或互溶剂(如醇),通过改变相行为使水溶解并除去。这三种方法已在现场得到成功应用。优先选择哪种方法取决于储层渗透率、温度和压力等特定条件。

(7)井筒流体滤液和地层水中可溶盐的相互沉淀:任何可溶盐的沉淀,无论是来自盐钻井液系统,还是来自地层水,亦或两者,均会造成固体堵塞和阻碍生产。

(8)微粒运移:据报道,在成熟产油区,最常见的地层损害问题可能是井筒内和井筒周围形成的有机沉积。这些有机沉积物分为两大类:石蜡和沥青质。这些沉积物可能出现在油管或储层岩石的孔隙中。两者都有效地抑制了碳氢化合物的流动。

(9)凝析油储层:凝析气藏中的地层损害可能是由井筒周围的流体(即凝析油)积聚引起(图3.14)。这降低了相对渗透率,从而降低了天然气产量。减少凝析液积聚的最直接方法是降低压降,使井底压力保持在露点压力以上。在不理想的情况下,可以通过增加流入面积,实现进入井筒的线性流动而不是径向流动来降低凝析油对地层的影响。这将使近井区气体渗透率降低的影响降到最低。这两个好处都可以通过水力压裂来实现。

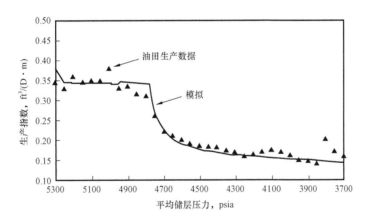

图 3.14　凝析油积聚导致油井产能下降

(10)悬浮颗粒:注水过程中,当注入水中存在悬浮颗粒时,会对地层造成损害。这些颗粒最终会导致注入水速率(即注水速度)降低。当向地层中注入水时,这些颗粒会迁移到岩石中(图3.15)。如果颗粒的尺寸大于孔喉,它们就会堵塞井筒表面,从而形成外部滤饼。此外,如果颗粒尺寸小于孔喉,则进入地层,从而形成内部滤饼。

3.1.6.1　地层损害预防措施

在过去的五十年中,由于两个主要原因,地层损害问题受到了极大的关注:(1)从储层中回收流体的能力受到近井区油气渗透率的强烈影响,(2)尽管没有能力控制储层岩石和流体

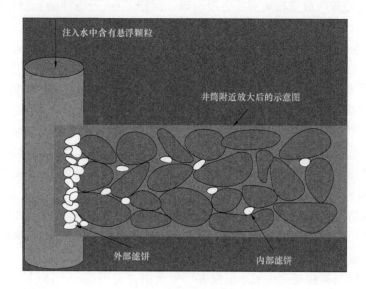

图 3.15 注入水中悬浮颗粒对地层的损害(Feng et al. ,2016)

性质,但可以在一定程度上控制钻井、完井和生产作业。因此,地层损害的预防非常关键,因为它:(1)可以改变操作,(2)可以将井筒内和周围引起的地层损害程度降至最低,并对油气生产产生重大影响,(3)可以减轻各种钻井、完井和生产作业过程中对地层损害的影响。总之,这些措施有助于显著降低地层损害,最终提高油气产量。

目前有一些预防地层损害的技术。这些措施包括:(1)处理液的选择,(2)黏土稳定,(3)黏土和粉砂细粒,(4)细菌破坏,(5)油井增产,(6)砂岩和碳酸盐地层酸化,(7)降低钻井液密度,(8)控制失水。

(1)处理液的选择:Thomas 等人(1998)的报告表示,应确定损害的类型和位置,以选择适当的处理液。此外,应采取预防措施,以避免进一步损坏。地层损害可能来自乳液、润湿性变化、水堵、水垢、有机沉积物(即石蜡和沥青质)、混合沉积物(即水垢和有机材料的混合物)、淤泥和黏土以及细菌沉积物。在大多数情况下,无法百分之百准确地识别损害类型。但是,可以确定最可能的类型。因此,大多数基质处理结合处理液来消除多种类型的损伤。

(2)黏土稳定:Himes 等人(1991)描述了有效黏土稳定剂的理想特性,特别是在致密地层中的应用。如下所示:① 产品应具有低的、均匀的分子量,以防止桥接和堵塞孔隙通道;② 化学品应在砂岩表面不润湿,以降低含水饱和度,③ 它对二氧化硅(黏土)表面应具有很强的亲和力,以便在凝胶溶液中放置时可以与凝胶聚合物竞争吸附位置,并能抵抗流动的碳氢化合物和盐水的冲刷,④ 分子必须具有适当的阳离子电荷,以有效中和黏土的表面阴离子电荷。

(3)黏土和粉砂:Thomas 等人(1998)进行的流体选择研究表明,① 砂岩地层损害可以用能够溶解造成损害的物质的流体来处理,② 碳酸盐(石灰岩)地层与酸反应强烈,因此,可以通过溶解或形成虫洞绕过受损区域来减轻损害。如果有淤泥或黏土损害,应使用盐酸(HCl)绕过损害。氟化钙沉淀造成的损害不能用盐酸或氢氟酸处理。钻井、完井或生产作业中引入的淤泥和黏土细粒对地层造成的损害需要不同的酸处理配方,而酸处理配方因地层类型、损害位置和温度而异(Thomas et al.,1998)。

(4)细菌伤害:注入井中的细菌生长可导致许多问题,包括近井地层的堵塞。Johnson 等人(1999)建议在苛性碱中使用质量浓度为 10% 的蒽醌二钠盐来控制硫酸盐还原菌(SRB)的生长,并结合传统的杀菌剂处理来控制其他类型的细菌。例如,注入井中细菌引起的地层损害可使用高碱性次氯酸盐溶液进行处理,然后用 HCl 酸化顶替液来中和系统(Thomas et al.,1998)。

(5)油井增产:Bridges(2000)指出,为了消除损害并通过受损层,需要进行增产措施。Bridges(2000)将基本增产技术分为三类:① 机械高压水力压裂,② 化学低压处理,③ 机械和化学方法相结合。

(6)砂岩和碳酸盐岩地层酸化:酸化是油层中消除各种类型地层损害和实施增产措施的有效方法。它要求正确设计和实施预冲洗、主处理和后冲洗程序,以避免沉淀、反应副产物和污泥的形成(Tague,2000a,b,c,d;Martin,2004)。然而,在有利条件下,水力压裂可能比酸化能够更有效地消除损害和增产(Martin,2004)。

3.1.6.2　量化地层损害

地层损害指标包括渗透率损害、表皮系数损害和油井动态下降。常用的油井产能指标是产能指数 J,单位为 $bbl/(lb \cdot in^2)$,可写为:

$$J = \frac{q_o}{\bar{p}_R - p_{wf}} \tag{3.12}$$

井内最常用的地层损害测量方法是表皮系数 S。表皮系数是近井区流动受限引起的无量纲压降。其定义如下(现场单位):

$$S = \left(\frac{Kh}{141.2q\mu B}\right)\Delta p_{skin} \tag{3.13}$$

图 3.16 显示了近井区的流动限制如何增加压力梯度,从而导致地层损害并引起额外压降(Δp_{skin})。1970 年,Standing 提出了流动效率 F 的重要概念,他将其定义为:

$$F = \frac{\bar{p}_R - p_{wf} - \Delta p_{skin}}{\bar{p}_R - p_{wf}} = \frac{理想生产压差}{实际生产压差} \tag{3.14}$$

显然,流动效率为 1 表示 $p_{skin} = 0$ 的完善井,流动效率大于 1 表示增产井(可能是由于水力压裂),流动效率小于 1 表示不完善井。注意,为了确定流动效率,必须知道平均地层压力 $\bar{p}_R$ 和表皮系数 S。

表皮对油井产能的影响可以使用油井的流入动态关系(IPR)进行估计,例如 Vogel、Fetkovich 和 Standing 提出的流入动态关系。这些 IPR 可概括如下:

$$\frac{q}{q_{max}} = FY(x + 1 - FYx) \tag{3.15}$$

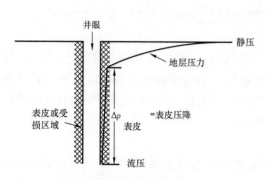

图 3.16 理想井和地层受损井近井区域的压力剖面(Standing,1970)

其中

$$Y = 1 - \frac{p_{wf}}{p_R} \qquad (3.16)$$

当 $x = 0$ 时,恢复线性 IPR 曲线;当 $x = 0.8$ 时,得到 Vogel > s IPR 曲线;当 $x = 1$ 时,得到 Fetkovich > s IPR 曲线。图 3.17 显示了不同流动效率下无量纲油气产量随无量纲井底压力(IPR)变化的曲线示例。很明显,随着流动效率的降低,在相同的压差($p_r - p_{wf}$)下,产量越来越低。

IPR 的选择取决于流体性质和油藏驱动机制。Standing 的 IPR 最适用于溶解气驱油藏,而线性 IPR 更适用于在高于泡点压力下生产的水驱油藏和没有大量溶解气体的油气的生产。

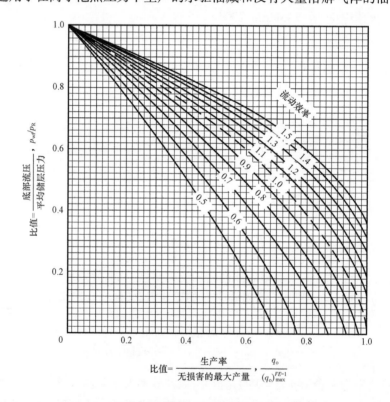

图 3.17 不同流动效率的流入动态关系(Vogel,1968)

3.1.7 环空井眼清洁

环空井眼清洁是指"钻井液输送和悬浮钻屑的能力"。它是旋转钻井中最重要的岩屑输送构造之一。然而,在实际操作中很难实现井底清洁。钻头喷嘴的喷射作用应能为通过它的钻井液提供足够的速度,并使钻井液在岩面上横流,才可以有效地清除钻头周围的岩屑。上述过程将防止钻屑在钻头和牙轮周围积聚(即钻头泥包),同时防止钻屑过度研磨,并在钻井液进入环空的过程中将岩屑清除,最大限度地提高钻井效率。

影响井底清洗效率的因素很多。这些变量包括:(1)钻压,(2)钻头类型,(3)流量,(4)射流速度,(5)环空流体速度,(6)喷嘴尺寸,(7)井眼位置和距岩面的距离,(8)固体体积,(9)井斜角,(10)切削特性,(11)钻速(ROP),(12)钻井液性质,(13)岩屑特征,(14)钻柱转速,(15)压差,(16)环空或管柱偏心率等。适当的井底清洁可以避免对钻出的固体进行重复研磨,从而提高钻速。通过选择合适的钻头喷嘴尺寸,可以提高清洗效率。最大液压马力和最大冲击力是钻头获得最佳水力清洗的两个条件。当循环速率增加时,这两项也都会增加。然而,当循环速率增加时,摩擦压降也随之增加。

井眼清洁不足可能导致成本高昂的钻井问题,例如:(1)机械卡钻,(2)钻头过早磨损,(3)钻进缓慢,(4)地层损害(如压裂),(5)钻柱扭矩和阻力过大,(6)测井和固井困难,(7)套管难以下入。最常见的问题是扭矩和阻力过大,这往往导致大角度或大位移钻井无法达到目标。

许多研究者对岩屑运输问题进行了研究。Tomren(1979)进行了广泛的文献综述。近年来,岩屑运移问题在定向钻井中越来越受重视。根据重力定律,在垂直环空的情况下,滑移速度仅存在轴向分量:

$$v_s = v_{sa} \tag{3.17}$$

式中 v_s——颗粒的滑移速度,m/s;

v_{sa}——滑移速度的轴向分量,m/s。

当环空逐渐倾斜时,这种情况就会改变。滑动速度分量为:

$$v_s = v_{sa}\cos\theta \tag{3.18}$$

并且

$$v_{sr} = v_s\sin\theta \tag{3.19}$$

式中 v_{sr}——滑移速度的径向分量,m/s;

θ——倾斜角,(°)。

显然,当倾角增大时,滑移速度的轴向分量减小,在环空水平位置处达到零值。同时,径向分量在上述位置达到最大值。考虑到这些条件,可以说,当倾角增大时,所有可能通过降低颗粒滑移速度来改善岩屑运移的因素所产生的影响都将变得越来越小。SPE petrowiki网站广泛讨论了定向井钻井中的井眼清洁问题。

垂直钻井的环空钻井液速度应足以避免岩屑沉降,并在合理的时间内将岩屑输送到地面。如前所述,在倾斜环空的情况下,颗粒滑移速度的轴向分量的作用较小。可以得出这样的结论:为了获得满意的输送效果,在这种情况下,环空钻井液速度可能低于垂直环空。然而,这其实是一个误导性的结论。颗粒滑移速度的径向分量增加,将颗粒推向环空的下壁,从而形成岩屑床(即颗粒层)。因此,环空钻井液速度必须足以避免(或至少限制)岩屑床形成。研究表明,为限制岩屑床的形成,定向钻井的环空钻井液速度一般应高于垂直钻井。

在考虑岩屑运移现象时,应同时考虑钻井液流动状态和垂直滑移。紊流中的钻井液总是诱发颗粒滑移的紊流状态,与岩屑的形状和尺寸无关。因此,在这种情况下,决定颗粒滑移速度的唯一因素是钻井液的切量力,而不受钻井液黏度的影响。如果钻井液在层流状态下流动,则可能出现紊流或层流滑动,而层流状态取决于岩屑的形状和尺寸。滑移的层流状态总是提供较低的颗粒滑移速度值。应该得出结论,层流通常会提供比紊流更好的输运。然而,在倾斜环空的情况下,颗粒滑移速度轴向分量的作用降低,并且可以预期,随着倾斜角的增加,层流的优势将被抵消。

一般认为,在钻大斜度井和水平井时,井眼清洗的情况是比较好的。不理想的井眼清洁可能导致:(1)停产时间,(2)井眼质量差,(3)钻柱甚至井眼漏失。由于井眼清洁对许多钻井参数都有影响,并最终导致当量循环密度(ECD)较高,所以应对它有足够的重视。同时,如何提高岩屑的去除率,防止岩屑在斜井段的下侧堆积是非常重要的。正确的方法是计划和解决井眼清洁问题。其中一种方法是使用机械井眼清洗装置(MHCD),该装置适用于大孔径大斜度井段的钻孔。而在正常钻井条件下,切削层是不可避免的,这些工具能通过切削层的机械侵蚀逐渐降低切削层高度。并且该工具使用了水动力和水力机械效应。

其中有一种工具是 Hydroclean™ 钻杆(图3.18)。该工具由 VAM 钻井公司开发。它由两部分组成:(1)水力清洁区,当可变螺旋角加速岩屑并使其在井的高侧循环时,水力清洁区提供最佳的铲取效果;(2)水力控制区,保护井筒免受叶片的影响,并提供较少的摩擦载荷和更好的滑动性能。最佳管柱设计是在40°以上的斜井中使用 Hydroclean™ 钻杆,每三根钻杆中使用一根 Hydroclean™ 钻杆。

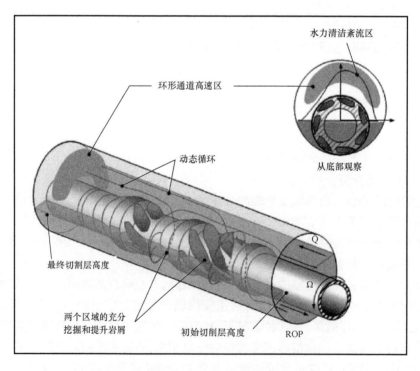

图3.18　Hydroclean™ 钻杆的特点(Hossain and Al-Majed,2015)

3.1.8　滤饼形成

滤饼是钻井液中的固体颗粒由于静水压力和地层压力之间的压差而在孔隙带上形成的一层固体颗粒层,在钻井过程中经常产生。它被定义为当液体钻井液滤液渗入周围岩石时,在渗透层上的井壁上形成的固体黏土沉积物(即滤液是通过介质的液体,将滤饼留在介质上)(图3.19),又称泥饼、壁饼。当钻井液中的液体滤入地层时,在井壁上形成了钻井液固体覆盖层。钻井液滤饼提供了一个物理屏障,以防止钻井液的进一步渗透和漏失,在钻进后不久,产出的钻井液就会漏失到可渗透地层中。如果滤饼厚度增加,滤饼的流动阻力会增加。使用一段时间后,应将滤饼从过滤器中除去(例如,通过反洗)。如果不这样做,由于滤饼的黏度过高,渗透就会中断。因此,冲洗滤饼以避免堵塞非常重要。

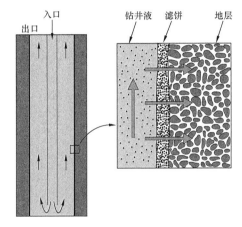

(a)地层损害概况

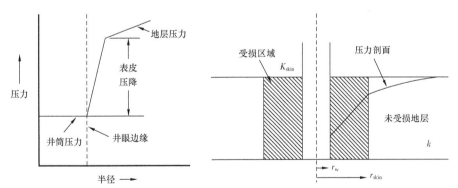

(b)显示正表皮效应和负表皮效应与压力剖面的细节

图3.19　钻井过程和滤饼形成概述(重绘自 Hashemzadeh and Hajidavalloo,2016)

通过钻井液试验来确定过滤速率和滤饼特性。滤饼的特性,如滤饼厚度、韧性、光滑度和渗透性都很重要。对于钻井作业,滤饼是理想的,因为它不渗透并且很薄。一般来说,滤饼应小于或等于1/16in。井筒中的过度渗透和过厚滤饼都可能会导致严重的钻井问题,如:(1)致密井眼造成的阻力过大;(2)井径减小导致的压力波动增大;(3)滤饼中管柱接触增加导致的压差卡钻;(4)电缆测井造成的过多的地层损害和评估问题。

　　当滤饼质量较差时,深层滤液侵入,会对储层造成损害,从而降低油气产量。然而,从井漏和地层损害控制的角度来看,井壁滤饼的形成是非常重要的。一定程度的滤饼堆积有助于将地层与钻井液隔离开来。低渗透滤饼显著减少了钻井液固体和钻井液滤液的侵入。人们普遍认为,如果形成有效的滤饼,钻井液滤失速率与过平衡钻井压力无关,这是因为滤饼渗透率会随着过平衡压力的增加而降低。然而,对于低渗透地层,当使用较小的过平衡钻井压力时,可能根本不会形成滤饼。在这种情况下,较低的过平衡钻井压力可能会导致流体漏失速率增加,并因钻井液固体侵入而造成更大的损害。

3.1.8.1　过滤测试

　　流体的过滤特性决定了它在地层中形成受控滤饼的能力。在钻井液系统中,过滤性能影响井眼稳定性、钻柱的平稳移动、地层损害和开发时间。滤饼的厚度不应超过 1/16in,并且应易于通过回流移除。滤饼控制因渗透而从钻井液中流失的液体。实验室实验包括在给定压力和温度条件下,用标准尺寸的试管测量 30min 内通过滤饼进入地层的液体体积。常用的过滤速率有两种:低压低温过滤和高压高温过滤。控制高滤失量将最大限度地减少切屑,并提供更快的钻进速度。低滤失量可能有助于解决由厚滤饼、压差黏附和产能损害形成的致密井眼。就流变学而言,高黏度和高凝胶强度可优先用于对抗由井眼清洁引起的高扭矩桥堵、阻力和填充,并提供良好的重量材料悬浮。低黏度和低凝胶强度导致钻进速度更快,并能更有效地分离钻井中的固体颗粒。

3.1.8.2　利用超声波辐射去除滤饼

　　钻井液由混合液体、固体和化学物质组成。钻井液添加剂通过在地层表面的固体和聚合物桥堵来密封井眼,以稳定井筒。由于固体不能自由进入地层孔隙空间,在井壁上沉积了一层高密度滤饼。滤饼的厚度会逐渐增加,直到滤饼的渗透性接近于零。这可能发生在动态或静态流体条件下。储层与钻完井液、滤饼、钻井液的相互作用,导致固体颗粒堵塞孔隙,造成近井损害。这会导致生产率降低。地层损害并不总是能够完全防止的。为了消除或减轻地层损害的影响,增产技术已经在油气行业应用了半个多世纪。

　　超声波在石油加工中的应用因其显著的积极作用而得到了广泛的发展。Beresnev 和 Johnson(1994)全面回顾了利用弹性波增产的方法,包括超声波和地震方法。他们提到,在大多数情况下,弹性波和地震对多孔介质的刺激会影响渗透率和生产率。Vakilinia 等人(2011)研究了超声波对重质原油裂解过程的影响。Neretin 和 Yudin(1981)观察到,在超声波作用下,水通过疏松砂层的驱油速率增加。振动引起毛细管压力的波动和表面薄膜的膨胀,并导致流体在多孔介质中的蠕动传输。这可能是渗透率变化的一种解释。Hamida 和 Babadagli(2005)观察到,超声波可以提高毛细管自吸采油率,这取决于流体和基质裂缝相互作用的类型。他们通过六个实验揭示了超声波对因钻井液滤失而受损的多孔介质渗透率的增强作用。最终得出的结论是:(1)该研究说明了超声波辐射成功地应用于去除滤饼和钻井液过滤处理所导致的近井损害;(2)发现超声波辐射去除滤饼的最佳平均时间为 10s,钻井液过滤处理的最佳平均时间为 300s,所有实验中损伤区渗透率都趋于达到最大值。

3.1.8.3　井筒滤饼形成模型

　　尽管对实验室岩心中钻井液滤液的侵入进行了许多实验研究,但对该问题进行数学建模的尝试却很少。Clark 等人(1990)开发了一个三参数经验模型,用于精确关联动态流体损失数据。Jiao 和 Sharma(1992)提出了一个简单的模型,该模型基于滤饼表面的过滤速率和剪切应力之间的幂律关系。滤饼的质量平衡方程可用式(3.20)至式(3.22)表示。这些方程代表了包含颗粒的流动相,以及流动相中的细颗粒。同时假设忽略了扩散输运。

$$\frac{\partial}{\partial t}(\varepsilon_s \rho_s) + \nabla \cdot (\rho_s \overline{u}_s) = \varepsilon_s m_s \doteqdot R_A \tag{3.20}$$

$$\frac{\partial}{\partial t}(\varepsilon_1 \rho_1) + \nabla \cdot (\rho_1 \overline{u}_1) = \varepsilon_1 \dot{m}_1 \doteqdot -R_A \tag{3.21}$$

$$\frac{\partial}{\partial t}(\varepsilon_1 \rho_{Al}) + \nabla \cdot (\rho_{Al} \overline{u}_1) = \varepsilon_l \dot{m}_{Al} \doteqdot -R_A \tag{3.22}$$

式中 t——时间;

∇——散度算子;

ρ——相密度;

$\dot{m}$——质量净速率;

ε——体积分数;

R_A——小粒子的质量速率。

滤饼颗粒的总体质量平衡由广义方程式(3.23)给出:

$$\int_0^t (\rho_{Al} q_1)_{mud} = \int_0^t (\rho_{Al} q_1)_{filtercake} + \int_{V_s} \varepsilon_1 \rho_{Al} dV + \int_{V_c} \varepsilon_f \rho_f dV \tag{3.23}$$

这里 V_c 是滤饼体积。由 Chase 和 Willis 给出的滤饼矩阵变形的运动方程为:

$$\varepsilon_s \nabla \rho_s - \varepsilon_1 \nabla \rho_1 + \nabla \cdot \tau_s + \varepsilon_s (\rho_s - \rho_1) = 0 \tag{3.24}$$

液相与固相的体积比值的通量由 Smiles 和 Kirby 给出:

$$\overrightarrow{u_{rl}} = \varepsilon_1 (\overrightarrow{v_1} - \overrightarrow{v_s}) = \overrightarrow{u_1} - \varepsilon_1 \overrightarrow{v_s} = -k(\varepsilon_1) v_1^{-1} \nabla \rho_1 \tag{3.25}$$

3.1.9 过量液体损失

滤失可以定义为钻井液或处理液中含有固体颗粒进入地层基质的液相损失。任何时候只要出现流体损失,就有可能导致连续阶段的不平衡。例如,当钻井液的液相从钻井液中渗出时,钻井液的稠度就会受到影响。此外,基质表面的任何固体堆积都会产生问题,这是因为过滤后导致渗透性很低。如果该基质是产层,则可能需要进行一些处理,例如产生微小裂缝的尖端屏蔽(TSO),以恢复受损界面的渗透性。对于流体部分,可能需要在短期内添加更多液体,并在长期内添加滤失剂。如果这类高渗透性区域易发生失水,则应使用失水添加剂调整钻井液成分。通常认为,流体损失是由以下一个或多个因素引起的:(1)过高的钻井液压力,在地层基质的"表面"产生高压降;(2)地层颗粒的大小是钻井液中存在的最大颗粒的三倍以上(这是由于桥堵导致过滤);(3)地层有大量裂缝或裂隙;(4)钻井液在当时的地层条件下不稳定。

水基钻井液和油基钻井液都会发生某种程度上的流体损失,尽管油基钻井液的失水速率要小得多。连续液相是钻井工程的重要组成部分。每当钻井液遇到高渗透性或更准确地说是钻井液连续相的高有效渗透性时,就可能发生过多的流体损失。虽然通常会引入大量的水来补偿渗透性地层中的流体损失,但岩石渗透率的突然变化并不总是可以预测的,这可能会在钻井过程中造成问题。液体流失过多的直接后果是循环障碍。通过适当的地质分析,现场地质学家可以了解地层中流体的漏失程度。

一旦发现漏液过多,就应该关闭三通阀,通过旁通软管将钻井液导向井内(这将使水的损失降到最低)。作业完成后,应立即将钻杆从井底起升 $1 \sim 2m$。这将引发裸眼井的堵塞,导致可能的坍塌,故而需要密封渗透层,直到后续操作的执行。

对过量钻井液的后续反应取决于钻井液的类型。如果钻井液中已经含有高黏度的膨润土(钠蒙脱土),则必须确保在黏土循环进入井眼之前有足够的时间来使黏土完全水化(Driscoll,1986)。这也意味着等待钻井液凝胶的时间有时是足够的。在较低的速度下,黏性会更高,因为黏土颗粒上的电荷将会更紧密地结合在一起。经过一段时间后,钻井液中的黏土会发生胶凝。等待时间结束后,一旦循环重新开始,可能需要震击钻杆以释放钻杆中的钻井液。

如果漏失过多并且没有发生消减,应查阅地质资料并分析岩屑。有可能在含油气地层中形成了高渗透带。与井场地质学家协商后,可建议进行试井。如果钻入深度不够,需要进一步钻进,则必须在重新开始钻进作业之前对钻井液进行增稠。

如果流体损失非常高,表明地层中存在裂缝、空洞或其他形式的沉陷,应向钻井液中添加额外的堵剂,如片状或纤维状材料,如麸皮、外壳、谷糠、稻草、树皮、木屑、棉絮、羽毛或任何其他在当地容易获得的材料。将含有这些物质的桥塞通过钻杆泵入,以堵住裂缝。

有时也可以选择一种极端的措施,即所谓的"黏液挤压"。它包括将含有大量黏土甚至水泥的泥塞挤入井漏区。在该操作过程中,环形防喷器关闭,通过进一步泵送施加压力,迫使黏稠物进入漏失区。通常,将膨润土、水泥或聚合物混合到油中的钻井液(通常使用柴油中的膨润土)用作胶塞。或者,将膨润土混合物放入一个袋子中,当桥塞在高渗透层面到达所需深度后,袋子就会破裂。井下的水与膨润土、水泥或聚合物相互作用,形成一种黏性黏结物,可以有效地密封造成过多流体损失的地层。

如果黏液挤压不能阻止漏失,即使没有回流,也可以继续钻井。自然地,岩屑会在地层中脱落,形成自然堵塞。但是,如果钻井液漏失严重,建议在继续注入钻井液时,间歇注入高黏度钻井液塞。如果没有井喷的风险,这意味着所钻地层不是生产层,那么这种钻井过程是有效的。如有必要,可进行套管作业。通常情况下,尽管套管直径较小,但下入套管后不久就可以进行后续钻井作业。只有在极端情况下,才应放弃钻井或寻找其他钻井入口。

3.1.10 钻井液回流

任何回流都与层间的压差有关。当较深处的压力高于钻杆内的平均压力时,就会发生回流。在钻井作业中,一旦旋转接头断开,钻井液流就会出现回流。这是由下落的地层颗粒导致的加压引起的,这些颗粒最终将钻井液推向井底。如果出现回流,则说明井筒没有得到有效清洁,岩屑没有被充分清除。在这种回流过程中,应立即重新连接钻杆,并循环钻井液清理井筒。如果怀疑井筒坍塌,应提高钻井液黏度,以恢复井筒的稳定性。

3.2　井漏的常见案例分析

井漏每年都会对钻井行业造成巨大的经济影响,因为它会给石油公司造成数亿美元的额外成本(Stangeland,2015)。在1990年至1993年期间,对北海的6口油井进行了成本分析评估,以便在作业期间寻求改进(Aadnøy,2010)。表3.3显示了预钻井期间遇到的井眼稳定性问题。可以看出,在整个NPT规范中,井漏是最大的挑战之一。

表3.3　在北海的各种作业中损失的时间(Stangeland,2015)

项目	花费时间,d
循环漏失	15
缩径	2
挤水泥	15
卡套管	20
打捞落物	2
总计	52
每口井平均	8.7

Wærnes(2013)介绍了一个在坦桑尼亚钻井的案例研究。这口井在井内两个不同的位置发生了一些重大漏失,如图3.20中粗体圆圈标记部分。在大约4000m处,漏失成为了一个大问题,因此必须采取应急方案以防止进一步漏失。为了便于对尾管进行固井,向环空泵入一种低重量的基液,该基液将充分降低静水压力,从而保持正确的固井参数,将静态和动态损失保持在最低限度。

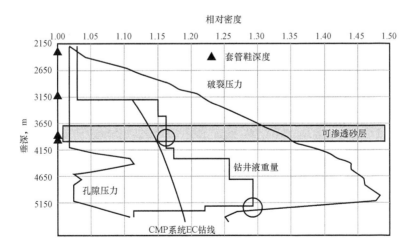

图3.20　孔隙压力和破裂压力曲线(以坦桑尼亚为例)

从5000m垂深左右开始,破裂压力突然下降,导致钻井液密度接近地层破裂压力,产生过多的静态和动态漏失。为了弥补这些损失,泵送了大量的堵漏剂,但没有成功。下一个决定是减小钻井液密度。为了进一步消除损失,必须降低钻井液密度。图 3.20 中的部分 EC 曲线是根据钻井液相对密度 1.3 和海床上方 100m 处的钻井液液位得到的。注意,漏失不仅如人们通常预期的那样发生在靠近破裂压力梯度的部位,最上面的圆圈或多或少集中在操作窗口内,孔隙压力和破裂压力都有足够的余量。通过对岩性资料的检查,发现该层为高渗透性砂层,这导致了循环过程中的漏失。由于预期的孔隙压力上升,先前的套管必须设置在可渗透的砂层中,导致在钻取砂层的最后一部分时继续漏失。该段完工后,为了进一步限制漏失,必须下入应急尾管。

将 EC 系统或 CMP 系统引入该井,其具有快速漏失检测功能,可能会将漏失控制在最低限度,或随后将其全部清除。此外,保存衬管或套管柱的可能性也很高。使用 EC 系统钻穿可渗透砂层可将漏失降低到可接受的水平,从而有效地节省下入和固定应急尾管的费用。

如果正确预测了孔隙压力上升和破裂压力下降,那么钻井液方案可能与实际选择的方案略有不同。与传统方法相比,使用 EC 系统生成图 3.20 中所示的模拟曲线,可以降低井筒压力,进而提高机械钻速,减少总体钻井时间。此外,通过降低井筒压力,以及井和地层之间的压差,也降低了压差卡钻的风险。也许更重要的是,在较低的部分所产生的重大漏失可以全部避免。

3.3　小结

本章试图涵盖了所有与钻井液及其系统有关的钻井问题及其解决方案。文中对钻井过程中出现的不同问题进行了解释,并给出了可能的解决方案和预防措施,同时进行了案例分析。本章未详细介绍钻井液系统,因为在任何钻井液手册中都可以找得到相关内容,故不放在本书讲解范畴内。为了解决钻井液工程中遇到的一些问题,已经完成了一份关于钻井液的最新文献。本章介绍了该技术的当前实践,并指出了研发人员在钻井液相关问题和解决方案方面需要关注的地方。此外,还提出了今后的研究方向,重点是开发对环境影响为零或影响可忽略不计的环境友好型钻井液。应加紧努力开发替代方法,将钻井液技术转变为可持续的技术。

参 考 文 献

[1] Abrams, A. and Vinegar, H. J. (1985). Impairment Mechanisms in Vicksburg Tight Gas Sands. Presented at the SPE/DOE Low Permeability Gas Reservoirs Symposium, Denver, Colorado, 19 – 22 March. SPE – 13883 – MS.

[2] Afidick, D., Kaczorowski, N. J., and Bette, S. (1994). Production Performance of a Retrograde Gas Reservoir: A Case Study of the Arun Field. Presented at the SPE.

[3] Asia Pacific Oil and Gas Conference, Melbourne, Australia, 7 – 10 November 1994. SPE – 28749 – MS.

[4] Alfsen, T. E. et al. "Pushing the Limits for Extended Reach Drilling: New World Record from Platform Statfjord C. Well C2," SPEDC ~ June 1995, 71; Trans., AIME, 299

[5] Alsaba, M., Al Dushaishib, M. F. et al., 2017, Updated criterion to select particle size distribution of lost circulation materials for an effective fracture sealing, J. Pet. Sci. Eng., 149, 641 – 648.

[6] Amaefule, J. O., Ajufo, A., Peterson, E., and Durst, K. (1987). Understanding Formation Damage Processes," SPE 16232 paper, Proceedings of the SPE Production Operations Symposium, Oklahoma City, Oklahoma, 1987.

[7] Azouz, I., Shirazi, S. A., Pilehvari, A. et al. (1993). Numerical Simulation of Laminar Flow of Yield – Pow-

er – Law Fluids in Conduits of Arbitrary Cross – Section. Trans. of ASME 115(4): 710 – 716.

[8] Barnum, R. S., Brinkman, F. P., Richardson, T. W. et al. (1995). Gas Condensate Reservoir Behaviour: Productivity and Recovery Reduction Due to Condensation. Presented at the SPE Annual Technical Conference and Exhibition, Dallas, Texas, 22 – 25 October 1995. SPE – 30767 – MS.

[9] Becker, T. E. (1982). The Effect of Mud Weight and Hole Geometry Variations on Cuttings Transport in Directional Drilling. MS thesis, U. of Tulsa, Tulsa, USA.

[10] Becker, T. E., Azar, J. J., and Okrajni, S. S. (1991). Correlations of Mud Rheological Properties Wit Cuttings – Transport Performance in Directional Drilling. SPE Drilling Engineering, March 1991, 16; Trans., AIME, 291.

[11] Beirute, R. M., Sabins, F. L. and Ravi, K. M. (1991). Large Scale Experiments Show Proper Hole Conditioning: A Critical Requirement for Successful Cementing Operations. SPE 22774, 66th Annual Technical Conference and Exhibition of the Society of Petroleum Engineers, Dallas, 1991.

[12] Bennion, B. (1994). Experts Share Views on Formation Damage Solutions. Journal of Petroleum Technology, November 1994, 936 – 940.

[13] Borchardt John, K. 1989. Cationic Organic Polymer Formation Damage Control Chemicals. In Oil – Field Chemistry, 396, 396, 10, 204 – 221. ACS Symposium Series, American Chemical Society.

[14] Borchardt, J. K., Roll, D. L., and Rayne, L. M. 1984. Use of a Mineral Fines Stabilizer in Well Completions. Presented at the SPE California Regional Meeting, Long Beach, California, 11 – 13 April 1984. SPE – 12757 – MS.

[15] Brown, N. P. and Bern, P. A. "Cleaning Deviated Holes: New Experimental and Theoretical Studies," paper SPE/IADC 18636 presented at the 1989 SPE/IADC Drilling Conference, New Orleans, 28 February – 3 March.

[16] Browne, S. V., Ryan, D. F., Chambers, B. D. et al. 1995. Simple Approach to the Cleanup of Horizontal Wells with Prepacked Screen Completions. J. Pet Technol. 47 (9): 794 – 800. SPE – 30116 – PA.

[17] Cameron, C. 2001. Drilling Fluids Design and Management for Extended Reach Drilling. Presented at the SPE/IADC Middle East Drilling Technology Conference, Bahrain, 22 – 24 October. SPE – 72290 – MS.

[18] Carlson, V., Bennett, E. O., and Jr., J. A. R. 1961. Microbial Flora in a Number of Oilfield Water – Injection Systems. SPE J. 1 (2): 71 – 80. SPE – 1553 – G.

[19] Chinwuba, Igwilo Kevin. Fundamentals of Drilling Fluids Technology. 2000. 88p.

[20] Cimolai, M. P., Gies, R. M., Bennion, D. B. et al. 1993. Mitigating Horizontal Well Formation Damage in a Low – Permeability Conglomerate Gas Reservoir. Presented at the SPE Gas Technology Symposium, Calgary, Alberta, Canada, 28 – 30 June. SPE – 26166 – MS.

[21] Civan, F., "Applicability of the Vogel – Tammann – Fulcher Type Asymptotic Exponential Functions for Ice, Hydrates, and Polystyrene Latex," Journal of Colloid and Interface Science, 285, 2005a, 429 – 432.

[22] Clark, Peter E., and Barkat, Omar, Analysis of Fluid – Loss Data, SPE Production Engineering, pp. 306 – 3 10, 1990.

[23] Combs, G. D and Whitemire, L. D. Capillary Viscometer Simulates Bottom – Hole Conditions, Oil and Gas Journal p. 108 – 113, 1968.

[24] Coppel, C. P., Jennings Jr., H. Y., and Reed, M. G. 1973. Field Results from Wells Treated with Hydroxy – Aluminum. J Pet Technol 25 (9): 1108 – 1112. SPE – 3998 – PA.

[25] De Wolf, R. C. et al. Effects of Temperature and Pressure on Rheology of Less Toxic Oil Muds, Paper SPE11892, 1983.

[26] Dingsøyr, Eldar et al. Oil Based Drilling Fluids with Tailor – Made Rheological Properties: Results from a Multivariate Analysis, Annual Transactions of the Nordic Rheology Society Vol 12, 2004.

[27] Driscoll, F. (1986) Groundwater and Wells, St. Paul: Johnson Division.

[28] Feng, Q. Chen, H. , Wang, X. , Wang, S. , Wang, Z. , Yang, Y. , and Bing, S. (2016). Well control optimization considering formation damage caused by suspended particles in injected water. Journal of Natural Gas Science and Engineering 35 (2016), pp. 21 – 32.

[29] Ford, J. T. et al. "Experimental Investigation of Drilled Cuttings Transport in Inclined Boreholes," paper SPE 20421 presented at the 1990 SPE Annual Technical Conference and Exhibition, New Orleans, 23 – 26 September.

[30] Fordham, E. J. and Ladva, H. K. J. "Crossflow Filtration of Bentonite Suspensions", J. of Colloid and Inter. Sci. (Jan. 1992), Vol. 48. No. 1, 29 – 34.

[31] Ghalambor, A. , Salehi, S. , Shahri, M. P. , Karimi, M. 2014. Integrated workflow for lost circulation prediction. Presented at the SPE International Symposium and Exhibition on Formation Damage Control, Lafayette, Louisiana, 26 – 28 February. SPE – 168123 – MS. http://dx. doi. org/10. 2118/168123 – MS.

[32] Guild, G. J. , T. H. Hill Assocs. ; Wallace, I. M. , Phillips Petroleum Co. U. K. ; Wassenborg, M. J. , Amoco U. K. : Hole Cleaning Program for Extended Reach Wells, 29381 – MS.

[33] Hashemzadeh, S. M. , and Hajidavalloo, E. (2016). Numerical investigation of filter cake formation during concentric/ eccentric drilling. Journal of Petroleum Science and Engineering 145 (2016) pp. 161 – 167.

[34] Hemphill, T. and Larsen, T. I. "Hole – Cleaning Capabilities of OilBased and WaterBased Drilling Fluids: A Comparative Experimental Study," paper SPE 26328presented at the 1993 SPE Annual Technical Conference and Exhibition, Houston, 3 – 6 October.

[35] Hirschberg, A. , deJong, L. N. J. , Schipper, B. A. et al. 1984. Influence of Temperature and Pressure on Asphaltene Flocculation. SPEJ. 24 (3): 283 – 293. SPE – 11202 – PA.

[36] Holditch, S. A. 1979. Factors Affecting Water Blocking and Gas Flow from Hydraulically Fractured Gas Wells. J Pet Technol 31 (12): 1515 – 1524. SPE – 7561 – PA.

[37] Houchin, L. R. and Hudson, L. M. 1986. The Prediction, Evaluation, and Treatment of Formation Damage Caused by Organic Deposition. Presented at the SPE Formation Damage Control Symposium, Lafayette, Louisiana, 26 – 27 February 1986. SPE – 14818 – MS.

[38] Hussain H. Al – Kayiem et al. Simulation of The Cuttings Cleaning During The Drilling Operation. American, Journal of Applied Science 7(6), p 800 – 806, 2010.

[39] Hussaini, S. M. and Azar, J. J. "Experimental Study of Drilled Cuttings Transport Using Common Drilling Muds," SPEJ (Feb. 1983) 11 – 20.

[40] Israelachvili, J. 1993. Intermolecular and Surface Forces. New York: John Wiley and Sons.

[41] Iyoho, A. W. (1980), "Drilled – Cuttings Transport by Non – Newtonian Drilling Fluids Through Inclined, Eccentric Annuli," PhD dissertation, U. of Tulsa, Tulsa, OK.

[42] Iyoho, O. K. , and Azar, J. J. (1981). An Accurate Slot Flow Model for Non – Newtonian Fluid Flow Through Eccentric Annuli. SPEJ (Oct. 1981) 565 – 72.

[43] Jalukar, L. S. (1993), "Study of Hole Size Effect on Critical and Subcritical Drilling Fluid Velocities in Cuttings Transport for Inclined Wellbores," MS thesis, U. of Tulsa, Tulsa, OK.

[44] Jiao, D. and Sharma, M. M. "Formation Damage due to Static and Dynamic Filtration of Water Based Muds" Paper SPE 23823 presented at SPE Formation Damage Control Symposium, Lafayette, LA, Feb. 26 – 27, 1992.

[45] Jones Jr. , F. O. 1964. Influence of Chemical Composition of Water on Clay Blocking of Permeability. J Pet Technol 16 (4): 441 – 446.

[46] Journal of Canadian Petroleum Technology, Effect of Drilling Fluid Filter Cake Thickness and Permeability on Cement Slurry Fluid Loss, J. Griffith, Halliburton Energy Services, Inc. ; S. O. Osisanya, University Of Oklahoma, Volume 38, Number 13, 1999.

［47］Kamath, J. and Laroche, C. 2000. Laboratory Based Evaluation of Gas Well Deliverability Loss Dueto Water-blocking. Presentedatthe SPEAnnual Technical Conference and Exhibition, Dallas, Texas, 1 – 4 October. SPE – 63161 – MS.

［48］Kawanaka, S. , Park, S. J. , and Mansoori, G. A. 1991. Organic Deposition from Reservoir Fluids: A Thermodynamic Predictive Technique. SPE Res Eng 6 (2):185 – 192. SPE – 17376 – PA.

［49］Laboratory and Field Evaluation of a Combined Fluid – Loss – Control Additive and Gel Breaker for Fracturing Fluids, SPE Production Engineering, pp. 253 – 260,1990.

［50］Larsen,T. I. (1990), "A Study of the Critical Fluid Velocity in Cuttings Transport," MS thesis, U. of Tulsa,Tulsa,OK.

［51］Larsen, T. I. ,Pilehvari,A. A. ,and Azar,J. J. "Development of a New Cuttings Transport Model for High – Angle Wellbores Including Horizontal Wells," paper SPE 25872 presented at the 1993 SPE Rocky Mountain Regional/Low Permeability Reservoir Symposium, Denver, 12 – 14 April.

［52］Leontaritis, K. J. 1989. Asphaltene Deposition: A Comprehensive Description of Problem Manifestations and Modeling Approaches. Presented at the SPE Production Operations Symposium, Oklahoma City, Oklahoma, 13 – 14 March 1989. SPE – 18892 – MS.

［53］Li, Y. ,and Kuru,E. (2004). Optimization of Hole Cleaning in Vertical Wells Using Foam. SPE86927, paper presented in California, USA, March 2004.

［54］Lopes, R. T. ; Oliveira, L. F. , de Jesus, E. F. O. and Braz, D. (2001), "Analysis of Complex Structures Using a 3D X – Ray Tomography System with Microfocus Tube",Proceedings of SPIE, Vol. 4503.

［55］Mahadevan, J. and Sharma, M. 2003. Clean – up of Water Blocks in Low Permeability Formations. Presented at the SPE Annual Technical Conference and Exhibition,Denver, Colorado, 5 – 8 October. SPE – 84216 – MS.

［56］Martin, M. et al. "Transport of Cuttings in Directional Wells," paper SPE/IADC 16083 presented at the 1987 SPE/IADC Drilling Conference, New Orleans,15 – 18 March.

［57］McClaflin,G. G. and Whitfill,D. L. 1984. Control of Paraffin Deposition in Production Operations. J Pet Technol 36 (11):1965 – 1970. SPE – 12204 – PA.

［58］McLeod, H. O. and Coulter, A. W. 1966. The Use of Alcohol in Gas Well Stimulation. Presented at the SPE Eastern Regional Meeting,Columbus,Ohio,10 – 11 November. SPE – AIME – 1663 – MS.

［59］Monger, T. G. and Fu, J. C. 1987. The Nature of $CO2$ – Induced Organic Deposition. Presented at the SPE Annual Technical Conference and Exhibition, Dallas,Texas,27 – 30 September 1987. SPE – 16713 – MS.

［60］Monger, T. G. and Trujillo, D. E. 1991. Organic Deposition During $CO2$ and Rich – Gas Flooding. SPE Res Eng 6 (1): 17 – 24. SPE – 18063 – PA.

［61］Mungan,N. 1965. Permeability Reduction Through Changes in pH and Salinity. J Pet Technol 17 (12): 1449 – 1453. SPE – 1283 – PA.

［62］Nance, W. B. et al. "A Comparative Analysis of Drilling Results Obtained with Oil Mud vs. Water – Base Mud at High Island Block A – 270," paper IADC/SPE 11357 presented at the 1983 IADC/SPE Drilling Conference,New Orleans,20 – 23 February.

［63］Narayanaswamy,G. ,Pope,G. A. ,Sharma,M. M. et al. 1999. Predicting Gas Condensate Well Productivity Using Capillary Number and Non – Darcy Effects. Presented at the SPE Reservoir Simulation Symposium, Houston, Texas, 14 – 17 February 1999. SPE – 51910 – MS.

［64］Narayanaswamy,G. ,Pope,G. A. ,Sharma,M. M. et al. 1999. Predicting Gas Condensate Well Productivity Using Capillary Number and Non – Darcy Effects. Presented at the SPE Reservoir Simulation Symposium, Houston, Texas, 14 – 17 February 1999. SPE – 51910 – MS.

［65］Nasiri, A. , Ghaffarkhah, A. , et al. , 2017, Eperimental and field test analysis of different loss control materials for combating lost circulation in bentonite mud,Journal of Natural Gas Science and Engineering, Volume

44, August 2017, Pages 1 – 8.

[66] Neff, Jerry M. (2005): Composition, Environmental Fates and Biological Effect of Water Based Drilling Mud and Cuttings Discharged to the Marine Environment. 2005. 17p.

[67] Newberry, M. E. and Barker, K. M. 1985. Formation Damage Prevention Through the Control of Paraffin and Asphaltene Deposition. Presented at the SPE Production Operations Symposium, Oklahoma City, Oklah oma, 10 – 12 March 1985. SPE – 13796 – MS.

[68] Njaerheim, A. and Tjoetta, H. "New World Record in ExtendedReach Drilling From Platform Statfjord 'C,'" paper IADC/SPE 23849 presented at the 1992 Nyland, T. , Azar, J. J. , Becker, T. E. et al. 1988. Additive Effectiveness and Contaminant Influence on Fluid – Loss Control in Water – Based Muds. SPE Drill Eng 3 (2): 195 – 203. SPE – 14703 – PA.

[69] Okrajni, S. S. and Azar, J. J. "The Effects of Mud Rheology on Annular Hole Cleaning in Directional Wells," SPEDE ~ Aug. 1986! 297; Trans. AIME, 285.

[70] Peters, F. W. and Stout, C. M. 1977. Clay Stabilization During Fracturing Treatments with Hydrolyzable Zirconium Salts. J Pet Technol 29 (2): 187 – 194. SPE – 5687 – PA.

[71] Pilehvari, A. A. , Azar, J. J. , and Shirazi, S. A. 1999. State – of – the – Art Cuttings Transport in Horizontal Wellbores. SPE Drill & Compl 14 (3): 196 – 200. SPE – 57716 – PA.

[72] Porter, K. E. , "An Overview of Formation Damage," Journal of Petroleum Technology, 41(8), 1989, 780 – 786.

[73] Raleigh, J. T. and Flock, D. L. 1965. A Study of Formation Plugging with Bacteria. J Pet Technol 17 (2): 201 – 206. SPE – 1009 – PA.

[74] Rasi, M. "Hole Cleaning in Large, High – Angle Wellbores," paper IADC/SPE 27464 presented at the 1994 IADC/SPE Drilling Conference, Dallas, 15 – 18 February.

[75] Ravi, K. M. , Beirute, R. M. and Covington, R. L. "Erodability of Partially Dehydrated Gelled Drilling Fluid and Filter Cake". SPE 24.571. 67th Annual Technical Conference and Exhibition of the Society of Petroleum Engineers, Washington, 1992.

[76] Rowe, M. D. , Galliano, C. C. , Graves, W. V. A. , 2016, MEMS – lost circulation materials for evaluating fluid loss and wellbore strengthening during a drilling operation, US Patent 9488019 B1.

[77] Saasen, A. , Lø klingholm, G. , and Statoil, A. S. A. (2002). The Effect of Drilling Fluid Rheological Properties on Hole Cleaning, 74558 – MS.

[78] Savari, S. , Kulkarni, S. D. , Whitfill, D. L. , Jamison, D. E. 2015. Engineering design of lost circulation materials (LCMs) is more than adding a word. Presented at the SPE/IADC Drilling Conference and Exhibition, London.

[79] Schantz, S. S. and Stephenson, W. K. 1991. Asphaltene Deposition: Development and Application of Polymeric Asphaltene Dispersants. Presented at the SPE Annual Technical Conference and Exhibition, Dallas, Texas, 6 – 9 October 1991. SPE – 22783 – MS.

[80] Schechter, R. S. 1991. Oil Well Stimulation. Englewood Cliffs, New Jersey: Prentice Hall.

[81] Seeberger, M. H. , Matlock, R. W. , and Hanson, P. M. : "Oil Muds in Large – Diameter, Highly Deviated Wells: Solving the Cuttings Removal Problem," paper SPE/IADC 18635 presented at the 1989 SPE/ IADC Drilling Conference, New Orleans, 28 February – 3 March.

[82] Sewell, M. and Billingsley, J. 2002. An Effective Approach to Keeping the Hole Clean in High – Angle Wells. World Oil 223 (10): 35.

[83] Sharma, B. G. and Sharma, M. M. 1994. Polymerizable Ultra – Thin Films: A New Technique for Fines Stabilization. Presented at the SPE Formation Damage Control Symposium, Lafayette, Louisiana, 7 – 10 February 1994. SPE – 27345 – MS.

[84] Sharma, M. M. and Wunderlich, R. 1987. Alteration of Rock Properties Due to Interaction with Drilling Fluid

Components. J. Petroleum Science and Engineering 1：127.

[85] Sifferman,T. R. and Becker,T. E. :"Hole Cleaning in Full – Scale Inclined Wellbores,"SPEDE ~ June 1992！115；Trans. , AIME, 293.

[86] Smith, T. R and Ravi, K. M. "Investigation of Drilling Fluid Properties to Maximize

[87] Cement Displacement Efficiency". SPE 22775, 66th Annual Technical

[88] Conference and Exhibition of the Society of Petroleum Engineers, Dallas, 1991.

[89] Standing, M. B. (1970). Inflow Performance Relationships for Damaged Wells Producing by Solution – Gas Drive. J Pet Technol 22 (11)：1399 – 1400. SPE – 3237 – PA.

[90] Stangeland,H. ,2015,Experimental Lost Circulation and Performance Simulation Studies of 60/40,70/30,80/20 and 90/10 OBMs,MSc Thesis, Faculty of Science and Technology,University of Stavanger,Norway.

[91] Stevenic,B. C. :"Design and Construction of a Large – Scale Wellbore Simulator and Investigation of Hole Size Effects on Critical Cuttings Transport Velocity in Highly Inclined Wells,"MS thesis, U. of Tulsa, Tulsa, OK,1991.

[92] Tannich, J. D. 1975. Liquid Removal from Hydraulically Fractured Gas Wells. J Pet Technol 27 (11)：1309 – 1317. SPE – 5113 – PA.

[93] Thomas, D. C. 1988. Selection of Paraffin Control Products and Applications. Presented at the International Meeting on Petroleum Engineering,Tianjin,China, 1 – 4 November 1988. SPE – 17626 – MS.

[94] Tomren, P. H. , Iyoho, A. W. , and Azar, J. J. : "Experimental Study of Cuttings Transport in Directional Wells," SPEDE, Feb. 1986, 43. 5.

[95] Tomren,P. H. ,Iyoho,A. W. ,and Azar,U. :"Experimental Study of Cuttings Transport in Directional Wells," SPEDE (Feb. 1986) 43 – 56.

[96] Tomren, P. H. "The Transport of Drilled Cuttings in an Inclined Eccentric Annulus,"MS thesis, U. of Tulsa, Tulsa, OK (1979).

[97] Van der Bas, F. ,et al. :"Radial Near Well Bore, Stimulation by Acoustic Waves",SPE 86492, Presented at The SPE International Symposium on Formation Damage and Control, February 18 – 20,2004.

[98] Vanpuymbroeck,L. (2013). Increasing Drilling Performance Using Hydro – Mechanical Hole Cleaning Devices. SPE 164005 paper presented in Muscat,Oman,28 – 30 January 2013.

[99] Vogel, J. V. (1968). Inflow Performance Relationships for Solution – Gas Drive Wells. J Pet Technol 20 (1)：83 – 92.

[100] Wæ rnes, K. , 2013, Applying Dual Gradient Drilling in complex wells, challenges and benefits, MSc Thesis, Faculty of Science and Technology, University of Stavanger, Norway.

[101] Wong, S. W. et al. "High Power/High Frequency, Acoustic Stimulation – A Novel an Effective Wellbore Stimulation Technology", Paper SPE 84118, presented at The Annual Technical Conference and Exhibition, Denver Colorado, Oct 5 – 8,2003.

[102] Yan, J. and Sharma, M. M. 1989. Wettability Alteration and Restoration for Cores Contaminated with Oil Based Muds. J. Petroleum Science and Engineering 2(2)：63.

[103] Yan,J. – N. ,Monezes,J. L. ,and Sharma, M. M. 1993. Wettability Alteration Caused by Oil – Based Muds and Mud Components. SPE Drill & Compl 8 (1)：35 – 44. SPE – 18162 – PA.

[104] Yen,T. F. 1974. Structure of Petroleum Asphaltene and Its Significance. Energy Sources 1 (4)：447.

[105] Zain, Z. M. and Sharma, M. M. 1999. Cleanup of Wall – Building Filter Cakes. Presented at the SPE Annual Technical Conference and Exhibition, Houston,Texas, 3 – 6 October 1999. SPE – 56635 – MS.

[106] Zhou, L. (2008). Hole Cleaning During Underbalanced Drilling in Horizontal and Inclined Wellbore. IADC/SPE98926, paper presented in September 2008.

第4章 钻井水力相关问题

水力学可以定义为一门研究流体在机械力或压力影响下的静态和动态行为的物理科学和技术,并将这些知识用于机械的设计和控制。在钻井工程中,钻井水力学是钻井作业的一个重要组成部分,在钻井作业中,计算沿井筒,特别是环空的压力分布,以提高钻井液流变性和钻井水力学评价的 API 推荐规程。钻井液压系统在钻井作业中起着至关重要的作用,也被称为钻机液压系统。

在石油工业中,钻井液起着传送循环动力的作用。液压系统负责整个系统的摩擦损失、钻头运动和井壁整体支撑。维护良好的液压系统是保持钻机高效运行的关键。通过定期维护来防止故障发生要比处理与液压系统故障相关的停机时问题和增加的成本问题更有效。因此,重点应放在主动维护上,而不是被动维护上。

主动预防过程包括预防性维护,这本身就需要对设备的运行状况有清楚的了解。读者将在后面的章节中看到,由于不同位置的可变性很大,必须实施定制设计方案,因此无法为液压系统建立硬性的规则。在此之后,最好有一个频繁的维护方案,以增加平稳钻井作业的持续时间。在此过程中,需要考虑的重要因素有:(1)钻机每天和每周的运行时间,(2)系统在最大流量和压力下运行的时间百分比,(3)环境和气候条件,包括酷热、寒冷、风、碎屑和灰尘、湿度,(4)正在使用的流体的性质(钻井液、垫片、水泥等的形式),(5)钻速(ROP),(6)岩石性质。

这些因素将有助于遵循各制造商的指导方针来优化操作条件。此外,还需要制订行业自己的维护计划,以便所有人员都能遵守,并清楚地记录维护活动和注意到的任何异常情况。

液压系统的一些关键部件有:(1)液压流体过滤器,(2)液压油箱,(3)空气呼吸阀,(4)液压泵。这些部件的日常维护包括更换过滤器、清洁液压油箱内外、检查和记录液压压力和流量,以及检查液压软管和配件。钻机制造商的设备手册应包括液压电路图。能够阅读和理解这些图表对于执行维护和故障排除任务至关重要。

正确的钻井作业包括基于水力计算的规划和钻速(ROP)的优化。机械钻速被认为是石油钻井中的主要因素之一,因此在钻井时,机械钻速是首要考虑的因素。

合理考虑水力学将有助于选择钻头喷嘴和钻头,估算钻杆和各种地面设备的摩擦压降,发展钻井系统的高效清洗能力,并合理利用钻井泵马力。不正确的设计会导致液压系统效率低下:(1)降低机械钻速;(2)无法正确清理钻屑;(3)造成循环漏失;(4)最终导致井喷。井眼清洁不足会导致许多问题,包括井眼堵塞、封隔、卡钻和过大的静水压力。井眼中的钻屑会造成钻柱的磨损,也会降低钻速,从而增加钻井成本和时间。因此,有必要设计一个系统,可以有效地去除钻屑,以经济高效的方式将钻屑运输到地面,制备适当的钻井液,并最大限度地提高钻头的水力马力。

因此,正确设计和维护钻机液压系统至关重要。为了理解和正确设计液压系统,讨论静水压力、流体流动类型、流动类型标准以及钻井行业各种作业中常用的流体类型非常重要。因此,本章论述流体类型,地面连接、管柱、环空和钻头中的压力损失,射流钻头喷嘴尺寸选择,垂直管柱运动产生的冲击压力,钻头水力优化,钻井液承载能力。

本章将针对这些问题提出解决方案。为了说明这一章与实地应用的相关性,本章进行了案例研究。

4.1 钻井水力学及其存在的问题与对策

液压油的两个基本功能:润滑和动力传输。液压油是液压系统的命脉,若要使整个系统正常工作,就必须保持清洁。精密零件很容易受到污染和碎屑的影响。任何液压元件中的故障都可能被放大,从而给钻井作业带来更大的问题。受污染的液压油会导致磨损,从而导致泄漏,并导致系统中积聚热量。反过来,热量会降低液压油的润滑性能,导致进一步磨损,从而使问题像滚雪球一样越滚越大。另一个困难的来源是通气或液压系统中空气的形成。这可能导致泄漏、湍流或振动,从而增加部件磨损和效率损失。先前使用过其他类型的液体以及润滑剂的漏斗或容器的污染也可能成为液压系统的一个问题来源。

如果液压泵或马达发生故障,系统可能会被损坏装置的碎片和碎屑所污染。虽然部件必须拆卸和维修,但这通常不是最大的费用。油箱必须排空、冲洗和清洁。应检查所有软管、管路、气缸和阀门有无磨损和碎屑。冲洗整个系统的所有部件,以去除任何颗粒。最后,需要更换过滤器,处理从系统中排出的液压油,并用清洁的液压油填充油箱。所有这些停机时间和费用通常可以通过遵循预定的维护计划来避免。

了解钻井问题及其原因,并制订解决方案是避免成本高昂的钻井问题和成功钻达目标层的必要条件。这其中许多问题可以追溯到液压问题。表4.1简要描述了钻井过程中发生的大多数的主要失效形式,以及液压系统故障导致这些失效的原因(或工况)。

Wang等人(2011)报告了中国川东北地区130起钻井失效案例。将故障类型分为钻柱失效、钻柱失效频率、钻柱失效位置和钻深。图4.1绘制了故障数量与故障形式的对比图。可以看出,65%的失效是断裂,23%的失效是冲蚀,只有8%的失效是扭断。断裂和冲蚀是川东北地区钻井过程中遇到的主要破坏形式。图4.2显示了与钻柱位置相关的故障数量。在图4.2中,DPB指钻杆主体、DCB指钻铤主体、TC指螺纹连接、SA指减震器,DB指钻头(Wang et al.,2011)。如图4.2所示,39%的失效发生在钻杆身上,24%的失效发生在钻铤身上,14%的失效发生在螺纹连接上,23%的失效发生在钻柱的其他部位,如减震器、钻头等。图4.3描述了故障数量随钻孔深度的变化。可以观察到,钻柱失效在1250~2750m和4750~5750m深度范围内发生的频率较高。断裂是0~3000m深度的主要失效形式,主要由疲劳引起。相比之下,冲刷是4500~5500m深度范围内的主要失效形式,腐蚀是导致此种失效的主要因素。图4.1显示了在四川东北部观察到的钻柱失效形式。从图4.4可以看出,钻柱断裂破坏的三种主要形式是:(1)疲劳失效,(2)腐蚀冲蚀,(3)氢脆断裂。

确定了以下故障原因。

(1)由于所钻地层地质条件复杂,钻柱在井筒中不断承受各种应力,包括拉伸、压缩、弯曲和扭转。

(2)空气钻井技术的应用,消除了空气钻井过程中钻井液对钻柱的阻尼作用,加剧了钻柱的振动。

表 4.1 与液压相关的问题类型(aldiry and Almensory,2016)

失效模式	造成这些故障的原因	备注
疲劳失效	重量变化; 重复转速(负载或扭矩); 钻柱钻速高	由于螺纹根部接头的高应力集中以及钻杆顶部过渡区域的高应力集中,导致疲劳失效
轴向振动	钻柱沿其旋转轴运动	它主要是在临界速度以上或以下操作钻柱,并对钻柱动态进行预分析和实时分析,以减少振动和井下过早失效的可能性
扭转振动	钻柱在地面以一个恒定的速度不规则旋转	
横向振动	钻柱向其旋转轴横向移动	
钻杆弯曲	弯曲应力	随着时间的推移,弯曲应力引起的屈曲载荷使钻杆发生疲劳失效
钻杆冲蚀和拧断失效	机械疲劳损坏或腐蚀; 钻井液压力过大	冲蚀是指钻杆上的漏洞、裂缝或小开口;扭断是分离后钻杆破裂面发生的一种灾难性失效
卡管	诱导拉应力超过管材的极限拉应力	稳定器通常用于减少钻柱振动,提高井筒稳定性,优化井位,以便在井眼扩大作业中更快地生产
坍塌破坏	管柱处理不当	
牙齿脱落	严重的反复撞击和旋转	
牙齿断裂	冲击剥落,其中失效的齿包含许多不同大小的剥落坑痕,以及由剥落钻头连接在一起的沟槽; 裂纹在裂纹坑周围扩展,也会导致齿裂和局部剥落	牙齿会产生疲劳裂纹,这就会导致牙齿断裂
牙齿磨损	当齿面与磨料颗粒之间的压应力超过磨料颗粒的断裂强度时; 当齿面遇到尖锐的边缘或突出物时,齿面容易发生刮擦	应力集中将产生在这些接头表面,倾向于不断粉碎磨料颗粒。应力集中会增加牙齿表面的疲劳损伤。冲蚀作用,或压缩空气与大量硬岩屑混合流经齿面,增加齿面磨料磨损
钻头泥包	在水反应性黏土或页岩地层中,钻屑黏附在钻头表面; 不当的钻头选择或钻头磨损; 钻头水力能力差或流速低	影响钻头泥包卡钻的因素有: 黏土方解石含量; 高钻压; 钻头切削结构设计不良
井壁失稳	钻井液的性质及其与地层的相互作用; 地层的力学性能; 井筒周围力的大小和分布	滑塌或膨胀的页岩以及异常压力的页岩地层也会影响井眼的不稳定性
井筒滑动(剪切破坏)	沿井眼轨迹和钻井方向的钻井液密度	—

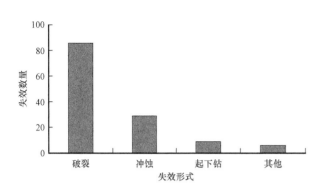

图 4.1 失效的数量与失效的形式（Wang et al. ,2011）　　　图 4.2 失效数量与钻柱位置的关系

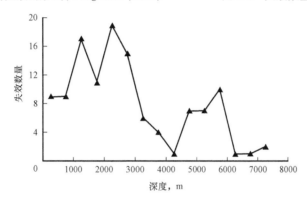

图 4.3 失效数量与钻井深度的关系（Wang et al. ,2011）

(a) 气体钻井导致钻柱疲劳断裂

(b) 钻柱破裂面

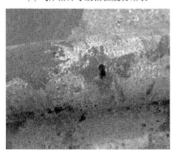

(c) 钻柱因腐蚀而被冲蚀

(d) 氢脆导致钻柱断裂

图 4.4 典型钻柱失效照片（Wang et al. ,2011）

(3)钻柱质量差导致钻柱过早失效。例如,钻柱上的制造缺陷可能导致应力的不均匀传播和分布,不利于保持钻柱的强度。

(4)由于钻柱与高浓度的硫化氢、二氧化碳和其他腐蚀性流体的电化学反应,钻柱强度会下降。

(5)当钻柱发生卡钻时,由于钻柱承受过大的拉应力或压应力,如果采取的钻柱过拉、过挤等防卡措施不当,可能导致钻柱疲劳或断裂。

(6)由于设计不科学或设计失误,会影响钻柱的抗破坏性能。

请注意,这些原因中的大多数最初都可追溯到液压问题。从后面的章节中可以看出,每个故障的原因都需要一整章的篇幅来说明。

4.1.1 井壁失稳

如前一节所述,液压系统类似于车辆的发动机。尽管井眼失稳似乎是一个岩石力学问题,但系统的失稳是由液压系统产生的。因此,本章将讨论井壁失稳的机理,而实际问题和解决办法在本书第9章讨论。

井壁稳定性是指"防止井壁周围岩石因机械应力或化学不平衡而发生脆性破坏或塑性变形"。又称井身稳定性、井筒稳定性和井眼稳定性。因此,井壁失稳是裸眼井段的一种不良情况,它使得该井段无法保持其规定的尺寸、形状和结构完整性。井筒不稳定的原因有:(1)在稳定的地层中形成了一个圆形的井眼,(2)除非有支撑,否则该井眼容易坍塌或破裂,(3)有一些岩石非常坚固,相比那些脆弱的岩石可以更好地支撑自己。井眼不稳定性表现为:(1)井眼堵塞,(2)井眼过度扩张,(3)钻压过大,(4)扭矩和阻力。这类问题导致继续钻井需要花费额外的时间,使开发成本显著增加。

井壁稳定性受到以下因素的影响:钻井液的性质及其与地层的相互作用、地层的力学性质、井筒周围作用力的大小和分布(Zeynali,2012;Cheng et al.,2011)。钻井液系统和地层的任何变化都会影响井筒的稳定性。这是不可避免的,因为系统是高度瞬态的。在页岩存在的情况下,页岩可能会发生坍塌或膨胀。此外,异常压力下的页岩也容易受到井筒不稳定性的影响(Akhtarmanesh et al.,2013)。

Akhtarmanesh 等人(2013)研究了页岩不稳定性的主要机制,即孔隙压力传递和化学渗透,以评估其在页岩物理化学性质和热力学条件下对井筒稳定性的重要性。结果表明,页岩地层由于与分散的活性黏土颗粒混合,会引起局部或较大范围的坍塌脱落,进而导致卡钻或井眼处理不良、钻头泥包、钻头起浮、测井质量差和钻井液污染等问题。Zhang(2013)计算了不同钻井方向和不同层理面下沿井眼轨迹的井眼破坏、井筒滑动及剪切破坏这三者与钻井液重量的关系(图4.5)。从图4.5可以看出,岩石各向异性将影响水平应力。Zhang(2013)考虑了这一事实。

井眼不稳定会导致两种类型的问题,即缩径和卡钻事件。这些问题是由井眼坍塌(岩石机械破坏)、井眼清理不当、不均匀卡钻和偏离理想轨迹引起的,具有潜在的危险。

图4.6显示了井壁失稳的类型,这些失稳又会导致一些其他的钻井问题,如出砂、井漏、卡钻、贯穿、井眼坍塌、无法控制的压裂和套管失效。井壁失稳的原因可分为:(1)地应力引起的机械破坏;(2)钻井液引起的腐蚀;(3)流体与地层相互作用引起的化学破坏。一般来说,井壁失稳有四种类型,它们分别是:(1)井径扩大,(2)井眼闭合,(3)破裂,(4)坍塌。

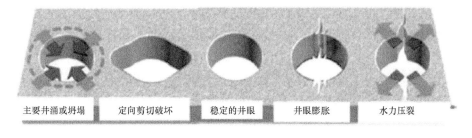

| 主要井涌或坍塌 | 定向剪切破坏 | 稳定的井眼 | 井眼膨胀 | 水力压裂 |

图 4.5　井眼破裂与钻井液压力关系示意图(Zhang,2013)

4.1.1.1　井径扩大

在某些井眼不稳定的情况下,可能会发生井径扩大。第9章介绍了与井径扩大相关的所有问题,而本节讨论了该问题与钻井水力学的相关性。

由于井眼变得比预期的更大,这也被认为是冲蚀问题。一般来说,大多数井眼会随着时间的推移而扩大。因此,它被称为一种随时间变化的坍塌现象。井眼的增大与横向振动间接相关。当钻柱横向振幅较大时,钻柱振动会对井眼造成无法弥补的破坏。振动会导致大面积的裂缝,使得岩石块落入井中。在严重情况下,振动会导致不稳定问题。当钻穿坚硬地层时,钻井液和岩石之间的化学相互作用应该被排除在井筒不稳定的原因之外。当钻柱撞击井壁时,井径会扩大,同时可能破坏随钻测量工具。将传感器安装在钻头附近的短节中,通

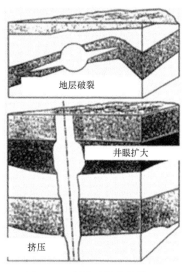

图 4.6　井眼不稳定性类型

过测量加速度来反应振动情况。加速度用 g 表示,其中 $1g$ 代表地球的重力加速度。在恶劣环境下,横向加速度可达 $80g$,严重时可达到 $200g$。在 $80g$ 的加速度作用下,使用质量为 $223kg/m(150lb/ft)$ 的钻铤时,在 $0.3048m(1ft)$ 的钻铤上施加的侧向力将为 $5.41t$ $(11927lb)$。试想有 5t 力作用在地层上自然会对井壁造成严重损坏。当出现横向振动时,钻柱会反复撞击井壁,对井壁产生冲击。钻柱撞击井眼的次数以及冲击力的大小将影响井筒稳定性和井下条件。

井径扩大带来的问题包括:(1)难以从井眼中移除岩石碎片和钻屑,(2)井斜可能增加,(3)测井作业期间潜在问题增加,(4)降低下套管后的固井质量。

4.1.1.2　井眼闭合

井眼闭合也被认为是缩径问题,因为井眼会变得比预期的窄。有时它也被称为上覆岩层压力下的蠕变。井眼闭合是一种随时间变化的井壁失稳现象。一般情况下,它出现在塑性流动的页岩和盐层中。井眼闭合带来的问题有:(1)扭矩和阻力增加,(2)卡钻风险增加,(3)套管着地难度增加。

4.1.1.3　破裂

在钻井过程中,如果井筒钻井液压力超过地层破裂压力,就可能发生破裂(图 4.7)。

图4.7(a)显示了裂缝剖面的总体构型,图4.7(b)显示了总体构型下的套管设置。如果钻井液安全密度窗口没有得到妥善维护,破裂引起的相关问题就有可能导致井涌和井漏。

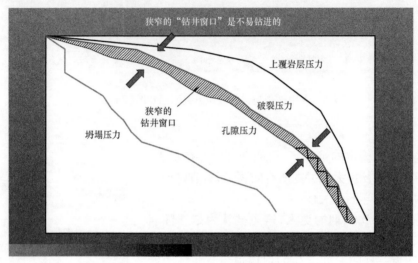

(a)孔隙—压力破裂窗口

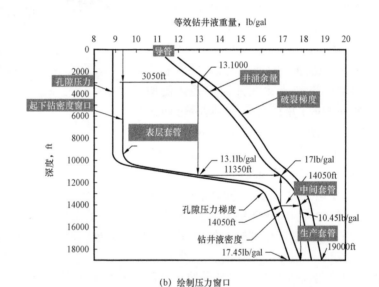

(b)绘制压力窗口

图4.7 显示孔隙和破裂梯度的钻井窗口

4.1.1.4 井眼坍塌

当钻井液压力过低、无法保持井眼的结构完整性时,就会发生井眼坍塌。随之而来的问题是卡钻,以及可能发生的井漏。这些问题的实际讨论及解决办法将在另一章(第6章)中介绍。

这是一种剪切型井筒破坏。当井筒压力较低时,就会发生这种事故。如果井眼压力较低,切向应力会变得足够大,从而导致破坏发生。最终,岩石碎片会落入井筒中,形成椭圆形的井眼形状。Aadnoy 和 Kaarstad(2010)开发了模型,用于在获得平衡时预测井眼的椭圆形状。应

用莫尔—库仑破坏模型,临界坍塌压力由方程式(4.1)和方程式(4.2)给出:

$$\sigma_A = (1 + 2c)\sigma_H - \sigma_h - \left(\frac{2}{c} - 1\right)p_w \tag{4.1}$$

$$\sigma_B = \left(1 + \frac{2}{c}\right)\sigma_H - \sigma_h - (2c - 1)p_w \tag{4.2}$$

当切向应力沿椭圆方向均匀分布时,可认为井眼是稳定的。因此,A点和B点的切向应力相等。令公式(4.1)与公式(4.2)相等,得出:

$$c = \frac{b}{a} = \frac{\sigma_h + p_w}{\sigma_H + \sigma_w} \tag{4.3}$$

$$\frac{1}{2}(\sigma_1' - \sigma_3')\cos\theta = \tau_0 + \left[\frac{1}{2}(\sigma_1' + \sigma_3') - \frac{1}{2}(\sigma_1' - \sigma_3')\sin\theta\right]\tan\theta \tag{4.4}$$

式中,有效应力 σ' 定义为 $\sigma' = \sigma - p_0$。流入井筒时,井壁处的孔隙压力等于井筒压力。

$$\sigma_3' = p_w - p_0 = 0 \tag{4.5}$$

公式(4.4)可由公式(4.5)写成:

$$\sigma_1' = 2\tau_0\frac{\cos\theta}{1 - \sin\theta} \tag{4.6}$$

如果存在某种条件,使剪应力减小到 $\sigma_H = \sigma_h$, $\theta = 0°$ 或 $\gamma = 0°$,则最大主应力变为:

$$\sigma_1 = \sigma_\theta = \sigma_A \tag{4.7}$$

因为当初始条件为圆孔时,A点会发生坍塌。将方程式(4.1)和方程式(4.6)插入方程式(4.7)中,求解 c 得出:

$$c^* = \frac{-Y + \sqrt{Y^2 - 4XZ}}{2X} \tag{4.8}$$

其中

$$X = \sigma_H$$

$$Y = \sigma_H - \sigma_h + p_w - p_0 - 2\tau_0\frac{\cos\theta}{1 - \sin\theta}$$

$$Z = -2p_w$$

公式(4.8)定义了当内聚强度(τ_0)和摩擦角(θ)都不等于零时获得的椭圆。可知,由等式(4.8)定义的椭圆比由等式(4.3)定义的椭圆小。只有当井筒压力与井壁孔隙压力相匹配时(例如,在渗透性地层中欠平衡钻井时),该解决方案才有效。

在一般情况下,$p_w \neq p_0$,方程(4.4)可用于求解主要有效水平应力 σ_1':

$$\sigma_1' = 2\tau_0\frac{\cos\varphi}{1 - \sin\varphi} + (p_w - p_0)\frac{1 + \sin\varphi}{1 - \sin\varphi} \tag{4.9}$$

现在,将方程(4.1)和方程(4.9)组合成方程(4.7)并求解 σ_H 得出:

$$\sigma_H = \frac{1}{(1 + 2c)} \left[\sigma_h + 2\tau_0 \frac{\cos\theta}{1 - \sin\theta} + (p_w - p_0) \frac{2\sin\varphi}{1 - \sin\varphi} + \frac{2}{c} p_w \right] \tag{4.10}$$

求解公式(4.10)得到井筒坍塌压力:

$$p_{wc} = \frac{c}{1 - (1 - c)\sin\varphi} \left\{ \frac{1}{2} \left[(1 + 2c)\sigma_H - \sigma_h \right] (1 - \sin\varphi) - \tau_0\cos\varphi + p_0\sin\varphi \right\} \tag{4.11}$$

公式(4.11)适用于承受两个法向水平应力、井眼几何形状为椭圆形的垂直井。此外,该解决方案适用于所有井壁孔隙压力与井筒压力不同的情况。特别是:(1)在岩石不透水的条件下(如页岩中),无论是过平衡、平衡和欠平衡的情况下都应该使用这种解决方案,它也可用于其他致密岩石,如未破裂的白垩或碳酸盐岩;(2)在渗透性岩石中,该解决方案适用于过平衡钻井。当井筒压力等于孔隙压力时,可以采用如下简化方法。对于欠平衡钻井,将产生从地层到井筒的流量。

4.1.1.5　预防和补救措施

人们通常认为,防止井眼失稳是不现实的,因为恢复岩石的物理和化学原位条件是不可能的。钻井过程是一个很大的不稳定性来源,预防和补救措施足以将不稳定性降到最低,遇到的各种情况就不会像滚雪球一样越滚越大,最终形成严重的钻井问题。

井眼稳定技术包括钻井期间和钻井后保持井眼稳定的化学和机械方法。为了尽量减少井眼失稳的影响,可采取以下措施。

正确选择和保持钻井液密度。在设计一口井时,通常从预设的最后一段开始钻井。选择相当于图4.8中A点孔隙压力梯度的钻井液重量,以防止地层流体流入,即井涌。这种钻井液密度不能用于钻整口井。在图4.8中的B点处,地层将具有与该钻井液重量相等的破裂梯度。技术套管将此时保护地层和地面免受钻井液施加的压力。因此,技术套管必须至少延伸到B点,然后选择与C点所示流体密度相等的钻井液密度,以钻至B点并坐封技术套管。在C点选择钻井液密度意味着表层套管必须在D点坐封,以避免压裂地层。如果可能的话,所有的点都选在安全边界线上。淡水含水层、井漏区、盐层和低压区的保护是需要考虑的因素,这些因素可能会导致管柱堵塞,并影响沉降深度。使用上述方法获得的设置深度见表4.2。

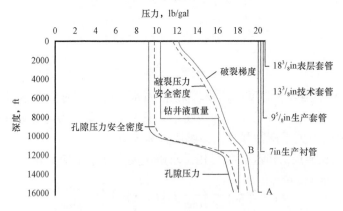

图4.8　钻井液窗口、起下钻边界和相关井设计

表 4.2　套管数据及相应深度

套管尺寸,in	深度,ft
7	16500
9⅝	12000
13⅜	8500
18⅝	350

4.1.2　合理的井眼轨迹选择

第 10 章介绍了与井眼轨迹相关的所有问题。但是,在本节中,将重点关注本章的相关方面。井眼轨迹与地下岩性密切相关。石油勘探与生产是一项具有内在风险的活动,其中最重要的是确定井眼轨迹。在确定目标深度和横向位置方面仍存在不确定性,同时也无法预测小型特征,如小断层和次地震断层。尽管在地下可视化方面已经取得了巨大的进展,但仍然无法对其进行恰当的描述。通常,会运行各种地质和构造场景来可视化与输入数据相关的不确定性,例如不同的地层倾角和潜在断层的引入。井眼轨迹是钻井液密度和岩石性质的函数,只有实时监测和调整才能保证井眼轨迹的正确实施。储层几何结构和物性分布的地质不确定性对井眼轨迹的预测有着最直接的影响。以下是有关井眼轨迹不确定性的一些来源:

(1)孔隙压力和破裂压力的不确定性,可能导致井喷、井漏和卡钻;

(2)测量误差,可能导致液压系统的一系列故障;

(3)受外界刺激时岩石和流体实际行为的不确定性。

影响因素:

(1)钻井液与待钻地层的兼容性;

(2)在裸眼井中的时间;

(3)邻井数据的可用性(利用学习曲线);

(4)起下钻过程中扭矩、循环压力、阻力、填充等的变化。

4.1.3　钻头问题

钻头是钻井过程中最重要的部件。钻头有三种类型:刮刀钻头、牙轮钻头和金刚石钻头。每种钻头都有一套不同的流体剖面,由液压系统来确定。虽然钻井液更多地用于清除硬钻屑,并通过钻头内的通道循环,从而延长钻头的使用寿命,但它的许多参数却可以决定钻头的功能及其使用寿命。每个功能都与液压系统相连。这些功能包括:(1)钻柱每分钟转数(RPM),(2)钻压(WOB),(3)钻井液性质,(4)水力效率,(5)狗腿角的严重程度。

在钻头与地层的接触点处,需要最大限度地提高整个钻头的水力,以便在钻井作业过程中提供足够的射流冲击力来运输岩屑。它包括通过最大限度地减少钻井液循环系统的功率损失,从而在整个钻头上有足够的水力马力,以有效地清除岩屑并将其通过环空运输。

第 2 章介绍了钻头泥包的一整套问题及解决方法。在本节中,将介绍与本章相关的方面。钻头泥包是由于钻屑黏附在水活性黏土或水活性页岩地层的钻头表面而发生的失效。钻头泥包的机理有两种:(1)机械机理;(2)电化学机理。影响钻头泥包的因素很多,如:(1)黏土方解石含量,(2)高活性黏土,这些黏土在5000~7000psi的井眼静液柱压力下具有较大的阳离子交换容量。此外,钻头泥包还受到以下因素的影响:(1)钻压高;(2)由于钻头选择不当或钻头磨损导致钻头切削结构凸出不良,(3)钻头液压性能差或流量低。因此,防泥包涂层是解决钻头泥包的最佳方法。在钻头表面覆盖一层具有高度特殊性能的金属层,由于粗糙的钻头表面会增加表面积,增加黏结力,从而可以使钻头表面光滑并消除泥包。

Luo等人(2016)设计了一种新型结构钻头,用于反向循环井下空气锤,以减少钻头泥包。为此,制造了三个优化钻头,其中两个直径为8mm的中压恢复槽;两个直径为3mm的对称放置冲洗喷嘴和六个直径为6mm的均匀分布吸入喷嘴。Ranjbar和Sababi(2012)研究了不同钻井液特性下镀铬钻头在循环和流入时的失效分析。他们还研究了井底温度和固体含量等工作参数对钻头寿命的影响。结果表明,镀铬层表面出现了划痕、镀层脱落、深(浅)切屑、剥落坑、微观裂纹和宏观裂纹等多种损伤形式。

4.1.4 液压动力需求

钻井液循环系统中所涉及的动力包括驱动钻井泵所需的动力,而钻井泵又通过钻头喷嘴提供产生射流冲击力所需的流体动力。流体水力马力和钻头水力马力是有效水力方案的主要设计参数,它负责有效的井底清洁和钻速。液压系统的主要部件是地面钻井泵、地面接头、钻杆、钻铤、钻头和地面钻井液罐表面。液压功率定义为压力和相应流量的乘积(Azar and Samuel,2007):

$$H_{\mathrm{h}} = pQ \tag{4.12}$$

式中 H_{h}——液压马力;

p——压力;

Q——流量。

这些能量被用于以下活动。

(1)地面连接压降:在钻井液循环系统中,地面设备经历第一次压降。钻机地面设备包括立管、旋转软管、旋转冲洗管、鹅颈管和方钻杆套管。钻井液循环过程中,地面连接处的压降很大,这种压降取决于地面连接的类型。目前的计算技术还不能在确定表面连接压力损失时计算出流体黏度。不同的组分被分为四个不同的类别,并被赋予与流体黏度无关的特定系数值。

(2)钻柱压降:钻井液通过地面连接后,流经钻柱。当钻井液流经钻杆、钻铤和接头时,会发生压力损失。为了使固井钻井液和水泥隔层的界面呈活塞状,流动被人为设置成湍流状。这也意味着允许高压损失。根据所使用的钻井液类型,可依照层流和紊流标准计算钻杆和钻铤中的压降。所考虑的流体类型有以下3种。

① 牛顿流体:虽然这种流体很受欢迎,但除了用于水的置换或螺纹移动之外,它没有任何用处。即便如此,大部分的时间,部分钻柱仍会被非牛顿流体所填充。

② 幂律流体:在极少数情况下,幂律方程可用来估计钻柱中的压降。例如清洁剂、乳液等。

③ 宾汉塑性流体:这是钻井应用中最常用的方程式,因为大多数钻井液和水泥体系实际上是宾汉塑性流体。

(3)环空压降:钻杆和钻铤的环空压降主要取决于它们的外径、井眼尺寸、套管内径和钻井液流量。环空内流体流动截面积大于钻柱内流体流动截面积。由于流体压力和速度较低,通常假设环空中的流动为层流。根据所用钻井液的类型,可以根据层流和紊流标准计算钻杆和钻铤环空中的摩擦压力损失。

(4)钻头压降:钻头上的压降是水力学方程中最重要的元素,它主要由喷嘴内流体速度和钻井液流量变化引起。钻头可用的液压马力大小受所用喷嘴尺寸、钻井液密度和流速的影响。通常不考虑所用流体黏度的影响。

(5)流量指数和最优流量:根据摩擦压力损失与流量的关系,推导出两点间的流量指数。流动指数的理论值为1.75(Bourgoyne,1991)。在分析井眼清洁的钻头水力时,有两个基本标准:钻头液压马力或液压射流冲击力。分别如下。

① 钻头液压马力标准:钻头液压马力标准是基于这样一个事实,即通过向井底输送最大的动力,使钻头下方的钻屑得到最好地清除。在确定液压马力时,钻头的压力损失或钻头压降至关重要。这一标准表明,如果相对于流速而言,整个钻头的液压马力最大,就可以实现最佳的井眼清洁(Azar and Samuel,2007)。

② 液压(射流)冲击力标准:液压(射流)冲击力标准基于这样一个事实,即当流体离开喷嘴并冲击井底时,钻屑最好从钻头下方清除。最大射流冲击力准则表明,井底清理是通过最大化射流冲击力来实现的。井底的射流冲击力可以从牛顿第二运动定律中推导出来(Azar and Samuel,2007)。

(6)浅井地层:当钻进较浅的井眼地层时,摩擦压力损失通常较低,流量要求较大。因此,水力喷射冲击力仅受泵的有限液压马力的限制(Azar and Samuel,2007)。

(7)深井地层:当钻进更深的井段时,摩擦压力损失增加,而流量要求降低。因此,液压喷射冲击力将受到最大允许泵压 p_{max} 的限制。

(8)钻屑输送:钻屑在环空中受到重力、浮力、惯性阻力、摩擦力和颗粒间接触等多种力的作用。环空中岩屑的流动由这些力所决定。影响钻井液在环空输送岩屑能力的因素包括切削滑移速度、环空流体速度和流动状态。

(9)岩屑沉降速度:岩屑沉降速度是指钻屑下落的速度。为了使流体将钻屑提升至地面,流体环空平均速度必须大于钻屑平均滑动速度。为了保持良好的井眼清洁,钻井液环空上返速度必须大于岩屑的沉降速度。沉降速度取决于密度、流体黏度和岩屑尺寸的差异。

(10)环空流体速度:在直井钻井时,环空流体速度必须足够高,以避免岩屑沉降,并将这些岩屑输送到地面。颗粒滑移速度增加的径向分量将颗粒推向环空的下壁,导致岩屑床的形成。因此,为了避免岩屑床的形成,环空速度必须足够高。

(11)流态:流态描述钻井液流动时的行为方式。流态可以是层流或紊流。在极低的泵速下,流体流动可能主要是层流,但在高泵速下或管柱旋转过程中,流体流动可能会发生湍流。对于钻井工程师来说,层流的特点是低摩擦压力和最小的井眼侵蚀。钻井液的高屈服点往往使地层以更均匀的速率移动。在层流中,岩屑的清除常常被认为更加困难。当层与层之间的速度增加时,产生的剪切应力超过钻井液保持层流的能力时,就会产生紊流。紊流通常发生在钻柱中,偶尔也发生在钻铤周围。雷诺数可以用来确定流态。

4.1.5　振动

振动问题导致了一系列钻进困难,第2章和第6章对此进行了详细讨论。在本节中,将介绍振动的相关方面。振动是影响钻头性能的一个不可避免的因素,这是因为钻井过程中的切削(使用刮刀钻头)和破碎(使用牙轮钻头)的作用。因此,人们对各种钻头材料进行了大量的实验和数值研究,以便对钻头进行适当的设计;这些材料可成功地用于钻极软或超硬地层,并能经受高温和长时间的运行。研究发现,PDC钻头只能切割相对较软的岩石地层,如页岩、软砂岩、松散砂岩和碳酸盐岩。它们不能有效地钻硬地层,如花岗岩、燧石、黄铁矿、石英岩和砾岩。研究还发现,动力响应可分为四类:(1)摩擦效应,(2)犁削效应,(3)横向相互作用效应,(4)剪切效应。此外,为了提高冲击钻头的性能,还进行了大量的研究工作。其中一些研究涉及钻头材料的强化和剖面优化。还有一些涉及磨损预防、动力响应预测、现场过程监控和动态过程控制。

4.2　总体建议

本节旨在为读者提供预防或修复液压相关问题的总体指导。如前几节所述,液压系统类似于车辆的发动机,保持其处于适当的维护状态将确保钻井系统长期平稳运行。

4.2.1　钻机基础设施

钻井设备的完整性及其维护是减少钻井问题的主要因素。用于高效井底清洁和环空清洗的合适的钻机液压(泵功率),用于高效起下钻的合适的提升功率,用于在卡钻问题时可安全提拉钻柱的井架设计载荷和钻井管线张力载荷,以及在任何井涌情况下都能进行井涌控制的井控系统(闸板防喷器、环空防喷器、内部防喷器),以上这些对于减少钻井问题是非常必要的。适当的监测和记录系统可用于监测所有钻井参数的趋势变化,并可在以后检索钻井数据,适当的管状硬件特别适合于适应所有预期的钻井条件,此外,还需要有效的钻井液处理和维护设备,以确保钻井液性能符合其预期功能。

钻机制造商建议定期排空液压系统并重新加注新的流体。最佳做法是清除系统中的所有液体。首先启动系统并加热流体将减少排放系统所需的时间,并允许去除悬浮在流体中的杂质。如果可能的话,在系统的最低点排出液体也会有帮助。如果沉积物已积聚且无法排出,则应使用含有防锈剂的低黏度液体冲洗系统,以保护金属表面在排出后不生锈。

系统中的泄漏可以而且应及时补救。泄漏会造成火灾和健康危害、浪费油、增加机器停机时间和降低生产率。与泄漏的长期成本相比,控制泄漏的微小成本可以忽略不计。泄漏最有可能发生在软管扭结或急剧弯曲的地方。接头旁边的软管末端经常会发生严重弯曲。液压元件和液体可能会变得非常热,必须小心操作。切勿徒手检测泄漏。最好深入寻找问题的根源。例如,当注意到开始泄漏时,很容易寻找拧紧连接或接头的方法。然而,这个问题往往有更深的根源。注意,在泄漏开始时,第一个想法可能是拧紧连接。然而,很有可能系统中的另一个问题需要解决。

当阀门需要更换时,必须确认其类型正确。许多类型的阀门可能看起来是相同的,但是,由于内部组件不同,它们可能以完全不同的方式运行。安装不正确的阀门可能会造成严重后果,包括损坏泵和其他部件。

在停止发动机并将所有液压运动部件置于静止锁定位置之前,不得尝试调整任何部件。即使在发动机不运转的情况下,液压零件也可以通过油压锁定到位,拆下液压软管可能会由于重力向下的力量而导致零件移动。因此,在钻机开始任何工作之前,应释放所有液压。如果部件需要维修或更换,应确保液压软管适合工作压力,并且软管接头和连接类型正确。液压软管故障可能导致严重伤害,因此必须避免使用损坏、磨损或腐蚀的软管,并且在出现损坏迹象时应更换软管。高压接头只能在有合适工具的车间才能更换。

4.2.2 与卡钻相关的问题

第6章对这个问题进行了完整的讨论。在本节中,将研究影响卡钻问题的液压系统。液压系统的非最佳运行常常会产生卡钻问题。在钻渗透性地层或已知枯竭压力层时,压差卡钻的一些指标是扭矩和阻力增加,钻柱无法往复移动或在某些情况下无法旋转,以及不间断的钻井液循环。可通过以下预防措施来阻止此问题的发生。

(1)根据项目经济目标,保持最低的连续流体损失量。

(2)保持钻井液系统中钻井固相的最低水平,或者去除所有固相颗粒。

(3)在起下钻操作期间,使用最低压差,并考虑抽汲和冲击压力。

(4)选择能产生光滑滤饼(低摩擦系数)的钻井液系统。

(5)尽可能始终保持钻柱旋转。

请注意,上述指南仅适用于液压方面。其他因素也可能发挥作用,从而改变上述的最佳操作条件。所以,必须寻求一个全局最优的方案,且将液压元件放在优先考虑的位置。如果发生卡钻,应尝试以下措施。

(1)降低环空流体静液柱压力:降低环空静水压力的一些方法包括通过稀释、与氮气气化来降低钻井液密度,以及在卡点上方放置封隔器。

(2)钻柱卡钻部分周围出现油污,并冲洗卡住的钻杆。

4.2.3 机械卡钻

机械卡钻的原因是无法有效地将钻屑从环空中移除,井眼不稳定,如井眼坍塌,塑性页岩或盐段挤压(蠕动),以及键槽。由于井眼清洁不当而导致的钻屑在环空中过多积聚会促使机械卡钻,特别是在定向井钻井过程中。

当泵关闭时,大量悬浮岩屑沉入井底,或者沿定向井下部固定形成的岩屑床向下滑动,堵塞井底钻具组合(BHA),导致卡钻。定向井钻井时,在井底可能形成一个稳定的岩屑层。如果起下钻时存在这种情况,很可能发生卡钻。这就是为什么通常的现场实践是,在钻头离开井底的情况下,自下而上循环几次,以便在起下钻前冲洗掉可能存在的岩屑层。扭矩或阻力增加,亦或有时循环钻杆压力增加,都表明环空中有岩屑大量积聚,并可能出现卡钻问题。

4.2.4 井壁失稳

第9章讨论了井眼不稳定性问题。这里需要说明的是,在钻探页岩、盐层或类似的具有化学或机械不稳定性的复杂地层时,应特别谨慎。根据钻井液成分和钻井液密度的不同,页岩可能会下沉或发生塑性流动,导致机械卡钻。在所有地层类型中,使用过低密度钻井液可能会导致井眼坍塌,从而使得机械钻杆卡钻。另外,当钻穿上覆压力下表现出塑性行为的盐层时,如果钻井液密度不够高,盐层会有向内流动的趋势,从而导致机械卡钻。由于井眼不稳定产生的钻杆循环压力增加、扭矩增加以及在某些情况下没有流体回流到地面等,这些迹象都可能表明存在卡钻问题。

影响井眼稳定性的可控因素较为明显。有一些是和液压系统有关的。下面将讨论这些因素。

4.2.4.1 井底压力(钻井液密度)

在没有有效滤饼的情况下,例如在裂缝地层中,井底压力升高可能不利于稳定性,并可能危害其他指标,例如地层损害、卡钻风险差异、钻井液特性或水力学。根据引起卡钻的原因,可以通过多种方式清除机械卡钻的管柱。例如,如果怀疑是岩屑堆积或井眼坍塌造成的,则旋转和往复移动钻柱,并在不超过最大允许当量循环密度(ECD)的情况下增加流速,这是一种可能的补救措施。如果是由于塑性页岩造成的井眼缩径,那么钻井液密度的增加可能会使钻杆脱离。如果是由于盐层导致的井眼缩径,则循环淡水便可以使管路通畅。如果钻杆卡在键槽区域,最可能成功的解决方法是从键槽下方后退,然后用扩眼器钻入孔中,钻出键槽部分。这就需要进行打捞作业,以取回落鱼。

4.2.4.2 井斜和方位角

井的倾斜度和方位角相对于主地应力可能是影响坍塌或破裂发生风险的重要因素。这尤其适用于估算具有强烈各向异性构造应力区的裂缝破裂压力。

如果地层具有足够低的抗拉强度或处于预压裂状态,岩石和井筒中孔隙压力之间的不平衡将会把松散岩石从井壁上拉下。冲击压力还会导致近井区孔隙压力迅速增加,有时会导致岩石强度的立即损失,最终可能导致坍塌。其他与孔隙压力渗透相关的现象可能有助于稳定井筒,例如渗透性地层中的滤饼效率、油基钻井液的毛细管启动压力和瞬态孔隙压力渗透效应(McLellan,1994a)。

4.2.4.3 物理和化学流体与岩石的相互作用

存在许多物理化学流体与岩石的相互作用现象,这些现象改变了近井岩石的强度或应力,如水化、渗透压、膨胀、岩石软化和强度变化及分散。这些影响的重要性取决于许多因素的复杂相互作用,包括地层的性质(矿物学、刚度、强度、孔隙水组成、应力史、温度)、滤饼或渗透屏障的存在、井筒流体的性质和化学成分,以及井筒附近任何程度的损害。在现实条件下进行仔细的计划和兼容性测试可以帮助避免这种性质的问题。

4.2.4.4 钻柱振动

在某些情况下,钻柱振动有助于扩大井眼。根据井眼几何形状、斜度和要钻的地层进行底部钻具组合(BHA)的优化设计,有时可以消除这种可能导致井筒坍塌的因素。环空循环速度过高也可能导致井眼侵蚀。这在产出地层、天然裂缝地层或松软分散的沉积物中可能最为重要。在斜井或水平井中,为了保证井眼清洁,通常需要高循环速率,因此在斜井或水平井中很难诊断和解决这个问题。

4.2.4.5　钻井液温度

在一定程度上,井底生产温度会引起热集中或膨胀应力,这可能对井筒稳定性不利。钻井液温度的降低导致近井筒应力集中降低,从而阻止岩石中的应力达到其极限强度(McLellan,1994a)。通过控制流量,这个问题可以得到缓解。

4.2.5　漏失循环

第3章讨论了井漏问题。完全防止井漏是不可能的,因为如果要达到目标层,某些地层(如固有裂缝、洞穴状或高渗透层)是无法避免的。然而,如果采取一些预防措施,特别是与诱发压裂有关的预防措施,限制循环漏失是可能的。这些预防措施包括保持适当的钻井液密度,在钻井和起下钻过程中尽量减少环空摩擦压力损失,充分的井眼清洁,避免环空空间受到限制,在过渡带内设置套管保护上部较弱的地层,利用测井和钻井资料更新地层孔隙压力和裂缝梯度,提高精度。如果预计会出现漏失区域,则应通过使用堵漏材料(LCMs)处理钻井液来进行预防。

当发生井漏时,除非地质条件允许盲钻,否则必须要封闭该区域,而这在大多数情况下是不可能的。通常与钻井液混合以密封漏失层的常见的堵漏材料可分为纤维状、片状、粒状以及它们之间的组合。这些材料有粗、中、细三种等级,用于密封低至中等井漏区。如果出现严重的井漏,则必须使用各种桥塞来密封该区域。然而,在坐封桥塞之前,确定井漏区的位置是非常重要的。整个行业中使用的各种类型的桥塞包括膨润土、柴油挤压、水泥以及重晶石。

4.2.6　井斜

第10章讨论井斜问题。井斜是指钻头意外偏离预定的井眼轨迹。无论是直井段还是斜井段,钻头偏离预期轨迹的趋势都会导致钻井成本上升和租赁边界法律问题。目前还不清楚是什么导致钻头偏离其预定路径。然而,人们普遍认为,以下一个或几个因素的组合可能是造成偏差的原因:

(1)地层非均质性及倾角;

(2)钻柱特征,特别是BHA组合;

(3)稳定器(位置、数量和间隙);

(4)钻压(WOB);

(5)井眼与垂直方向的倾角;

(6)钻头类型及其基本机械设计;

(7)钻头液压;

(8)井眼清洁不当。

众所周知,作用在钻头上的某种合力会引起井斜。这种合力的机理是复杂的,主要受BHA力学、岩石与钻头相互作用、钻头工作条件以及钻井液水力学的控制。由于BHA而施加在钻头上的力与BHA的组成(刚度、稳定器和铰刀)直接相关。底部钻具组合是一种具有柔性和弹性结构的构件,可在压缩载荷下发生屈曲。给定的BHA的屈曲形状取决于施加的钻压量。BHA 屈曲的意义在于,它导致钻头轴线与预期井眼轨迹轴线不对齐,从而产生偏差。管柱刚度、长度和稳定器的数量(它们的位置和与井壁的间隙)是控制 BHA 屈曲行为的两个主要参数。降低 BHA 屈曲倾向的措施包括降低钻压,并使用与井壁尺寸接近的外径稳定器。

岩石与钻头相互作用对钻头偏斜力的贡献取决于岩石性质(黏结强度、层理或倾角、内部摩擦角)、钻头设计特征(齿角、钻头尺寸、钻头类型、牙轮钻头的钻头偏移量、齿位置和齿数、钻头轮廓、钻头水力特征)以及钻进参数(牙齿对岩石的穿透力及其切削机理)。岩石与钻头相互作用的力学是一个非常复杂的问题,在井斜问题中是最难理解的。幸运的是,井下随钻测量工具的出现,让相关人员能够监测钻头沿预期轨迹的前进情况,这使得更容易理解井斜力学。

4.3 小结

钻井水力学是钻井工程中最重要的问题之一。本章几乎涵盖了水力学的所有方面。详细讨论了不同类型的流体、模型和流动状态。压力损失计算显示了循环系统不同部分的损失。本章最后还讨论了液压系统的现状和未来发展趋势。

参 考 文 献

[1] Aadnoy, B. S. and Kaarstad, E. (2010). Elliptical Geometry Model for Sand Production during Depletion. SPE132689 – MS, Presented at IADC/SPE Asia Pacific Drilling Technology Conference and Exhibition, 1 – 3 November, Ho Chi Minh City, Vietnam.

[2] Akhtarmanesh, S., M. J. A. Shahrabi, M. J. A, A. Atashnezhad, A., 2013, Improvement of wellbore stability in shale using nanoparticles, J. Pet. Sci. Eng. 112: 290 – 295.

[3] Albdiry, M. T., Almensory, M. F., 2016, Failure analysis of drillstring in petroleum industry: A review, Engineering Failure Analysis 65 (2016) 74 – 85.

[4] Awal, M. R., Khan, M. S., Mohiuddin, M. A., Abdulraheem, A. and Azeemuddin, M. (2001). A New Approach to Borehole Trajectory Optimization for Increased Hole Stability, paper SPE 68092 presented at the 2001 SPE Middle East Oil Show, Bahrain, 17 – 20 March 2001.

[5] Azar, J. J., &Samuel, R. (2007). Drilling Engineering. Texas: Pennwell Corporation.

[6] Bourgoyne, A. T. and Chenevert, M. E., 1991, Applied Drilling Engineering. Texas: SPE.

[7] Bradley, W. (1978). Bore Hole Failure Near Salt Domes, paper SPE 7503 presented at the 53th Annual Technical conference and Exhibition of the SPE of AIME, Houston, Texas, 1 – 3 October 1978.

[8] Cheng, L., Tianhuai, D., W. Peng, W., 2011, An experimental rig for near – bit force measurement and drillstring acoustic transmission of BHA, Measurement, 44: 642 – 652.

[9] Kristiansen, T. G. (2004). Drilling Wellbore Stability in the Compacting and Subsiding Valhall Field, paper IADC/SPE 87221 presented at the IADC/SPE Drilling Conference, Dallas, Texas, 2 – 4 March 2004.

[10] Martins, A. L., Santana, M. L., Goncalves, C. J. C., Gaspari, E., Campos, W., and Perez, J. C. L. V. (1999). Evaluating the Transport of Solids Generated by Shale Instabilities in ERW Drilling Part II: Case Studies, paper SPE 56560 presented at the 1999 SPE annual Technical Conference and Exhibition, Houston, Texas, 3 – 6 October 1999.

[11] Ogolo, N. A., Onyekonwu, M. A., and Ajienka, J. A. (2011). Application of Nanotechnology in the oil and gas industry(Port Harcourt: Institute of Petroleum Studies, 2011, pp. 15 – 16.

[12] Osisanya, O. (2012). Practical Approach to Solving wellbore instability problems, SPE Distinguished Lecture series, Port Harcourt, 2012.

[13] Pasic, B. , Gaurina, N. and Mantanovic, D. (2007). Wellbore instability: Causes and Consequences, Rud – geol, Zb, vol. 19, 2007, pp. 87 – 98.

[14] Rabia, H. Well Engineering and Construction, pp. 457 – 458.

[15] Ranjbar, K. and Sababi, M. , 2012, Failure assessment of the hard chrome coated rotors in the downhole drilling motors, Eng. Fail. Anal. 20: 147 – 155.

[16] Tan, C. P. , Yaakub, M. A. , Chen, X. , Willoughby, D. R. , Choi, S. K. and Wu, B. (2004). Wellbore Stability of Extended Reach Wells in an Oil Field in Sarawak Basin. SPE 88609, presented at SPE Asia Pacific Oil and Gas Conference and Exhibition, 18 – 20 October, Perth, Australia.

[17] Wami, E. N. (2012). Drilling Fluid Technology. Lecture notes, Port Harcourt, Rivers State University of Science and Technology.

[18] Wang, R. H. , et al. , 2011, Over 130 drillstring failure cases have been recorded among 37 wells drilled in northeast Sichuan (China), Engineering Failure Analysis 18: 1233 – 1241.

[19] Yongjiang Luo, J. P. Y. et al, 2016, Development of a specially designed drill bit for down – the – hole air hammer to reduce dust production in the drilling process, J. Clean. Prod. 112 (2016) 1040 – 1048.

[20] Zeynali, M. E. , 2012, Mechanical and physico – chemical aspects of wellbore stability during drilling operations, J. Pet. Sci. Eng. , 82 – 83: 120 – 124.

[21] Zhang, J. , 2013, Borehole stability analysis accounting for anisotropies in drilling to weak bedding planes, Int. J. Rock Mech. Min. Sci. 60: 160 – 170.

第5章 井控和防喷器问题

井控和监测系统是钻井作业的组成部分。井控是指保证地层流体(油、气或水)不会以不受控制的方式从被钻地层流入井眼并最终到达地面。它可以防止地层流体不受控制地从井筒中流出("井涌")。因此,井涌可定义为地层流体意外进入井筒,导致钻井液池中钻井液液位上升。这一过程可能导致井喷,使钻井作业在安全和环境影响方面最终失败。因此,在任何钻井活动中,井的控制都是一个重要的问题。

井控系统可以定义为控制流体侵入、保持井眼压力(即井筒中钻井液柱施加的压力)和地层压力(即防止或引导地层流体流入井筒的压力)。控制系统必须具有以下选项:(1)检测井喷,(2)关闭地面油井,(3)清除地层流体,(4)确保油井安全。这项技术包括地层流体压力的近似值、地层的强度以及使用套管和钻井液密度以预期方式抵消这些压力。它还包括安全地阻止井内流体流入地层流体的操作程序。井控程序首先在油井顶部安装大型阀门,以便现场工作人员在必要时关闭油井。

训练有素的人员对井控活动至关重要。井控包括两个基本组成部分:(1)由钻井液压力监测系统组成的主动部件,(2)由防喷器(BOP)组成的被动部件。井控的第一道防线是井眼内有足够的钻井液压力。在钻井过程中,地下流体如气体、水或石油在压力(即地层压力)下与钻井液压力相互作用。如果地层压力大于钻井液压力,则有可能发生井涌并最终发生井喷。本章介绍井控系统以及与钻井相关的问题。

5.1 井控系统

控制地层压力通常指的是控制井内压力。当失去对油井的压力控制时,必须立即采取行动,以避免井喷带来的严重后果。其后果可能包括:(1)生命财产损失,(2)钻机和设备损失,(3)储层流体损失,(4)环境破坏,(5)资本投资损失,(6)使油井恢复控制所需的巨大成本。因此,了解井控原理、防喷程序及设备非常重要。详情见 Hossain 和 Al – Majed(2015)。

一个最佳的钻井作业需要密切控制几个参数。现代钻机应具有显示和记录与钻井作业有关的重要参数的装置。与钻井作业、井控和监控系统相关的一些最重要的参数是:(1)井深,(2)钻压(WOB),(3)钩负荷,(4)旋转速度,(5)旋转扭矩,(6)钻井液流速,(7)泵功率,(8)上返流量,(9)泵压,(10)钻井液池液位,(11)钻速(ROP),(12)流体性质(例如密度、温度、黏度、盐度、气体含量、固体含量等),(13)空气中的有害气体含量。此外,有些参数(如钻井液性质)不能自动确定。这些参数是通过物理实验不断测量、记录和控制的。因此,钻井人员(即钻机主管、司钻、操作员、钻井工程师和钻井液工程师)必须始终跟踪作业进展,以便进行必要的调整,并迅速发现和纠正钻井问题。钻井人员必须时刻保持警惕,以识别井涌迹象,并立即采取行动,使油井恢复控制。井涌发生的原因是压力不平衡(即井筒内的压力 p_w 低于渗透性地层中的地层孔隙压力 p_f）。如果钻井液密度过低,或由于钻井液漏失(如起下钻时进行抽汲或清洗;循环停止,即 ECD 过低),则可能发生不平衡。因此,井涌的严重程度取决于以下几个因素:(1)地层类型,(2)地层压力,(3)井涌的性质。地层的渗透率和孔隙度越高,发生严重井涌的可能性就越大。负压差越大(即地层压力与井筒压力之比),地层流体就越容易进入井筒,尤其是在高渗透率和高孔隙度的情况下。最后,气体流入井筒的速度比油或水快得多,因此,如果井涌得不到控制,很明显的后果就是井喷。

当地层流体开始流入井内并置换钻井液时,迫切需要进行井控作业。图 5.1 显示了井控作业期间的水力流动路径。进入井筒的地层流体通常必须通过地面上的可调节流阀进行循环(图 5.1)。井底压力必须始终保持在地层孔隙压力之上,以防止额外的地层流体流入。Hossain 和 Al – Majed(2015)对油井控制和监测方案进行了详细研究。

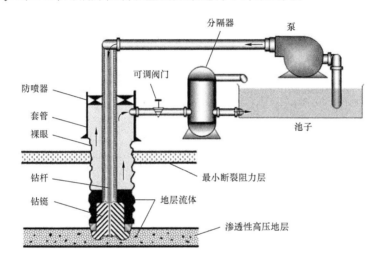

图 5.1　井控作业示意图(Hossain and Al – Majed,2015)

5.2　井控和防喷器存在的问题及对策

在钻井作业中,如果控制不当,就有可能遇到井控问题。研究表明,这些井控问题大多源于人为失误。其中大部分的错误可以很容易避免,而有些错误则是不可避免的。如前所述,井控失效的后果是严重的。因此,应该努力制止发生这些错误。这些人为错误包括:(1)钻井人员缺乏知识和技能,(2)不当的工作方法,(3)对油井控制缺乏理解,(4)缺乏政策、程序和标准的应用,(5)风险工程和管理不足。钻井过程中最常见的井控问题有:(1)井涌;(2)井喷;(3)油井火灾;(4)地层流体。在这种情况下,所关注的石油火灾是油井失控的结果,而地层流体往往是问题的根源。因此,以下的讨论将局限于有关井涌和井喷的话题。

5.2.1　井涌

井涌定义为地层流体不受控制地流入井筒(图 5.2)。如果地层压力高于作用于井眼或岩石表面的钻井液静水压力,则可能发生井涌(图 5.3)。当出现这种情况时,地层流体很有可能被迫进入井筒。这种意外形成的流体流动称为井涌。井涌发生的原因是地层压力大于钻井液静水压力，导致流体从地层流入井筒（图5.2）。在几乎所有的钻井作业中，操作人员都试图保持高于地层压力的静水压力，从而防止井涌；然而，有时地层压力超过钻井液压力，就会发生井涌。如果这种不需要的流量得到了有效控制，就不会有任何井涌（即井涌已被控制）。相反，如果不能及时控制流量，严重时可能会导致"井喷"。井涌的发生可能是由于以下原因造成的：（1）钻井液密度不足，（2）起下钻时井眼填充不当，（3）抽汲，（4）钻井液被剪切稀释，（5）井漏，（6）钻进压力异常，（7）固井后的环空流动，（8）钻杆测试（DST）期间失去控制，（9）钻入相邻井，（10）以过高的速度钻探（浅）气层。

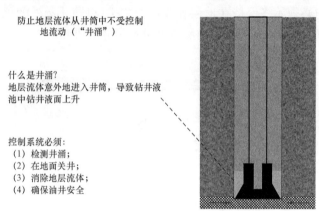

防止地层流体从井筒中不受控制地流动（"井涌"）

什么是井涌？
地层流体意外地进入井筒，导致钻井液池中钻井液面上升

控制系统必须：
（1）检测井涌；
（2）在地面关井；
（3）消除地层流体；
（4）确保油井安全

图5.2 地层流体侵入示意图

井涌检测主要通过对钻井液和钻井设备表面的测量和观察来实现。如果井涌得不到控制，它将在井筒中继续扩大，直到出现井喷为止。井涌控制依赖于检测时间。水下井涌检测的问题更大，因为水下井在井筒和地面井涌检测之间含有大量钻井液（隔水管中的钻井液量），这可能会掩盖井涌或延迟检测。立管中的额外体积可能是井筒中体积的两倍。在任何情况下，如果能够更快地检测到井涌，则可以改善对水下井涌的控制。

早期井涌检测（EKD）是钻井作业中防止井控失效（LWC）的重点研究领域之一。美国安全与环境执法局（BSEE）将LWC定义为：（1）地层或其他流体的不受控制流动，水流可能流向裸露地层（地下井喷）或地表（地表井喷），（2）流经分流器的液流，（3）地表设备或程序故障导致的不受控制的液流。如果能够及早准确地检测和识别井涌，就可以很容易地对其进行控制，从而降低设备和人员的压力。这种方法可以降低不良后果的风险，最终有助于恢复安全快速的钻井作业。与EKD重要性相关的两个最新观察结果是：（1）BSEE事故数据库的研究表明，通过早期井涌检测，约50%的与钻井相关的LWC事件可以预防或改善；（2）未能正确读取或解释井涌指标是一个关键因素。这些结果表明，EKD系统能够提供直接和明确的井涌信号，从而更早地向操作员发出警报。

井涌的严重程度由关井钻杆压力（SIDP）和井内体积增加来表示。这些因素是：（1）渗透性（即岩石允许流体通过的能力），（2）孔隙度（指岩石中含有流体的空间量），基于上述因素，由于砂岩比页岩具有更大的渗透率和孔隙度，故可认为砂岩会有更多的井涌现象，（3）压差（指地层流体压力和钻井液静水压力之间的差值），（4）与井筒接触的地层数量，（5）关井前流

入井筒的流体(即油、气或水)的速率和类型。

控制井涌是保障油井安全和恢复钻井作业的首要问题。控制井涌的第一步是进行检测:在井涌发生后不久或大量地层流体流入井筒之前。如果钻穿地层的井眼压力梯度增大,在这种情况下,操作员(司钻)应警惕即将发生的井涌。Schubert 等人(1998)演示了关井的操作程序。一旦监视器(或传感器)指示井涌,必须立即开始井涌控制操作。井涌的控制方法是:(1)关井;(2)必须将较轻的井涌流体循环出井眼并更换较重的钻井液;(3)如果发生地层破裂,司钻应立即关闭旋转装置并开始起钻。

为什么井涌会发生?

压力不平衡:
井筒内压力(p_w)低于地层孔隙压力
(p_f,在渗透性地层中)

为什么压力会失衡?
原因:
(1)钻井液密度太低;
(2)起下钻时钻井液漏失导致液面过低
或

井漏
(1)起下钻时抽汲(即清洁);
(2)循环停止—ECD太低

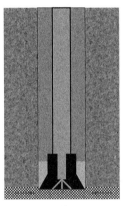

$p_w < p_f$

图 5.3 井涌的机理和原因

5.2.1.1 井涌预警信号

井喷通常不会突然发生。在钻井过程中,井队必须警惕可能发生井喷的迹象。他们应该知道地面上的警告信号,并且能够了解井底的流入情况。警戒人员可以看到警告信号,如果正确解读这些信号,就可以立即采取纠正措施来挽救油井。尽管这些信号不一定总是明确地被认为是井涌,但它们提供了一个警告,应仔细监测。有时,司钻会在地面观察到几个指标,这些指标可能是由井侵以外的事件造成的。因此,这些征兆并不总是代表最后的征兆。例如,如果钻头进入地层的超压区,则钻速将增加,这可能是钻头遇到新地层的缘故。另一方面,一些指标仍需要持续监测,以限制井涌发生。通常有两类指标:一级指标和二级指标。

(1)一级指标。

在钻井过程中,有一些指标比其他指标更为明显,因此被称为一级指标,标准如下:(1)流速增加,(2)钻井液池容量增加,(3)停泵时的自喷井,(4)起下钻期间井眼填充不当。

① 流速增加:当钻井泵以恒定速率循环时,钻井液回流至钻井液罐或钻井液池的流速应保持稳定。如果在不改变泵速的情况下增加流量,则表明地层流体正在进入井筒,并有助于将环空中的物质输送到地面。因此,利用差压流量计连续监测进出井的流量是非常重要的。该流量计测量流体被泵入井内的速率和流体沿流线从环空返回的速率,给井队提供了流量增加的指示。

② 钻井液池容量增加:如果进出井的钻井液流量恒定,钻井液池中的液体体积应保持恒定。活动井中钻井液水平的上升表明,由于地层流体的流入,部分钻井液已从环空中排出。因

此,钻井液池中的钻井液水平应持续监测。流入量应等于钻井液池容积增加量,在以后的计算中需要注意到。

③ 停泵时的自喷井:当钻井泵不处于工作状态时,井内不得有流体回流。如果泵处于关闭状态且井内流体继续流动,那么流体会被其他力推出环空。在这种情况下,假设由于钻井液柱的作用,地层压力高于静水压力。这种更高的压力导致地层流体流入井筒,最终产生井涌。这种解释有两个例外:井眼和环空中钻井液的热膨胀导致泵关闭时产生少量流动;钻柱中的钻井液比环空中的钻井液重时产生的"U"形管效应。通常要进行流量检查,以确认油井是否处于井涌状态,操作步骤如下:提起方钻杆,直到钻具接头离开转盘,关泵;坐封卡瓦;观察流动管线,检查环空是否有流动;如果油井有流动,关闭防喷器,如果不流动,继续钻井。

④ 起下钻期间井眼填充不当:起下钻时应按要求使用钻井液填充井眼。如果井眼没有被填满,也没有计算出钻杆的体积,那么多余的空间就会被地层流体所取代。

(2)二级指标。

在钻井过程中,有些指标不是决定性的,可能是由于一些其他的原因造成的。以下是二级指标:① 泵压变化;② 钻遇破裂地层;③ 油气水侵入钻井液;④ 钻压降低。

① 泵压变化:地层流体的进入可能导致钻井液絮凝,并导致泵压略有升高。随着流动的继续,较低的井侵液体密度将导致泵压逐渐下降。当环空中的流体变轻时,钻杆中的钻井液将下降,泵速(冲次/min)将增加。但是,请注意,这些影响可能是由其他钻井问题引起的(例如,钻柱中的冲刷或扭曲)。

② 钻遇破裂地层:钻遇破裂地层是指钻速突然增加,应该谨慎对待。如果钻井参数没有改变,则钻速的增加可归因于:从页岩到砂岩的变化(即更具孔隙性和渗透性,有更大的井涌潜力);减少了过失衡(即孔隙压力增加)。钻井中断可能表明进入了高压地层,因此岩屑抑制效应减弱,或进入了更高孔隙度的地层(由于欠压实)。然而,钻井速度的增加也可能仅仅是由于地层类型的变化。经验表明,钻井裂缝通常与超压带有关。建议在钻井中断后进行流量检查。

③ 油气水侵入钻井液:气侵钻井液可定义为钻井时气体从地层进入钻井液。要阻止任何气体进入钻井液柱是不可能的,气侵钻井液可作为早期预警信号。钻井液应连续监测,任何高于背景水平的显著上升都应报告。气侵钻井液发生的原因可能是:使用正确的钻井液密度钻进含气地层;连接钻杆时或起下钻期间发生抽汲;由负压差造成的溢流。在钻井液中检测到气体并不一定意味着一定要增加钻井液重量,在采取行动之前,应先调查气侵的原因。

④ 钻压降低:当生产效率高的地层发生大量井涌时,钻压就会降低。然而,其他指标可以在钻压降低之前或同时显示出来。

图5.4描述了处理随钻井涌的操作过程。在操作期间,由于钻杆与钻井泵相连,因此不必关闭钻杆内的阀门,这样就可以控制钻杆的压力。通常需要关闭最上面的环形防喷器。但是,如果需要,下部管柱闸板也可用作备用。应仔细监测地面和环空压力。压力也可用于确定溢流的性质,并计算压井所需的钻井液密度(图5.4)。

5.2.1.2 控制井涌和压井液

一旦地层流体流入井眼(即井涌),就必须对井眼进行有效控制。否则,这口井将无法控

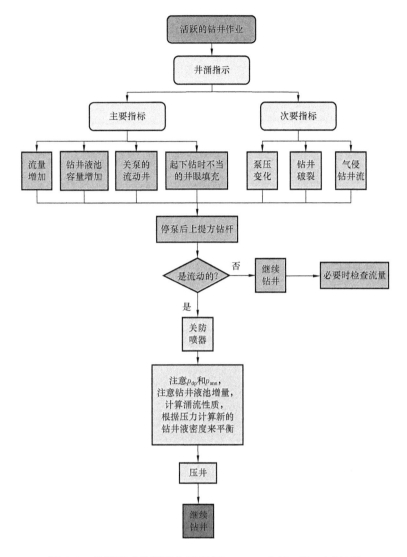

图 5.4　井涌流动检测操作流程（Hossain and Al – Majed，2015）

制。因此，需要进行压井液计算，使油井恢复到初级控制状态。以下小节描述了压井液是如何控制油井的。

（1）关井压力分析。

当地层流体已经进入井筒，导致井处于关井状态时，可以利用钻杆和环空的压力来确定：(1)地层孔隙压力，(2)压井所需的钻井液重量，(3)井侵类型。由于处于关井条件，钻柱顶部的压力将增加，直到钻杆压力与钻杆内流体产生的静水压力之和等于地层压力。出于同样的原因，环空中的压力将继续增加，直到环空压力和环空中流体产生的静水压力之和等于地层压力。需要注意的是，由于关井时液体含量不同，钻杆和环空压力也会不同。当发生井侵并关井时，钻杆将含有钻井液。然而，现在环空将包含钻井液和侵入流体（即油、气或水）。因此，钻柱和环空中钻井液的静水压力将不同。假设钻柱内没有发生溢流，如果系统处于平衡状态，则

钻杆关井压力可解释为井底压力超过静水钻井液压力的量。从数学上讲,这个表达式可以写成:

$$p_{sidp} + G_m H_{vc} = p_{bh} \tag{5.1}$$

式中 p_{sidp}——关井钻杆压力,psi;

G_m——钻井液压力梯度,psi/ft;

H_{vc}——钻井液液柱总的垂直高度,ft;

p_{bh}——井底(即地层)压力,psi。

根据钻井液密度,地层压力可计算为:

$$p_{bh} = p_{sidp} + 0.052 \rho_{om} H_{vc} \tag{5.2}$$

式中 ρ_{om}——初始钻井液密度,lb/gal。

由于钻杆中的钻井液重量在整个井控程序中都是已知的,因此 p_{sidp} 可以指示井底压力(即钻杆压力计充当井底压力计)。在整个井控过程中,必须防止地层流体进一步侵入。为此,$(p_{sidp} + G_m H_{vc})$ 必须保持等于或略高于 p_{bh}。这是井控的一个重要概念,其他一切都是以此为基础。由于这个原因,这项技术有时被称为恒定井底压力压井法。

现在,如果考虑环空一侧,井底压力可以认为等于地面环空压力加上钻井液和井侵的综合静水压力。从数学上讲,这个表达式可以写成:

$$p_{siann} + G_i H_i + G_m H_m = p_{bh} \tag{5.3}$$

式中 p_{siann}——关井环空压力,psi;

G_i——溢流压力梯度,psi/ft;

H_i——井涌或溢流的垂直高度,ft;

H_m——溢流后环空中钻井液的垂直高度 $H_m = H_{vc} - H_i$,ft。

H_i 可根据地面测量的钻井液位移体积(即钻井液池增量)和环空横截面积计算,即:

$$H_i = \frac{V_{pit}}{A_{ann}} \tag{5.4}$$

式中 V_{pit}——钻井液池体积增加量,bbl;

A_{ann}——环空横截面积,bbl/ft。

初始循环压力计算如下:

$$p_{ic} = p_{sidp} + p_p + p_{ok} \tag{5.5}$$

式中 p_{ic}——初始循环压力,psi;

p_p——缓慢循环泵压力,psi;

p_{ok}——压井压力,psi。

最终循环压力计算如下:

$$p_{fc} = p_p \frac{\rho_{km}}{\rho_{om}} \tag{5.6}$$

式中 p_{fc}——最终循环压力, psi;

ρ_{km}——压井液密度, lb/gal。

例 5.1 井眼直径为 $8\frac{1}{2}$in, 深度为 7500ft, 密度为 12.5lb/gal。如果此时地层孔隙压力为 4500psi。计算:(1)钻井液压力超过孔隙压力而发生的失衡,(2)如果钻井液密度为 10.5lb/gal,则会出现什么样的失衡,(3)如果在起下钻期间,由于井眼填充不足,导致环空液面降至 250ft,则会对井底压力产生什么影响?

解决方案:

给定数据:

H_{vc} = 泥柱的总垂直高度 = 7500ft

$$p_{ob1} = 0.052\rho_{om1}H_{vc} - p_f$$

$$= 0.052 \times (12.5\text{lb/gal}) \times (7500\text{ft}) - 4500\text{psi} = 375\text{psi}$$

d_h = 孔径 = $8\frac{1}{2}$in

$$p_{ob2} = 0.052\rho_{om2}H_{vc} - p_f$$

$$= 0.052 \times (10.5\text{lb/gal}) \times (7500\text{ft}) - 4500\text{psi} = -405\text{psi}$$

r_{om1} = 原始钻井液重量1 = 12.5lb/gal

p_f = 地层孔隙压力 = 4500psi

r_{om2} = 原始钻井液重量2 = 10.5lb/gal

$$p_{bhp} = 0.052 \times (12.5\text{lb/gal}) \times (250\text{ft}) = 162.5\text{psi}$$

H_{ann} = 环空钻井液柱的垂直高度 = 250ft

所需数据:

(1)p_{ob1} = 7500ft 时的钻井液压力失衡

(2)p_{ob2} = 如果钻井液密度为 10.5lb/gal, 计算 7500ft 处的钻井液压力失衡

(3)对井底压力的影响

7500ft 深度处的失衡可通过公式(5.34a)计算, 公式可修改为(Hossain and Al – Majed, 2015):

$$p_{ob1} = 0.052\rho_{om1}H_{vc} - p_f$$

$$= 0.052 \times (12.5\text{lb/gal}) \times (7500\text{ft}) - 4500\text{psi} = 375\text{psi}$$

如果钻井液密度为 10.5lb/gal, 则 7500ft 处的失衡情况如下:

$$p_{ob2} = 0.052\rho_{om2}H_{vc} - p_f$$

$$= 0.052 \times (10.5\text{lb/gal}) \times (7500\text{ft}) - 4500\text{psi} = -405\text{psi}$$

如果钻井液密度降低, 负号意味着油井将失去 405 psi, 变为欠平衡, 从而有井涌的风险。

如果环空中的液位下降 250ft, 则会通过以下方式降低井底压力:

$$p_{bhp} = 0.052 \times (12.5 lb/gal) \times (250 ft) = 162.5 psi$$

这一结果表明,仍然存在212.5(即375 - 162.5)psi 的净失衡。

(2)井涌类型和梯度计算。

如果把式(5.1)和式(5.3)结合起来,则流入梯度可计算为:

$$G_i = G_m - \frac{p_{siann} - p_{sidp}}{H_i} \tag{5.7}$$

需要指出的是,表达式(5.7)之所以以这种形式给出,是因为 $p_{ann} > p_{dp}$,这是由于环空中存在较轻的流体造成的。利用公式(5.7)计算的梯度可确定流体类型。不同的参考文献报告了不同范围的数据,以用来识别流体类型。以下内容可以作为指导。

发现气涌:$0.075 psi/ft < G_i < 0.25 psi/ft$。

油气混合溢流:$0.25 psi/ft < G_i < 0.3 psi/ft$。

油和冷凝水混合溢流:$0.3 psi/ft < G_i < 0.4 psi/ft$。

水涌:$0.4 psi/ft < G_i$。

例如,如果发现 G_i 高于 $0.25 psi/ft$,则这可能表示气体和油的混合物。如果不知道井涌的性质,通常认为是气体,因为这是最严重的井涌类型。

(3)压井液密度计算。

压井所需的钻井液密度和提前钻井时提供的过平衡可由式(5.1)计算:

$$p_{bh} = p_{sidp} + G_m H_{vc} \tag{5.8}$$

为了使油井恢复到初级控制状态,新的钻井液密度必须达到平衡压力或略大于井底压力。在设计钻井液密度时还应注意一点,压井液重量不能超过地层破裂梯度,否则,裂缝中就会出现钻井液漏失。如果在过平衡条件下,则公式为:

$$G_k H_{vc} = p_{bh} + p_{ob} \tag{5.9}$$

式中 G_k——压井液压力梯度,psi/ft;

p_{ob}——过平衡压力,psi。

将式(5.8)代入式(5.9),则式(5.9)最终形式为:

$$G_k = G_m + \frac{p_{sidp} + p_{ob}}{H_{vc}} \tag{5.10}$$

值得注意的是,式(5.10)中没有出现井涌体积(V)和套管压力(p_{siann}),这表明这两个参数对压井液设计和计算没有任何影响。

地层压力可根据钻井液密度计算如下:

$$p_{bh} = p_{sidp} + 0.052 \rho_{om} H_{vc} \tag{5.11}$$

压井液密度可根据钻井液密度计算,如下所示:

$$\rho_{km} = \frac{p_{sidp}}{0.052H_{vc}} + \rho_{om} \tag{5.12}$$

如果将溢流钻井液视为安全界限来考虑,则式(5.12)可写成:

$$\rho_{km} = \rho_{om} + \frac{p_{sidp}}{0.052 H_{vc}} + \rho_{ok} \tag{5.13}$$

式中　ρ_{ok}——为了达到安全界限的压井液密度,lb/gal。

压井液梯度可根据钻井液密度计算如下:

$$G_k = 0.052\rho_{om} + \frac{p_{sidp}}{H_{vc}} \tag{5.14}$$

例5.2　在钻进8500ft、井眼尺寸为7in的井时,钻井队注意到矿坑里有10bbl的油。关井后,钻杆和环空压力分别记录为650psi和800psi。井底钻具组合由650ft的4¾in OD 钻铤和3½in 钻杆组成。钻井液密度为10.2lb/gal。假定一个钻井液压力梯度,确定流入量并计算新钻井液重量,包括250 psi 的过平衡。

解决方案:

给定数据:

H_{vc} = 钻井液柱的总垂直高度 = 8500ft

d_h = 孔径 = 7in

V_{pit} = 井底容积 = 10bbl

p_{dp} = 关井钻杆压力 = 650psi

p_{ann} = 关井环空压力 = 800psi

H_{BHA} = 井底组件长度 = 650ft

d_c = 套环外径 = 4¾in = 4.75in

d_{dp} = 钻杆直径 = 3½in = 3.5in

r_m = 钻井液重量 = 10.2lb/gal

p_{ob} = 失衡压力 = 250psi

所需数据:

(1)流入类型

(2)ρ_m = 新流入钻井液重量(lb/gal)

井涌性质:

井侵的垂直高度可用式(5.4)计算:

$$H_i = \frac{V_{pit}}{A_{ann}} = \frac{10bbl}{\pi(d_h^2 - d_c^2)/4} = \frac{(10bbl) \times \left(\frac{ft^3}{0.178bbl}\right)}{\left[\frac{\pi(7^2 - 4.75^2)}{4}in^2\right] \times \frac{ft^2}{144in^2}} = 389.6ft$$

(此处,H_i 小于底部钻具组合的长度650ft)

假设钻井液压力梯度为 0.53psi/ft,可使用公式(5.7)计算井侵类型,如下所示:

$$G_i = G_m - \frac{p_{siann} - p_{sidp}}{H_i} = 0.53 - \frac{800 - 650}{389.6} = 0.145psi/ft$$

如果溢流压力梯度在 0.075~0.25psi/ft 范围内,则溢流类型可能为气体。

新钻井液密度:

新钻井液密度或压井液密度可由式(5.10)计算:

$$G_k = G_m + \frac{p_{dp} + p_{ob}}{H_{vc}} = (0.53psi/ft) + \frac{(605psi) + (250psi)}{8500ft}$$

$$= 0.636psi/ft$$

因此,新的钻井液密度如下:

$$\rho_m = \frac{0.636psi/ft}{0.052 \times 1ft} = 12.23lb/gal$$

例 5.3   确定在 12000ft 深和 600psi 关井压力条件下的压井液密度和压井液梯度。如果原始钻井液密度为 14.5lb/gal,慢循环泵压力为 850 psi,还应确定系统的初始循环压力和最终循环压力。

解决方案:

给定数据:

p_{sidp} = 关井钻杆压力 =600psi

H_{vc} = 钻井液柱的总垂直高度 12000ft

r_{om} = 原始钻井液重量 = 14.5lb/gal

p_p = 慢循环泵压力 =850psi

所需数据:

r_{km} = 压井液重量,lb/gal

G_k = 压井液梯度,psi/ft

p_{ic} = 初始循环压力,psi

p_{fc} = 最终循环压力,psi

压井液密度可使用公式(5.12)计算,如下所示:

$$\rho_{km} = \frac{p_{sidp}}{0.052H_{vc}} + \rho_{om} = \frac{(600psi)}{0.052 \times (12000ft)} + (14.5lb/gal) = 15.5lb/gal$$

如果将 0.5lb/gal 压井液密度作为安全界限,则可以使用公式(5.13)计算压井液密度,如下所示:

$$\rho_{km} = \rho_{om} + \frac{p_{sidp}}{0.052H_{vc}} + \rho_{ok} = 15.5 + 0.5 = 16.0lb/gal$$

压井液梯度可用公式(5.14)计算,如下所示:

$$G_k = 0.052\rho_{om} + \frac{p_{sidp}}{H_{vc}} = 0.052 \times (14.5\text{lb/gal}) + \frac{(600\text{psi})}{(12000\text{ft})} = 0.804\text{psi/ft}$$

若考虑没有过大的压井压力,则使用公式(5.5)可计算初始循环压力:

$$p_{ic} = p_{sidp} + p_p + p_{ok} = (600\text{psi}) + (850\text{psi}) + 0 = 1450\text{psi}$$

使用公式(5.6)计算最终循环压力,如下所示:

$$p_{fc} = p_p\left(\frac{\rho_{km}}{\rho_{om}}\right) = (850\text{psi}) \times \left(\frac{15.5}{14.5}\right) = 908\text{psi}$$

(4)井涌分析。

井涌液的组成控制着环空压力剖面。这种压力剖面通常在井控作业期间观察到。一般来说,液体井涌比气体井涌具有更低的环空压力。这是真实的,主要有两个原因:① 气体井涌的密度低于液体井涌,② 气体井涌在被泵送至地面时允许其膨胀。这两个因素都会导致环空中的静水压力降低。因此,它保持恒定的地层压力。在这种情况下,必须使用可调节流阀保持较高的地面环空压力。

必须确定井涌组成,以计算油井规划所需的环空压力。一般情况下,在实际井控作业中是不知道的。然而,井涌液的密度可以通过观察到的钻杆压力、环空套管压力和钻井液池增益来估计。密度的计算往往决定了井涌是以气体为主还是以液体为主。若简单地假设为段塞,就可以估算出进入环空的井涌流体的密度。图5.5显示了井涌时关闭防喷器后的初始井况。钻井液池增益通常由钻井液池容积监测设备记录。

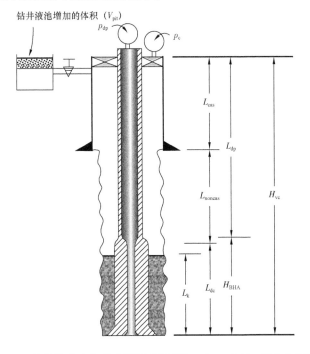

图5.5　井控作业中初始井况示意图(Hossain and Al – Majed,2015)

井涌的长度和密度可根据钻铤后的环空容量计算出来。如果井涌体积小于钻铤周围的环空体积,井涌区的长度(即井侵高度)可以用井涌体积和环空容量表示。在数学上,如果 V_{pit} < V_{ann-dc},井涌长度可计算为:

$$L_k = \frac{V_{pit}}{C_{ann\_dc}} \qquad (5.15)$$

式中　L_k——井涌长度(即流入的垂直高度 H_i),ft;

　　　C_{ann_dc}——钻铤后方的环空体积,bbl/ft;

　　　V_{pit}——钻井液池增加的体积,bbl;

　　　V_{ann-dc}——钻铤上的环空体积,bbl。

如果 $V_{pit} > V_{ann-dc}$,则井涌长度由式(5.16)给出:

$$L_k = L_{dc} + \frac{V_{pit} - V_{ann\_dc}}{C_{ann\_dp}} \qquad (5.16)$$

式中　L_{dc}——钻铤长度,ft;

　　　C_{ann_dp}——钻杆后的环空体积,bbl/ft。

当钻井液密度为 ρ_m 时,初始井系统的压力平衡为:

$$p_{icp} + 0.052[\rho_{om}(H_{vc} - L_k) + \rho_k L_k - \rho_m H_{vc}] = p_{idp} \qquad (5.17)$$

式中　p_{icp}——初始稳定的钻铤压力,psi;

　　　p_{idp}——初始稳定的钻杆压力,psi。

求解式(5.17),得到井涌流体密度:

$$\rho_k = \rho_{om} + \frac{p_{idp} - p_{icp}}{0.052L_k} \qquad (5.18)$$

当井涌液密度小于 4lb/gal 时,说明井涌液主要是气体;当井涌液密度大于 8lb/gal 时,说明井涌液主要是液体。

例5.4　在高压区钻井时检测到井涌。地层深度记录为10000ft,钻井液密度为9.0lb/gal。工作人员关井,记录了钻杆和钻铤压力分别为350psi 和430psi。观察到的钻井液池增量为6.0bbl。950ft 钻铤的环空容量为 0.028bbl/ft,溢流安全界限为 0.50lb/gal。计算地层压力、井侵密度、流体类型、所需压井液重量和压井液梯度。

解决方案:

给定数据:

H_{vc} = 泥柱的总垂直高度 = 10000ft

r_{om} = 原始钻井液重量 = 9.0lb/gal

p_{sidp} = 关井钻杆压力 = 350psi

p_{sidc} = 关井钻铤压力 = 430psi

V_{pit} = 钻井液池体积 = 6bbl

L_{dc} = 钻铤长度 = 950ft

C_{ann-dc} = 钻铤后面的环空容量 = 0. 028bbl/ft

r_{ok} = 作为安全界限的压井钻井液 = 0. 5lb/gal

所需数据：

p_{bh} = 地层压力, psi

r_k = 井涌液或井侵密度, lb/gal

r_{km} = 压井液重量, lb/gal

G_k = 压井液梯度, psi/ft

地层压力可用公式(5.11)计算, 如下所示：

$$p_{bh} = p_{sidp} + 0.052\rho_m H_{vc} = (350\text{psi}) + 0.052 \times (9.0\text{lb/gal}) \times (10000\text{ft})$$

$$p_{bh} = 5030\text{psi}$$

为了计算井涌密度, 首先需要计算井涌长度, 从而计算环空体积。

钻铤上的环空体积：

$$V_{ann\_dc} = L_{dc} \times C_{ann\_dc} = 950\text{ft} \times 0.028 \frac{\text{bbl}}{\text{ft}} = 26.6\text{bbl}$$

如果 $V_{pit} < V_{ann-dc}$, 可使用公式(5.15)计算井涌长度, 如下所示：

$$L_k = \frac{V_{pit}}{C_{ann\_dc}} = \frac{6.0\text{bbl}}{0.028\text{bbl/ft}} = 214.29\text{ft}$$

井涌液密度采用公式(5.18)计算, 如下所示：

$$\rho_k = \rho_{om} + \frac{p_{idp} - p_{icp}}{0.052L_k} = 9.0\text{lb/gal} + \frac{350\text{psi} - 430\text{psi}}{0.052 \times 214.29\text{ft}}$$

$$= 1.82\text{lb/gal}$$

因此, 井涌流体为气体。

考虑到过量钻井液作为安全界限, 压井液密度可以用公式(5.13)计算：

$$\rho_{km} = \rho_{om} + \frac{p_{sidp}}{0.052H_{vc}} + \rho_{ok}$$

$$= 9.0\text{lb/gal} + \frac{350\text{psi}}{0.052 \times 10000\text{ft}} + 0.5\text{lb/gal}$$

$$= 10.17\text{lb/gal}$$

压井液梯度可用公式(5.14)计算：

$$G_k = 0.052\rho_{om} + \frac{p_{sidp}}{H_{vc}} = 0.052 \times 9.0\text{lb/gal} + \frac{350\text{psi}}{10000\text{ft}}$$

$$= 0.503\text{psi/ft}$$

例 5.5 该井位于垂直深度为 12000ft 的高压区域,钻井液以 8.0bbl/min 的速度循环,钻井液密度为 9.5lb/gal。在停泵和关闭防喷器之前的 3min 内,发现钻井液池增加 95bbl。当压力稳定后,钻杆的初始压力为 500psi,套管的初始压力为 700psi。针对 950ft 钻铤的环空排量为 0.03bbl/ft,针对 850ft 钻杆的环空排量为 0.0775bbl/ft,计算地层压力、井侵密度。

解决方案:

给定数据:

H_{vc} = 泥柱的总垂直高度 = 12000ft

r_{om} = 原始钻井液重量 = 9.5lb/gal

q_t = 原始钻井液循环速率 = 8.0bbl/min

V_{pit} = 矿坑增加量 = 95bbl

t = 停泵时间 = 3min

p_{sidp} = 关井钻杆压力 = 500psi

p_{sidc} = 关井钻铤压力 = 700psi

L_{dc} = 钻铤长度 = 950ft

C_{ann_dc} = 钻铤后面的环空容量 = 0.03bbl/ft

L_{dp} = 钻杆长度 = 850ft

C_{ann_dp} = 钻杆后面的环空容量 = 0.0775bbl/ft

所需数据:

p_{bh} = 地层压力, psi

r_k = 井涌流体密度, lb/gal

该示例的示意图如图 5.6 所示。地层压力可由式(5.11)计算如下:

$$p_{bh} = p_{sidp} + 0.052\rho_{om}H_{vc} = 500\text{psi} + 0.052 \times 9.5\text{lb/gal} \times 12000\text{ft}$$

$$p_{bh} = 6428\text{psi}$$

为了计算井涌密度,首先需要计算井涌长度,从而计算环空体积。

相对于钻杆和钻铤的总环空体积:

$$V_{ann} = V_{ann\_dp} + V_{ann\_dc} = L_{dp} \times C_{ann\_dp} + L_{dc} \times C_{ann\_dc}$$

$$V_{ann} = 850\text{ft} \times 0.0775\frac{\text{bbl}}{\text{ft}} + 950\text{ft} \times 0.03\frac{\text{bbl}}{\text{ft}} = 94.37\text{bbl}$$

但是,井涌长度仅根据钻铤的总环空体积确定。所以:

$$V_{ann\_dc} = L_{dc} \times C_{ann\_dc} = 950\text{ft} \times 0.03\frac{\text{bbl}}{\text{ft}} = 28.5\text{bbl}$$

如果假设井涌液与泵送的钻井液混合在一起,那么钻井液池总的增加量为:

$$(V_{pit})_{total} = V_{pit} + q_t t = 95.0\text{bbl} + 8.0\text{bbl/min} \times 3\text{min}$$

$$= 119.0\text{bbl}$$

如果 $(V_{pit})_{total} > V_{ann-dc}$,则可以使用式(5.16)表示:

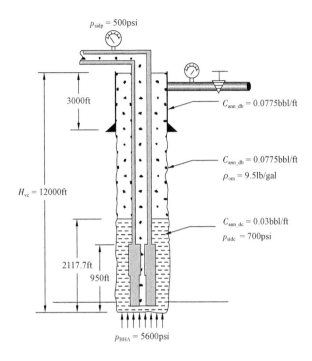

图 5.6　例 5.5 的示意图

$$L_k = L_{dc} + \frac{V_{pit} - V_{ann\_dc}}{C_{ann\_dp}} = 950\text{ft} = \frac{119\text{bbl} - 28.5\text{bbl}}{0.0775\text{bbl/ft}}$$

$$= 2117.74\text{ft}$$

用式(5.18)计算出井涌液的密度为:

$$\rho_k = \rho_{om} + \frac{p_{idp} - p_{icp}}{0.052 L_k} = 9.5\text{lb/gal} + \frac{500\text{psi} - 700\text{psi}}{0.052 \times 2117.74\text{ft}}$$

$$= 7.68\text{lb/gal}$$

(5)关井地面压力。

通常,最大允许关井压力为套管破裂压力的 80% ~ 90% 或是套管鞋处产生压裂所需的表面压力中的较小值。最大允许关井地面压力由式(5.19)给出:

$$p_{sifp} = p_{ann\_m} + G_m H_{cs} \tag{5.19}$$

式中　p_{sifp}——关井破裂压力,$p_{sifp} = G_f H_{cs}$,psi;

　　　H_{cs}——套管鞋的垂直高度或到套管口的深度,ft;

　　　p_{ann_m}——最大关井环空压力,psi;

　　　G_f——破裂压力梯度,psi/ft。

例 5.6 一外径为 $13\frac{3}{8}$in 的表层套管设置在 2100ft 深处。发现破裂压力梯度为 0.68psi/ft,钻井液密度为 10.6lb/gal,钻井液压力梯度为 0.6psi/ft。油井总深度为 12000ft,内部屈服强度为 2500psi。确定环空上的最大允许表面压力,假设套管爆裂限制为设计规范的 85%。

解决方案:

给定数据:

H_{cs} = 到套管鞋的深度 = 2100ft

G_f = 破裂压力梯度 = 0.68psi/ft

r_m = 钻井液重量 = 10.6lb/gal

G_m = 钻井液压力梯度 = 0.6psi/ft

H_{vc} = 钻井液柱的垂直高度 12000ft

Y_d = 内部屈服强度 = 2500psi

85% 爆破压力

所需数据:

$$p_{ann-m} = 最大关井环空压力,psi$$

图 5.7 给出了示例 5.6 的井筒和套管柱。如果套管破裂限制在屈服压力的 85% 以内,则允许压力为:

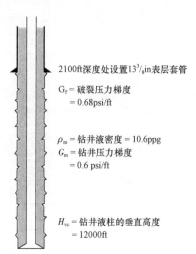

2100ft深度处设置$13^3/_8$in表层套管

G_f = 破裂压力梯度
= 0.68psi/ft

ρ_m = 钻井液密度 = 10.6ppg
G_m = 钻井液压力梯度
= 0.6 psi/ft

H_{vc} = 钻井液柱的垂直高度
= 12000ft

图 5.7 例 5.6 的管柱示意图

$$85\% \ 爆破压力 = 0.85 \times Y_d = 0.85 \times (2500psi) = 2125psi$$

最大允许环空压力可使用公式(5.19)确定,如下所示:

$$p_{ann\_m} = G_f H_{cs} - G_m H_{cs}$$

$$= (0.68psi/ft) \times (2100ft) - (0.6psi/ft) \times (2100ft) = 168.0psi$$

因此,地面允许的最大环空压力为 168.0psi,这一压力将导致套管座处的地层破裂。

例 5.7 对于以下所给出的井涌数据,压井液密度将是多少?

D_{tv}(真垂直深度,钻头深度,ft) = 11550ft

ρ_o(原始钻井液重量,lb/gal) = 12.1lb/gal

ρ_{sidp}(关井钻杆压力,psi) = 240psi

ρ_{sic}(关井套管压力,psi) = 1790psi

钻井液池增量 = 85bbl

解决方案:

$$\rho_{kw}(压井液密度,lb/gal) = \rho_{sidp} \times 19.23/D_{tv} + \rho_o$$

$$= 240psi \times 19.23/11550ft + 12.1lb/gal$$

$$= 0.4lb/gal + 12.1lb/gal$$

$$= 12.5lb/gal$$

（6）压井的步骤。

① 最初的步骤是调动现场的固井泵、额外的钻井液储存和水泥批量搅拌机（如果有的情况下）。

② 在现场混合并储存至少一个额外的钻井液井眼体积。

③ 在混合钻井液时，井口水沿着环空进入漏失区，以减少环空表面压力，防止套管、井口和防喷器受到气体的影响。这将有助于通过定义损失区的温度梯度来进行温度测井解释。

④ 考虑向井中下入一个校准的速率陀螺仪，以提供更好的救援井定位。裂缝延伸压力可以通过地面泵送压力与漏失层的静水压力二者之和来进行估算。

（7）顶部压井步骤。

① 降低环空泵速，用固井泵继续向环空注水。

② 使用钻井泵将水或钻井液以最大可能速率的90%泵入钻柱，直至压力稳定。

③ 将泵速率增加到最大值，并记录稳定的压力和速率。

④ 停泵后，可向钻井液中加入堵漏剂，以实现静态压井。

⑤ 如果未使用水或钻井液进行动态压井，则可结合压力测井或温度测井的结果，通过准确分析压井过程中所记录的稳定两相流压力来确定下一步需要采取的措施。

5.2.2 井喷

井喷是指一旦压力控制系统完全失效，井中流动的液体（如气体、石油、水和钻井液）不受控制地释放出来。这种不受控制的流动将导致井涌，井涌严重程度增加并可能最终导致"井喷"（图5.8）。井控只能通过以下方式恢复：（1）安装或更换允许关井的设备，（2）压井，（3）钻减压井。井喷可能发生在任何作业阶段：（1）钻井阶段，（2）试井阶段，（3）完井阶段，（4）生产阶段，（5）修井阶段。

图5.8　井喷示意图

造成井喷的因素很多,在这些因素中,油藏周围岩层的巨大压力是最重要的因素。一般来说,石油在数百万年的时间里自然蒸发,而水在这个过程中被压缩和加压。这一过程发生在碳基物质(例如,一种或另一种生命形式)通过形成复合含烃带的沉积物层中。因此,钻井人员在钻入岩层时必须特别小心。在钻井过程中,通过在钻柱中使用合适的钻井液来平衡静水压力,从而抵消该压力。如果压力保持不当,地层流体(如水、气或油)可能渗入井筒,如果不及时识别和处理,可能迅速升级为井喷。若检测到井涌,必须做的第一件事是通过关井来隔离地层流体进入,从而降低井喷的可能性。然后再引入较重的流体,以尝试提高静水压力并实现平衡。与此同时,渗入井筒的流体或气体将以可控和安全的方式缓慢地排出。

井喷主要有三种类型,它们可能在钻井过程中的任意时刻发生,并可能产生毁灭性的后果。井喷可分为:(1)地面井喷,(2)海底井喷,(3)地下井喷。

(1)地面井喷:地面井喷是最常见的井喷类型,可将钻柱排出井外。有时,地层流体的作用力足以损坏钻井平台和周围区域。它还可以通过点火和爆炸严重破坏整个区域。除了石油外,井喷还可能喷出天然气、水、钻井液、沙子、岩石和其他物质。井喷可能仅仅是由于岩石喷出的火花,或者仅仅是由于摩擦产生的热量。有时井喷可能非常严重,因此无法从地面进行直接控制,特别是如果地层带中存在大量能量,且这些能量不会随着时间的推移大量消耗时。在这种情况下,通过钻取附近的其他井(即减压井)以允许压力液到达所需深度。如果地面井喷特别强烈,不能单独控制,则需要钻探附近的其他井(即减压井),在深处引入更重的平衡流体。

(2)地下井喷:地下井喷不是一种常见的井喷,在这种井喷中,高压流体不受控制地流向井筒内的低压区。地下井喷不一定会导致石油从地面释放出来。然而,井筒内的地层流体可能会产生超高压,这在未来同一地层的钻井计划中应予以考虑。

(3)水下井喷:水下井喷由于其所处的位置的特殊性,是最难处理的井喷。历史上最大、最深的水下井喷发生在2010年的墨西哥湾"深水地平线"油井。这次事故非常严重,迫使该行业重新评估其安全程序。

5.3 案例研究

以下的案例研究表明了井喷的严重性及其对生命、资产和环境的影响。对于所提供的每个案例,将讨论具体事件、危机如何被解决、事故根源、挑战和经验教训。

5.3.1 印度东海岸井喷事故

Jain 等人(2012)对印度的一次井喷事故进行了案例研究。尽管他们的研究重点是安全和环境影响,但这项研究为钻井作业提供了一些有用的建议。KG 盆地是一个特殊的含油气盆地,地层厚度大、地层压力异常高。该盆地是在中生代早期沿东部大陆边缘裂谷作用后形成的。一系列地垒和地堑的形成导致了不同的储层被陡倾断层隔开。由于这些断层大多是封闭的,或分隔层已完全分离,因此每个分隔层中都出现了不同寻常的压力状态。此外,在古近一新近纪期间,由于断层的大量生长和相关特征的大量出现,该地区在结构上发生了变形。高沉积速率导致高压带中的水被截留,边坡稳定性受到很大影响。在某些地区还发现了地层压力比正常静水压力能高出两倍。由于 KG 盆地蕴藏着巨大的天然气资源,钻穿这些气藏具有较高的风险。

1995 年 1 月,安得拉邦东戈达瓦里地区的一口探井发生了异常的井喷。该井的钻探工作于 1994 年 9 月开始。钻头尺寸、套管细节以及油井配置如图 5.9 所示。

在钻井的最后阶段,钻头尺寸为 8½in,钻井液相对密度为 1.3。据报道,钻头被卡在大约 2727m 的深度。在几次尝试失败后,钻铤和钻头被留下,以便绕过工具继续钻井。据报道,在这一阶段之前没有记录到启动压力。尽管没有明显的启动压力,但在晚上,不受控制的高压气体流到地面导致了井喷。喷出的气体立刻发生了燃烧,由于气体的巨大压力,孔眼里剩下的管子都被抛了出来。气体压力估计为 281kg/cm² 。大火的强度很高,而且噪声非常刺耳,以至于在 700m 的半径范围内人们需要使用耳塞来防止直接的身体伤害。当天晚上,距离井场 2km 以上的地方都能看到燃烧燃料的火焰。

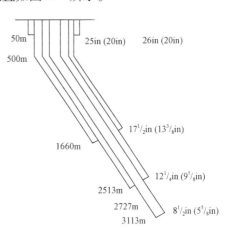

图 5.9 发生井喷的井的结构(Jain et al. ,2012)

5.3.1.1 解决方案

像往常一样,安全措施是解决危机的第一步。故而立即采取了以下的安全措施。

(1)6000 多户家庭撤离家园。

(2)决定扑灭火焰。

(3)疏散村民并建立救济营地。

(4)与当地行政部门、政府和公众进行协调并帮助安全救援人员。

(5)挖掘蓄水坑,以便在火焰上方形成水伞,并在井场清理碎屑和回收套管等。

(6)从井场调集消防器材。

下一步是收集主要设备和基础设施,以消除直接的安全隐患。根据该井的消防恢复机械设备,执行了以下步骤。

(1)使用六台总容量为 20000gal/min 的泵进行喷水,并在火焰上方形成水伞,以降低火焰和周围环境的温度,方便安全救援人员接近并清理现场的碎片。

(2)为防止泵损坏,将泵放置在井场内。

(3)购买了水监测器,用于监测储水池的水位。最初使用了四台 0.1016m ±0.01m 的监测器,后来在 1995 年 2 月的第一周从美国收到了更多尺寸为 0.023m ±0.01m 的监测器。

(4)使用 Athey 货车清理井场残骸,便于安全救援人员到达井喷区半径 20m 范围内。该设备属于哈里伯顿公司,与配备液压绞车的 D - 8 或 D - 9 推土机配合使用。绞车帮助定位 60ft(18.3m) 长的动臂组件,用于清除井位附近的碎屑。它也能通过插入油管或钻杆来压井,也可用于在井口安装磨料射流切割机。图 5.10 显示了一辆典型的 Athey 货车。

(5)新建两个总容量为 20000m³ 的大型蓄水池。距现场约 500m 处有一条灌溉渠。水从灌溉渠抽到蓄水坑里。

在收集完必要的设备和用品后,就可以找到一个实际的解决办法。请注意,在这种情况下,人们没有时间去确定井喷的原因。这意味着,为了优化获得成功所需的时间,必须启动程序并进行反复试验。历史表明,每一次行动都是独一无二的,不可能在短时间内找到确切的原因。因此,这个看似漫长的试错操作实际上是工程师们的最佳选择。

图 5.10 Athey 货车

程序(成功或失败):在井控方案实施过程中,进行了以下步骤。

(1)将水从储存容器喷到火焰上,以降低火焰强度,便于进一步操作。

(2)每个约200kg 的塑料炸药桶被分散在火焰上,以剥夺火焰区域的所有氧气并扑灭大火。但许多尝试都失败了。

(3)在另一次尝试中,在 Athey 货车的帮助下,大约 400kg 的塑料炸药被分散到火焰上,最终火焰被扑灭。

(4)大火的扑灭为现场的工作人员和专家提供了急需的救援,可以执行封顶计划。

(5)当月,在 98.4m³/min 喷水量的水伞的帮助下,最终的封井作业(如安装新的井口和防喷器)取得了成功。

(6)用 Athey 货车、推土机和带吊钩的起重机清理了周围的环境。

(7)在距井喷现场 1.5km 处钻了一口减压井,与井底相连。泵送高密度钻井液以控制气体从储层流入井筒。

(8)选择喷涂泡沫阻燃剂。

5.3.1.2 井喷原因

井喷原因分为两类。第一类井喷(Works,1944)发生的次数很少,发生的概率也很小。另一方面,井喷也可能不可预测地发生,给控制设备带来的压力甚至超过了最保守的安全因素。在本节中,重点研究的是第二类原因而不是第一类原因。在第二类井喷中,着重分析了导致 KG 盆地井喷的钻柱卡钻的相关原因。因为地下岩层的性质和成分多种多样,所以卡钻可能是由于各种原因造成的(Blok,2010)。在塑性地层(如盐丘)中,由于盐具有黏弹性,如果钻井液产生的压力低于地层压力,地层就会变形,导致井眼坍塌。黏土矿物和钻井液的反应会引起膨胀和坍塌,从而导致井筒问题,发生卡钻。

另一种诱发井喷的卡钻是由压差引起的。在裸眼井中,当钻杆遇到孔隙压力远远小于钻井液压力的渗透性地层时,就会发生这种情况。在这种情况下,由于压差,管柱保持在原位。这种情况可以通过井筒中摩擦力增加导致接箍上产生的过度拉力来识别。上述情况在 KG 盆地中遇到,并通过事件摘要中所述的拉伸试验得到了证实。

5.3.1.3 经验教训和建议

可以引用以下经验教训。

(1)已知该区域的划分和地层的高压特性,钻井液设计应基于最坏情况。

(2)获得了钻速、钻井液压力、钻井液压力与孔隙压力之间的减压以及钻井液池容积等数据。在得出决定剪切钻头和钻铤单元的结论之前,应该对其进行连续监测。

(3)在钻井之前,勘探地质学家就应该知道高压带的大致深度。随着钻探的进行,数据也应进行实时微调。

(4)钻穿浅层气砂层需要实时监控,并且需要一个专业团队全天 24h 在场。由于地层的性质,这种不测事件本应在预料之中。

对今后的行动提出以下建议。

(1)对于出现异常压力的地层和探井,应尽可能详细地获取三维数据,包括三维地震数据。此外,应进行粗略的储层特征描述,并根据最坏情况设计钻井作业。

(2)作业数据,包括管柱压力、环空压力、钻井液体积、钻屑等,应与地质学家和司钻实时共享。对于探井,应在进入储层之前提前 24h 做好准备工作。

(3)压井时需要保持孔隙压力、井底压力等各种储层和井参数,并计算初始泵送压力和钻井液密度。

(4)防喷工作掌握在操作人员和作业人员的手中。在井喷预防和井喷后的管理方面,必须有一个经过广泛培训的团队。

(5)钻井作业开始前,应准备好当地资源清单,以防出现意外情况。

5.3.2 深水井喷

墨西哥湾漏油事件是近代史上最为悲壮的一次灾难,引起了全世界的关注,其影响在悲剧发生后的数年里仍持续不断。这一事件将现代钻井技术的充分性(或不足性)推到了风口浪尖上(Smith,2010)。尽管有许多关于这一主题的出版物,但灾难的全貌仍然是个谜(Biello,2015)。Biello(2015)报告称,根据美国联邦政府的初步估计,在 87d 的时间内,490×10^4bbl 石油从 Macondo 油井溢出,其中 17% 在井口捕获,25% 蒸发或溶解,32% 燃烧、脱除或化学分散。这使得超过 100×10^4bbl 的石油以焦油垫、焦油球、烟柱的形式埋在沙子和沉积物中。工程的失败变成了法律上的噩梦。尽管一位联邦法官在 2015 年裁定,油井总共只排放了 400×10^4bbl 原油,但他也得出结论,有 300 多万桶原油进入了墨西哥湾水域,其中大部分仍在那里。

井喷:2008 年,跨国能源公司 BP(英国石油公司)租用了墨西哥湾一块海床,它距离路易斯安那州南岸约 80km(50mile)。这片区域被命名为 Macondo,它来源于加布里埃尔·加西亚·马尔克斯(Gabriel García Márquez)的小说《百年孤独》中的一个虚构小镇。为了进行钻探,英国石油公司聘请了全球钻井公司 Transocean 及其钻井平台"深水地平线"(Deepwater Horizon)。该钻井平台本身有近122m(400ft)高,其面积要比足球场还大(Safina,2011)。

在臭名昭著的井喷事件发生时,石油公司已经在大约1500m 的海洋深处钻探了十多年,但从未发生过类似的问题。在过去的十年里,水深超过1mile 的水井数量从仅有的二十多口增加到了近300口。钻探复杂性的增加也导致了风险的增加;为了成功地克服这些挑战而将挑战最小化会造成一种淡化风险的倾向。不幸的是,如此迅速的发展也会造成虚假的信心,阻碍了在不太可能发生灾难的情况下的准备工作。

2010年4月20日,英国石油公司运营的 Mocondo 油田遇到了一场无法克服的危机。这场灾难是由"井喷"引发的,造成了大火,大火已被扑灭,但原油和天然气继续涌出,并迅速蔓延到路易斯安那州海岸的海面上。随后发生的石油泄漏被认为是石油工业史上最大的一次海洋石油泄漏,估计比1979年的 Ixtoc I 石油泄漏事件的泄漏量还要大8%~31%。

2010年4月20日晚9时45分左右,井内高压甲烷气体进入钻井立管,突然被减压进入钻井平台,迅速点燃并爆炸,吞没了平台。当时船上有126名船员,其中7名是英国石油公司的员工,79名是 Transocean 公司的员工,还有其他多家公司的员工。尽管美国海岸警卫队(US-CG)进行了为期三天的搜索行动,但仍有11名失踪工人没有找到,据信他们已在爆炸中死亡。2010年4月22日上午,"深水地平线"号沉没。这次井喷造成了美国历史上最大的石油泄漏事故,也是石油工业史上最大的一起诉讼。井喷发生后不久,在油井被控制之前,英国石油公司起诉了 Transocean 公司,后者拥有并运营着"深水地平线"钻井平台,而哈里伯顿公司则提供了用于封堵油井的水泥。

"深水地平线"特遣小组对2010年4月墨西哥湾漏油事件相关材料展开了刑事调查。这个特别工作组设在新奥尔良,由代理司法部长梅蒂利·拉曼监督,并由特别工作组主任约翰·D. 布雷塔领导。该工作小组包括来自司法部刑事司和环境与自然资源司的检察官,路易斯安那州东区美国检察官办公室和其他美国检察官办公室的工作人员,联邦调查局的调查人员,内政部检察长办公室的工作人员,环境保护署刑事调查处的工作人员,监察主任办公室的工作人员,国家海洋和大气管理局执法办公室的工作人员,美国海岸警卫队的工作人员,美国鱼类和野生动物局的工作人员,以及路易斯安那州环境质量部的工作人员。

5.3.2.1 解决方案

对这一巨大失败的直接反应是怀疑和指责。不久,英国石油公司采取了一系列短期措施,但都没有成功。这些措施如下。

(1)英国石油公司试图用远程操作的水下设备关闭井口上的防喷器。请注意,在井喷情况下,这样的操作将是第一步。

(2)在最大的泄漏处放置一个125t(2800001b)的安全壳圆顶,以便将流出物收集到带有流动管柱的存储容器内。这项技术以前也曾取得过成功,尽管是在较浅的水域。但在目前的这种情况下,同样的技术并没有起到作用,因为较低的温度(由于减压气体的水焦耳—汤姆逊效应以及较低的环境温度)导致甲烷气体水合物的形成,堵塞了圆顶顶部的开口。

(3)然后,英国石油公司决定将超密度钻井液泵入防喷器,以限制油流,再用水泥永久密封("顶部压井")。三次单独的泵送工作和30000bbl钻井液以及16种不同的桥接材料也失败了。"顶部压井"的尝试方法确实阻止了流出物,但只有在进行泵送时才有效。泵一停,泄漏又会继续。图5.11显示了可感知的井筒结构以及原油泄漏的方式。

(4)英国石油公司随后将一根立管插入管中,在立管的末端插入一个类似塞子的垫圈,并将流体转移到插入管中。收集的气体被燃烧,石油储存在钻井船"发现者企业号"上。接下来的工作是通过立管插入管工具(RITT)优化从受损立管中收集的油气。RITT是一项新技术,尽管在初期取得了一些积极成果,但其持续运行和捕获油气的有效性仍然值得怀疑。在2010年5月17日至5月23日期间,RITT收集的每日石油价格在1360~3000bbl/d之间,每日天然气价格在$(400 \sim 1700) \times 10^4 \text{ft}^3/\text{d}$之间。在同一时期,RITT密封系统在泄漏立管末端收集的石油和天然气的平均日产

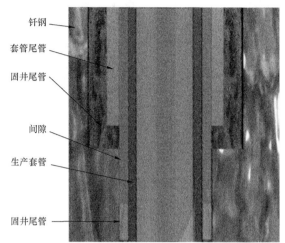

钎钢
套管尾管
固井尾管

间隙

生产套管

固井尾管

图5.11 井的剖面图显示了必须用钻井液和水泥对石油通道进行堵塞

量分别为2010bbl石油和$1000 \times 10^4 \text{ft}^3$天然气。当石油被储存的时候,天然气在"发现者企业号"钻井船上燃烧,该钻井船位于5000ft的海面上。在管柱被拆除之前,它收集了$92.4 \times 10^4 \text{gal}(22000\text{bbl}; 3500\text{m}^3)$的石油。2010年6月3日,英国石油公司从防喷器顶部拆除了受损的钻井立管,并用连接至另一立管的盖子盖住了管柱。6月16日,与防喷器直接相连的第二个密封系统直接将石油和天然气输送到服务船只上,并在清洁燃烧系统中消耗掉。美国政府的估计表明,这个盖子和其他设备只封住了不到一半的漏油。

(5)2010年7月10日,安全壳盖被拆除,用了更合适的盖子("10号顶帽")代替。随后,将钻井液和水泥从井口泵入,以降低井内压力。但这一尝试也失败了。

(6)最后一个装置是用来连接一个直径大于流动管柱的腔室,其法兰用螺栓固定在防喷器的顶部,手动阀组用于在连接后关闭流动。2010年7月15日,从涌出的井中移除井盖,用机械手臂(图5.12)固定装置。作为临时操作的最后措施,盖子被更换掉了。

一些专家认为,苏联在过去曾通过核爆炸遏制过气井井喷,所以作为控制油井的最终手段,它们考虑使用包括氢弹在内的爆炸物。尽管不断有与之相关的传闻,但是英国石油公司在2010年5月24日宣布,这些选择不会被考虑,因为如果失败,"我们将拒绝所有其他的选择"。

与此同时,灾难发生后不久,就开始了两口减压井的钻探。第一口减压井开始于2010年5月2日,第二口井减压井则开始于2010年5月16日。为了评估关闭油井所涉及的危险,建模研究得到了批准,这些油井可能会通过地下已损坏且无法修复的井下阀门发生泄漏。此外,还考虑了地下井喷的可能性。在此阶段,进行了以下操作(Hickman et al.,2012)。

(1)2010年6月中旬,成立了一个油井完整性小组(WIT),建议允许英国石油公司关闭Macondo油井,进行有限时间的油井完整性测试。在考虑了各种储层、井筒流动(泄漏)和水力裂缝扩展模型后,政府和英国石油公司的科学家们商定了一项试验方案,该方案将使用关井后

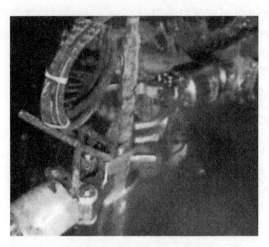

图 5.12 在墨西哥湾的"深水地平线"号石油泄漏现场,一辆远程操作工具的机械手臂正在工作(来源:英国石油公司)

的井口压力(通过安装在封顶烟囱内的精确压力计测得)作为油井完整性的代表。经确定,如果关井后的压力稳定在 6000psi(41MPa)以下,油井需要在 6h 内重新打开。在这种情况下,油井将被视为在海底某处失去压力,这可能是由于破裂和高度腐蚀的破裂盘,并且油气很可能泄漏到周围地层。但是,如果关井压力超过 7500psi(52MPa),那么试验将至少持续 48h。在这种情况下,油井将被证实表现出完整性,从而认为关井是安全的。另一方面,如果压力介于这两个值之间,科学家和工程师将面临两难境地,这种结果至少有两种可能的解释。一种解释是,一些破裂盘失效了,油井正在慢慢向周围地层泄漏。另一种解释是,储层的枯竭程度超过了预期,从而导致关井压力低于预期。一致认为关井压力在 6000~7500psi 之间是趋于稳定的。油井完整性测试可以安全地持续 24h,即使是缓慢泄漏的油井,也可以尝试确定上述哪种解释是正确的。

(2)2010 年 7 月 15 日,政府和英国石油公司利用了天气的一个长时间稳定的窗口期安装了封顶立管,并于 2010 年 7 月 15 日下午开始了油井完整性测试。关井程序包括一系列阀门转动,每个步骤之间停以 10min 的间隔时间,逐步将排油率降至零。在阀门的最后一次旋转完成并且油井完全关闭几个小时后,应急封井装置中的压力上升到约 6600 psi(46 MPa)。

(3)尽管压力继续缓慢上升,但显然无法达到 7500psi(52MPa),井筒完整性测试的结果正好落在不确定的中间范围内。如前所述,这种情况会变得模棱两可,导致决策制订的不确定性。英国石油公司对关井压力进行了解释,表明了这是一口完整性良好的井,正在开采一个枯竭程度超过预期的储层,并认为该井应在最初的 24h 测试期后继续关井。然而,政府采取了非常谨慎的做法,并推断,由于泄漏是可能的,井应在 24h 后重新向墨西哥湾开放,以避免地下井喷的风险。政府认为,关井 24h 以上需要进行额外的分析,以支持井下完整性。这项额外的分析是在 2010 年 7 月 15 日至 16 日期间,利用一个油藏模拟器(尽管是单相地下水模型 MODFLOW)进行的。

(4)使用美国地质调查局 MODFLOW 模型模拟关井前 6h 的压力累积。由于可获得的关于储层横向范围的信息有限,因此假设储层占据了以 Macondo 井为中心的正方形区域,并以不透水的侧面边为边界。这种简化的表示被认为是足够的,因为该模型最初仅用于模拟关井后的前 6h。在此期间,压力恢复发生在油井附近,关井压力对储层边界位置不敏感。如图 5.13 所示,2010 年 7 月 15 日,在 Macondo 井封井装置关闭期间和关闭后测得的井口压力与安装在封井装置(PT_3K_1 和 PT_3K_2)上的压力计测得的压力相比是更好的。模拟结果是在假设一口井没有泄漏的情况下获得的。观察到的压力和模拟压力之间的密切匹配表明,存在一种合理的情况使 Macondo 井具有完全完整性(即关井后无泄漏),但正如英国石油公司所声称的那样,在井喷期间,油藏已经严重枯竭。虽然不能排除发生泄漏的可能性,但政府决定将关井时间延长到24h 以后。由于关井持续到24h 以后,因此使用了额外的关井压力数据来更新油藏模型。关井大约2d 后,很明显,初始模型也需要进行修改。

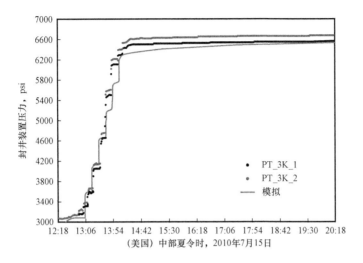

图 5.13　观察到的和模拟的压力增加的比较

(5)对压力数据的 Horner 图分析(图 5.14)表明,油藏可以被更恰当地建模为长而窄的通道(线性),而不是正方形。这种修正后的储层几何结构更符合墨西哥湾的已知地质和 Macondo 储层的沉积背景。

(6)图 5.14 相当于历史拟合,模拟结果以直线表示。只有在对储层渗透率和地层可压缩性值进行了一定的调整后,才能获得这种拟合。此外,该模型中使用的石油排放率从 55000bbl/d 修正为 50000bbl/d(从 8700m³/d 修正为 7900m³/d) ,这是 2010 年 7 月下旬能源部国家实验室的科学家最新的估计。随着关井过程中压力数据的可用性不断提高,该模型能够拟合关井压力,预测压力的不确定性也随之减小。修正后的模型模拟的压力与 2010 年 8 月 3 日(即最终压井和固井作业开始时)的观测压力非常吻合。在整个关井期间,观察到的压力和模拟压力之间的良好拟合,为 Macondo 井保持其完整性的观点提供了持续的支持。

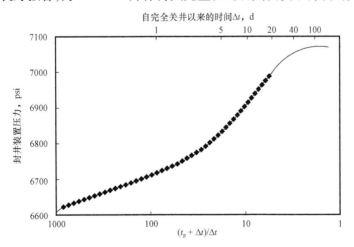

图 5.14　Macondo 井封盖组关闭后的井口压力 Horner 图

(7)英国石油公司和政府监督团队分别对井口压力和地球物理监测数据进行了独立的审查和讨论,最初每隔6h进行一次监测,之后每隔12h和24h进行一次,以确定油井是否应继续关闭。如果发现泄漏迹象,那么Macondo井将立即重新开放。

(8)2010年8月4日,英国石油公司开始从顶部泵送水泥,永久性地密封了部分流道。

(9)2010年9月3日,300t重的防喷器从井上拆除,并安装了一个新的防喷器。

(10)2010年9月16日,减压井到达指定位置,开始泵入水泥密封油井。

(11)2010年9月19日,国家事故指挥官塔德·艾伦宣布油井"实际上已经死亡",并表示油井不会对海湾地区构成进一步威胁。

(12)2011年3月和8月、2012年3月和10月以及2013年1月都报告有发现浮油。

(13)2012年10月,英国石油公司报告称,他们已经发现并封堵了从失效的围堵穹顶中泄漏的石油,这个穹顶现在离主油井约1500ft(460m)。

(14)2013年1月,英国石油公司表示,他们正在继续调查浮油的可能来源。化学数据表明,这种物质可能是从残骸中泄漏出的残余油。

最初的几次封堵尝试均以失败告终。尽管这口井在2010年9月19日被宣布完全封住,但后来的报告显示,数年后它仍在泄漏(在几次阻止漏失的尝试失败后,该井于2010年9月19日被宣布已封堵)。2012年初的报告表明,该井场仍在泄漏(Kistner,2011)。

5.3.2.2 事故背后的原因

在井喷发生后不久,人们提出了许多关于井喷发生原因的理论。后来发现,许多因素(包括"新型"钻井液添加剂)在使用前没有经过适当的审查。然而,最重要的问题是:为什么重达450t的"防喷器"(BOP)内的一系列阀门在喷口开始后未能关闭,这个问题直到今天仍然没有答案。安装在海底的防喷器可以通过多种方式关闭任何喷油井,比如堵住管柱,甚至水平挤压管柱,直到将其切断。此外,还有一个备用装置,其中大多数防喷器都有自动关闭阀,称为"Dead man"开关,如果石油钻井平台失去通信,这些开关会导致防喷器自动关闭。作为另一种备用措施,许多防喷器都有无线电控制的开关,允许工作人员远程关闭阀门。然而,"深水地平线"号缺乏这种装置。

尽管英国石油公司拥有这一租约,但哈里伯顿和M-I SWACO等承包商几乎完成了所有工作,前者负责固井工作,将油井的衬管固定到位;后者负责处理持续循环的钻井液。从钻井平台到海底的距离不到1.6km(1mile),海底至井底的距离略超过4km(约13368ft,或2.5mile)。从海面到井底总共5.6km(18360ft,大于3.5mile)。人类无法潜到这样的深度,所以所有的工作都是远程完成的。这对陆上钻井作业构成了额外的限制。

虽然井长2.5mile,但油井的顶部只有1m宽,井底也只有172mm(7in)。完成了几个套管段,其中一些井段长度达到2000ft。各种各样的问题使这项工作落后于计划,而且超出了预算。2010年4月下旬,在发现了一个具有商业价值的储层后,钻井人员开始对该井进行封井,该井将于晚些时候完工。

在钻井过程中,遇到了几个钻井液漏失层。增黏剂被用来防止钻井液漏失。结果表明,过量的增黏剂会产生额外的量,需要在继续钻井之前进行处理。将这些材料运回陆地进行处置需要花费运输费用,并需要将其作为危险废品处理。由于规定允许混合两种不同类型的钻井液,钻井工人有时使用不同的液体来帮助他们标记或分隔两种液体之间的边界。当他们看到这样一个"隔离剂"返回钻井平台时,他们知道这是处于两种不同的流体之间的流体。

井喷当天的主要任务是:向井内注入数百英尺高的水泥,将油气密封,回收钻井液并用更轻的海水置换。作为一个典型的程序,钻井队通过用海水置换一些重钻井液来减轻井上的压力。在液体和水之间,他们用黏性液体作为隔离剂来处理。将这种处理方法与固井作业结合起来是非常罕见的。

水泥的测试是为了从上面降低压力,然后确保井下没有压力。测试方案要求在通往钻井平台的特定管柱上的压力计读数为零。并且这条线显示压力确定为零。原则上,操作进行得很顺利。但是,在另一条线上,另一个压力表显示出压力在增加。指示压力增大的压力计是正确的。显示零压力的管线被黏性隔离剂阻塞了。压力升高表明水泥已经失效,增压的石油和天然气正在进入油井。在这一点上,钻井工人犯了一个错误,它们认为压力为零,而忽视了显示压力增大的压力计。更糟糕的是,他们暂时绕过了其他压力计,试图释放隔离液。如果他们没有绕过,他们就会受到压力计读数增加的警告。

当操作人员意识到他们遇到了问题时,当局的混乱延误了对问题严重性的评估,并导致了启动防喷器或断开钻井平台与海底 1mile 长的管柱的连接时出现犹豫。当大量甲烷到达地面时,他们改变了液体回流的路线。发电机的涡轮机把气体吸了进去,引起点火。

一名工人认识到有必要关闭发电机,但他知道自己无权这样做,因此并没有关闭发电机。钻井平台的首席电工声称,被抑制的音频警报也阻止了计算机电源的启动和通风口的紧急关闭。

随后的爆炸造成 11 人死亡,爆炸还破坏了对防喷器和紧急断开系统的控制,使它们没有反应。另有 100 多人乘救生艇或跳入大海逃生。钻井平台燃烧了两天,然后在 2010 年 4 月 22 日沉没。海底破裂的管柱继续喷出石油,在几次封堵油井的尝试之后,新的封盖终于在 2010 年 7 月中旬成功了。

综上所述,人为失误发挥了重要作用,但水泥失效的这一事实也不容忽视。随后的调查表明,由于没有在实验室模拟井筒中的主要条件,水泥测试并不充分。总的来说,这个项目必须抓紧时间完成。这已成为石油工业的一个典型问题。

英国石油公司的准备文件显示,手册的主要部分只是从北极计划中剪切粘贴而成,没人注意到这些。该地区已经钻探了数百口油井,人们有一种过度自信的感觉,没有人真正认真对待这些规定。这反映在这样的一个事实上:在一个到处都是石油钻塔和满是硬件的仓库的地区,没有一个装置可以关闭 1mile 深的泄漏管柱。所有可用的反应设备都与 20 世纪 70 年代的情况类似:足以控制港口内少量泄漏的围油栏及分散剂化学品。

在轻微的风和浪的作用下,围油栏很快就被淹没了,几乎没有起到遏制石油扩散的作用。大约 200×10^4 gal 的化学分散剂被添加到海面和海底的石油中。在没有为阻止井喷做任何真正准备的情况下,理智的人可能会对是否应该使用分散剂产生分歧。以前的研究表明,使用这种分散剂是不可取的,而且会产生长期的影响,直到今天,石油工业仍在继续使用化学物质,其长期后果尚不清楚,测试结果也无法证实。

尽管小规模井喷并不少见,更严重的井喷也会定期发生,但应对井喷的计划基本上是不存在的。钻井技术有了根本性的改进,但响应技术和准备工作几十年来没有改变。在 2010 年的井喷事故中,人们尝试了各种封堵措施,都没有取得成功。这与 1979 年阻止 Ixtoc 井喷的封堵类似,也以失败告终,Ixtoc 井在 9 个月内向墨西哥湾泄漏了 1.4×10^8 gal 石油。最终阻止 Macondo 井喷的装置就是为此专门设计和制造的;批评者把它比作通过设计和建造消防车来应对燃烧的建筑物(Safina,2011)。

5.3.2.3 经验教训和建议

深水地平线(Deepwater Horizon)钻井平台的井喷揭开了许多超出司钻范围的问题。众所周知,事实上,包括哈里伯顿在内的各方可能都存在刑事过失,哈里伯顿也承认了销毁证据的罪名(Szoldra,2013)。目前它已与跨洋公司达成刑事抗辩协议,并提起了诉讼和反诉讼。最后,双方庭外和解,以尽量减少诉讼费用,所有刑事诉讼都因此类协议和诉状而停止。但不利的一面是,事实仍笼罩在神秘之中。如果没有所有的事实,就不可能公正地列出经验教训并对未来提出建议。这里列出了美国环保局(USEPA)(2016)列出的事件时间表。

(1)2010 年 12 月 15 日:美国民事诉讼。

(2)2012 年 2 月 17 日:与 MOEX Offshore 2007 LLC 达成 9000 万美元民事和解。

(3)2012 年 2 月 22 日:法院命令准予对漏油事故的责任作出部分简易判决。

(4)2014 年 6 月 4 日:第五巡回法院判决,维持简易程序判决。

(5)2014 年 11 月 5 日:第五巡回法院裁定驳回专家组复议,确认简易程序判决裁定——非决定性专家组意见。

(6)2015 年 1 月 9 日:第五巡回法院驳回重新审理申请的命令——深水地平线法院驳回重新审理申请的命令。

(7)2012 年 11 月 15 日:与英国石油勘探生产公司达成 40 亿美元的刑事认罪协议。

(8)2013 年 1 月 3 日:与 Transocean Offshore Deepwater Drilling Inc.、Transocean Deepwater Inc.、Transocean Holdings LLC 和 Triton Asset Leasing GmbH(Transocean)达成 10 亿美元民事和解。

(9)2013 年 1 月 3 日:和越洋公司签订了 4 亿美元的认罪协议。

(10)2014 年 9 月 4 日:第一阶段审判,重大过失和故意不当行为的事实认定和法律结论。

(11)2015 年 1 月 15 日:第二阶段审判,关于源头控制和溢油量的事实调查结果。

(12)2015 年 2 月 19 日:根据《惩罚通货膨胀法》调整的每桶最高罚款金额裁决。

(13)2015 年 10 月 5 日:与英国石油勘探生产公司达成 149 亿美元民事和解。

(14)2015 年 11 月 30 日:对 Anadarko 石油公司作出 1.595 亿美元的民事处罚裁决。

牢记上述时间表,在下面列出了经验教训和建议。

(1)在开始钻探前进行储层特征描述,包括进行成分建模,并提供该区域的所有可用数据。

(2)在钻井过程中,收集实时数据,对仿真模型进行升级。如果是这样的话,人们就不必像英国石油公司那样使用 Aquifer 模拟器进行简单的建模了。

(3)根据最坏的情况进行操作。

(4)避免使用没有在井场实际条件下测试过的水泥或钻井液添加剂。这起事件的核心就是哈里伯顿使用的水泥添加剂在现实条件下没有得到适当的审查。

（5）任何时候都不应匆忙进行钻井作业。如果钻机操作员没有被催促去封堵油井，这场灾难本可以避免。

（6）每件安全设备必须定期进行测试。令人费解的是，许多最重要的组件为何没有发挥作用，时至今日对这些巨大的故障仍然没有作出任何解释。

（7）各方之间的协调必须是持续不断的，不能等到紧急情况发生才进行。只要涉及包括承包商在内的多家公司时，必须进行此类协调。

5.4　小结

本章讨论了井控和监测系统的各个方面。这里详细记录了如何以有序和安全的方式控制油井。在任何井控和监测系统中，钻井时使用的不同控制设备是至关重要的。本章概述了这些装置及其功能。油井监测是钻井作业的一个组成部分，因此，通过本章确定了控制油井所需要监测的参数。本章涵盖了实时监测系统的整个范围，并讨论了当前的行业实践和井控监测系统的未来趋势。

简言之，井控被认为是钻开油气藏最关键的方面之一。事实上，它会影响完井的总体成本，有时会导致生命财产损失，并对环境造成巨大的破坏。人为因素和设备故障是井喷的主要原因，所以井控工作是重中之重。此外，油井监测是钻井和生产的重要方面。它提供了井下情况。也就是说，早期发现和控制井侵很有必要，钻井过程中的漏失和其他异常情况的监测也很重要。由于压力体制和设备应力造成的困难，陆上和海上钻井环境变得具有挑战性。钻柱监测也是井控工作中的一个重要方面。

通过案例研究，以确定目前石油工业实践中的薄弱环节。这一讨论对于将来无事故钻井作业的准备是必要的。

参 考 文 献

［1］Biello，D.，2015. The Enduring Mystery of the Missing Oil Spilled in the Gulf of Mexico，Scientific American，April 17.

［2］D. Fraser，K. Kubelsky，J. Braun.，An Analysis of Loss of Well Control Events in the Gulf 2007 – 2013，currently in preparation.

［3］Deep Water Drilling Risk Reduction Assessment，MIDÉ Technology Corporation，Aug 23，2010.

［4］Hickmana，S. H.，Hsiehb，P. A.，et al.，2012，Scientific basis for safely shutting in the Macondo Well after the April 20，2010 Deepwater Horizon blowout，Proceeding of the National Academy of Sciences of the United States of America，vol. 109 no. 50，20268 – 20273，doi：10. 1073/pnas. 1115847109.

［5］Hornung，M. R. 1990. Kick Prevention，Detection，and Control：Planning and Training Guidelines for Drilling Deep High – Pressure Gas Wells. SPE/IADC Drilling Conference，27 February – 2 March 1990，Houston，Texas. SPE – 19990 – MS.

［6］Kistner，R.，2011. The Macondo Monkey on BP's Back. Huffington Post. 30 September 2011.

［7］Low，E. and Jansen，C. 1993. A Method for Handling Gas Kicks Safely in High – Pressure Wells. Journal of Petroleum Technology 45：6 SPE – 21964 – PA.

［8］Nas，S. 2011. Kick Detection and Well Control in a Closed Wellbore. IADC/SPE Managed Pressure Drilling and Underbalanced Operations Conference and Exhibition，5 – 6 April 2011，Denver，Colorado，USA. SPE – 143099 – MS.

［9］ National Commission on the BP Deepwater Horizon Oil Spill and Offshore Drilling,p. 165.

［10］ Safina,C. ,2011. The 2010 Gulf of Mexico Oil Well Blowout：A Little Hindsight,PLoS Biol 9(4)：e1001049, April 19.

［11］ Schubert,J. J. ,A. M. U. Texas and J. C. Wright,1998. Conoco Inc,Early Kick Detection through Liquid Level Monitoring in the Wellbore：Paper SPE/IADC no. 39400 Presented at the 1998 IADC/SPE Drilling Conference Held in Dallas,Texas 3 – 6 March 1998.

［12］ Smith,Aaron,2010. Blowout preventers：Drilling's fail – safe failure,CNN,June 30.

［13］ Szoldra,P. ,2013,Halliburton Pleads Guilty to Destroying Evidence in Connection with Deepwater Horizon Oil Spill, Business Insider,July 25,2013.

［14］ USEPA,2016,website dedicated to Deepwater Horizon blowout and followup,available at https：//www. epa. gov/enforcement/deepwater – horizon – bp – gulf – mexico – oil – spill.

第6章　钻柱和底部钻具组合问题

石油工业所承担的最重要的任务是把地下油藏与地面连接起来。这项任务是通过钻井来完成的,用钻机在地上钻一个洞。钻机专门用于操作钻柱,通常由三部分组成:底部钻具组合(BHA)、转换接头和钻杆。钻柱是钻井作业的支柱,它包括钻杆、底部钻具组合(BHA)和其他用于在井底旋转钻头的工具。它必须与钻井液系统(主要是钻井液)协调工作,以便进行钻井。与钻头相连的钻柱的下部称为底部钻具组合(BHA),由加重钻杆、钻铤、稳定器、钻头接头和钻头组成。有时,钻井液马达会在稳定器之前添加到总成中。此外,钻具组合可能会根据特定操作的性质而发生变化。例如,震击装置(称为"震击器")、声波随钻工具、随钻测井、定向钻井设备等都可以添加到钻柱中。在钻井工程中,钻井液由液压驱动,液压同时驱动钻柱,从而形成钻井作业的核心。在这个过程中,对流体力学和固体力学的正确估计是钻井工程计算的本质。

每一次新的钻井作业都会遇到新的挑战。随着钻探范围的不断扩大,覆盖了更具挑战性的地形、地层和环境,在钻探速度、工具可靠性、整体性能和钻探动态方面保持高性能变得越来越困难。随着材料和技术成本的上升,未优化工艺的风险也随之上升。由于石油行业的动力是利润最大化,因此理解和缓解任何问题都是至关重要的。

为了优化钻速,必须对钻井液与钻柱对应的井眼轨迹进行深度和方位的优化设计。这一优化过程从近年来的许多创新中得到了很大帮助。例如,欠平衡钻井技术、超高压射流辅助井下钻井技术、新型岩屑清理技术、实时监测和导向工具的结合,都有助于提高钻井作业的效率和精度。然而,随着钻柱变得越来越复杂,操作的风险也随之增加。由于普遍存在的恶劣作业条件,任何出现的问题都可能对钻柱安全构成重大威胁。例如,当在钻柱中使用高级智能材料或纳米复合材料时,单个组件的故障通常会导致一系列操作员不熟悉的异常状况发生,并且由于其独特的制造工艺,修复这些异常状况的成本很高。其他诸如钻具振动、合成材料在天然流体中的溶解等因素,也会影响钻井作业。

钻井水力学有助于钻油气井时进行水力学计算,并为司钻、钻井技师、工程师、化学家、学生和其他专业人员提供优化机械钻速的方法。它可以帮助决定钻头喷嘴的选择。此外,准确利用钻头水力能量,通过钻杆和各种表面设备计算摩擦压降,提高钻井系统的高效清洁能力,适当利用钻井泵马力,能够优化、高效、安全以及高收益地完成钻井作业。不正确的设计会导致液压系统效率低下,可能会:(1)降低钻速,(2)未能正确清洁井眼岩屑,(3)造成循环漏失,(4)导致井喷。因此,钻机液压系统的正确设计和维护是至关重要的。为了理解和正确设计液压系统,需要重点讨论静水压力、流体流动类型、流动类型标准以及钻井行业各种作业中常用的流体类型。因此,本章将讨论流体类型、表面连接、管柱、环空和钻头的压力损失、喷嘴尺寸选择、垂直管柱运动引起的冲击压力、钻头液压优化以及钻井液承载能力。

本章主要讨论了钻柱中的大多数操作问题,并提出了解决方案;同时也考虑了为减少冲击、振动和其他相关问题,应对底部钻具组合(BHA)进行的替代技术和改进措施。本章旨在建立与钻柱相关的高效操作方法。另外还增加了一些案例研究,这些案例将有助于理解相关的领域问题及其解决措施。

6.1 钻柱相关问题及对策

6.1.1 卡钻

在大位移井的钻井作业中,卡钻可能导致重大非生产事故(Aadnøy et al. ,2003)。由于涉及延期以及失去钻柱的可能性,卡钻会大幅增加钻井成本,导致高达30%的成本增加,尤其是在海上作业期间(Sharif,1997)。

如果在不损坏管柱且不超过钻机最大允许钩载的情况下无法将钻杆从井眼中取出,则认为发生了卡钻。卡钻可分为两类:压差卡钻和机械卡钻(SPE,2012)。机械卡钻可由井内碎屑、井眼几何结构异常、水泥、键槽或环空岩屑堆积引起(Bailey et al. ,1991)。

卡钻事故是勘探开发行业的主要作业挑战之一,通常会导致大量时间损失和成本增加(Isamburg,1999)。石油行业每年的成本在2亿到5亿美元之间,15%的油井都会发生这种情况,但在许多情况下这是可以预防的(图6.1)。卡钻仍然是一个令人头痛的问题,它需要并且正在引起全行业的关注(Bailey et al. ,1991)。

各种行业估计称,卡钻的成本每年可能超过数亿美元。在沙特阿拉伯国家石油公司(Saudi Aramco),由于在枯竭和高风险储层中钻井活动的增加,所以也相应地增加了卡钻风险。2010年,沙特阿美(Saudi Aramco)成立了一个特别工作组,致力于降低卡钻成本。为了降低这一成本,工作小组专门从钻井和修井作业部门挑选了关键人员。

6.1.1.1 自由点—卡点位置

处理卡钻问题的第一步是确定发生卡钻的深度(DeGeare et al. ,2003)。传统上,目前有两种方法用于确定卡点的位置。它们是:直接测量和计算。与计算方法相比,自由点指示器、声波测井工具、径向水泥胶结工具和其他测量工具可以高精度地确定卡点或卡段(Russell et al. ,2005;Siems and Boudreaux,2007)。然而,这些方法费时、昂贵,且需要有合格的操作人员并在井底安装特殊的仪器(Aadnøy et al. ,2003)。因此,计算方法是首选,并在卡钻深度估算中得到了更广泛的应用。

最常用的方法是在已知拉力下拉伸钻柱,并测量拉伸过程中钻柱顶部移动的距离。胡克定律给出了拉伸和轴向拉力之间的关系。然而,该公式忽略了井筒摩擦,仅适用于直井,除非钻柱在定向井造斜点之前被卡住。对于复杂井,如定向井、水平井和大位移井,计算会出现较大的误差;这种误差的出现主要是因为井筒摩擦起着重要作用,并掩盖了由胡克定律确定的简单关系。为了弥补计算方法的这一缺陷,Aadnøy et al. (2003)考虑了弯曲截面中的摩擦,并导出了结合轴向拉力和扭转效应的方程式,这可以通过扭转试验来确定。总的来说,它们包括以下要素:(1)压差卡钻期间产生的力;(2)钻柱在拉力、扭矩和压力组合载荷下的强度;(3)相同或不同钻井液密度条件下钻杆和环空中浮力的影响;(4)与扭矩和阻力相关的井筒摩擦。通过使用拉力和旋转测试,他们得出的结论是,与垂直井相比,斜井中的卡点似乎更深。他们

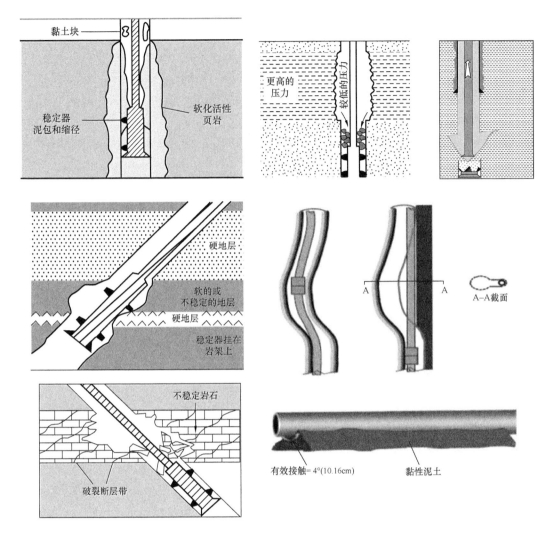

图 6.1　不同情况的卡钻

的理论分析得到了实验证据的支持,整个卡住层段的压差是主要因素。这一发现可得出结论:释放管柱最重要的补救措施是降低井底压力。这种井底压力的降低可以通过使用较轻的钻井液或注入海水置换钻柱内的钻井液来实现。

Lianzhong 和 Deli(2011)对上述计算方法进行了改进。通过消除简化的假设,例如,没有阻力或阻力沿着钻柱的同一方向、轴向力可以有效地传递到卡滞点等,他们提出了一个更复杂的公式,可以用计算机程序求解。这种方法克服了直井或大位移井中摩擦较大的困难,充分考虑了井下摩阻、钻具接头、钻杆镦头、管材及尺寸等因素,适用于大位移钻井中卡点的确定。

在这个模型中,假设到卡点的初始深度,然后将地面和卡点之间的钻柱细分为一定数量的单元。利用有限差分公式,计算从地面到卡点的扭矩和阻力值,然后确定张力或工作台扭矩是否能传递到卡钻位置。如果可以,则计算任何微分单元的力增量和变形。然后,通过累积计算确定拉伸长度或扭转角度。如图 6.2 中的流程图所示,将计算的拉力长度或扭转角与观察的拉力长度或扭转角进行比较,并重复该过程,直到收敛,达到预定误差。总的来说,Lianzhong 和 Deli(2011)的模型证实了以下几点。

(1)当卡钻起钻时,阻力对起钻长度有显著影响。摩擦系数与拉力长度成反比。

(2)当旋转卡住钻柱时,钩载和摩擦力对扭转角的影响可以忽略不计。

(3)由于钻具接头和加厚端的存在,使得计算的卡点较深。当考虑这些影响时,计算得到的拉伸长度或扭转角要小5%。

(4)与拉力试验相比,将胡克定律应用于扭转试验可以获得更高精度的卡点深度,仿佛地面上施加的作用力可以传递给卡点。

通常情况下,润滑液会"固定"在故障区域,用于溶解滤饼。通过使用方程(6.1)可以获得卡点位置(Lapeyrouse,2002):

$$SPL = (735 \times 10^3) \times \frac{we}{F_2 - F_1} \tag{6.1}$$

式中　SPL——卡钻位置;

　　735×10^3——钢的杨氏模量的推导;

　　w——钻杆重量,lb/ft;

　　e——拉伸的长度,in;

　　F_1——当钻柱处于拉伸时施加的力,lb;

　　F_2——对达到拉伸长度 e 时拉伸钻柱施加的力,lb。

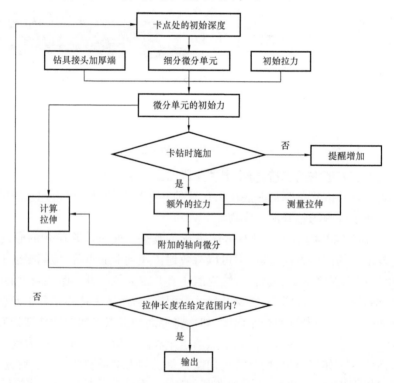

图 6.2　确定卡钻位置的流程图

6.1.1.2 卡钻的最常见原因

Bailey 等人(1991)提出的卡钻原因如下。

(1)压差卡钻:当钻井液静水压力大于地层压力时,钻井液静水压力与地层压力之间的任何压差都可能成为问题点。对于渗透性地层,这种压差会将钻柱推入渗透性地层的滤饼中。发生压差卡钻时,钻杆不能上下移动。然而,自由流动是很容易建立的。如果存在以下六个因素,则会发生卡钻:① 渗透性地层,② 厚滤饼(由于高失水),③ 钻柱与滤饼接触,④ 存在失衡情况,⑤ 钻柱移动不足,⑥ 钻柱与滤饼之间缺乏循环。

(2)高压层的形成:如果这些地层不具有渗透性(如页岩),它将会"塌陷"到井眼中。

(3)反应性地层:起下钻时,底部钻具组合(BHA)可能卡在较小直径(膨胀)的井眼部分。当"秋葵页岩"内部的黏土与钻井液滤液发生反应并形成水合物时,就会出现这种小直径。

(4)松散地层:当砂砾层在钻井过程中坍塌到井眼中时,就会发生这种情况。

(5)可动地层:产于塑性地层"页岩和盐"中,在钻井过程中有流入井眼的趋势。

(6)裂缝(或断层)地层:当钻取裂缝或断层地层中"石灰岩和页岩"时,地层碎片会有落入井眼的趋势。

(7)键槽:这是一个额外的井眼。该"额外"井眼通常具有钻杆工具接头的内径,起下钻时钻铤无法通过该井眼。

(8)井眼几何形状(剖面和台肩):在起下钻作业期间,通常会出现的井眼几何形状问题是"台肩和冲蚀"。

(9)井眼尺寸装置失效:钻头上的尺寸保护装置和稳定器磨损严重,当钻进长段磨蚀地层时就会失效。

(10)井眼清洁不充分:在井眼清洗过程中会造成环空超载,这将导致在井眼下部形成岩屑层。

(11)井内垃圾:指井中本不应存在的杂质或异物。

(12)水泥块:在进行漏失试验后,大尺寸的钻铤或稳定器会导致水泥块松动并落入井眼。这些大块很容易堵塞钻柱。

(13)生水泥:当水泥不能正常凝固时,或水泥没有完全凝固,就会发生卡钻。

6.1.1.3 卡钻预防措施

最常用的防止卡钻的操作如下。

(1)敲击钻柱(如果可能的话向下),并施加右侧扭矩,适用于差速卡钻、井内垃圾、水泥块、生水泥。

(2)降低静水压力,适用于压差卡钻。

(3)在黏卡区域内使用一种减小摩擦的液体,适用于压差卡钻。

(4)建立循环,适用于高压层的形成、反应性地层、松散地层、井眼清洁不充分、生水泥。

(5)增加钻井液密度,适用于高压层形成的卡钻。

(6)如果可能的话,应上下移动钻柱,适用于裂缝(或断裂)地层、键槽和井眼几何形状。

(7)如果可能的话,增加钻井液密度,适用于反应性地层、松散地层和可动地层。

(8)抑制酸(如 HCl)可用于溶解石灰岩,适用于裂缝(或断裂)地层。

(9)钻柱应以最小张力向上旋转并脱离键槽,适用于键槽和井眼清洁不充分。

(10)如果新钻头下入尺寸不足的井眼,应立即施加向上的最大震击力,适用于井眼尺寸装置失效。

(11)在低角度的井眼中,应使用加重的高黏度颗粒来"浮出"岩屑,适用于井眼清洁不充分。

(12)可以泵入酸性溶液以溶解水泥,适用于水泥块和生水泥。

(13)停钻时清除井眼内岩屑,适用于高压层的形成。

(14)仔细监测抽汲或冲击压力,适用于反应性地层。

(15)使用"偏心"PDC 钻头进行钻井,适用于可动地层。

(16)尽量减小狗腿的严重度,适用于键槽和井眼几何形状。

(17)选择具有良好规格保护的钻头,适用于井眼尺寸装置失效。

6.1.1.4　卡钻与解卡

卡钻的三个主要原因是岩屑和坍塌、键槽以及压差卡钻。当钻井液和液压系统不能保持井眼清洁时,环空就会产生岩屑和坍塌。设计不当、钻井液系统恶化、泵故障、管柱孔洞或者许多其他情况可能也会导致相同的结果。钻柱不能上下移动,循环就可能受限或缺失。

键槽卡钻通常发生在管柱向上移动时。钻铤顶部、最上面的稳定器及钻头是钻柱中最有可能挂在键槽(或槽中)的部分,这些键槽被井下钻具组合切割成狗腿。在键槽卡钻期间,几乎总是存在完整的循环,并且管柱向下移动的自由度比向上移动的自由度更大。

当钻柱卡住时,向与卡钻时移动方向相反的方向操作。延长作业时间,如果震击器位于井底组件内且高于自由点,则发出震击;不要立即调用打捞设备。确定所涉及的粘接类型,并使用段表确定自由点的位置。如果钻杆磨损到小于公称重量,段表可能不准确。应该可以确定自由点是否向上移动。如果是这样的话,是时候做点别的了。在作决定时继续操作管柱。

如果卡钻测井仪显示只有一小部分落鱼被卡,则可以下入一个简单的打捞组件,而不是冲洗组件。在钻杆下方铺设 4~6 个钻铤(每英寸震击器直径安装一个)、打捞震击器、缓冲短节、一个钻铤、回接短节和打捞工具。该总成可用冲洗管进行冲洗。如果用冲洗钻头并在同一通道上移除落鱼,可在回接短节和冲洗管之间使用打捞矛。冲洗管不得超过 150m,冲洗是一种危险的操作,尽管在裸眼井中比在套管井中更危险,但套管井的冲洗作业仍是风险最大的打捞作业之一。

6.1.1.5　降低卡钻事故成本的措施

在石油行业,减少卡钻事故并不是什么新鲜事。过去,钻井作业一直在努力减少与 NPT 相关的卡钻事故,但效果并不乐观。特别工作组的目标是集中更多的精力,加速降低沙特阿美的卡钻成本(Hopkins et al.,1995;Yarim et al.,2007)。

为了减少和预防卡钻事故,该团队制订了以下策略从根本上解决问题。

(1)油气井避免卡钻的最佳实践演练。

(2)利用数学模型进行经济有效地打捞。

(3)通过展示卡钻宣传海报和认证课程来提醒钻井人员。所有有潜力的一线钻井人员都将参加这个课程,为期 2 年。

（4）卡钻报告模板提供了一个全面分析卡钻事故的统一平台，并强调了减少相关事故的有效措施。建议在钻井数据库中使用卡钻知识管理报告，以捕获所有卡钻事件。

（5）团队讨论了短期和长期的避免卡钻措施，以开发或获取用于警报（预防）的避免卡钻软件，并将其作为长期措施纳入实时操作中心（RTOC）。

6.1.1.6　现场实例

本节列出了一些卡钻回收的最佳实践演练。在规划阶段，建议采取以下四个步骤。

（1）提高防止卡钻的意识（如认证课程和实际演练）。

（2）改进卡钻的响应时间和处理方法，将每次卡钻事件的平均持续时间从目前的平均60h降低到24h以内。

（3）规划井眼方向、钻井液特性和水力参数，同时加强井眼清洁，以降低卡钻风险。

（4）审查BHA的设计，以加强井眼清洁，并优化底部钻具组合中震击器的安放位置，使其在卡钻时最有效。

操作阶段的准备工作包括以下步骤。

（1）确保所有地面牵引设备处于良好的工作状态。不得超过牵引设备中最薄弱环节的最大允许安全工作额定值。

（2）按如下方法检查钻机重量指示器和自重锚。

① 检查气缸或传感器的液位，必要时向系统加注正确的液体，并在气缸中使用手动泵，在压力表的连接处放气。

② 在顶部安装有出口的气缸或传感器。

③ 检查锚是否可以自由工作。锚应定期润滑，锚销应无油漆和腐蚀。每周进行一次拔销、清洁和润滑。还应在车轮和锚止点之间使用夹杆检查锚的移动。通过施加一个力，可以使仪表快速移动。

④ 检查仪表，读取与字符串行数对应的正确刻度盘。仪表上的指针应自由移动，不得接触仪表的任何其他部分。确保减震器充分打开以允许液体流动，同时防止其剧烈运动。确保游标卡尺在行程和振动时关闭。

⑤ 检查软管有无泄漏，并确保没有被挤压。移动指示器时，断开气缸或传感器自密封接头处的软管。

⑥ 计算要施加的拉力。

建议在执行阶段实施以下步骤。

（1）在确定垂直井中被卡钻杆的拉力时，应使用管柱在空气中的实际重量，而不是重量指示器记录的指示重量。

（2）通常情况下，除非有别的说明，否则卡钻的提拉强度应为管柱中最弱管柱最小屈服强度的85%。

（3）上部钻杆或螺纹屈服强度的62.5%（取最弱的位置），或螺纹屈服强度的62.5%加上其上套管的重量（在空气中）。

（4）无论计算的允许荷载如何，分段线的安全系数不得小于3。这可能是限制因素，而不是套管强度。

(5)如果井眼角度或套管内部压力发生变化,允许的表面载荷应受 API 公告 5C2 中的因子值限制。

盐区卡钻:当在盐循环的淡水周围发生卡钻时,通常的量是 5 ~ 10m³。根据井眼内钻井液的类型,前后可使用 1m³ 的柴油隔离液,缓慢置换钻铤周围的淡水,以增加接触时间(0.5m³/min),并每泵入 1m³ 就停止工作,给 5min 的浸泡时间。记住在循环时保持最大拉力,并强调井控的必要性。

解卡剂(PFA):如果在任何可能出现压差卡钻的地层(即地层压力与井眼内钻井液压力的差值较大)中发生了卡钻,则应在管柱卡钻后尽快将解卡剂(例如 pipelax 颗粒)放在适当的位置。遵循以下程序。

(1)清理颗粒罐。

(2)泵入柴油,相当于钻铤周围环形体积两倍的量,再加上钻柱内足够的剩余量,以便在 6h 内每半小时移动颗粒 0.1m³(0.6bbl)。

(3)每 1m³ 柴油添加 25 ~ 50L PFA。

如果需要加重颗粒,则添加柴油增黏剂,浓度为每 15m³45 袋,然后根据需要添加重晶石。

(4)将 pipelax 颗粒泵入井中进行置换,直到 100% 的环形过剩量在直流管周围。然后停泵,每半小时排水 100 ~ 150L。在浸泡过程中,管柱和扭矩需要不断工作。

(5)管柱立即开始自由旋转和循环。

① 泵送 pipelax 颗粒,通过 SCR 测定 PC1。如果油井应该流动,可以通过使用节流阀循环出颗粒来恢复控制,以维持所选循环速率下的 PC1。

② 很重要的一点是,在混合配重 pipelax 颗粒时要格外小心,以确保颗粒有足够的相对密度可以在没有循环的情况下保持重晶石悬浮。

③ pipelax 颗粒放置到位后最多 24h 是处理卡钻的可接受时间段。在上述期限后,是否继续对卡住的管柱进行作业应由监理决定。

④ 虽然 pipelax 颗粒的使用通常与水基钻井液有关,但在类似的油基钻井液应用中,不应忽视 pipelax 颗粒的使用。

⑤ 如果地层与钻井液压差较大,则应考虑在循环 pipelax 颗粒之前降低井眼内钻井液重量。

⑥ 如果使用酸,应当小心谨慎,特别是在操作过程中,必须使用正确的安全防护服和设备。

⑦ 不允许故意注入地层流体以释放被卡住的钻柱。

6.1.2　钻柱故障

钻杆通常会发生扭转破坏,特别是在剧烈振动时,有时它可以被拉成两段。通常认为,由于卡瓦损坏,大多数钻杆在操作区域(即盒子下方 3ft)发生扭转。但这并不是真的。卡瓦切口在井眼内不断被打磨,不会成为腐蚀失效的根源。然而,在管柱内部,钻井液的最内层是固定的,为腐蚀坑的形成提供了一个最佳的环境,腐蚀坑在管柱中的孔中成形。如果在离盒子或别针两三英尺的管柱上发现有一个洞,几乎可以肯定是内部腐蚀失效。

卡钻是由于井眼清洁不良、键槽及压差造成的。适当的钻井液和液压将保持井眼清洁。

可通过在底部钻具组合的顶部使用键槽刮水器来减轻键槽的压力。过平衡是造成压差卡钻的原因,运行平衡钻井液系统可解决此问题。

测井工具和电缆工具可能随时卡在井内。分裂的钢丝绳很难打捞,因为它有一个自然的结球倾向。每次打捞作业只能回收相对较短的部分。因此,所有绳套都应该是损坏的。这意味着钢缆中最薄弱的点需要在工具的连接点上,以便将钢缆从卡住的工具中拉出,并通过绞车收回。电缆工具应配备一个打捞颈,以便使用普通打捞组件回收。对于含有放射源、异常昂贵的工具、在冲蚀或大直径井眼中丢失的工具,不应采用这种方法处理。电缆应留在工具上,并通过切割和螺纹程序进行回收。虽然这种方法更复杂,耗时更长,但它更有可能成功打捞落鱼。

钻井过程中出现的问题之一是钻杆失效(图6.3)。为了完成这幅图,最好回顾一下钻杆中可检测到的缺陷类型,这些缺陷似乎是在使用过程中引起大多数故障的原因,有以下几种:(1)扭断(扭矩过大),(2)分离(拉力过大),(3)爆裂(内压过大)或坍塌(外压过大),(4)疲劳(有或没有腐蚀的机械循环载荷)。

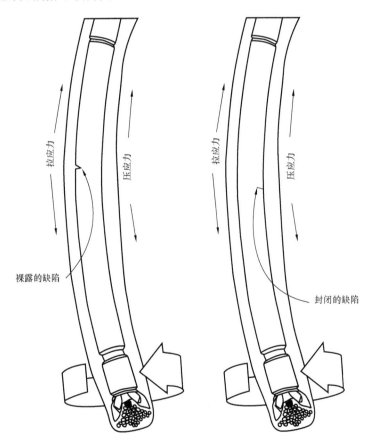

图6.3　钻进失败

钻杆承受各种载荷和环境条件。由于管柱和 BHA 的悬挂重量,钻杆承受拉伸应力(钩载)。管柱中任何位置的钻杆必须具有一定的强度,能够承受该段在其他荷载作用下的拉伸应力:钻井液产生的径向压力、旋转扭矩产生的扭转应力和弯曲孔产生的弯曲应力。由于反复的弯曲应力和轴向张力,狗腿水平处的管段通常会受到疲劳破坏。为了确保钻柱的安全,在该水平面上计算给定钻井事件的组合载荷产生的有效应力,以检查有效应力是否低于为该水平选择的钻杆的强度。von Mises 给出了一种广泛使用的评估方法。根据这种方法,组合载荷的有效应力称为 von Mises 应力,并保持在材料屈服强度以下。

这种类型的失效评估被称为静态分析,因为它是针对快速钻井事件进行的,而没有分析考虑之前使用特殊管接头的钻井作业的后果。美国石油协会(API)为钻柱设计人员提供了一些先前钻井作业中使用的管接头强度性能规范。尽管这些规范对于通过静态分析进行上述强度评估非常有用,但对于因钻井方向有意或无意变化而在带有狗腿的井眼中旋转的钻柱而言,使用这些规范尤其危险。在这种情况下,由于侧向弯曲,狗腿区域的管段承受循环拉伸(压缩)应力。经过多次交变应力循环后,管段可能由于疲劳损伤的累积效应而失效,尽管此时通过静态分析发现的有效应力明显低于材料强度。因此,API 对所用钻杆强度性能的降级不足以解释疲劳损伤累积效应导致的失效,故使用 Miner 法则(Miner,1945)对钻杆的累积疲劳损伤进行了估计。自 1961 年 Lubinski 首次实施该方法以来,该方法已被用于许多具有不同钻井参数的钻井作业中(Lubinski,1961)。此外,API 指南仅适用于一些常用的钻杆等级,如 D、E、X95、G105 和 S135。近年来,出现了使用一些非 API 钻杆的趋势,如 RSA – 6K 钻杆。但目前还没有制订出有关 RSA – 6K 钻杆作业数据、发展过程和行业认可的分级规范。

6.1.2.1 扭断

扭断是导致钻杆失效的主要原因之一,当过高扭矩引起的剪切应力超过钻杆材料的极限剪切应力时,就会发生扭断。大多数发生扭断的井都是定向井和水平井,因为在这些井中扭矩大都超过了 80000lbf·ft。这在第 2 章中已经进行了讨论。但是,在本章中,将讨论第 2 章中未考虑到的一些因素。

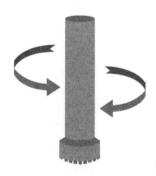

图 6.4 扭转振动

当钻柱运动不均匀时(例如,在转盘加速或减速过程中),钻头和 BHA 上的摩擦扭矩是不可避免的。扭转振动(图 6.4)会使得井下旋转不规则,进而导致钻柱疲劳,最终发生扭断。

Tomax 的一项防黏滑工具(AST)专利可以提供稳定、安全的钻井环境,避免在钻进有问题的地层过程中产生黏滑振动。该工具可以测量钻进过程的机械比能(MSE)。在 BHA 上增加了一个计算机化的井下传感器,该传感器接收振动数据,以确定井下钻井组件的瞬时机械比能。这些信息反过来又被用来抑制黏滑振动,从而提高钻速(ROP)。

据报道,弗兰克的谐波隔离(HI)工具也能有效控制振动。HI工具是一种底部钻井工具,旨在减少钻头运动产生的振动载荷(图 6.5)

Larsen(2014)报告称,通过使用 HI 工具,ROP 提高了 20%。与 AST 中的减震机构不同,该工具的优点在于能够通过柔性齿轮连接减少 BHA 和钻头之间的动态相互作用。HI 工具能够将 BHA 和钻井液谐波与钻头和钻柱分离,从而使钻头对局部振动不敏感。

van Kevin Brady(2011)提出了一种处理扭断问题的预防性技术。基于钻井问题在不可逆

图 6.5 HI 工具

现象出现之前会有预警这一原则,该技术收集实时数据并进行分析,以预测任何可能导致扭断的问题。这种基于实例的自动推理(CBR)系统可以使用最新的数据进行持续升级,在没有任何数据的情况下,可以依赖从其他井甚至附近区域获取的钻井数据,直到本地数据可用为止。这些测试数据引导了一个新的人工智能系统的形成,该系统经过动态"训练"可以包含新的数据。创建了先前案例的数据库,并与当前钻井数据(包括井史和操作员最佳实践)进行持续比较。一旦识别出可能导致已定义问题的症状,就会检索最相关的案例信息并将其提交给钻井团队。钻井团队利用这些信息来更好地解释井眼条件的变化。同时,还报告了一系列针对类似状况的最佳实践和经验教训。因此,团队可以评估事件的频率,以与最终的失败相关联。该软件利用从沙特阿拉伯的一口陆上油井中获取的数据进行了测试。一旦建立了案例,钻井数据将被回放,以验证系统对已知事件前兆的响应,并确保校准。基于这种"训练",该软件被应用于路易斯安那州北部海恩斯维尔页岩气井的钻井数据,该气井发生了两次扭断事件。软件首先进行了"盲测",即直接应用于路易斯安那州的油井而未进行任何的调整。当扭断事件发生时,试验人员被故意蒙在鼓里。这期间没有提供每日钻井报告、钻井液测井数据或最终钻井报告。路易斯安那州的历史数据通过 WITSML 数据流重新播放,就像实时钻井作业一样。该系统通过在事故实际发生之前正确地识别了两个扭断事件,从而在这个过程中避免产生严重的结果。这期间扭矩、失速和黏滑问题被确定为导致扭断事件的关键参数,因为这些被认为是最可能的指标。尽管最初认为黏性滑移是即将发生扭断的一个良好指标,但在捕获和测试的案例中,发现它的重要性要低于其他指标。在这一点上,还不清楚这个结论是否是针对特定地点的。

　　沙特阿拉伯的井是一口 17000ft 的垂直井,用油基钻井液钻井,而路易斯安那州的井是一口 18000ft 的水平井,用水基钻井液钻井。然而,两者都是在坚硬的岩石中进行,杨氏模量超过 20000psi。这两个案例之间没有其他相关性。进行的两个测试案例表明,钻井问题的前兆可以在成本高昂的故障事件发生之前准确地识别出来。这种早期检测提高了钻井的安全性和效率,为在实际问题发生前解决问题提供了充足的时间。

6.1.2.2　分离破坏和其他故障

　　当引起的拉应力超过钻杆的极限应力时,钻杆就会发生分离破坏。如果发生卡钻,也可能会导致钻具部件故障。在过度拉拽卡住的管柱时,分离是一种典型的故障。如前几章所述,钻柱的其他故障包括卡钻、钻杆断裂、坍塌和爆裂。由于施加在井下的应力具有类似的不确定性,这些故障经常发生。在这些损伤机制中还考虑了韧性断裂、脆性断裂和疲劳。虽然这些是发生在井眼内的损坏,但外部损坏可能是由于钻杆处理不当造成的。这种损坏通常会在钻杆上造成一个薄弱点,但由于没有任何明显的迹象,检查人员无法察觉。为了防止这种情况的发生,一般使用稳定器来降低钻柱振动,提高钻井效率。稳定器还用于提高井眼稳定性和优化井眼布置,以便在井眼扩大作业中能更快地生产。

常见的卡钻故障有两种:机械卡钻(由于环空钻屑清除不充分造成);压差卡钻(由于部分钻柱嵌入滤饼或细颗粒中造成)。

6.1.2.3 坍塌和爆裂

由于坍塌或爆裂而导致的管柱破裂是很少见的;但是,在高钻井液密度和完全漏失的极端条件下,可能会发生管柱爆裂。若要使管柱坍塌,必须有一个薄弱点作为触发点。以下因素起了作用。

坍塌压力可以定义为引起钻杆或套管屈服所需的外部压力。它也可以定义为外部压力和内部压力之间的差值(图6.6)。如果钻杆为空(即无钻井液),则会产生坍塌压力。它是由于钻杆内外压力不同而形成的(图6.7a)。正常操作时,钻杆内外的钻井液液柱高度和密度相等(图6.7b)。因此,若管体压差为零,则不会发生坍塌。在DST试验过程中,通常会产生坍塌压力。

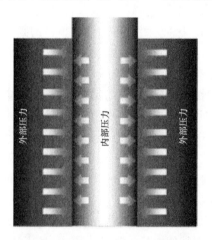

图 6.6　坍塌压力(Hossain and Al – Majed,2015)

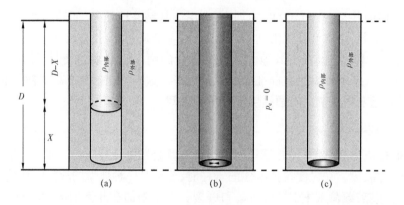

图 6.7　典型钻杆在不同情况下的坍塌压力(Hossain and Al – Majed,2015)

当钻柱内为空气时,下入井内,钻柱底部会出现最高的外部压力,容易发生坍塌。如果运行止回阀,通常的标准做法是在试运行时定期加注管柱。预期对管柱施加的最高外部压力可表示为:

$$p_c = 0.052 \times \rho_f \times L_{TVD} \tag{6.2a}$$

式中　p_c——坍塌压力,psi;

　　　ρ_f——钻杆外部的流体密度,lb/gal;

　　　L_{TVD}——p_c 作用的井的总真实垂直深度,ft。

式(6.2a)也可表示为:

$$p_c = \frac{L_{TVD}\rho_f}{144} \tag{6.2b}$$

方程式(6.2)假设管柱内没有抵抗外部压力的流体。钻杆的抗挤强度见表6.1。钻杆的抗压强度通常按设计系数降低来计算(即,将抗压强度除以1.125)。必须选择合适等级和重量的钻杆,其降低的抗压强度大于 p_c。然后还必须检查该管柱的张力。

如果钻杆内外有不同的流体,则 DST 工具(图6.7a)开启前钻杆两端的压差为:

$$\Delta p_c = 0.052D\rho_{outside} - 0.052(D - X)\rho_{inside} \tag{6.3}$$

式中　D——钻井液柱或钻杆的总深度,ft;

　　　X——空钻杆的深度,ft;

　　　ρ_{inside}——钻杆内流体的密度,lb/gal;

　　　$\rho_{outside}$——钻杆外流体的密度,lb/gal。

当钻杆内外的流体密度相同时(图6.7b),即 $\rho_{outside} = \rho_{inside} = \rho$,有:

$$\Delta p_c = 0.052D\rho \tag{6.4}$$

当钻杆完全排空时,$X = 0$,$\rho_{inside} = 0$,钻杆两端的压差即为最大压差(图6.7c),因此式(6.3)可转换为:

$$\Delta p_{c-max} = 0.052D\rho_{outside} \tag{6.5}$$

坍塌安全系数可通过公式(6.6)确定:

$$SF = \frac{抗破坏强度}{坍塌压力(\Delta p_c)} \tag{6.6}$$

通常认为坍塌等级的安全系数为1.125。一般情况下,钻杆会受到拉伸和坍塌的双重载荷。由于双向加载,钻杆被拉伸,导致其抗压强度降低。

当内部压力高于外部压力时,会产生爆破压力。它可以被称为:

$$\Delta p_b = 内部压力 - 外部压力 \tag{6.7}$$

式中　Δp_b——爆破载荷或爆破压力,psi。

爆破安全系数通过公式(6.8)确定:

$$SF = \frac{爆破额定值}{爆破允许限度} \tag{6.8}$$

表 6.1　API 无缝内加厚钻杆尺寸和强度

外径尺寸 in	带联轴器的每英尺重量, lbf	内径 in	充分加厚时内径 in	坍塌压力*, psi				内部屈服压力*, psi				抗拉强度, lbf			
				D	E	G**	S.135*	D	E	G**	S.135	D 1000	E 1000	G** 1000	S.135* 1000
2⅜	4.85	1.995	1.437	6850**	11040	13250	16560	7110**	10500	14700	18900	70	98	137	176
2⅜	6.65	1.815	1.125	11440	15600	18720	23400	11350	15470	21660	27850	101	138	194	249
2⅞	6.85	2.441	1.875	—	10470	12560	15700	—	9910	13870	17830	—	136	190	245
2⅞	10.40	2.151	1.187	12770	16510	19810	24760	12120	16530	23140	29750	157	214	300	386
3½	9.50	2.992	2.250	—	10040	12110	15140	—	9520	13340	17140	—	194	272	350
3½	13.30	2.764	1.875	10350	14110	16940	21170	10120	13800	19320	24840	199	272	380	489
3½	15.50	2.602	1.750	12300	16770	20130	25160	12350	16840	23570	30310	237	323	452	581
4	11.85	3.476	2.937	—	8410	10310	12820	—	8600	12040	15470	—	231	323	415
4	14.00	3.340	2.375	8330	11350	14630	17030	7940	10830	15160	19500	209	285	400	514
4½	13.75	3.958	3.156	—	7200	8920	10910	—	7900	11070	14230	—	270	378	486
4½	16.60	3.826	2.812	7620	10390	12470	15590	7210	9830	13760	17690	242	331	463	595
4½	20.00	3.640	2.812	9510	12960	15560	19450	9200	12540	17560	22580	302	412	577	742
5	16.25	4.408	3.750	—	6970	8640	10550	—	7770	10880	13960	—	328	459	591
5	19.50	4.276	3.687	7390	10000	12090	15110	6970	9500	13300	17100	290	396	554	712
5½	21.90	4.778	3.812	6610	8440	10350	12870	6320	8610	12060	15500	321	437	612	787
5½	24.70	4.670	3.500	7670	10460	12560	15700	7260	9900	13860	17820	365	497	696	895
5 9/16	19.00**	4.975	4.125	4580	5640	—	—	5090	6950	—	—	267	365	—	—
5 9/16	22.20**	4.859	3.812	5480	6740	—	—	6090	8300	—	—	317	432	—	—
5 9/16	25.25**	4.733	3.500	6730	8290	—	—	7180	9790	—	—	369	503	—	—
6⅝	22.20**	6.065	5.187	3260	4020	—	—	4160	5530	—	—	307	418	—	—
6⅝	25.20	5.965	5.000	4010	4810	6160	6430	4790	6540	9150	11770	359	489	685	881
6⅝	31.90**	5.761	4.625	5020	6170	—	—	6275	8540	—	—	463	631	—	—

注:(1) * 为在没有安全系数的情况下,坍塌压力、内部屈服压力和抗拉强度均为最小值;

(2) D,F,G,S.135 是用于钻杆的标准钢等级;

(3) ** 为非 API 标准,仅供参考。

6.1.2.4　拉伸载荷

每根钻杆都有一定的抗拉强度。钻杆抗拉强度见表 6.1。张力载荷可根据计算点下方钻铤和钻杆的已知重量进行计算。还必须考虑浮力对钻柱重量的影响,以及由此产生的张力的影响。浮力作用于暴露的水平表面上,可向上或向下作用。这些暴露表面出现在不同截面之间横截面积变化的地方(图 6.8)。载荷计算可从钻柱底部开始,直至顶部。可以为每个深度确定拉伸载荷,这可以用张力加载线表示(图 6.8)。

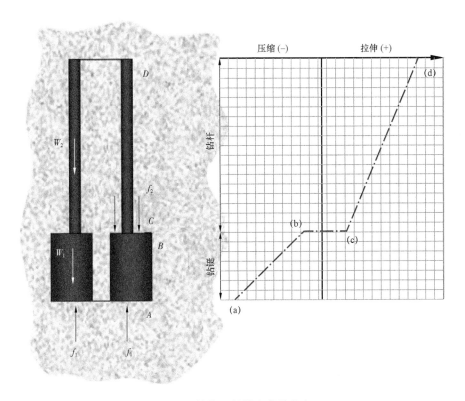

图 6.8   钻柱上的轴向载荷分布

如果要在整个钻井过程中保持钻杆的张力,需要在钻柱底部添加钻铤。钻铤的浮力必须超过钻杆上的浮力。此外,图 6.8 所示的中性点必须落在钻铤上。由于钻铤的作用是提供钻压,因此需要钻铤来保持钻柱的张力。在选择钻杆时,需要考虑管柱可能承受的最大拉伸载荷。除了根据自由悬挂在井筒中的管柱计算的设计荷载外,通常还添加了一些其他安全系数和界限:(1)设计系数,一般将其添加到上述计算的荷载线上(通常乘以 1.3),考虑到由于管柱快速加速而产生的额外荷载;(2)超拉力界限(MOP),一般将其添加到加载线上,因为这允许在提卡钻杆时施加额外的力。

在设计张力时应考虑 API 特性表。其大小取决于钻井液密度和钢密度,其中应考虑水下重量。一般认为钢密度为 489.5lb/ft³(65.5lb/gal 或 7850kg/m³)。为了增加安全系数,通常钻杆只使用 API 特性表中 80% ~ 90% 的屈服强度。因此,可以使用钻柱的负载平衡计算钻杆的重量和长度,如下所示:

$$0.9 × 钻杆屈服强度 = 钻杆重量 + 钻铤重量 + 加重钻杆重量 + MOP \qquad (6.9)$$

式中   MOP——绞车对钻柱的过载量或最大过载量,lb。

MOP 是考虑到任何阻力或卡钻时超出预期工作载荷的最小拉力。典型的 MOP 值范围为 50000 ~ 100000lb。最大超拉力不应超过钻柱中最薄弱钻杆段抗拉强度的 80%。

从数学上讲,公式(6.9)可以写成:

$$0.9p_{d} = (L_{dp}W_{dp} + L_{dc}W_{dc} + L_{Hdp}W_{Hdp})B_{f} + MOP \qquad (6.10)$$

式中　p_d——钻杆屈服强度或设计重量,lbf;

　　　L_{dp}——钻杆长度,ft;

　　　L_{dc}——钻铤长度,ft;

　　　L_{Hdp}——加重钻杆的长度,ft;

　　　W_{dp}——钻杆的公称重量,lbf/ft;

　　　W_{dc}——钻铤的公称重量,lbf/ft;

　　　W_{Hdp}——加重钻杆的公称重量,lbf/ft;

　　　B_f——浮力因素,$B_f = 1 - \rho_m/\rho_s$;

　　　ρ_m——钻井液密度,lb/gal;

　　　ρ_s——钢的密度,lb/ft。

由式(6.10)可得钻杆顶节所承载的总重量为:

$$p_a = (L_{dp}W_{dp} + L_{dc}W_{dc} + L_{Hdp}W_{Hdp})B_f \tag{6.11a}$$

如果使用安全系数,则式(6.11a)可表示为:

$$p_a = (L_{dp}W_{dp} + L_{dc}W_{dc} + L_{Hdp}W_{Hdp})B_f \times SF \tag{6.11b}$$

式中　p_a——顶节所承载的实际重量或总重量,lbf。

为提供一个额外的90%的安全系数,理论屈服强度可计算为:

$$p_t = 0.9p_d \tag{6.12}$$

式中　p_t——理论屈服强度,psi。

如果$p_a < p_d$,则管柱张力没问题。一般来说,p_t 和 p_a 之间的差异给出了 MOP。

由式(6.12)与式(6.11)的比值可知安全系数(SF)为:

$$SF = \frac{p_t}{p_a} = \frac{0.9p_d}{(L_{dp}W_{dp} + L_{dc}W_{dc})B_f} \tag{6.13}$$

安全系数一般在 $1.1 \sim 1.3$ 之间。需要注意的是,SF 不适用于加重钻杆。在此情况下,式(6.10)可以用 SF 表示为:

$$0.9p_d = (L_{dp}W_{dp} + L_{dc}W_{dc})B_f \times SF + L_{Hdp}W_{Hdp}B_f + MOP \tag{6.14}$$

因此,将式(6.14)重新整理为:

$$L_{dp} = \frac{0.9p_d - MOP}{SF \times W_{dp} \times B_f} - \frac{W_{dc}}{W_{dp}}L_{dc} - \frac{W_{Hdp}}{W_{dp}}\frac{L_{Hdp}}{SF} \tag{6.15a}$$

如果不考虑 SF,则可将式(6.10)重新整理,求得钻杆长度为:

$$L_{dp} = \frac{0.9p_d - MOP}{W_{dp} \times B_f} - \frac{W_{dc}}{W_{dp}}L_{dc} - \frac{W_{Hdp}}{W_{dp}}L_{Hdp} \tag{6.15b}$$

如果在不同的钻柱段使用双级钻杆,则计算钻杆长度为:

$$L_{dp2} = \frac{0.9p_d - MOP}{SF \times W_{dp2} \times B_f} - \frac{W_{dp1}}{W_{dp2}}L_{dp1} - \frac{W_{dc}}{W_{dp2}}L_{dc} - \frac{W_{Hdp}}{W_{dp2}}\frac{L_{Hdp}}{SF} \tag{6.16}$$

式中 L_{dp1}——1 级钻杆长度,ft;

L_{dp2}——2 级钻杆长度,ft;

W_{dp1}——1 级钻杆的公称重量,lbf/ft;

W_{dp2}——2 级钻杆的公称重量,lbf/ft。

锥形管柱的设计首先考虑最轻的可用等级,并选择其最大的可用长度作为底部段。之后可对连续的重量等级和它们的可用长度再进行依次选择。

例 6.1   根据此处给出的信息设计钻柱。该钻杆外径为 5in,总垂直深度为 12000ft,钻井液重量为 75lbf/ft³(即 10lb/gal)。总 *MOP* 为 100000lb,设计系数 *SF* = 1.3(拉伸);*SF* = 1.125(断裂)。井底钻具组合由 20 个外径为 6.25in、内径为 2.8125in 的钻铤组成,钻铤重量为 83lbf/ft,每个钻铤长度为 30ft。此外,还需要考虑卡瓦的长度为 12in。

解决方案:

给定数据:

d_{odp} = 钻杆外径 = 5in

L_{TVD} = 总垂直深度 = 12000ft

r_m = 钻井液重量 = 75lbf/ft³(10lb/gal)

MOP = 拉力界限 = 100000lb

SF_T = 张力的设计安全系数 = 1.3

SF_c = 坍塌的设计安全系数 = 1.125

N_{dc} = 钻铤数量 = 20

d_{odc} = 钻铤外径 = 6.25in

d_{idc} = 钻铤内径 = 2.8125in

W_{dc} = 钻铤重量 = 83lbf/ft

L_{dc} = 钻铤长度 = 30ft

L_{slips} = 滑动长度 = 12in

所需数据:

设计钻杆

对于坍塌载荷:

如果垂直深度为 12000ft,钻井液密度为 10lb/gal,则坍塌压力可通过式(6.2a)计算:

$$p_c = 0.052L_{TVD}\rho_m = 0.052 \times 12000ft \times 10lb/gal = 6240psi$$

如果使用 75lbf/ft³ 钻井液,坍塌压力可以用式(6.26)计算:

$$p_c = \frac{L_{TVD}\rho_m}{144} = \frac{(12000ft \times 75lbf/ft^3)}{(144in^2/ft^2)} = 6250psi$$

对于坍塌压力使用安全系数,p_c = 6250psi × 1125 = 7031psi

现在从表 6.1 中,选择 5in 的 19.50lbf/ft 的钻杆,并且选择内径为 4.276in 的 D 级。

对于拉伸载荷:

$$B_F = 1 - \frac{\rho_f}{\rho_s} = 1 - \frac{75\text{lbf/ft}^3}{490\text{lbf/ft}^3} = 0.847$$

现在,如果应用式(6.11b)来计算顶关节所承载的实际重量或总重量,则得到:

$$
\begin{aligned}
p_a &= MOP + (L_{dp}W_{dp} + L_{dc}W_{dc}) \times B_f \times SF_T \\
&= 100000 + [(12000 - 20 \times 30) \times 19.5 + (20 \times 30) \times 83] \times 0.847 \times 1.3 \\
&= 400000\text{lbf}
\end{aligned}
$$

根据表 6.1,选择 5in 和 19.50lbf/ft 的钻杆,对于 E 级,$p_t = 396000$lbf,对于 D 级,$p_t = 290000$lbf。

决定:由于抗拉强度的巨大差异,需要选择 E 级而不是 D 级。但是,若实际重量大于理论屈服强度(即 $p > p_t$),则选择的 E 级设计是不合格的,需要再次验证。

由于所选等级不合格,需要选择下一等级,即 5½in 外径。对于该等级,选择钻杆重量为 21.90lbf/ft、拉伸屈服强度为 437000lbf 的 E 级。现在,对整个管柱应用选定的等级。

对于拉伸和压缩载荷(图6.9):

在12000ft 处,也就是钻铤的底部:

$$p_{dc\_bottom} = 0.052L_{TVD}\rho_m = 0.052 \times 12000\text{ft} \times 10\text{lb/gal} = 6240\text{psi}$$

钻铤横截面面积(参照图6.9):

$$A_{dc\_bottom} = \frac{\pi}{4}(d_{Od}^2 - d_{id}^2) = \frac{\pi}{4}(6.25^2 - 2.812^2) = 24.47\text{in}^2$$

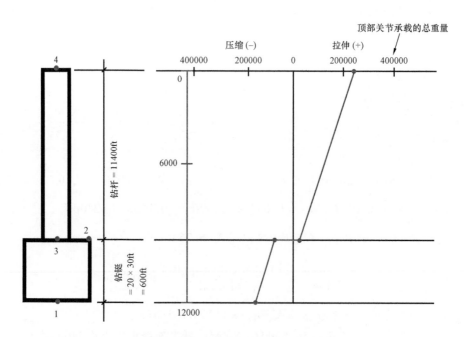

图6.9 例6.1中钻柱上的轴向载荷分布

$$F_{1\_bottom} = p_{dc\_bottom} \times A_{dc\_bottom} = 6240 \times 24.47 = 152692.8 lb$$

$$W_{1\_dc} = L_{dc} \times \rho_{dc} = (20 \times 30) \times 83 = 49800 lb$$

所以在点 1 处钻铤底部的张力为:

$$- F_{1\_bottom} = 152692.8 lb(拉伸)$$

在 11400ft 处,即钻铤顶部:

$$A_{dc\_top} = \frac{\pi}{4} \big[(d_{Od}^2 - d_{id}^2)_{outer} + (d_{Od}^2 - d_{id}^2)_{inner} \big]$$

$$= \frac{\pi}{4} \big[(6.25^2 - 5^2) + (4.276^2 - 2.8125^2) \big] = 19.19 in^2$$

$$p_{dc\_top} = 0.052 L_{TVD} \rho_m = 0.052 \times 11400ft \times 10 lb/gal = 5928 psi$$

$$F_{2\_top} = p_{dc\_top} \times A_{dc\_top} = 5928 \times 19.19 = 113758 lb$$

$$W_{2\_dc} = L_{dp} \times \rho_{dp} = (11400ft \times 19.5 lb/ft) = 222300 lb$$

所以,钻铤顶端 2 点处的张力为:

$$- F_{1\_bottom} + W_{1\_dc} = (- 152692.8 + 49800) lb = - 102892.8 lb(压缩)$$

在 11400ft,即钻杆的底部(点 3):

$$A_{dp\_bottom} = \frac{\pi}{4} \big[(d_{Od}^2 - d_{id}^2)_{outer} + (d_{Od}^2 - d_{id}^2)_{inner} \big] = 19.19 in^2$$

$$p_{dp\_top} = 0.052 L_{TVD} \rho_m = 0.052 \times 11400ft \times 10 lb/gal = 5928 psi$$

$$F_{3\_bottom} = p_{dp\_bottom} \times A_{dp\_bottom} = 5928 \times 19.119 = 113758.0 lb$$

$$W_{3\_dp} = L_{dp} \times \rho_{dp} = (11400ft \times 19.5 lb/ft) = 222300 lb$$

所以,在钻杆底部 3 点处的张力为:

$$- T_{2dp-dc} + F_{3\_bottom} = (- 102829.8 + 113578) lb = 10865.2 lb(拉伸)$$

在钻杆的顶端(4 点处):

$$W_{4\_dp} = L_{dp} \times \rho_{dp} = (11400ft \times 19.5 lb/ft) = 222300 lb$$

$$F_{4\_top} = 钻杆底部 3 点处的张力 = T_3 = 10865.2 lb$$

所以,在钻杆顶端 4 点处的张力为:

$$W_{4\_dp} + F_{4\_top} = 222300 lb + 10865.2 lb = 233165.2 lb(拉伸)$$

最大允许负载:

假设钻柱可承受理论载荷的 85%,则最大允许载荷为:

$$W_{4\_dp} = 0.85 \times p_t = 0.85 \times 396000\text{lb} = 335750\text{lb}$$

顶部接头承载的总重量为400000lb,最大允许载荷为335750lb,因此至少需要选择1200ft的不同尺寸的钻杆(图6.10)。从表6.1中可以看出,对于5.5in和21.90lbf/ft的钻杆,E级的$p_t = 437000\text{lbf}$。

决定:

可以为前1200ft选择下一等级。

$$0 \sim 1200\text{ft}:E 级,21.90\text{lbf/ft}$$

$$200 \sim 12000\text{ft}:E 级,19.5\text{lbf/ft}$$

检查新的等级:

现在,如果再次应用式(6.11b)来计算顶关节所承载的实际重量或总重量,则得到:

$$p_a = MOP + (L_{dp}W_{dp} + L_{dc}W_{dc}) \times B_f \times SF_T$$

$$p_a = 100000 + [1200 \times 21.5 + (10800 - 20 \times 30) \times 19.5 + (20 \times 30) \times 83] \times 0.847 \times 1.3$$
$$= 402251.95\text{lbf}$$

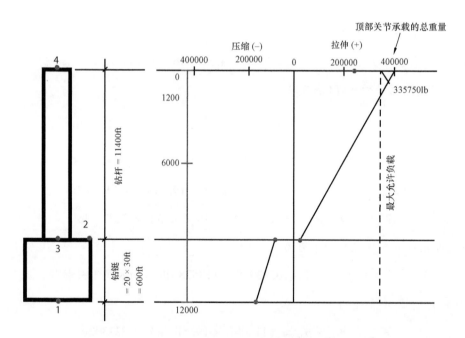

图6.10 例6.1中钻柱上的轴向载荷和最大载荷分布

表6.1显示,$p_t = 437000\text{lbf/ft}$,最后显示$p_a < p_t$。因此,设计是合格的,这是最终的设计决定。

6.1.2.5 材料疲劳

疲劳是石油和天然气钻井作业中最常见和最昂贵的失效类型。通常,疲劳是持续应力的结果,伴随有周期性运动。这种持续的应力导致微裂纹的发展。随着应力的不断增大和减小,这些微裂纹结合形成宏观裂纹,最终降低相关材料的强度。循环应力和腐蚀的共同作用可使钻杆的预期寿命缩短数千倍。尽管人们在疲劳方面做了大量的工作和研究,但人们对它的认识却依旧很少。据了解,预防或控制钻杆失效是不可能完全实现的。然而,以下是一些可以使事故最小化或减轻事故的措施。

(1)在钻井作业期间,尽可能减少诱发的循环应力并确保无腐蚀环境,可减少疲劳失效。使用稳定剂也会有帮助。

(2)通过控制狗腿的严重程度和钻柱的振动,可将循环应力降至最低。能够降低振动的工具已在前几节中讨论过,并将在振动控制一节中再次讨论。

(3)在 H_2S 存在的情况下,可以通过腐蚀性清除剂和控制钻井液 pH 值来缓解腐蚀。

当钻杆受到足够高的交变应力(如钻杆在井筒曲线中旋转时产生的交变应力)时,就会发生疲劳损伤。自从首次将钻杆连接起来,允许在超过一根钻杆长度的深度进行钻探以来,钻杆疲劳失效就一直是石油工业中的一个严重问题。根据 20 世纪 50 年代早期公布的测试结果,对狗腿的严重程度进行了限制后,解决了这个问题。这些试验(即工具接头焊接试验)满足了其预期用途。然而,这些试验不是在腐蚀性环境或轴向张力下进行的,而这两个因素在当前 API 标准中恰恰被认为是很重要的。在这些试验中,腐蚀的影响通过使用简化的假设来解决,假设腐蚀环境中疲劳强度降低。采用修正的 Goodman 方程和标准的 Goodman 方程来处理平均应力对疲劳极限的影响。

Tsukano 等人(1988)提出了详细的描述,强调了加厚管体过渡区几何结构的影响,并使用有限元分析和试验研究了内加厚钻杆的几何形状。他们寻求一个锥长和下入半径的组合,这将导致钻杆体而不是加厚管体过渡区的疲劳失效。为了验证有限元研究的结果,在高应力范围内(裂纹起始位置是研究的唯一因素)对全尺寸试样进行了四点旋转弯曲试验。为了防止钻杆在加厚区域发生失效,建议使用合适的内加厚几何形状。

1988 年,Dale 介绍了 API 钻杆钢的试验结果,以确定钻井液环境对疲劳裂纹扩展速率的影响。虽然该项目主要研究全尺寸钻铤的疲劳,但也包括对不同成分钻井液试样的一系列疲劳试验。在 S – Hz 频率下进行的试验表明,钻井液腐蚀性对裂纹扩展速率没有显著影响。

Helbig 和 Vogt(1987)提出了腐蚀环境中钻杆疲劳寿命的研究结果,研究了热处理对 D、E 和 S135 级钻杆的影响。在自来水和 20% NaCl 溶液两种腐蚀环境下对全尺寸钻杆管体进行了疲劳试验。试验结果未表明正火和淬火回火试样之间或两种试验环境之间存在显著差异。Helbig 和 Vogt(1987)通过对试样的试验证明,当试验在腐蚀性环境中进行时,试验速度是有影响的。当试验频率从 1000r/min 降低到 100r/min 时,疲劳寿命显著降低;降低的量取决于进行试验时的应力范围。Helbig 和 Vogt(1987)在全尺寸钻杆上进行的所有试验都是在腐蚀环境中进行的。因此,全尺寸钻杆在空气和腐蚀环境中的疲劳寿命无法与其数据进行比较。迄今为止,还没有实验研究专门解决平均应力对在空气或腐蚀环境中工作的全尺寸钻杆疲劳寿命的影响问题。随着石油开采进入更恶劣的环境,需要在更大深度和更具腐蚀性的地层中钻探,石油工业再次面临钻杆疲劳问题。据估计,每钻6500ft(1980m)就会发生一次故障,包括钻杆分离和冲蚀。大多数钻杆失效通常被认为是由金属疲劳引起的。最近的文献资料表明,钻杆失效仍然是钻井承包商非常关心的一个问题。因此,需要进一步研究平均应力和腐蚀等参数对钻杆疲劳寿命的影响。

Grondin和Kulak(1994)进行了一项综合研究,在空气中进行了29次试验,在盐水环境中进行了27次试验。他们的研究确定了应力以及应力范围对控制钻杆疲劳寿命非常重要。在空气中测试的29个样品中,有13个因磨痕处产生疲劳而失效。此外,在盐水环境中,27个样本中也有13个因磨痕导致疲劳而失效。X射线衍射实验证实,疲劳是由于抗压强度的侵蚀造成的。他们建议尽量减少磨削,并进行热处理,以便在检查阶段修复损坏。他们还建议,一旦检测到冲蚀,应立即更换钻杆,因为冲蚀后不久很可能会发生扭断。

6.1.3 与打捞落鱼有关的问题

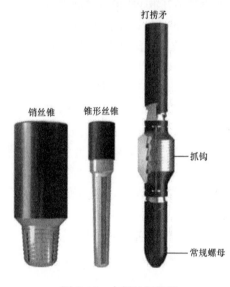

图 6.11 内部的打捞器

最坚固的连接类型是螺纹连接,图6.11显示了内部连接。这简单地说就是用同一个螺纹的销钉拧回一个向上的盒子里,反之亦然。这是在卡钻回收过程中,将自由钻柱收回后使用的打捞器。第二坚固的连接类型是外部连接。打捞筒和冲模套环是这项技术中使用的工具。第三坚固的连接类型是内连接;打捞矛和锥形丝锥属于内连接装置。由于加厚油管比相同尺寸的非加厚油管具有更大的坐封深度(即更大的螺纹或滑动表面积),因此外接箍比内接箍更牢固。当环空减小到一个点,超出该点时,外部打捞工具将没有足够的横截面材料来完成工作,就必须使用内连接。第四种打捞方式是吞没,这种打捞方式的能力很弱,但通常非常有用。打捞篮在正确使用的情况下也能起到很好的效果。

6.1.4 打捞作业

自从美国第一口商业油井问世以来,钻井工具在井眼下的丢失就已经造成了实际的麻烦。从第一口井一直到现代钻井,打捞始终是钻井作业的一个组成部分。找回丢失钻杆或钻柱的任一部件都是一项具有挑战性的工程任务。

6.1.4.1 打捞卡住的钻杆

落鱼是钻柱(如油管、抽油杆、钢丝绳、绳索或电缆)的一部分,当钻柱在井内时,打捞器与钻柱上部剩余部分分离。打捞是指在回扣或扭扣作业后,将因卡钻留在井内的管柱回收的过程。卡钻可能是因为钻柱发生机械故障或下部卡住、上部断开。当发生这种情况时,就需要用加强的专用管柱将下部落物从油井中释放和取出。打捞需要将一套设备拉到落物的顶部,接合它,然后将它回收。打捞有许多技术和程序,钻井工程师必须确定合适的方法来找回丢失或被卡的物品(即落鱼)。例如,电缆打捞与钻杆打捞就有很大不同。落鱼本身的性质决定了这个过程。落鱼可能是自由的,也可能是被卡住的。如果落鱼被卡住,可能需要震击或冲洗作业。

6.1.4.2 打捞扭断的钻杆

检查回收钻柱的底部,并尽可能确定落鱼顶部的状况。换上合适的套圈,用轧机导轨、卡瓦或抓钩松开打捞筒,准备打捞所需的密封橡胶。使用导向挡边,准备一个带有罐子和缓冲接头的打捞组件,并将其放入落鱼的一个接头内。循环并调整井眼,不要试图在井眼里没有钻井液的情况下进行打捞。在井眼处于良好状态后,将钻柱下放至靠近打捞器顶部的位置,仅循环几分钟。停止循环并尝试与落鱼接触。下放直到一些重量从落鱼上取下来,然后轻轻地拾起。稍微转动管柱,使打捞筒裙部的切割唇将打捞筒放到落鱼身上或一边。从滑轮上卸下更多的重量,以固定卡瓦或抓钩,然后上起看看落鱼是否被固定。如果没有,重复这个过程,操作要小心,以避免落鱼顶部破坏。可能有必要磨掉打捞筒顶部的毛刺,以便打捞筒滑动,这是通过加工刀具的轧机导轨来实现的。

6.1.5 井下摩擦生热引起的故障

近几年来,油田钻柱部件的极端摩擦加热导致的失效急剧增加。尽管自 20 世纪 40 年代末以来,以热止回裂纹形式出现的表面摩擦加热损伤已经被熟知,但由于钢被加热到超过其临界温度(1300~1500℉)而导致极端摩擦加热失效现在变得越来越频繁。

在过去的几年中,由于底部钻具组合(BHA)组件和钻杆的摩擦加热而导致的钻柱失效事件急剧增加。钻井工程师也已经熟悉了由于井下加热而需要进行的热检查工作,在过去几年中,灾难性的过热故障很少发生。严重井下加热的后果是可怕的,通常会导致钻柱轴向分离,造成潜在的井控安全问题、成本高昂的打捞作业和其他补救工作。

在一种失效模式下,钻杆被加热到临界转变温度以上,同时抗拉强度迅速下降。随后,该组件在拉伸载荷下发生失效,远远低于钻柱的额定强度。最近,在三个不同的井上记录了重钻杆的另一种失效模式,其中钻杆以纯脆性模式断开。这些断裂是因为钢被加热到临界温度以上,然后又被钻井液快速冷却(淬火)造成的,会导致钢非常脆、韧性很低。由于出现了在钻杆和 BHA 组件中很少看到的平坦破裂面,因此这种破坏类型产生的破裂面在失效调查过程中经常引起混淆。随着钻井条件越来越恶劣,这类故障很可能会越来越常见。

6.1.5.1 热检查裂纹

在采用顶驱钻井作业之前,钻柱部件的热损伤通常仅限于工具接合面的热检查。热检查或热检查裂纹是一种摩擦加热现象,是指在垂直于接触面相对旋转方向的位置上,存在多个细小的浅的深度裂纹。图 6.12 是箱形工具接头肩部附近的热检查裂纹示例。较大的裂纹是由较小的裂纹桥接在一起形成的(Lucien Hehn et al.,2007)。图 6.12 中的裂纹方向沿管柱轴线方向,并垂直于旋转方向。检测这些细裂纹的最佳方法是湿磁荧光颗粒法(湿磁法);尽管磁粉在现场更容易获得,但它不能提供湿法磁粉所具有的高分辨率,而湿法磁粉几乎可以检测到所有此类小裂纹。Altermann 等人(1992)发现,只有在每个旋转周期中摩擦加热接触面交替加热和淬火时,才能在实验室中产生热裂纹。这意味着产生热裂纹的驱动机制是加热到临界温度以上,然后快速循环淬火。因此,热检查裂纹也被称为热疲劳。

热检查可以发生在钻杆表面的任何地方,但通常出现在工具箱接头上。尽管热裂纹的深度通常限制在几千分之一英寸到几英寸之间,但它们的深度可以达到0.25in,或者更多。如果通过调低外径来修复热检工具接头,则应在事后重新检查,因为无法事先知道所有裂纹的深度。如果把含有这些小裂纹的接头留在管柱中,它们就会桥接在一起形成更大的裂纹,然后在应力腐蚀开裂和腐蚀疲劳的影响下发展为失效。

图6.12　箱形工具接头主肩附近的热裂纹检查示例

6.1.5.2　塑性和脆性断裂

在现场不可能对失效进行冶金分析,但是,断裂面的一般特征表明存在脆性失效。脆性失效是由于高温加热将高韧性钢转化为低韧性脆性钢而引起的,这发生在一个可预测的压力水平下。塑性超载是由位错运动引起的,而位错运动只能由剪应力驱动。剪切应力在与施加应力方向成45°角时达到最大值(图6.13a)。因此,塑性过载破坏的断裂面总是具有表面特征,其方向与施加的载荷成45°角。此外,塑性过载断裂面因剪切作用而呈现出纤维状结构。在脆性材料中,位错移动非常困难,因此断裂是通过尖锐裂纹的扩展和增长产生的。在与裂纹平面成90°的方向上施加荷载会产生尖锐的裂纹(图6.13b)。因此,脆性断裂的发生方式与塑性过载完全不同。任何脆性类型的故障都应该被怀疑是制造错误或井下加热的结果。如果还存在井下加热的其他证据,如摩擦磨损和钢的发蓝,则脆性断裂一定是由于井下加热引起的,而不是与制造工艺缺陷相关。

随着钻井行业的不断进步,钻井速度不断提高,导致钻杆摩擦加热失效的趋势不断增加。而产生这一增长趋势的主要因素之一是顶驱的使用超过了方钻杆驱动系统的使用。其他因素还包括大位移井(ERD)、旋转导向系统(RSS)的使用以及当前井的总垂直深度(TVD)的增加。

当井下温度达到A_1或A_3时,会发生摩擦加热失效,包括异常的脆性断裂。本节给出了这些失效类型的特征以及减少其发生的方法。

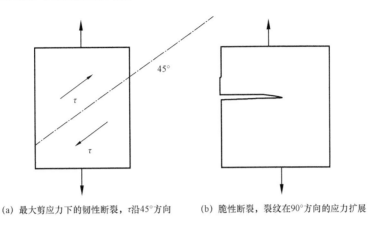

(a) 最大剪应力下的韧性断裂,τ沿45°方向　　(b) 脆性断裂,裂纹在90°方向的应力扩展

图6.13　韧性断裂和脆性断裂(Lucien Hehn et al. ,2007)

6.1.5.3　钻柱失效的数学模型

Shokir(2004)利用 Visual Basic 语言,考虑不同情况下可能发生的钻柱失效原因,设计了预测和预防钻前和钻时钻柱失效的数学算法和计算机程序。通过在一些失效案例中的应用,验证了该程序的有效性。因此,它可以成功地应用于其他情况,并且在钻柱接近失效时更容易识别,以便立即采取措施改善钻井参数,防止钻柱失效。

(1)狗腿严重程度。

最大狗腿严重程度可从油井的定向测量表中获得,通过使用以下公式确定允许的狗腿严重程度。

由 E 级和 S 级管柱的浮力拉应力(σ_t)计算出最大允许弯曲应力(σ_b),公式如下:

$$k = \frac{432000\sigma_b \tanh L \sqrt{T_n/EI}}{\pi EDI \sqrt{T_n/EI}} \tag{6.17}$$

$$\sigma_{bE} = 19500 - \sigma_t\left(\frac{10}{67}\right) - \left[(\sigma_t - 33000)^2\left(\frac{0.6}{(670)^2}\right)\right] \tag{6.18}$$

$$\sigma_{bs} = 20000\left(1 - \frac{\sigma_t}{145000}\right) \tag{6.19}$$

式中　K——最大允许的狗腿严重程度,(°)/100ft;

　　　E——杨氏模量,30×10^6,psi;

　　　D——钻杆外径,in;

　　　L——工具接头之间距离的一半,in;

　　　I——钻杆转动惯量,$I = (\pi/64)(D^4 - d^4)$,lb·ft^2;

　　　D——钻杆内径,in;

　　　σ_{bE}——E 级钻杆的最大允许弯曲应力,psi;

σ_t——拉伸应力，$\sigma_t = T_n/A$，psi；

T_n——狗腿下面的张力负荷，lb；

σ_{bs}——S 级钻杆的最大允许弯曲应力，psi。

如果井的狗腿大于允许的狗腿，则可能发生故障。否则，继续检查下一项。

（2）工作扭矩。

钻杆、加重钻杆、钻铤的扭角计算公式如下：

$$\frac{\theta}{L} = \frac{T}{JG} \tag{6.20}$$

式中　θ/L——扭转角，rad/in；

L——钻柱长度，ft；

T——扭矩，ft·lb；

G——刚性模量，12×10^6，psi；

J——极惯性矩，in^4。

钻杆和钻铤的 J 值可由下列公式计算：

$$J = \frac{J_{Body}J_{Joint}}{(0.95J_{Joint} + 0.05J_{Body})} \tag{6.21}$$

对于钻杆：

$$J_{Body} = \pi/32\left[(OD_{Body})^4 - (ID_{Body})^4\right] \tag{6.22}$$

$$J_{Joint} = \pi/32\left[(OD_{Joint})^4 - (ID_{Joint})^4\right] \tag{6.23}$$

对于钻铤：

$$J = \pi/32\left[(OD_{Body})^4 - (ID_{Joint})^4\right] \tag{6.24}$$

如果操作扭矩超过上合扭矩，则扭角将大于计算的扭角，从而可能发生故障。否则，继续检查下一项。

（3）底部钻具组合长度。

通过从钻头规格中得知设计的最大钻压，建议使用加重钻杆（HWDP）作为钻铤和钻杆之间的过渡刚度。加重钻杆（HWDP）的长度如下：

$$L_{HWDP} = \left[\frac{(WOP)(DF_{BHA})}{(K_B)(\cos\theta)} - (L_{DC}W_{DC})\right]\frac{1}{W_{HWDP}} \tag{6.25}$$

式中　L_{HWDP}——加重钻杆短节的最小长度，ft；

WOP——最大钻压，lb；

DF_{BHA}——底部钻具组合超重的设计系数，取值 1.15；

L_{DC}——最小钻铤段长度，ft；

W_{DC}——钻铤在空气中的重量，lb/ft；

W_{HWDP}——加重钻杆在空气中的重量,lb/ft;

K_B——浮力系数;

θ——底部钻具组合的最大井眼角度,(°)。

如果重钻杆的设计长度小于计算的钻杆高度,中性点就会在钻杆内,有可能发生故障,因此,需要调整钻杆高度,使中性点位于钻杆下方。否则,继续检查下一项。

6.1.6 振动引起的异常

大多数油井都会受到冲击和振动。在海上应用中,振动的程度要高得多。由于振动会导致疲劳,因此振动被认为是影响机械钻速和整体钻井效率的最重要因素之一。快速钻井可能引发井下振动,导致井下钻具过早失效。一般来说,振动会导致能量输入的浪费。当产生振动时,它们将消耗能量,从而阻止能量有效地传输到钻头。

振动是不可避免的,因为钻井是一个通过切割或压碎岩石的破坏性过程。而钻探是在一个巨大的固体岩石系统中进行的,所以一定会有振动。然而,振动的程度因所钻地层的复杂程度不同而不同。强烈的振动尤其发生在可钻性差的地层、深井和超深井中的长钻柱、深水至超深水涡激振动(VIV)的细长海洋构造、井眼不稳定的煤和页岩地层、不规则的井径以及增加了钻柱的振动和冲击(V&S)的井眼轨迹中。钻柱的振动和冲击导致钻杆、钻铤、随钻测井(LWD)、随钻测量(MWD)、随钻压力和温度、随钻工程参数(EPWD)、随钻压力(PWD)和钻头等钻井工具和随钻监测设备发生严重故障(Dong et al.,2016)。图6.14显示了不同钻柱组件中振动和冲击引起的典型钻具故障。Dong等人(2016)报道,每年由钻柱振动和冲击引起的非生产时间(NPT)占总NPT的25%,严重制约了自动钻井和机械钻速的发展,如图6.15所示。

井下振动可分为三大类:轴向振动、扭转振动和横向振动。这三种振动模式互有不同,每种模式都有独特的产生来源,并导致一组独特的问题。这些运动的组合和相互作用增加了振动的复杂性。它们也有可能发生某种同步,导致微裂隙的出现。在持续的振动下,会产生灾难性的后果。

6.1.6.1 轴向振动

轴向振动是由钻柱运动引起的,可能引起钻头弹跳。当钻压(WOB)波动较大时,钻头会沿钻柱垂直方向反复抬升底部,然后下降并冲击地层(Aadnøy et al.,2009)。当振动通过钻柱传到地面时,司钻可在浅层探测到轴向振动。这种模式的振动被认为比其他模式更弱,记录的轴向加速度通常要低得多。这是因为钻井过程本身在垂直井段是可以进行自我校正的。然而,钻头和地层之间的相互作用对轴向振动的严重程度有很大的影响。例如,三牙轮钻头有产生钻头反弹的趋势,特别是在坚硬地层中,一般认为牙轮钻头会产生较高的轴向振动水平。三牙轮钻头由三个牙轮组成,在钻进顶部段时最常用。当三个锥体一起上下移动时,会产生一个三瓣图案,从而在底部形成混沌模式。原始图案的形状可以比作正弦曲线。这种混沌模式是由各种周期信号的组合而产生的。当锥体与下伏地层相互作用时,会出现整体轴向振动模式。

轴向振动的实时补救措施是调整转速和钻压,例如,增加钻压和降低转速。这会改变钻柱能量。如果这不起作用,建议停止钻井,让振动停止,然后用不同的参数钻井(Schlumberger,

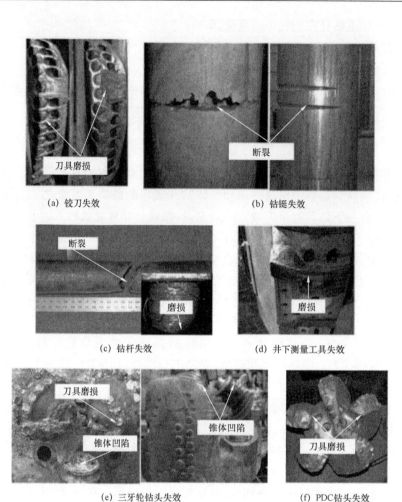

图 6.14 振动和冲击(V&S)对不同钻柱组件的损害(Dong et al. ,2016)

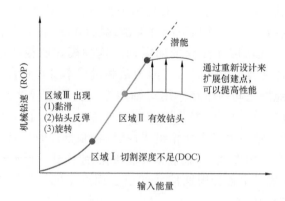

图 6.15 钻井参数、机械钻速(ROP)与输入能量的关系(Dong et al. ,2016)

2010)。这必须与钻速相关,因为钻压和转速是影响钻井速度的最突出参数。在极硬地层中,很难完全消除轴向振动,因为操作员需按要求和规定设置最小机械钻速(ROP)。不太坚固的钻头应被视为可能的最后补救措施。

6.1.6.2　扭转振动

扭转振动是指钻柱中的扭转运动而产生的振动。这些运动主要是由黏滑引起的。由于钻头和 BHA 上的摩擦扭矩,当钻头和钻柱周期性地加速或减速时,就会产生振动。扭转振动会导致井下不规则旋转。当钻头暂时静止时,产生不均匀旋转,导致钻柱周期性地向上扭转,然后自由旋转。每次发生这种运动时,钻柱上都会留有一个永久性的标记。黏滑的严重程度将影响钻头保持静止的时间,从而影响钻头脱离时的旋转加速度。井下转速可能比地面转速大几倍。扭转振动具有很强的破坏性,是引起钻柱疲劳和钻头磨损的主要原因之一。在严重的情况下,会观察到过扭矩连接和钻柱断裂。当这种现象发生时,它会消耗一部分原本用于机械钻速的能量,有记录表明,黏滑可导致机械钻速(ROP)降低30% ~40%(Aadnøy et al. ,2009)。

黏滑可能是由钻头与岩石的相互作用或钻柱与井壁之间的相互作用引起的。振动模式通常出现在大斜度井、长分支井和深井等环境中。其他因素,如高钻压的侵蚀性聚晶金刚石复合片(PDC)钻头、硬地层或盐层似乎也会诱发黏滑的产生。

扭转振动可以通过钻柱的扭转刚度和与井壁的摩擦来抑制。扭转方向的刚度不像长度方向的刚度那么显著,因此阻尼也不如轴向振动明显。由于钻柱的弹性,旋转往往变得不可调。较硬的钻柱可能会降低黏滑指数。振动模式在地面观察到较大的扭矩值变化。即使在斜井中,扭转振动也可以通过表面测量检测到,并通过司钻来降低(Schlumberger,2010)。

与轴向振动一样,扭转振动的严重程度取决于转速和钻压。理想转速根据井内条件而变化。随着钻压的增加,黏滑的可能性将增加,因为刀具将深入地层,从而增加 BHA 上的扭矩和侧向力。在钻井过程中,可以通过降低钻压和提高转速来降低黏滑水平。

如前几节所述,可以在 BHA 上添加一些工具,作为失谐器或减振器来减轻扭转振动。失谐效应改变了钻柱的刚度,从而改变了固有频率,能将激振频率从构件的固有频率中分离出来,而阻尼器效应吸收了钻柱内的振动,减少了扭转振动的影响。

6.1.6.3　水平振动或横向振动

横向振动是相对于管柱在横向上作侧向运动,如图 6.16 所示。

对这种模式最好的描述是旋转运动。这种运动仅限于 BHA 中有足够的横向运动、弯曲并接触井壁的情况。在最严重的情况下,横向振动可以触发轴向和扭转振动,这种现象称为模态耦合。此过程可以从不同方向的扰动中产生小范围的共振。因此,这被认为是钻井作业中最具破坏性的模式。BHA 可能会因此发生严重损坏,导致井径扩大、设备损坏、缺乏径向控制和钻柱疲劳等问题。

横向振动在表面不易检测到,因为振动往往会在表面"感觉"到之前就已经减弱。因此,这些振动很难被发现,也就无法采取预防措施。

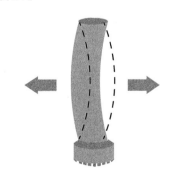

图 6.16　水平振动或横向振动

Agostini 和 Nicoletti(2014)评估了扩眼作业中横向振动对井底钻具组合(BHA)的影响。结果表明,在扩眼过程中出现异常横向振动,可有效地引起钻具组合电子设备故障、落岩、钻柱堵塞。这反过来又会导致钻井故障。其他研究也表明,在3000m长钻柱上的黏滑振动对钻井设备和钻井效率是不利的(Gulyaev et al.,2013)。

为了减轻横向振动的问题,通常降低转速,同时增加钻压。如果振动持续,则需要将钻具组合从底部取出,释放扭矩,并以不同的钻井参数重新开始钻井。注入的能量取决于自由接箍的长度,因此可以在横向使用更短、更硬的 BHA,以防止侧向运动。

在20世纪90年代中期,引进了一种新的抗旋转钻头(Sinor,1995)。尽管该技术最初的应用涉及取心,但它已经在难钻地层中获得了广泛的应用(Dong et al.,2016)。

6.1.6.4 疲劳

疲劳是指管壁上的宏观裂纹(图6.17)。它本身不会停止运行,并可以发展到真正的裂缝,产生泄漏,然后导致管柱分离,这是一个严重的问题。这种疲劳是持续的快速应力的结果。此外,在恶劣的储存条件下,不当的钻井液或地层成分可能与管柱金属发生反应,导致管柱腐蚀和疲劳。

图6.17 由于扭断和(或)疲劳导致的管柱失效

6.1.7 钻柱故障

钻柱的第一部分是底部钻具组合(BHA),包括钻铤和钻头,这两个组件用于破碎岩石并为井眼的正确导向创造稳定性。第二部分是加重钻杆(HWDP),用于在钻铤和钻杆之间提供灵活的过渡。这些 HWDP 除了增加钻头的重量外,还减少了 BHA 上方可能发生的疲劳失效。第三部分是钻杆,它构成了钻柱的大部分,一直延伸到地面。每根钻杆由长管径部分和外径部分组成,外径部分称为工具接头,用作两根钻杆之间的连接。钻杆一端配有一个外螺纹"销"螺纹接头和一个"内螺纹"外壳接头。这种特性使得钻杆既灵活又坚固。在整个钻杆中,钻具接头的直径相同,略高于钻杆直径。尽管整个钻杆的直径相同,但其上部(更接近表面)采用更高强度的材料进行处理,以便能够承受更高的轴向载荷(上部的轴向载荷也显然比下部大得多)。这使得钻井速度和精度都有了很大的提高。然而,仍然存在一些问题可能导致钻井延迟,从而耗费时间和资源。

钻探一口井的成本是数千万美元,而钻柱井下故障的发生率会使这一数字激增。20世纪

90 年代初,石油价格远低于今天的水平,人们把重点放在降低成本上,这也使得人们对钻井作业以及其他领域进行了一些审查。钻柱失效自然是其中的一部分。

在石油和天然气工业中,钻柱失效是一个成本高昂的问题。许多研究已经解决了这个问题,往往相当详细,但发生的频率仍然过高。对于已知或假设的井眼几何形状,扭矩、拉力、压缩和弯曲应力都可以正确预测,但偏离这一理想情况的实际井眼几何形状会导致应力状态预测的不确定性和误差。

图 6.18 显示了钻柱和井底钻具组合组件的故障仍然困扰着石油和天然气行业,每年涉及的直接和间接成本高达数百万美元。这一广泛的问题由于最近的大斜度深井钻井趋势而愈加凸显。随着大位移井、水平井和多分支完井方案的普及,这一问题可能还会进一步加剧。

钻柱失效,甚至像钻杆冲蚀这样的常规失效,都会大大增加当今钻井的成本。当故障导致不得不进行打捞作业时,这些成本将呈指数级增长。在极端情况下,故障甚至会导致井控问题。1985 年,麦克纳利(McNalley)报告称,45% 的深井钻井问题与钻柱失效有关。Moyer 和 Dale 的结论是,每 7 口井中就有一口发生钻柱分离,平均成本为 10.6 万美元。对于诸如钻杆冲蚀之类的常规故障,它们通常被视为"业务的一部分",将替换有问题的组件并恢复操作。如果故障原因不寻常,则必须进行分析,报告结果,并提出建议以防止类似的故障发生。这些故障似乎只能是一个接一个地处理,而没有一个全面的预防方法。

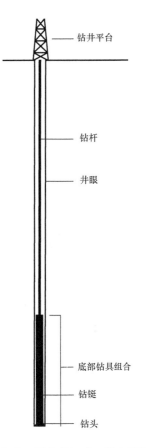

图 6.18　钻柱(Macdonald,2007)

钻柱失效的原因是多方面的,既可以单独发生,也可以成组发生。为了防止或至少减少钻柱失效的发生,应认识到所有的原因。要做到这一点,就应该有一个设计良好的方法来测试影响钻柱失效的所有因素,以便尽早消除问题。早期研究的案例分析没有全面的方法,也没有揭示钻柱失效的实际原因。

常见的主要损伤机制包括塑性断裂、脆性断裂、疲劳和应力腐蚀开裂(图 6.19),也可以出现各种简单和复杂的组合。发生扭断的一个一致特征是:分离后断裂表面的损伤通常非常严重(图 6.19),消除了识别失效模式所需的断裂形态的大部分细节。这是由于在地面上未检测到故障,此时钻压和旋转条件不存在了。

此外,如果存在泄漏通道,则较大的压差会促使钻井液从管径流向环空,从而导致冲蚀损坏(图 6.20 和图 6.21)。

6.1.8　钻头堵塞

当钻进长段磨蚀性地层时,钻头上的仪表保护装置和稳定器可能会因磨损严重而失效。卡钻通常发生在将新钻头下入之前用原来已磨损钻头钻的孔中时。如果在停止添加钻杆接头

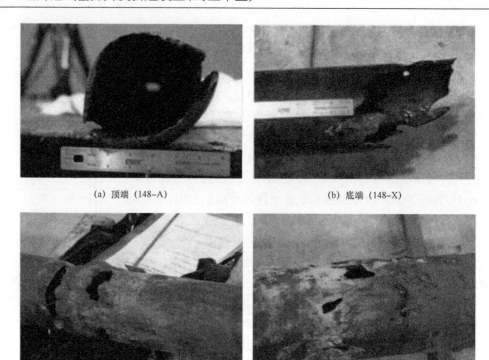

(a) 顶端 (148-A)　　　　　　　　　　　(b) 底端 (148-X)

(c) 上层管柱VBR腐蚀　　　　　　　　　(d) 中部管柱VBR腐蚀

图 6.19　钻柱失效

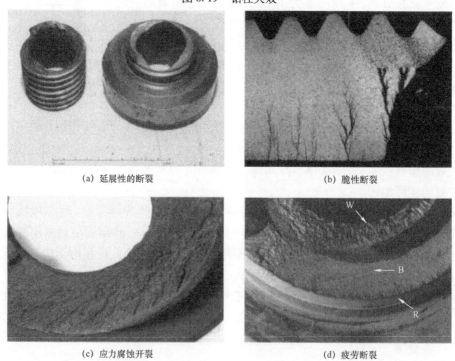

(a) 延展性的断裂　　　　　　　　　　　(b) 脆性断裂

(c) 应力腐蚀开裂　　　　　　　　　　　(d) 疲劳断裂

图 6.20　常见的断裂模式(Macdonald,2007)

R—径向台阶沿螺纹根部起始区;B—疲劳造成的海滩痕迹;W—冲刷造成的海滩痕迹

之前,没有用钻井液彻底清洁井眼,或者钻井液太轻,无法从井底提起砾石,钻杆和钻头就可能会卡死。从这个意义上说,司钻可以通过在钻井时记录钻头何时开始卡住来预测卡钻问题。

钻头堵塞的补救措施如下。

(1)如果钻头和钻杆堵塞,停止钻井,循环钻井液,直到释放为止。

(2)如果循环受阻,试着用绞车将钻头和钻杆吊出井眼。停止发动机并使用管钳反向旋转(不要超过一圈,否则拉杆可能会松开)。

(3)如果堵塞与清除岩屑有关,应停止进一步钻井,让钻井液循环并清除井眼中积聚的岩屑。然后继续以较慢的速度钻进。如果继续打捞,应稠化钻井液,以增加其固体承载能力。

(4)每次下入后正确测量钻头稳定器。

(5)如果怀疑井眼尺寸不足,则扩眼至井底。

(6)千万不要把新的钻头压到底。

(7)选择具有良好量规保护的钻头。

(8)如果新钻头下入井下,应立即施加最大向上震击力(Baker Hughes INTEQ,1995)。

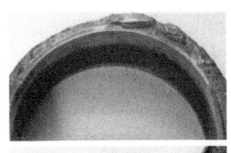

图6.21　分离后对BHA接头裂缝表面的损害(Macdonald,2007)

6.2　案例分析

6.2.1　振动控制

Okewunmi等人(2007)报告了在墨西哥湾Green Canyon地区进行的一项案例研究,该地区需要钻探超过15000ft厚的盐层。带有BHA的偏移井,包括井眼开启设备,由于振动过大,导致钻柱扭断和打捞作业困难。此外,还观察到低钻速的发生。

Green Canyon地区位于新奥尔良西南部。Green Canyon地区的深水勘探区块呈现背斜构造,其中含有圈闭的盐层,部分为清洁构造,部分为包裹体构造。根据沉积和地层倾角,盐层深度范围从10000ft至17000ft不等。

该地区从中新世和渐新世的砂层中产出了大量的石油和天然气。油气行业向深水领域的发展为石油生产提供了新的机遇,同时也带来了新的挑战。在这口井中,沉积物是不均匀的,因此很难预测地层相互作用,因为地球运动可能产生了包裹体。

由于振动,非均质层、岩盐过渡带、砂岩和方解石的钻井作业都面临着挑战,特别是当顶部带着包裹体进入盐层或过渡到另一个地层时。出盐时也观察到破坏性振动。在同一地区钻探的两口具有相似地层特征的早期油井在向盐层中钻入500~2000ft后发生了灾难性的故障。在这两口井中,使用不同供应商的旋转导向系统(RSS)和同心扩眼装置同时进行钻井和扩眼。由于其工作原理,同心扩眼器比偏心扩眼器更稳定。尽管同心扩眼器的设计减少了深水应用中的非生产时间和成本,但在两个定向井中,钻柱由于剧烈振动而发生了扭曲。与计划的AFE 钻井日期相比,随后的打捞作业造成了明显的延误。此外,定向井的机械钻速也低于预期,这很可能是由于向钻头转移较大重量导致的问题。

这口井的钻井计划是为了最大限度地减少扭断的风险。一个 9in 的钻井优化子系统集成到 BHA 中,以识别关键情况,并通过钻井优化工程师的现场积极干预来缓解这些情况。这相当于使用真正的智能而不是人工智能,因为没有相应的决策支持系统。该井的实施阶段表明,BHA 的选择和参数管理是在困难层段取得成功的关键。与扩眼器的重量、扭矩、动态诊断和转速相比,钻压(WOB)的准确信息对钻井过程中井下情况的反馈更为关键。

该地区超深井的典型套管方案包括喷射入 26in 的套管,该套管位于钻井液线以下上部段。预钻组件是由 9in 钻头和 0°弯曲短节组成的正排量马达,钻至 22in 的套管点。在 22in 套管下方的 $18\frac{1}{8}$in × 22in 井段覆盖了盐层,这是敏感的层段。

实时钻井动态信息是进行调整的关键。自动追踪旋转导向系统采用同心扩眼器作为一种单次钻井解决方案,能够实现井眼弯曲度低、井眼平滑、定向控制精确、井眼清洁彻底。最初考虑使用双中心钻头,但后来由于同心扩眼器具有更好的定向控制能力并且能够减小振动、降低形成不规则螺旋井眼的风险,因此转而使用同心扩眼器。

由于来自邻井故障的数据有限(因为两口井仍然是小井眼,由不同的服务提供商为不同的运营商进行钻井),因此实时钻井数据在创建动态决策支持系统方面更有用。在 18in 的稳定器和 22in 的扩眼器之间安装了最先进的钻井动力学短节。

为了尽量减少井中底部钻具组合(BHA)的径向移动,应仔细注意稳定器的放置和间距。为了选择最佳的钻具组合,对各种底部钻具组合设计进行了数学建模,以模拟底部钻具组合的固有频率。相关振型(径向运动与底部距离)的图形表示允许快速解释故障点和相关频率。该模型根据地面参数、钻井液性质和井筒几何形状,预测了模拟条件下的安全转速和钻压工作范围。

6.2.1.1 实行

通过 9in 的钻头来向地面实时提供有关井下钻井条件的准确信息。这对于沿井眼轨迹的随钻测量工具来说是具有挑战性的。破坏性钻井动态事件通常位于 0~75Hz 频率范围内,因此,由于钻井液脉冲遥测的传输瓶颈,随钻测量工具中的标准传感器读数无法在地面实时观察。通过分析井下传感器数据并将处理后的数据作为诊断标志传输,解决了这一难题。钻井动力学工具可同时从 14 个传感器通道获取高速率测量数据(1000Hz),诊断各种钻井动力学现象的发生和严重程度。这些现象可能来自钻头反弹、黏滑、旋转或横向振动。安装在钻井办公室和钻台上的实时显示器反映了振动情况,有利于工程师与司钻沟通以协调相关事件。

需要强调的是,井下问题的实时识别对于地面的即时反应非常重要。在定向井中,这种方法是不存在的,因为它们的问题不容易识别,因此很难缓解。

使用一个 $18\frac{1}{8}$in × 22in 的底部钻具组合,它包括 $18\frac{1}{8}$in 的导向 PDC 钻头,以及带有 9in 钻井动力工具和一个 22in 扩眼器的 9inRSS,将其放在 22in 的钻浮之上,之前它被安放在了盐层的顶部附近。

成功拟合后,重新开始钻互层砂页岩地层。通过将一个球从钻柱中心抛下,以机械方式启动扩眼器,激活后,扩眼器将部分钻井液流从钻杆通过喷嘴转移,以清洁扩眼器切削元件。

从钻井动力工具获得的压差信息证实了扩眼器的成功激活。由于通过钻头循环的钻井液流较少,扩眼器启动后压差下降。这在钻机的地面实时显示器上可以看到,在接通开孔器的切割刀片后,在相同流速下,井下压力差大约为18%。钻井动力学工具证实地面和井下的钻压分离增加了。确认无误后,继续钻探。

当扩眼器进入盐层时,发现了强烈的振动,严重程度达到4~6级,相当于5~15g RMS振幅的横向振动信号。在盐层顶部以下约200ft处,出现了严重的扭转振动,直至完全黏滑。在大多数钻井作业中,降低钻压和提高转速可以缓解这一问题。然而,基于深度的测井数据显示,尽管转速从90r/min增加到135r/min,同时将钻压降低到约30klbf,但扭转振动仍无法消除。根据实时诊断反馈,现场优化工程师确定了一个稳定的工作窗口,转速为120r/min,恒定钻压约为40klb。

在这一窗口下方约300ft处,钻头钻进了一个包裹体,动力工具测得的井下扭矩发生了增加。当扩眼器到达同一位置时,由于地层的变化,扩眼器承受了较大的钻压,导致钻速降低。此时,产生了一个强烈的横向振动,继而底部钻具组合发生旋转。停止钻杆旋转一段时间,然后逐渐重新启动有助于克服重量转移问题,但未能消除底部钻具组合旋转。直到转速降到100r/min,同时保持40klb的钻压,才建立了一个较为平稳的钻井环境。钻井日志记录了现场工程师通过将转速从120r/min降低到99r/min来减少横向振动,从而提高钻速。

由于井下信息准确,钻井队沟通得当,减少或消除钻井功能障碍的参数管理取得了成功。在这口井中,在没有夹杂物的情况下,转速和重量必须控制在±20r/min范围内;在有夹杂物的情况下,转速和重量必须控制在±51r/min范围内;在大多数情况下,钻压调整范围必须在±35klbf内,以减轻可能发生的灾难性旋转、横向振动和扭转振动。

井下钻压测量确定了扩眼器在钻井过程中所承受的重量。在测井中,地面重量和井下重量之差就是扩眼器所承受的重量。这有助于识别钻头钻速超过扩眼器的情况;也就是说,扩眼器在建立切削模式时积累了更多的重量,从而降低了总钻速。在降低转速的同时,钻速几乎呈线性增加。高变化率表明,只要环境因素在不断变化,就没有单一的有效钻井方案。这就强调了钻井优化工具需要及时、准确地反馈井下信息的必要性。

当使用扩眼器钻这口直井时,观察到几个严重的旋转事件,尤其是在扩眼器下方。旋转是由于钻柱质量不平衡引起的偏心旋转。在某些情况下,当钻柱沿钻头旋转方向顺时针旋转时,会出现正向旋转,导致偏心部件磨损。

当钻柱中心在井眼周围的移动速度超过所施加的旋转速度时,反向旋转会导致过度的循环应力反转,从而产生疲劳。为了防止底部钻具组合失效,司钻必须立即降低转速。

弯矩描述了钻柱组件所承受的弯曲应力。弯曲应力可能来自井筒中方向的变化或钻柱的旋转运动,这会导致高动态弯曲应力变化。

6.2.1.2 经验教训

最重要的成就是在不发生钻柱失效或扭断的情况下钻取如此大的层段。这只有通过改善井下钻井环境才能实现。

井下钻压的动态测量和实时分析成功地识别出了扩眼器所承受的钻压,这是地面标准钻压测量工具所无法识别到的。动力工具也证实了扩孔器被激活,从而在下套管之前避免了另一次的开井作业。失稳也被认为是旋转的一个原因,可能会对钻柱不利。

由经验丰富的专职现场工程师进行实时更新和修井作业对成功钻取该井段至关重要。工程师的出现有助于确定缓解危急情况所需的重点,这些人员的存在等于让真正的智能取代了人工智能。

钻探经验为该地区的其他油井建立了一个有价值的数据库。本节中建立的钻井实践将用作该油田的标准,在此之前的所有钻井尝试在使用其他设备时都至少遇到过一次重大故障。

6.2.2 扭断

Gundersen 和 Sørmo(2013)报告了一个涉及壳牌公司作业的案例研究。与上一节所述类似,开发了一个在线决策支持系统。这个人工智能过程分为四个阶段:

(1)数据采集,包括所有可用来源的输入数据;

(2)数据解释,数据分析代理由主软件处理;

(3)基于案例推理的决策支持;

(4)事故和案例的可视化。

图 6.22 描述了决策支持系统。壳牌公司对历史数据和实时数据进行了多次测试,并自 2011 年年中开始部署 DrillEdge 技术。壳牌公司在该地区经历了多起钻杆扭断事故后,要求开发一套能够提前预测钻杆扭断问题的软件。通过采用这项技术,人们发现钻井过程中长时间的扭矩最大化会使钻柱磨损,最终扭断。针对此问题开发了一种故障显示器,用于记录扭矩达到最大值时的情况,从而收集发生扭断的几个案例的数据。

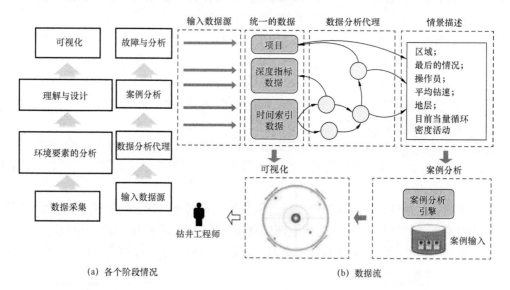

(a) 各个阶段情况　　　　　　　(b) 数据流

图 6.22　案例研究的各个阶段和数据流信息(Gundersen and Sørmo,2013)

通过使用这项技术,从美国的 1 口陆地井和中东的 5 口井收集了数据,取得了显著的成效。总共发生了 31 起最大扭矩事件,在钻柱扭断前,中东案例中 5 口井中的 3 口都显示在故障检测器上。第一个案例在扭断发生的前两天出现在故障检测器上,为操作员提供了足够的时间对问题作出反应。当从美国陆地盲测数据中获取的数据被用于分析中东扭曲的案例时，也报告了类似的成功。

除扭断试验外，还对卡管方案进行了压力测试，并提前6h预测卡钻。这一时限对于某些应用可能是足够的，但对于所关注的领域却没有用处。

6.3 小结

本章确定了钻柱中出现的主要问题，分析了操作困难和时间损失的各种来源，并提出了解决方案。大量的案例研究表明开发一个实时决策支持系统是很有必要的。

参 考 文 献

［1］Aadnø y B S，Larsen K. and Berg P C.，2003，Analysis of stuck pipe in deviated boreholes. Journal of Petroleum Science and Engineering. 37(3-4)：195-212.

［2］Aadnø y，B. S.，Cooper，I.，Miska，S. Z.，Mitchell，R. F. &Payne，M. L.，2009，Advanced Drilling and Well Technology. United States of America：Society of Petroleum Engineers，2009.

［3］Aadnø y，B. S.，Cooper，I.，Miska，S. Z.，Mitchell，R. F. &Payne，M. L. Advanced Drilling and Well Technology. United States of America：Society of Petroleum Engineers；2009.

［4］Agostini，C. E.，Nicoletti，R.，2014，Dynamic modeling and vibration analysis of oilwell drillstring during backreaming operation，T. i. M. A. I(Ed.)，Society for Experimental Mechanics Series (2014)，pp. 123-131.

［5］Altemann，J. A.，and Smith，T. B. 1992. Heat Checking/Quench Cracking Tool Joints，SPE-23846-MS，SPE/IADC Drilling Conference，18-21 February，New Orleans，Louisiana，USA.

［6］Bailey，L. et al.，1991. Stuck Pipe Causes，Detection and Prevention. Schlumberger Cambridge Research，Cambridge，England.

［7］Baryshnikov A et al. A new approach to the analysis of drillstring fatigue behaviour. In：Proceedings of the SPE annual technical conference and exhibition，30524，Dallas，TX，USA；1995，October 22-25.

［8］Corbett，K. T.，and Dawson，R.，"Drill String Design for Directional Wells，" IADC Drilling Technology Conference，Dallas，March 19984.

［9］Dale BA. Inspection interval guidelines to reduce drillstring failures. SPE/IADC drilling conference，17207，Dallas，TX，USA；1988，28th February-2nd March.

［10］DeGeare J，Haughton D and McGurk M. Determining stuck point. In：The Guide to Oil Well Fishing Operations. Burlington：Gulf Professional Publishing. 2003. 23-42.

［11］Dong，G.，and Chen，P.，2016，A Review of the Evaluation，Control，and Application Technologies for Drill String Vibrations and Shocks in Oil and Gas Well，Shock and Vibration，Volume 2016 (2016)，Article ID 7418635，34 pages，http://dx. doi. org/10. 1155/2016/7418635.

［12］Grondin，G. Y.，Kulak，G. L.，1994，Fatigue Testing of Drillpipe，SPE Drilling&Completion，June，95-102.

［13］Gulyaev，V. I.，Lugovoi，P. Z.，Borshch，E. I.，2013，Self-excited vibrations of a drillstring bit，Int. Appl. Mech.，49(2013)，pp. 350-359.

［14］Gundersen，O. E.，and Sø rmo，E.，2013，An Architecture for Multi-Dimensional Temporal Abstraction Supporting Decision Making in Oil-Well Drilling，Proc. 3rd Internaional Workshop，CIMA，Hatzilygeroudis，I. Palade，V. (Eds.)，2013，156 p.

［15］Han Yana，Zhao Xuehua，2014. Failure Analysis on Fracture of a S135 Drill Pipe. Procedia Materials Science 3 (2014) 447-453.

[16] Harrison,Glen, "Fishing Decisions Under Uncertainty," Journal of Petroleum Technology,July 1980.

[17] Helbig,R. and Vogt,G. H. ,1987, "Reversed Bending Fatigue Strength of Drill Strings Subject to the Attack of drilling Fluids;" Oil & Gas European Magazine,Intl. edition,No. 2.

[18] Hill,T. H. ,Seshadri,P. V. ,and Durham,K. S. , "A Unified Approach to Drill Stem – Failure Prevention," Paper SPE 22002 presented at the SPE/ IADC Drilling Conference,Amsterdam,March 1991.

[19] Hopkins,C. J. and Leicksenring,R. A. , "Reducing the Risk of Stuck Pipe in Netherlands," SPE/IADC 29422 prepared for presentation at the 1995 SPE/IADC Drilling Conference held in Amsterdam,28 February – 2 March 1995.

[20] Horbeek JH et al. Successful reduction of North Sea drillstring failures. In:Proceedings of the SPE offshore Europe conference,30348,Aberdeen,UK;1995,September 5 – 8.

[21] Isambourg,P. ,Ottesen,S. ,Benaissa,S. et al. 1999. Down – Hole Simulation Cell for Measurement of Lubricity and Differential Pressure Sticking. Presented at the SPE/IADC Drilling Conference, Amsterdam,9 – 11 March. SPE – 52816 – MS.

[22] Kristoffersen S. Improved fatigue performance of threaded drillstring connections by cold rolling. PhD thesis, Norwegian University of Science and Technology,Norway,ISBN 82 – 421 – 5402 – 1; 2002.

[23] Krueger,IV,R. E. ,Philip Wayne Mock,P. W. ,and Norman Bruce Moore,N. B. ,2014,Mechanical specific energy drilling system,US 13/442,642,Sep 16,2014.

[24] Larsen,L. K. ,2014,Tools and Techniques to Minimize Shock and Vibration to the Bottom Hole Assembly,Master's thesis,University of Stavanger,Norway.

[25] Lubiniski,A. , "Maximum Permissible Dog – Legs in Rotary Boreholes," J. Pet. Tech. ,Feb. 1961,175 – 194; Trans. ,AIME,222.

[26] Macdonald K. A. Fatigue of drillstring threaded connections. PhD thesis,University of Aberdeen,UK; 1996.

[27] Main,Walter C. 1949. Detection of Incipient Drill – pipe Failures. 49 – 089 API Conference Paper.

[28] McNalley,R. , "U. S. Deep Well Report," Pet. Eng. Intl. ,March 1985.

[29] Mechanics,Vol. 12,Trans. ASME,Vol. 67,1945,pp. A159 – A164.

[30] Miner,M. A. ,1945, "Cumulative Damage in Fatigue," Journal of Applied Mechanics,12,A159 – A164.

[31] Moyer,M. C. ,and Dale,b. A. , "Sensitivity and Reliability of Commercial Drillstring Inspection Services," Paper SPE 17661 presented at the 1988 Offshore Southeast Asia Conference,Singapore,Feb. 2 – 5.

[32] Norton,Lapeyrouse et al. 2002. Formulas and Calculations for Drilling,Production and Workover. Book (pp. 72 – 75) Elsevier.

[33] Okewunmi,S. ,Oesterberg,M. ,Heisig,G. ,and Hood,J. ,2007,Careful BHA selection and adaptive practices help drill a difficult salt section,World Oil (Jul 2007):D71 – D78.

[34] Okewunmi,S. ,Oesterberg,M. ,Heisig,G. ,Hood,J. ,Careful BHA selection,adaptive practices help drill difficult salt,World Oil; Houston (Jul 2007): D71 – D78.

[35] RP7G, "Recommended Practice for Drill Stem Design and Operating Limits," 14th edition,API,Washington, DC,1990,47,52 – 55.

[36] Russell K A,Cockburn C,McLure R,et al. Improved drilling performance in troublesome environments. SPE Drilling&Completion. 2005. 20(3):162 – 167(Paper SPE 90373).

[37] Santos,H. 2000. Differentially Stuck Pipe:Early Diagnostic and Solution. Presented at the IADC/SPE Drilling Conference,New Orleans,23 – 25 February. SPE – 59127 – MS.

[38] Schlumberger,2010,Drilling Dynamics Sensors and Optimization. Available at:http://www. slb. com/ ~ / media/Files/drilling/brochures/mwd/drilling_dynamics_sensors_opt_br. ashx.

[39] Sharif Q J. 1997,A case study of stuck drillpipe problems and development of statistical models to predict the probability of getting stuck and if stuck,the probability of getting free. Ph. D Thesis. Texas A&M University.

[40] Shokir E. M. ,2004,A novel PC program for drill string failure detection and Prevention before and while drilling specially in new areas,Oil and Gas Business,1 – 14.

[41] Siems G. L. and Boudreaux S. P. Applying radial acoustic amplitude signals to predict intervals of sand – stuck tubing. SPE Production&Operations. 2007. 22(2):254 – 259 (Paper SPE 98121).

[42] Sinor,L. A. ,Warren,T. M. ,and Armagost,W. K. ,1995,Development of an Antiwhirl Core Bit,SPE Drilling & Completion,September,170 – 177.

[43] Speller,F. N. 1935. Corrosion Fatigue of Drill Pipe. 35 – 229 API Conference Paper. Standard DS – 1,Drill Stem Design and Inspection,first edition,T. H. Hill Assocs. Inc. ,Houston,Dec. 1992.

[44] Trishman L. E. Methods for the improvement of drill collar joints evaluated by full – size fatigue tests. Proceedings of the drilling and production practice,southwestern district division of production,American Petroleum Institute 1952:7 – 20.

[45] Tsukano,Y. et al,1988,"Appropriate Design of Drillpipe Internal Upset Geometry Focusing on Fatigue Property," paper SPE 17206 presented at the 1988 IADC/SPE Drilling Conference,Dallas. Feb. 28 – March 2.

[46] Weiner P. D. A means of increasing drill collar connection life. Trans ASME,J Eng Ind;1972,ASME 72 – Pet – 65.

[47] Yarim,G. ,Uchytil,R. ,May,R. ,Trejo,A. ,and Church,P. ,"Stuck Pipe Prevention – A Proactive Solution to an Old Problem," SPE 109914 prepared for presentation at the 2007 SPE Annual Technical Conference and Exhibition held in Anaheim,California,U. S. A. ,11 – 14 November 2007.

第7章 套管问题

钻井作业最重要的目标是将地下资源与地面设施连接起来。因此,井的完整性至关重要。"油井完整性"是指将油气或目标地层在通过中间地层时进行有效封隔(Jackson,2014)。这种封隔可以通过套管来实现,套管的环空是水泥浇筑的。钻井公司十分强调油井的完整性,这是因为故障油井的维修成本很高,在极少数情况下,甚至会造成人员伤亡,例如墨西哥湾的"深水地平线"(Deepwater Horizon)事故。

大多数油井完整性问题都是由套管和固井出现问题而造成的。钢制套管可能会在连接处泄漏或被酸腐蚀。水泥的胶结能力也会随时间的流逝而下降,当水泥收缩,形成裂缝或通道,或在使用时漏失到围岩中时,就会发生泄漏。如果油井完整性失效,油气就可能会泄漏出套管或通过套管和井壁之间失效的水泥石流入,上升并离开油井。

关于井的完整性,已知的和未知的都很多。在油气田中,油井"故障"的历史发生率从百分之几到大于40%不等(Davies,2014)。对墨西哥湾8000口海上油井的分析表明,有11% ~ 12%的油井在外层套管中产生了压力(Brufatto et al.,2003)。加拿大艾伯塔省也有类似的统计数据,在316000口井中,有3.9%存在完整性问题(Watson and Bachu,2009)。

在前面的章节中已经看到,任何井眼都容易受到诸如井眼坍塌、循环漏失以及岩石拉伸、压缩破坏等各种损害,也有许多在完井过程中发生的损坏。在这一过程中,套管是能在松散地层中保持井筒完整性的最佳手段,考虑到大位移井和类似的复杂情况,即使对于胶结地层,套管也是必不可少的。在油气井中,套管和水泥的主要作用是防止井眼在井的生命周期内发生坍塌。在钻井过程中,为了在更大的深度继续钻井,需要下入套管并进行注水泥固井。在套管放置过程中遇到的任何操作困难都可能导致套管—水泥系统损坏,从而降低套管—水泥系统的机械强度。钻井、固井、射孔、试井、化学增产等各种井况都可能会造成严重的井壁失稳,最终导致弃井。随着在高温高压条件下钻井需求的增长,作业人员面临着一系列新的挑战。正如2010年"深水地平线"灾难所表明的那样,钻井作业的整体安全性通常取决于特定套管的固井作业,这一作业的失败可能会给钻井作业带来灾难。据报道,对于此类井,仅有套管和水泥的设计往往是不够的,因为在开发此类井时确实还存在一些独特的问题。

过去很少有人努力去全面了解固井部分完成后的不稳定性。这些套管及其完整性往往是引发后期问题的根源。众所周知,在射孔区,套管—水泥系统易失稳,特别是在存在空腔的情况下。这种不稳定性会引发钻井作业困难,并影响已完成固井作业的油井的长期前景。在本章中,重点介绍下套管过程,同时深入了解套管的长期稳定性和油井的完整性。

7.1 套管存在的问题及对策

套管问题会对钻井作业造成灾难性影响。即使在完井后,套管对油井的完整性也至关重要。至少,在修井作业中,套管问题会导致高昂的维修成本。

然而,套管问题并不独立于油井的整体状况之外。因此,套管问题的解决方案必须针对不同类型的问题以及特定的地质条件和整体环境进行设计。由于套管问题往往很复杂,而且无法正确追踪源头,因此很难将套管问题与井的其他部分隔离开来。在本节中,将介绍钻井过程中和油井生命周期中与套管相关的主要问题,还讨论了可能的解决方案和最佳的补救措施。

7.1.1 下套管过程中套管黏卡

由于新钻的井眼可能不直、不牢固或有其他不合适的方面,在下套管过程中可能会发生套管黏卡。通常情况下,井眼会坍塌,特别是当井眼很小、延伸很广,或者存在黏土膨胀问题时。

当井眼不直时,套管会钻入井壁。一旦套管"挖入"井壁,就几乎不可能继续下套管,必须将其取出后再下入新套管。

地层塑性变形产生的水平应力是引起井壁坍塌的主要原因。盐层的抗压强度最低,因此最容易发生井壁坍塌。其次是页岩。高温和高压的存在增加了这种脆弱性。

一旦套管被卡住,试图通过下压套管来完成释放便是徒劳的。用力敲击可能会导致变形或外壳弯曲,造成无法修复的损坏。此外,旋转或向下推动套管会导致套管槽筛孔严重堵塞,通常会加剧黏卡并降低套管未来的使用功效。

7.1.2 屈曲

加压时会发生屈曲,从而造成钻杆或套管的不稳定性。由于钻铤是在传统的钻井过程中使用的,所以大部分的压力作用在钻头上有助于提高钻速。但在没有钻铤的情况下下入套管则不是这样。因此,套管的重量必须由套管本身承受。套管无论是在放置期间还是放置之后,只要受到压缩,就很容易发生屈曲。当压缩载荷和井眼几何形状产生了足够的弯矩,使套管变得不稳定时,就会发生屈曲。在套管钻进的情况下,问题更为严重。为了避免屈曲,钻头必须在拉伸状态下操作。如果没有钻铤,这样的操作几乎是不可能的。在套管弯曲之前,套管的下部只能承受有限的压缩载荷。套管卸压后,就失去了承受压缩载荷的能力,开始以井壁作为侧向支撑,以防止其发生屈曲。

然而,这一过程是高度不稳定的,对于任何给定的参数集,井眼支撑都没有足够的横向挠度。任何时候发生屈曲,都可能发生以下事件,并造成可怕的后果:

(1)钻井套管和井壁之间的横向接触力会导致套管磨损,并会增加旋转套管所需的扭矩;

(2)套管在井眼内呈弯曲几何形状,增加了套管中的应力,并可能增加横向振动的趋势。

在套管钻井过程中,确定套管是否屈曲是很重要的。如果套管屈曲,必须评估其影响,以便减轻上述两种情况。在直井中,引起屈曲的压缩载荷由套管刚度(EI)、重力的侧向力(套管重量和井眼倾斜度)和井壁的距离(径向间隙)决定。在一个完全垂直的井眼中,如果没有通过扶正器提供横向支撑,那么处于压缩状态的套管部分总是会发生屈曲,就像钻铤在垂直井眼中发生屈曲一样。如果井是直的,但不是垂直的,位于井眼下部的管柱所产生的法向壁面接触力会提供一种稳定的影响,并增加套管弯曲之前所能承受的压力。

为了避免套管卡钻问题,建议操作人员在钻井时尽量减少向下的冲击压力,以便钻头能够在自身重量下自由运行。在环空较小的情况,建议使用直径较小的套管或较大直径的井眼,尤其是在复杂地层中。

7.1.2.1 屈曲标准

Hossain 和 Al – Majed(2015)给出了相关设计标准。在本章中,将讨论的重点限于与钻井角度相关的要点上。在套管设计中,应进行三轴试验校核,以确保不会发生塑性变形或屈曲。三轴试验数据有助于确定 von Mises 标准,如式(7.1)所示。

$$Y_p \geqslant \sigma_{VME} = \left\{ \frac{1}{\sqrt{2}} \left[(\sigma_z - \sigma_\theta)^2 + (\sigma_\theta - \sigma_r)^2 + (\sigma_r - \sigma_z)^2 \right] \right\}^{\frac{1}{2}} \tag{7.1}$$

式中　Y_p——最小屈服强度;

σ_{VME}——三轴应力;

σ_z——轴向应力;

σ_θ——切向应力或环向应力;

σ_r——径向应力。

在这种情况下,当 von Mises 应力达到屈服强度值时,材料开始屈服。对于此处使用的延性材料,材料安全系数(FOS)被定义为材料屈服应力除以 von Mises 有效应力。

如果屈曲力 F_b 大于临界力 F_p(即 Paslay 屈曲力),则会发生屈曲(Paslay and Bogy,1964)。屈曲力 F_b 定义为:

$$F_b = -F_b + p_i A_i - p_o A_o \tag{7.2}$$

式中　F_b——屈曲力,lbf;

F_a——轴向力(正拉力),lbf;

p_i——内部压力,psi;

A_i——内截面面积,$A_i = \pi r_i^2$,其中 r_i 是管的内半径,in^2;

p_o——外部压力,psi;

A_o——外截面面积,$A_o = \pi r_o^2$,其中 r_o 是管的外半径,in^2。

与 Paslay 屈曲力 F_p 相关的套管接触载荷 w_c 定义为:

$$w_c = \frac{F_p}{\sqrt{\left(w_e \sin\Phi + F_b \dfrac{d\Phi}{dz} \right)^2 + \left(F_b \sin\Phi \dfrac{d\Theta}{dz} \right)^2}} \tag{7.3}$$

式中　F_p——Paslay 屈曲力,$F_p = \sqrt{\dfrac{EIW_c}{r}}$,lbf;

w_c——套管接触载荷,lbf/in;

w_e——套管分布浮力,lbf/in;

Φ——井筒倾角,rad;

Θ——井筒方位角,rad;

EI——套管弯曲刚度,$lbf \cdot in^2$;

r——径向间隙,in。

表 7.1 给出了屈曲力 F_b、Paslay 屈曲力 F_p 和油管预期屈曲类型之间的关系。每当内部压力增加时,屈曲力就会受到影响。首先,由于膨胀,F_a 增加,这降低了屈曲倾向。其次,内压的增加会使 p_iA_i 增加,这会增加屈曲倾向。结果表明,后者比前者的影响更大,整体产生的影响对屈曲是不利的。

众所周知,屈曲的开始和类型与井斜角有关。由于侧向力倾向于稳定倾斜井筒中位于底层的套管屈曲,因此需要更大的力来诱导屈曲。在垂直井中,$F_p = 0$,因此在任何 F_b 大于 0 处都会发生螺旋屈曲。

双弦屈曲存在两种模型,即 Christman(1976)和 Mitchell(2012)模型。最近的研究表明,Christman 模型倾向于过高估计双弦系统的刚度,从而导致不安全的设计(Li and Samuel,2017)。Mitchell 模型假设了一个不切实际的螺旋屈曲空间结构,即屈曲是自平衡的,并且双管柱系统独立于井筒。因此,Mitchell 模型不能很好地解释井眼间隙对屈曲形态的影响。Li 和 Samuel 模型解决了这些问题,并为设计提供了可靠的预测依据。同时还观察到,由于双管柱系统的刚度更大,外管柱往往能够承受更多的力矩。合理应用这种新型的双管柱屈曲模型设计有助于降低成本。

表 7.1 屈曲标准

屈曲力的大小	效果
$F_b < F_p$	无屈曲
$F_p < F_b < \sqrt{2}F_p$	后期("S"形)屈曲
$\sqrt{2}F_p < F_b < 2\sqrt{2}F_p$	横向或螺旋屈曲
$2\sqrt{2}F_p < F_b$	螺旋屈曲

当涉及水平井时,必须重新进行全部分析。图 7.1 和图 7.2 分别比较了不同变量对垂直井和水平井屈曲的影响。

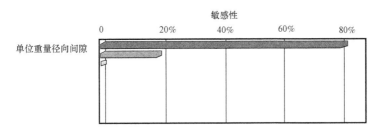

图 7.1 垂直井参数敏感性(Ifeanyil et al.,2017,重新绘制)

图 7.2 表明,与直井形成鲜明对比的是,水平井的径向间隙、钻柱的重量和刚度都是要考虑的非常重要的变量,它们对临界力的影响几乎相同。径向间隙与临界力呈负相关,因为底部的长度支撑着井筒的最低部分。刚度越高,钻柱的临界力越大,即钻柱屈曲变得更加困难;钻柱与井筒之间的径向间隙越大,临界力越低,即钻柱更容易产生屈曲。对于套管也可以得出类似的结论。

图 7.3 显示了影响斜井钻柱屈曲的变量。其临界力的取值远低于水平井,但随着倾斜角度逐渐接近 90°,两者的差异也在逐渐减小。这种现象是可预测的。

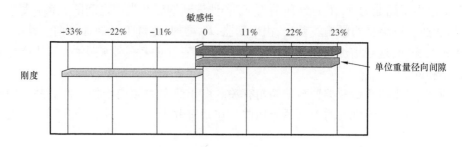

图 7.2 水平井参数敏感性(Ifeanyil et al.,2017,重新绘制)

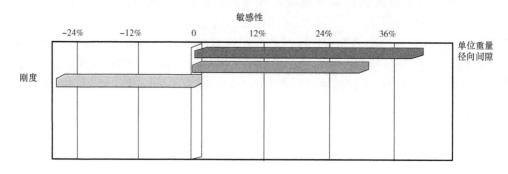

图 7.3 影响斜井的参数

7.1.2.2 通用指南

钻井作业中应尽量避免屈曲,以减少套管磨损和潜在的钻井时间损失。可通过以下方法减少或消除屈曲:

(1)固井后套管下放到地面井口时施加拉力;

(2)在等待水泥凝固(WOC)时保持压力以预拉伸管柱;

(3)提升注水泥的位置高度;

(4)利用扶正器提高套管抗弯刚度。

7.1.3 温度的影响

井筒与周围地层之间的显著温差引起的热应力会导致套管或水泥的物理损坏。在典型的海上高压井和一些高产的地层中,套管将面临不寻常的热约束。钻井、生产和修井过程都会引起套管内的温度变化并且会由此产生热膨胀载荷,这些载荷可能会导致未固井层段的屈曲(弯曲应力)载荷。上一节中讨论了与屈曲相关的问题。在本节中,将研究温度的影响。在浅井中,温度通常对管柱设计(包括套管设计)产生较小影响。在其他情况下,由温度引起的载荷可以作为设计的控制标准。

温度的变化不仅会影响管柱的载荷,还会影响管柱的抗载荷能力。随着温度的升高,套管材料的屈服强度将略有降低,从而相应地降低套管的爆裂、坍塌和轴向强度。温度的升高对屈曲有着显著的影响。随着温度的升高,轴向张力减小,这意味着压力会增加。张力的降低可能会将套管转变为受压并导致屈曲。图 7.4 显示了高温合金材料屈服强度的总体趋势。尽管这一数字是针对高温合金得出的,但总的趋势是,材料的屈服强度会随着温度的升高而逐渐下降。对于套管材料而言,下降幅度更大,并且在远低于700℃的温度下开始快速下降,这与高温合金的情况相同。

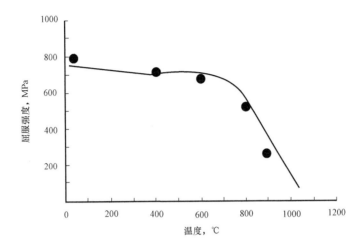

图7.4　温度对屈服强度的影响(Tancret et al.,2003,重新绘制)

温度升高会导致油套环空中的流体发生热膨胀。如果环空密封,流体膨胀可能会使周围的套管产生严重的破裂和坍塌压力负荷。在一般情况下,这些荷载不需要考虑在设计中,因为压力可以通过井口出口在地面释放。然而,在典型的海上油井中,一旦套管悬挂器下入,就无法连通套管环空,在这种情况下,套管设计时必须考虑环空流体膨胀压力。由于压力膨胀效应,压力增加也会影响暴露在压力下的套管和油管的轴向载荷分布。

温度变化的另一个影响是热胀冷缩引起的管柱张力变化。在增产作业期间,由于向井筒中注入冷却流体而使轴向拉伸载荷增加,这可能是关键的轴向设计标准。当钻遇地层的温度较高时,也会产生同样的影响。相比之下,由于热膨胀,生产过程中张力的降低会增加屈曲,并可能导致井口受压。

在热活动强烈的井中,生产套管会出现异常的屈服和疲劳(例如,在循环注气井中)。在非等温的井下条件,套管的抗爆裂能力也会受到影响。此外,地层的塑性变形也可能导致水平应力作用下的套管坍塌。

7.1.4　套管泄漏

所有的油井都产水。事实上,美国石油工业生产的水是原油的十倍以上(Seright et al.,2003)。世界平均水平略低一些,水油比在3左右。随着一些成熟油田的枯竭和新油田的开发,这个数字会趋于稳定。据 Argonne 国家实验室的 Clark 和 Veil(2009)称,2007年,当致密气藏和油藏刚刚投产时,美国石油和天然气行业每年已经产生了200多亿桶废水。据联邦政府统计,该行业的日产量为 500×10^4bbl 石油、670×10^8ft³ 天然气和 5500×10^4bbl 水。根据州和联邦的陆上油气生产记录,Argonne 国家实验室估计,每生产1bbl 原油可生产7.5bbl 水,每生产 1×10^6ft³ 天然气可生产260bbl 水。如果算上近海产量,这一数字将小幅下降至每桶原油配5.3bbl 水,每百万立方英尺天然气配182bbl 水。

Seright 等人(2003)指出,采出水的来源多种多样。表7.2 显示了各种水源以及它们如何导致操作出现问题。14 个产出水来源中有 2 个是通过套管的,它们是表7.2 中的问题 1 和问题 4。然而,当谈到补救措施时,套管提供了一个极好的场地去修复液体泄漏。

对于问题1(表7.2),涉及没有流动限制的套管泄漏,这是通过管柱中的大口径裂缝(大于⅛in)和泄漏后的大流量管柱(大于1/16 in)发生的。这种特殊情况可用硅酸盐水泥修补,常通过在下套管时进行水泥挤压完成。它可以用于井生产后期的泄漏修复。根据 MiReCOL (2017)的研究,挤水泥固井一般应用于:(1)修复初次固井作业(钻井液通道、空隙、脱黏、水泥硬化),(2)修复套管(尾管)泄漏(腐蚀、分流管),(3)密封井漏区(钻井期间),(4)封堵多区域注水井中的一个或多个区域,(5)堵水,(6)隔离气层或水层,(7)弃井。

挤水泥固井是将水泥浆通过套管柱或井筒环空中的孔眼、裂缝泵入套管内或地层中的隔离目标层段。挤水泥固井作业从井筒准备开始。如果钻井液需要从底部注入,必须在挤压段以下安装一个封隔器,以防止钻井液进一步流向井下。钻井液通过钻杆或连续油管泵送,直到井筒压力达到预定值。大多数情况下,油管在坐封期间从水泥浆中起出。下一步是清除多余的水泥,这通常是通过反循环来完成的。

表 7.2 产水过剩问题的类型(Seright et al. ,2003)

类别	问题序号	问题描述
A 类:"常规"修复通常是一种有效的选择	1	无流量限制的套管泄漏(中孔至大孔)
	2	套管外窜流(无水泥)
	3	无裂缝井(注水井或生产井),具有有效的横流屏障
B 类:凝胶剂修复通常是一种有效的选择	4	套管泄漏,流量受限(小孔泄漏)
	5	在有流量限制的套管外流动(狭窄通道)
	6	通过含水层水力裂缝的"二维锥进"
	7	通向含水层的天然裂缝系统
C 类:预成型凝胶修复是一种有效的选择	8	穿过斜井或水平井的断层或裂缝
	9	单裂缝导致井间窜流
	10	发生井间窜流的天然裂缝系统
D 类:不应使用凝胶修复的难题	11	三维锥进
	12	舌进
	13	穿越地层(无裂缝)的窜流,有横流

挤水泥固井是一个脱水过程。在大多数情况下,水泥浆中的固体颗粒太大,无法进入地层。在渗透性地层中,固体颗粒过滤到裂缝界面或地层壁面上,而只有液体滤液进入了地层。这将导致水泥滤饼填充到孔隙中,如图 7.5 所示。图 7.5 中水泥浆通过滤饼挤入地层。这一过程将多余的水释放到地层中,并立即开始脱水。滤饼堆积后,水泥结突出进入到井筒中。尽管滤饼尚未凝固,但它是不渗透的(隔水的),能够承受增加的井筒压力。当过了预定的凝固时间后逐渐回流。

问题4(表7.2)涉及有流量限制的套管泄漏,这种泄漏是通过管柱(小于⅛in)的一个小孔缺口(例如"针孔"和印痕)和泄漏后的小流量管柱(小于1/16 in)发生的。使用凝胶可以成功

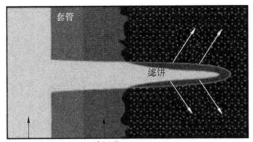

(a) 滤饼堆积到泄漏通道中

(b) 填充有脱水水泥的泄漏通道和从井筒中突出的水泥点

图 7.5　水泥浆通过滤饼挤入地层

地解决该问题。多年来,人们提出了一系列的化学物质,包括:(1)化学交联水溶性有机聚合物,(2)水基有机单体,(3)硅酸盐。

修复套管泄漏(即问题1)的最常见方法包括水泥(Marca,1990)。其他人建议使用机械的修补方法(Bailey,2000)。虽然这些方法对较大的泄漏有效,但较小的泄漏(如问题4)不能用这些技术堵塞。正是因为水泥浆无法穿透较小的孔,才导致了这种类型的套管泄漏。对于这些案例,凝胶处理是有效的。许多研究人员都建议使用这种凝胶,其中许多已经在商业上得到了应用(Jurinak and Summers,1991)。如果设计得当并有效执行,这些胶凝材料可以很容易地通过小的套管泄漏点,并进入泄漏点周围的地层。因此,堵塞发生在套管泄漏处以及周围多孔壁内。在大多数情况下,泄漏在套管周围半径为1ft的小范围内被封闭。因此,胶凝剂的体积可以非常小。当然,如果套管泄漏处附近存在管后流动或裂缝,则可能需要更大的凝胶体积或使用其他处理方法。

如果不以完全停止流体流动为目标,则泄漏的补救措施将变得复杂。据 Islam(1993)所说,几种凝胶,如硅酸盐基凝胶,在完全堵漏时有效,但在允许流体流动的情况下却无效。这时,聚合物(如聚丙烯酰胺)是首选,因为它们可以选择性地降低对水的有效渗透率。另一方面,刚性凝胶会将总渗透率降低到毫达西级别,并在井筒周围形成非生产带,这实际上会导致地层失去生产能力(Seright,1994)。

可以用几种渗透性在较低的毫达西范围内的材料制备刚性凝胶。这种应用的凝胶通常由相对较高浓度(4%~7%)、相对较低分子量(约25万到50万)的丙烯酰胺聚合物配制而成。该凝胶剂应具有相对较低的黏度,并且在凝胶处理或放置期间聚合物基本上不会发生交联。下一节将讨论一个这样的案例(Jurinak and Summers,1991)。

7.1.5 污染土壤和含水层

有时必须钻穿含污染水的含水层,此类区域应谨慎对待。一般来说,建议继续钻探,直到遇到封闭层(黏土或岩石)。这样可以确保完全隔离污染区。在插入套管后,应使用水泥浆密封环空。为了保持水泥浆密封,应在恢复钻井前至少固化 12 ~ 24h。Driscoll(1986)建议在每42.6kg(94lb)的水泥袋中混合 19.7L(5.2gal)的水来制备水泥浆。这个方法适用于通过地下含水层的井,也适用于下表层套管的油气井。当 4 体积的水泥粉与 3 体积的淡水混合时,产生5 体积的水泥浆。另外,也可以将每袋水泥添加到 1.36 ~ 2.27kg(3 ~ 5lb)的膨润土与25L(6.5gal)的水混合而成的黏土—水悬浮液中(Driscoll,1986)。这种混合物有助于将水泥颗粒保持在悬浮状态,减少水泥收缩,提高混合物的流动性,并防止水泥浆过度渗入这些地层。

按程序,水泥浆通常只需注入环空即可。另外,也可以将一些水泥浆注入套管中;或将套管提升几英尺,然后将其推入积聚在井眼底部的水泥浆中。后一种方法比前一种方法稍有优势。连续操作是发挥良好密封作用的最佳方式。也可能会出现井眼尺寸不规则和地层漏失的情况,如水泥浆的总体积在某种程度上是暂定的,司钻必须准备在短时间内增加对水泥浆体积的初步估计。在污染严重的地方需要遵循特殊的程序,以确保在套管周围实现良好的密封。

下料管线:水泥浆最常见的用途是密封过滤器组件顶部和地面之间的环形空间。对于浅井,地下水位不会远远超出过滤器。通常可以将水泥和水(无砂或砾石)混合成薄浆,然后倒入环空。然而,在深井中,砾石过滤器的充填层远低于环空的水平面,这种方法会使砂和水泥分离,导致密封不良。为避免出现这种情况,可遵循以下步骤。

(1)扩大井眼。

(2)插入筛管和套管,并定位到砾石层。

(3)将直径为 1in 的"下料"导管沿环空向下插入砾石过滤器的顶部。

(4)用漏斗将水泥浆缓慢倒入"下料线"设备中。

(5)逐渐抬升管线,确保管底部保持在环空水泥积聚水平以下。

(6)当环形空间充满后,拆除并冲洗"下料线"设备。

(7)在钻出水泥塞之前,可通过测量套管内水位随时间的变化情况来检查密封的有效性。在静态水位较低的井中,可以向套管注水或注入钻井液,然后检查是否有失水。如果静态水位高,套管几乎可以排空,则任何流入套管的水都可以被测量。

7.1.6 下套管深度问题

油井设计的一个关键环节是套管深度的选择。套管深度的选择与许多其他参数有关,如钢的材料或分级、井涌允值、井口压力分级、应急预案等。在实际应用中,所需套管深度与不同井段的压力有关,而压力又与地层特征有关。在钻探之前,地质学家必须对岩性进行彻底的调查。根据地震数据和所掌握的知识,他们能够做出岩性剖面及不同地层到目标深度的压力预测。此时,可绘制出图 7.6 所示的图形。请注意,在图 7.6 中,理论压力和实际压力之间存在差异。任何钻井作业期间的钻井压力窗口都位于孔隙压力(红色)和破裂压力(蓝色)线之间。在没有可操作的压力窗口的情况下,必须安装套管后再继续钻进,以避免造成地层破裂(液体漏失和最终井喷)或井喷的风险。例如,如果流体静水压力过低,地层压力将占主导地位,导致地层流体流入井筒,从而可能导致井喷。另一方面,如果静水压力高于破裂压力,则会出现严重的流体漏失,而流体漏失本身又可能造成静水压力的损失从而产生井喷。在这种情况下,必须考虑以下变量:(1)井剖面,(2)套管设置深度,(3)钻井液类型、密度和添加剂,(4)不同层段的钻头类型,(5)扭矩和阻力剖面,(6)套管安全系数设计,(7)井涌允值。

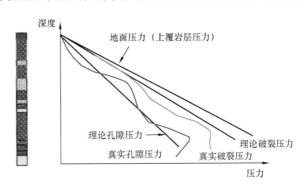

图 7.6　地下的各种主要压力

　　有两个主要因素决定了套管鞋深度,它们分别是:破裂压力和孔隙压力。还有一个次要影响因素是岩性,因为地层的岩性和非均质性会导致破裂压力的变化,所以最好将套管鞋置于合适的页岩段。预测深井破裂梯度的方法已经存在,但需要进一步完善,以涵盖非均质性和其他难以确定影响后果的变量。预测方法最近取得了一些进展,例如,Aadnoy 等人(1991)提出了一种预测浅井破裂梯度的方法。这类井的困难在于存在的高孔隙压力总是超过破裂压力,使得钻井压力窗口不存在。将该方法与井涌允值准则相结合,提出了一种套管深度选择方法。此外,还研究了在任何深度下破裂压力的变化。这项工作的案例研究将在后面一节中介绍。Baron 和 Skarstol(1994)报道了新方法的实际应用。他们展示了基于井涌允值理论和司钻法压井的方程组是如何帮助确定设置地面套管最佳深度的。这一应用取决于地面套管的主要用途,而不是自动将套管设置到标准规定的深度。

　　这一新方法是阿尔伯塔省最近对表层套管下入深度进行调整的基础。用新方法测定的深度与目前工业上使用的深度相比更具优势。

　　枯竭的储层也会遇到困难。如果使用过高的钻井液密度,可能导致地层破裂,产生重大漏失和井喷的风险。当钻入枯竭储层时,重要的是确定应设置在储层上方并尽可能靠近储层的最后一层套管的安装深度,因为它承受着更高的破裂压力。对于较深的套管,会出现以下附加问题。

　　(1)环空中的封隔,如岩屑运移不良造成的封隔。这是一个典型的深部储层问题,对于这种储层,钻井液的承载能力超过了承载有效固体的临界值。解决这种问题的方法是在不改变密度的情况下,通过使用增黏剂提高钻井液黏度。

　　(2)钻井液的凝胶强度难以保持一致。如果钻井液的凝胶强度过高,则在恢复循环时会产生较大的压力峰值。为了保持这种稠度,添加剂可能是很有必要的。

　　(3)套管鞋周围套管水泥质量差。

　　(4)环空中过大的压力损失导致 ECD 过高。ECD 代表另一种形式:等效循环密度。这是有效密度,该密度表示在循环流体中产生的针对地层的总压降,包括考虑点上方环空中的压降。ECD 的计算公式为:$d + p/(0.052D)$,其中 d 是钻井液度(lb/gal),p 是深度 d 和表面之间的环空压降(psi),D 是真实垂直深度(ft)。

必须对每口井进行漏失测试,以确保漏失压力梯度至少为 22kPa/m(约 1psi/ft)。如果梯度较小,则应使用司钻法的替代方法,如低阻流法,循环出井涌流体。

地层破裂理论中的变量包括岩性、破裂机理、钻井液性质、地层孔隙压力、地应力、地层年龄和深度。由于任何理论方法都无法解释所有可能的地层特征,因此有必要对每个套管鞋进行漏失测试。

7.1.6.1 表层套管的特别注意事项

表层套管具有几个重要的功能,如:(1)表层套管鞋的压力完整性决定了井涌期间关井的能力,(2)表层套管保护淡水层免受污染,(3)表层套管隔离浅层松散段以克服钻井困难,(4)表层套管有助于控制井涌产生的地面压力。

表层套管是井控系统不可分割的一部分,就像防喷器和抽气系统一样。如果表层套管设置得太浅,井涌流体不能在低于破裂压力的情况下循环出井,可能会导致井喷。成功的井涌控制要求井身有足够的套管,以容纳可能出现的最大地面压力。

Alliquander(1974)研究了基于井控的各种方法以确定表层套管的设置深度。这种方法假设油井完全关井,因此考虑了压力反转。研究结果表明,每关井 10min,所需表层套管的深度就会增加一倍。最后得出的结论是,井涌发生后,"应在很短的时间内关闭井眼",并采用司钻法压井。

一般而言,石油行业监管机构认为,靠近表层套管的水泥管柱或废弃活塞的使用为淡水含水层的长期保护提供了新的可选方法。这种说法打破了人们之前普遍持有的观点,即对隔离整个地下水层的表层套管进行固井是保护地下水的唯一方法。通过对浅层松散地层下套管,可以避免诸如坍塌和卡钻等钻井问题的发生。许多监管机构要求套管设置在不透水区域或砂、砾石最低产状的下方(Adams,1980)。这些区域的套管为井眼稳定性提供了保障,并确保表层套管鞋处的岩石能够承受井涌循环期间的压力。因此,表层套管只有设在合理有效的地层时才能确保在下方继续钻进并进行安全井控。

Baron 和 Skarstol(1994)认为,如果完全关井需要下入深度不合理的(因此不经济的)表层套管,并且含水层可以使用监管机构普遍接受的替代方法进行长期保护,同时表层套管能够通过提供井眼稳定性确保只允许合理的有效层在其下方打开去进行井控,那么,通过排除,表层套管的主要功能是允许井涌流体顺利循环。因此,表层套管必须设置足够深,以便井涌后的循环压力小于地层破裂压力。他们提供了表层套管深度选择的一般指南,例如:(1)1200m 井使用 230m 表层套管(约占总深度的 20%),(2)2000m 井使用 400m 表层套管(占总深度的 20%),(3)3050m 井使用 1220m 表层套管(占总深度的 40%)。这些深度基于各种假设,包括 $5 \sim 16m^3$ 的初始钻井液池增量。

这些深度远大于行业监管机构的要求,他们要求在基于井控的条件下允许表层套管深度为总深度的 5% ~ 20%。Aadnoy 等人(1991)提出的方法可能会对油井经济性产生重大影响,尤其是在钻井和废弃的情况下。

以下确定表层套管安装深度的方法所得到的深度在北美操作员目前使用的范围内。假设使用司钻法(恒定井底压力),可用方程(7.4)导出最佳表层套管深度。

$$p_{choke} + H_{mud} + H_{gas} = p_t \tag{7.4}$$

式中

$$p_{choke} = p - xd_m \tag{7.5}$$

$$H_{mud} = (H - y)d_m \tag{7.6}$$

$$y = \frac{V}{A} = \frac{p_f V_f}{pA} \tag{7.7}$$

$$p = xd_{ff} \tag{7.8}$$

$$A = \frac{\pi}{4}(D_h^2 - D_p^2) \tag{7.9}$$

方程式(7.4)通过以下假设进行简化:(1)气体压力梯度可忽略不计($H_{gas} = 0$),(2)理想气体条件下($p_f V_f = pV$),(2)为了承受井涌,表层套管深度的井涌压力必须限制为套管鞋处的漏失压力。

通过使用这些假设并用方程式(7.5)至式(7.9)替换,式(7.4)可以重新排列为二次方程式[式(7.10)]。

$$(d_{ff} - d_m)x^2 + (Hd_m - p_t)x - \frac{4p_f V_f d_m}{d_{ff}\pi(D_h^2 - D_p^2)} = 0 \tag{7.10}$$

对式(7.10)进行求解得到式(7.11):

$$x = \frac{(p_t - Hd_m) + \left[(Hd_m - p_t)^2 + \frac{16(d_H - d_m)p_f V_j d_m}{d_{ff}\pi(D_h^2 - D_p^2)}\right]^{\frac{1}{2}}}{2(d_{ff} - d_m)} \tag{7.11}$$

式中　A——环空横截面积;

d_{ff}——x 处地层漏失梯度;

d_m——钻井液重度;

x——目标点(表层套管深度);

H——井眼总深度;

p_f——初始破裂压力;

p_t——地层压力或储层压力;

V_f——初始井涌体积;

D_h——孔直径;

D_p——钻杆直径;

H_{gas}——环空气体压力梯度;

H_{mud}——环空钻井液静水压梯度;

p——目标点井涌压力(在表层套管深度,p 为泄漏压力);

p_{choke}——地面记录的套管压力;

V——目标点井涌量;

y——套管鞋高度。

求解二次方程得出最小表层套管设置深度 x[方程(7.11)]。在推导该方程时,假设地面套管鞋必须承受井涌压力。该假设将井涌压力等同于套管鞋处的漏失压力。这一关键假设仅允许套管鞋处发生井涌,从而限制了最佳表层套管安装深度。

因此,如果设置套管鞋的地层较弱,则可能发生地下井喷。最重要的安全方面是控制地面油井。所以,表层套管鞋的性能是防止表层破裂的一个最重要的参数。

7.1.6.2 实用指南

Eikås(2012)提出了一个实用指南。在设计一口井时,通常从假定要钻的最后一段开始。选择相当于图7.7中A点孔隙压力梯度的钻井液密度以防止地层流体流入(即井涌)。这种钻井液密度不能用来钻整口井。在图7.7中的B点,地层将具有与该密度相等的破裂梯度。中间套管将保护此时的地层和地面免受钻井液对其施加的压力。因此,中间套管必须至少延伸至B点。然后,选择钻进至B点,并设置中间套管所需的钻井液密度等于C点所示的流体密度。选择C点的钻井液密度意味着必须在D点设置表层套管,以避免地层破裂。如果可能的话,所有的点都选在安全临界线上。

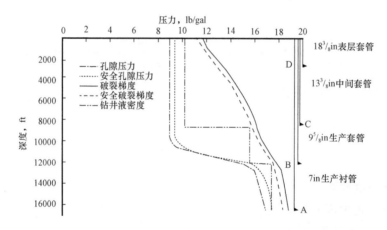

图 7.7 带起下钻边缘和相关井设计的钻井液窗口(Eikås,2012)

对淡水含水层、井漏区、盐层和低压区的保护是需要考虑的因素,这些因素可能会导致套管堵塞,并影响沉降深度。当确定基于钻井液密度的沉降深度时,可以考虑井涌标准。

如果钻井液压力不能承受地层压力,则可能发生井涌。通过考虑井涌标准,可以选择设置深度,以便设置套管的地层能够承受井涌期间暴露的压力。使用这种方法,重要的是根据压力而不是压力梯度进行评估(Aadnoy,2010)。因此,孔隙压力和破裂压力以磅每平方英寸(psi)和深度为横纵坐标进行绘制。孔隙压力与深度的关系示例如图7.8所示。如果井钻至12000ft发生井涌,则应设计井涌处理方案。假设该深度处的地层流体为密度7.58lb/gal的冷凝液,且密度恒定,循环期间无膨胀。当井涌发生时,井内将充满冷凝液,井内向上的压力将因该流体的重量而降低(Aadnoy,2010)。

图7.8绘制了井涌流体梯度图。穿过破裂压力线的点表示新的套管设置深度。重复此操作可获得其他套管设置深度。图7.8显示了新设置深度必须满足井涌标准。

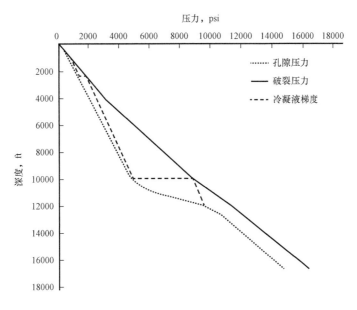

图7.8　根据井涌标准设置深度(Eikås,2012)

如果使用浮式钻机钻井,则必须考虑立管界限,以确定套管安装深度。如果由于恶劣天气等原因必须与钻井船断开连接,则需要考虑立管界限。在断开连接的情况下,立管中钻井液产生的静水压头将被海水静水压头代替。压差需要平衡,在常规钻井过程中,这是通过使用较重的钻井液来实现的。产生的超压称为立管增压。计算中立管增压将影响套管鞋设置深度(Aadnoy,2010)。

7.1.6.3　生产过程中套管鞋深度对持续套管压力(SCP)的影响

生产阶段可能有特殊的钻井要求,以防止因套管鞋设置深度不利而产生SCP。本章将强调如何选择适合生产阶段的设置深度。有一些共同的准则应当被遵循,以确保油井良好的完整性。新的钻井技术也应运而生,如管理压力钻井(MPD)、双梯度钻井(DGD)和降低当量循环密度的低循环率钻井。所有的这些方法在钻探时都可能比传统钻探方法更具优势。在钻井过程中使用较低的钻井液循环速率可能会导致固井过程中出现问题。地层可能无法承受进行有效固井作业所需的必要压力。

在钻井过程中,根据钻井液密度和破裂梯度,应将套管鞋设置到尽可能深的位置。然而,如果不推进边界并降低安全系数,就不可能将套管设置得更深。这个问题可以通过在油井设计中增加一个额外的套管柱来得到解决。这是通过设置一个比最初计划浅的套管并增加钻井液密度来实现的。增加的钻井液密度使得下一段的钻井深度可能比最初计划的更深。

监管机构关注地表水或地下水的潜在污染。由于表层套管暴露于这些水源,大多数国家都有关于套管放置和固井作业的规定。在美国,各州对表层套管深度的要求各不相同。然而,大多数产油州要求将表层套管设置在所有的淡水之下(IOGCC,1992)。

　　一些州(例如爱达荷州)要求表层套管设置"足够深以防止井喷",并要求覆盖所有淡水。也有个别州(如加利福尼亚州)根据井控操作所需的深度与总深度的关系,提出了有关表层套管的要求。加利福尼亚有很深的淡水(深达900m),无法被表层套管覆盖(SCDC,1988)。为了保护淡水,加利福尼亚州要求对中间套管或生产套管进行注水泥胶结,以便覆盖所有淡水区、油气区和异常压力层段。印第安纳州的表层套管准则简单地规定,表层套管应设置在所有淡水以下,但生产套管与地面胶结的情况除外。

　　一些州的监管机构(例如,俄克拉荷马州石油与天然气保护委员会)仅要求为隔离淡水而使用表层套管,如果隔离淡水的深度太浅,可能需要为井控操作设置更大的深度。在俄克拉荷马州,所有钻至760m以下的油井不需要在淡水中设置表层套管;然而,下一根管柱必须注水泥并隔离淡水。

　　得克萨斯州铁路委员会(RRC)允许通过额外处理来替代淡水保护计划(RCT,1992)。RRC可允许公司设置较少的表层套管,前提是通过最深淡水设置的第一根套管柱在可行的情况下,在一个阶段内从套管鞋处注水泥胶结到地面。同样在得克萨斯州,任何钻至300m以下的井都不需要通过淡水设置表层套管,前提是生产套管从套管鞋进行注水泥胶结到地面。

　　加拿大西部省份的表层套管要求与加利福尼亚州的要求在总深度关系方面具有一定的相似性。不列颠哥伦比亚省要求将表层套管设置为计划总深度的15%(BCPRB,1991)。萨斯喀彻温省要求将表层套管设置为计划总深度的10%。1993年之前,阿尔伯塔省对发达地区的要求是计划总深度的5%～10%,对勘探地区的要求是计划总深度的12%～20%(SEM,1991)。为了保护淡水,阿尔伯塔省能源资源保护委员会(ERCB)要求,如果表层套管设置在任何含水层(可利用水的来源)下方25m以下,则表层套管旁边的套管柱应全部进行注水泥操作(根据定义,可用水的总溶解固体含量低于4000mg/L)。在阿尔伯塔省,浅井通常不需要表层套管,前提是套管应全长注水泥(ERCB,1986)。在阿尔伯塔省,每一个钻井许可证都有以下规定:一口井内所有可用的地下水含水层都应隔离在表层套管后面,或通过下一层套管柱的固井进行充分覆盖。如果要废弃该井,则应使用适当的裸眼废弃塞。对于已钻井和废弃井,阿尔伯塔省允许公司使用其废弃计划作为隔离淡水的手段。

　　与此相关的是阿尔伯塔规则(Alberta Rule,2018)如下。

　　6.080(1)废除AR186/93s2:

　　1)被许可方应设置表层套管,并满足指令008:表层套管深度要求。

　　2)已废除AR216/2010s2

　　3)要求的表层套管设置深度小于

　　a)180m,或

　　b)在地下水保护(BGWP)深度的基础上,靠近表层套管的套管柱应全长注水泥。

　　4)尽管本协议有其他规定,但对于任何特定油井或区域,监管机构可规定并要求油井的持证人员确保将表层套管安装在其认为适当的较大或较小深度处。

　　5)被许可方应确保在钻入安装深度10m以上的井眼之前将表层套管全部注水泥加固。

　　6.081:除非监管机构确认不需要中间套管,否则被许可方不得在未先设置中间套管的情况下钻至3600m以上的深度。

　　6.90:被许可方应按照指令009:套管固井最低要求对套管进行固井,除非监管机构

a）免除被许可方的要求，或

b）规定了为特定井或特定区域进行套管固井的另一种方法。

6.100（1）：为生产石油、天然气或注入任何液体而完井的被许可方，须以第（2）款所述的方式，使第二套管柱与表层套管之间的环空与大气连通。

（2）被许可人应通过管柱排放环空，根据监管机构在特定情况下可能存在的其他规范，该管线应

（a）最小直径为 50mm，

（b）延伸至地面以上至少 60cm，

（c）终止时，使水流向下或平行于地面，并且

（d）应配备一个阀门，在该阀门中，发现来自油井的代表性气体样品中的硫化氢浓度超过 50mol/kmol。

（3）表层套管通风孔部分的工作压力额定值（kPa）应至少为所需表层套管深度（m）数值当量的 25 倍。

（4）如果井筒压力不需要环空排气口，或因特殊情况要求排气口保持关闭，除非检查表层套管中的压力，否则监管机构可免除油井在本节的要求。

6.101（1）：油井的所有生产或注入，除生产含硫气体或注入淡水外，均应通过油管进行。

（2）在被许可人提出申请后，如监管机构认为情况需要豁免，则监管机构可免除油井所遵循的第（1）款的规定。

（3）被许可人若要根据第（2）款申请豁免，须证明他为减低因腐蚀而诱发液体外泄的风险而采取的措施是足够的。

（4）废除阿尔伯塔规则中的 36/2002。

6.110：从油井中回收的套管不得作为中间套管或生产套管下入，除非以监管机构满意的方式进行了测试，并证明符合监管机构的要求。

6.120（1）：在通过井向地层注入除饮用水以外的任何流体之前，被许可人应

（a）在井内设置一个生产封隔器，并尽可能靠近注入层段，以及

（b）用无腐蚀性、防腐蚀的液体填充油管和套管之间的空间，但经申请并以书面形式提出后，监管机构可免除对被许可人在本节的所有要求。

（2）如果油井按照第（1）款的规定装有生产封隔器，该油井的被许可人须在每年 9 月 1 日前，向监管机构的相应地区办事处呈交，

（a）油管和套管之间的液体与注入的液体相隔离的证据，并且

（b）证明隔离的数据。

6.130（1）：已完井或气井的地面和地下设备的性质和布置应确保能够随时测量油管压力、生产套管压力、表层套管压力和井底压力，并允许监管机构进行所要求的任何合理测试，除非监管机构批准的完井技术排除了此类测量或测试。

（2）地面设备应包括取样油、气或水所需的阀门连接。

（3）油井或气井的被许可人在油井完井及任何后续变更时，须备存并随时向监管机构提供油井内所有地下设备及其位置的详细描述。

7.2 案例分析

钻井套管是钻井作业的重要组成部分。套管本质上是伸缩式的,如果覆盖层套管没有正确就位,则问题会像雪球效应般接踵而来而且后续的钻井作业将因泄漏而严重受阻。如果是连续钻井,则有可能出现钻杆和钻头卡住的情况,从而导致整个井筒坍塌。在这种情况下,需要钻井液钻井以避免淤积、坍塌,或者可以用钻头将井眼扩至有问题的区域,并将套管下放以避免淤积,在没有发生任何问题的情况下进行下一步的钻井。图7.9显示了油井各部分的相对尺寸。然而,重点是要正确放置套管,否则问题将继续存在,并可能导致雪球效应。

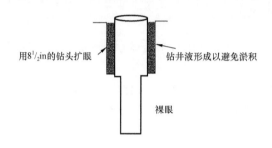

图7.9 雪球效应的问题

关于井的完整性,人们已知的和未知的有很多。油气田油井"故障"的历史比率从屏障失效的小百分比到大于40%不等,其中许多是由于套管故障造成的(Davies et al. ,2014)。Brufatto等人(2009)研究了墨西哥湾的8000口海上油井,并报告了11% ~ 12%的油井在外管柱中产生了压力(称为"持续套管压力"),阿尔伯塔省316000口油井中有3.9%的油井也是如此。然而,并非所有出现单一屏障失效的油井现在或以后都会发生泄漏(King and King,2013);可能存在多个安全屏障,而且流体运移必须存在压力或浮力梯度。

对Ingraffea等人(2014)之前工作的Marcellus地区进行油井完整性分析,发现了不同的结果。Considine等人(2013)利用州记录估计,2008年至2011年间,在3533口气井中,有2.6%的气井出现了屏障或完整性故障。Vidic等人(2013)延长了研究时间(2008年至2013年)和增加了研究井数(6466口),发现3.4%的井发生泄漏,主要是由于套管和水泥出现问题。Davies等人(2014)估计,2005年至2013年期间,6.3%的钻井出现套管故障或完整性失效,与Ingraffea等人(2014)的6.2%的非常规钻井数量一致。后两项研究的估计值略高,因为它们的分析中包括了来自环境保护署数据库的数据和那些已采取了补救措施但未发出违规通知的情况。Ingraffea等人(2014)的新分析涵盖了更多的时间(2000—2012年),并对超过41000口油气井的数据进行了更深入的挖掘。有一些意外发现,显示"结构完整性失效"(Ingraffea等人的术语)的油井占比为1.9%,其中2000年至2008年期间常规钻井中出现该情况的所占比率最低。然而,非常规页岩气井出现问题的可能性是同期常规钻井的6倍(6.2%与1.0%相比)。最常见的现象是水泥或套管"失效、不足或安装不当",以及压力积聚,表现为表面起泡或持续套管压力明显。在24起案件中,宾夕法尼亚州环境保护局得出结论,认为"未能防止污染地下水"(Ingraffea et al. ,2014)。自2005年以来,该州已经确认了100多起油气活动造成水井污染的案例(Begos,2014)。

在近海钻井中,长套管应在海水中钻至海底坚硬地层。如果套管安装不当,海水泄漏会导致钻井液密度降低,从而使得钻井无法进行,并且油井中有可能因"钻井液漏失"而问题复燃。因此,就海上钻井而言,良好的套管是非常必要的。在本节中,引用了一些案例研究。

套管柱的尺寸和设置深度几乎完全取决于钻井特定位置的地质和孔隙压力条件。因此,套管配置的变化范围很大。世界各地使用的一些配置如图7.10所示。注意表层套管的长度取决于表层土壤和地壳上部的组成。只有产油率相当高的北海,才使用7in作为生产套管。众所周知,沙特阿拉伯储层是唯一不安装任何生产油管的国家,通过直径为7in的生产套管进行生产。

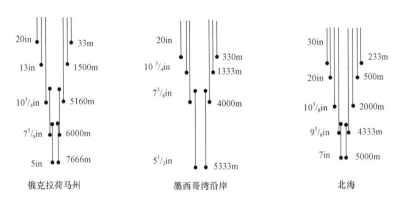

图7.10 世界各地使用的一些套管配置(Khosravanian and Aadnoy,2016)

7.2.1 案例研究1(套管堵塞)

这个特殊的案例研究来自印度北喀拉拉邦的卡利卡特。在这个沿海地区,由于频繁的淤泥问题,导致套管堵塞和其他问题,因此无法放置表层套管。结果,只能暂停钻井。在这种情况下,需要钻井液旋转钻井来钻进淤积或坍塌地层(Anonymous,2012)。

根据区域主管的指示,已决定使用组合钻机(DTH-RECP-88/95钻机装置)建造一口组合井,卡利卡特的现场地质学家选择了一个合适的场地。主要目的是使用DTH钻机建造旋转井,实现顶、底区域分层。故而建造了一口200m长的组合井,其中50m是通过旋转钻井建造的,用于表层套管,并将旋转井建造至胶带顶部区域。水泥固井是必要的,用来阻止压缩机空气的背压和砾石的下降压力,以便能够成功地进行硬岩地面钻井,并为水泥沉降提供了36h的时间。水泥沉降时间一结束,就在不干扰旋转井(使用筛管施工完成的)的条件下实现了硬岩中的顺利钻进。这是现场地质学家设想的,目的是用水泥封住顶部区域,并将砾石包围起来,以避免通过适当的"反冲洗"产生盐渍。如果不采取适当的水泥封顶措施,砾石将落入硬岩井眼中,从而导致钻柱被提起,钻头无法继续钻进。在继续钻进之前,采用15L/S的排量进行洗井(顶部+底部地层),其砾石被反冲洗液包围起来。

在淤泥(或滑岩、崩落)区,可以部署ODEX钻探(ODEX是一种井下空气锤系统,用于在钻井过程中推进套管。一旦达到所需深度,就可以取回偏心钻头,使套管保持原位,以便取样或安装),使钻进、扩孔和套管同时进行,并且由于ODEX系统的频繁操作,不会发生淤积或崩落。

建议在无法进行钻井液钻井的情况下,使用10in钻头对出现问题的坍塌区(或淤积区)进行扩孔,其中必须下入7inM. S. 管并在底部进行完全密封,以便顺利完成硬岩地层的钻井。这样可以避免淤积或崩塌。完钻后,如有可能,取出为避免坍塌或淤积而下入的10in超大套管。

在有问题的卵石区和滑岩区,可采用ODEX钻井系统进行套管作业。

(1)为防止堵塞,可在井筒内对上覆套管进行钻井液钻进。

(2)大尺寸套管可采用钻井液钻进插入,以防堵塞。

(3)覆盖层套管应保持垂直,以便顺利进行钻进,否则可能会掉入井眼或卡钻。

7.2.2 案例研究2(套管安装问题)

Khosravanian和Aadnoy(2016)提到了许多涉及套管相关问题的案例研究。在早期勘探阶段,研究的地质背景没有得到充分描述。第一个案例来自Reshadat油田,位于波斯湾中部卡塔尔FarsArch河以东。该构造所处的地区内盐层构造占主导作用。区域内存在大量盐塞,几乎所有油气层都伴随着膨胀。

第1节:17.5in井眼和$13\frac{3}{8}$in套管:该孔钻至1000~7900m,为井口和套管提供支撑,并允许安装第一个防喷器组(或分流器),以确保下一个井段的安全钻进。将$13\frac{3}{8}$in的套管柱下入井内,并进行单级固井作业。

第2节:$12\frac{1}{4}$in井眼和$9\frac{5}{8}$in套管:该段从$13\frac{3}{8}$in套管鞋处开始钻进,在选定的储层处设置$9\frac{5}{8}$in套管。该套管将允许安装5000psi防喷器组,以确保下一个井段的安全钻进。

第3节:$8\frac{1}{2}$in井眼,5in割缝衬管:从$9\frac{5}{8}$in套管鞋处水平钻至计划段的$8\frac{1}{2}$in井段,所选地层内的TD为7420m[●]。根据储层目标、实际条件和完井情况,设置深度可能会有所不同。该水平井段将在含油气区用5in割缝衬管,且不进行固井。5in割缝衬管下入时,尾管悬挂器位于$9\frac{5}{8}$in套管内约100m处。

在对目标函数的结果进行全面分析后,可以定义一个最佳间隔,套管点可以在该间隔内设置,这也取决于决策者对待风险的态度和不同的场景。上述区间的上下限由地质情景中的最坏情况和良好情况决定。如果定义其他情况,将在上下点之间找到一个最优解。该区间以外的其他点不是最佳点;因此,这不是一个经济条件。当精确地确定了其他点的位置后,就可以进行经济测量,然后与最优解进行比较。现在,只有当最优解在两个最优点之间移动时,才能计算利润节省的百分比,见表7.3。例如,在W2井,有三种不同的方案A、B、C。最佳解决方案与其他方案相比,在轨迹上最多可节省15.2%的成本。

表7.3 不同井况下最佳条件的效益比较

井	轨迹Ⅰ,%	轨迹Ⅱ,%	轨迹Ⅲ,%
W2	15.2	3.6	2.4
W7	9.3	3.6	7.3
W19	3.8	3.0	8.7

● 原文为74200m,系有误——译者注。

7.2.3 案例研究3(海上油田套管安装问题)

1990 年发现的南帕尔斯气田位于波斯湾,距离伊朗海岸约 100km 处,并延伸至邻国卡塔尔,在当地它被称为北气田。该气田的主要含气层为上二叠统和下三叠统碳酸盐岩系,早志留世暗色页岩为主要气源层,南帕尔斯油田有一个跨越 20 年的 25 期开发方案。优化套管点程序是海上应用井设计的一个重要因素。常规设计通常要求使用非常大的表层套管,以允许大量的后续套管柱通过,从而到达并穿透目标区。大尺寸套管和处理大尺寸套管所需的更大的地面设施以及支持这些大井眼钻井和完井所需的更高水平的服务大大增加了勘探和油田开发成本。本研究中的油井被分为图 7.11 所示的组件。利用南帕尔斯气田的自升式装置,对油井进行了以下的钻井计划。表 7.4 给出了之前的做法与决策支持分析后所建议的做法之间的比较。

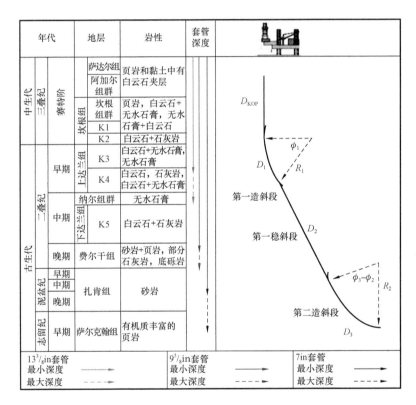

图 7.11 井眼轨迹适用于优化井眼设计问题的完井

表 7.4 新方法和之前实践方法的结果比较

阶段	井数	所有井的目标函数标度和		百分比,%
		实施计划解决方案	使用新模型解决方案	
阶段 1	4	60.0	58.0	3.33
阶段 2 和 3	5	78.5	74.0	5.73
阶段 4 和 5	6	96.0	91.2	5.00

本案例研究的目的是将考虑新方法和没考虑新方法所得到的决策结果进行比较。此处的决策与油井最佳套管点的定义有关。表7.4检验了新方法的目标函数和前几阶段的实施方案。新方法的目标函数与实施方案的比较表明,原方案不如新方法好。这里还需要注意的是,对于油田已完井的所有套管点的选择,使用先前的策略可能是未来阶段最糟糕的一个解决方案。

通过对前一阶段油井采用"新方法"概念,在百分比方面取得了以下重要改进:这15口油井的可用结果可用于寻找最佳方法。对于本案例研究,包含新方法的目标函数的平均值小于不排除新方法的平均增益。

该案例研究表明了考虑所有可用数据(包括地质和生产历史)优化套管位置的重要性。提出了一种在三维定向井道中规划最佳套管点的优化方法,并成功地应用于伊朗某海上工程。研究结果表明,新方法在提高效率、降低成本、缩短时间和节约成本方面具有显著的潜力。新方法不仅适用于海洋工程钻井作业,而且将作为未来其他钻井作业阶段的基础,因为它能帮助得到令人满意的结果。

本节得出以下结论:应用数学模型对地质不确定性条件下的套管选点进行了优化。本研究的观察结果如下:(1)在评估不同井眼轨迹和地质情况时,利用效用框架评估数学模型的不确定性。(2)效用框架提供了通过效用函数量化风险程度的工具。(3)效用框架将不确定性问题转化为确定性问题。

平均而言,在 Reshadat 油田,通过对多个场景使用完整方法,考虑地质不确定性,可以更好地确定油井的最佳点,预计至少能够节省 2.4% ~ 15.2% 的费用。将套管点规划问题(CPS问题)扩展到不确定性环境中,是确定油井套管下入深度的一个很好的工具。

数据越多,不确定性越小,决策也就越好。

7.2.4　案例研究4(套管泄漏)

《石油与天然气杂志》(O&G Journal,1990)报道了一次成功的操作,修复了套管泄漏问题。印尼大陆资源(O.S.)有限公司运营的一口油井面临着套管泄漏的长期问题。该井位于1922年发现的 Bunyu 油田。该油田有123口油井,其中一个干井眼位于复杂的河道砂系中,其间夹杂着页岩和煤。在这一时期,已生产了大约91个区域,累计产量约为 $8000 \times 10^4 bbl$ 石油。尽管大多数油井的含水率都很高,但通过小心布置注入点来维持压力和提高通道的波及效率,可以大大提高采收率。

大陆资源(O.S.)有限公司是一家二级开采承包商,获得了 Bunyu 油田注水项目的评估、安装和运营权。该油田位于印度尼西亚加里曼丹东海岸相对孤立的本尤岛上。1987年7月在几个地区开始了初步的试点安装工作。

1973年钻得的 B-49 井被提议作为 0-95 区注水试验的生产井。之所以选择这口井,是因为它位于所需的试验区内,而且1985年7月的钻杆测试试验表明,这口井是一口理想的注水生产井。这口井已经在该区以不经济的一次采油速度废弃,并计划在二次采油阶段启用。

这项测试是在自然流动条件下进行的,因为该井最初是以这种方式完成生产的。为节省前期生产成本,计划后期安装人工升降机。生产开始后,预计含水率将上升到90%以上。值得注意的是,储层已经处于注水方案中,预计注水后会有较高的含水率。然而,如此高的含水率降低了油井的经济性,生产自然不得不提前停止。

由于将产生大量的水以维持经济油率,并考虑到其他因素,包括现有气举系统的容量限制,因此选择潜油电泵(ESP)作为首选的举升方法。

ESP 安装顺利,油井投入生产。与 Bunyu 油田的大多数油井类似,B49 井的许多区域先前已被射孔用于生产,当这些区域被废弃时,进行水泥挤压。一般来说,Bunyu 油田很难一次性固井,而且普遍固井效果较差,尤其是 B‐49 井等老井。显然,由于原生水泥和固结较差的砂岩的结合,每当受到 ESP 压力下降时,就会发生原生水泥破裂和浅层挤压。

1985 年以前的一系列测试需要艰难的挤压工作来准备油井。为了改进所采用的方法,对这些工作进行了仔细检查。尽管非常小心地操作以确保挤压作业完成良好,包括测试各种水泥混合物和浇筑技术(不同的迟滞挤压方法、泵速等),但仍有些井需要多次作业,不断增加成本,才能获得所需的套管测试结果。可以从已完钻井的数据了解到很多地层相关情况和易发问题。

7.2.4.1 维修方案

额外的泵测试导致了更多的故障,最后出于安全原因临时废弃。很明显,对这些井眼进行额外水泥挤压可能是不成功的,也并不划算。对油井进行评估,以确定使其恢复生产的最佳修复方法。备选方案包括以下几项。

(1)需要从美国设计和订购一套特殊的环氧基树脂水泥的完整再挤压技术。

(2)设置约 160ft 的套管贴补片,同时还需要订购使用的设置工具和驻印尼的一名技术服务人员。

(3)用一个特殊的封隔器隔离套管的故障部分,并配备电气线路和通向地面的单独通风管。

(4)可能设置 $4\frac{1}{2}$in 的衬管($5\frac{1}{2}$in 的不可用)通过故障套管段,这将需要一种不同的提升装置。

(5)在现场进行侧钻,这是一个相当昂贵的方法。

(6)在评估了成本、物流、可靠性和所需生产率等所有因素后,套管贴补片的替代方案看起来是最好的。尽管这些在印度尼西亚是新的技术,但另一位具有套管贴补经验的操作员对成本效益服务和结果非常满意。

(7)现有的修补材料也可用于正在安装的其他试点,从而降低未来修井成本和最终项目成本。

(8)套管贴补片不会改善套管后面的区域隔离。但有人认为,如果压入套管的水泥压差可以由贴补片承受,水泥可以保持套管(套管—地层环空)后的分区隔离,垂直(地层—地层)压差比穿过原射孔的水平(地层—套管)压差低得多。

(9)订购贴补片材料和安装工具,并准备进行 9 个贴补片套管修复操作。

7.2.4.2 设置补丁

使用安装工具、循环断开接头和钻杆系统设置贴补片。将一个标识物设置在工具上方,以将第一个和最低的贴补片准确定位在射孔部位上方。用伽马射线和 CCL 定位标识物深度。

最深的一块先被设置好。使用 2500psi 液压设置前 5ft,然后通过 50000~60000lb 的直钻拉力设置剩余长度。下入一根钻杆以打破循环段塞,并将工具从井眼中提出。

第二个贴补片被装配好并放入井眼中,将第一个贴补片贴上标签。然后把它提出井眼,直到它位于第二组要修补的射孔的对面。再次进行伽马射线和CCL检查以确认位置。然后使用与第一个相同的步骤设置第二个贴补片。再以同样的方式,设置剩下的7个贴补片。设置9个补片的总时间是104h。

7.2.4.3 结果和经验教训

在连续生产的前7个月内,未发生因挤压破裂或套管泄漏而导致的停工。这口井每天稳定注入2250bbl液体,几乎比之前造成故障的速率高出三分之一。

这些贴补片暴露在高达700lb/in^{2}的压差下。尽管由于各种原因(包括泵试验)需要在修补之前进行一些钻机作业,但据估计,65%的钻机和相关固井成本完全归因于水泥损坏的修复。如果不是ESP不需要更换,这个成本还会更高。修补工作的总成本约为7万美元,包括钻井时间,这反映了该偏远地区的高后勤成本。而这口井是一个例外情况,因为有许多旧的射孔,并且这是第一口完成的生产井。

然而,通过使用套管贴补片消除未来油井的类似完井问题,预计可为每个生产商节省高达60000美元的成本。这笔节省的费用基于钻机作业,在修井时间上可减少约4d。

贴补片的位置设置在穿孔或其他类型泄漏的套管内。它在套管中形成薄壁圆筒,内径仅减少0.31in,因此,可以在必要时进行封隔器封隔或其他补救操作。这些贴补片有效地堵住了漏洞,而且足够坚固,可以承受内部和外部的压力。该贴补片由一个细长的金属管组成,呈8点或10点星形波纹状。这种形状减小了外径,因此可以在井下运行。根据应用情况,外面覆盖一层玻璃布或其他材料。将贴补片放入套管中后,涂上一层特殊的环氧树脂涂层。涂层硬化前的凝胶寿命为608h。当外壳硬化时,环氧树脂和玻璃布在外壳和贴补片之间形成永久性密封。贴补片长度的设计用于覆盖泄漏区域,并在每端延伸约8ft进入良好的套管。设置操作迫使贴补片与套管内径一致,并使贴补片处于压缩状态。设置好前3~4ft后,贴补片牢牢地固定在套管上并保持静止。

设置工具是由泵压力驱动的一系列液压缸。油缸杆从打开位置延伸到设置工具下方。附在杆上的是足够长的延长杆,以适应贴补片的长度。这些是连接一个坚实的锥形楔和一个强大的灵活夹头。贴补片安装在延伸杆上方,位于底部锥体和顶部衬垫止动块之间。在液压缸的顶部连接了各种工具,这是由操作类型决定的。工具组合可以是压具、缓冲接头、滑阀、油管、断开塞式循环阀以及钻杆。设置贴补片标准程序和操作如下。

(1)使用封隔器确定泄漏深度。使用套管刮刀清理待修补套管段的水垢、水泥等。

(2)运行测量环,以验证套管尺寸是否不足。安装工具和贴补片,并将其安装在井筒上方。

(3)混合两组分环氧树脂,并在放下组装工具时,将其涂抹在贴补片上的玻璃纤维布上。然后将组件下入井下,并在泄漏处居中。

(4)滑阀允许油管在下井时充满井筒。

(5)当定位在泄漏处时,关闭滑阀并施加泵压。这启动了液压缸,然后将锥体和夹头拉入贴补片底部,并将底部设置为5ft。

（6）强制星形贴补片与套管内径一致。环氧树脂在套管和贴补片之间形成圆柱形密封，并被挤压到套管内泄漏发生处。

（7）在设置完第一个5ft的贴补片后，释放泵压，并将工作管柱升高5ft。这使得工具运行，并准备以液压方式再设置额外的5ft。

设置剩余贴补片的第二种方法是直接拉动工作管柱。在前5ft设置完成后，将贴补片固定到套管上，上述两种方法都可以使用。任何一种系统都允许工作管柱在出井时排水。然后可以运行其他修补程序或开始其他操作。如果要对贴补片进行压力测试，则可以在环氧树脂硬化后（即混合后24h后）进行。

7.2.5　案例研究5（使用凝胶堵水）

Jurinak和Summers（1991）提出了一个使用硅溶胶控制漏水的案例研究。他们选择了能耐受250℉高温并通过了一系列高性能测试的硅溶胶体系。选择胶体二氧化硅进行广泛的研究是因为它的凝胶化对盐度和pH值变化的敏感性低于硅酸盐，从而提供了更可靠的凝胶时间控制。硅溶胶所需的二氧化硅浓度高于硅酸盐凝胶所需的二氧化硅浓度，这个结果被认为是必要的。硅溶胶已在11口井的修井作业中得到了应用，分别是注水调剖（4口井）、产水控制（3口井）和套管修复（4口井）。

1985年9月至1988年4月，在这11口井中进行了硅溶胶处理。表7.5按时间顺序概述了实地工作。

表7.5　现场应用总结

日期	井	位置	方案
1985年9月	I－1	新墨西哥东南部	齿形修整
1985年10月至12月	C－1至C－3	南得克萨斯	套管修复
1986年7月	C－4	俄克拉荷马州东南部	套管修复
1986年7月	P－1	路易斯安那海上油田	堵水
1986年9月	I－2	加利福尼亚州南部	齿形修整
1987年2月	I－3	加利福尼亚州南部	齿形修整
1987年3月	P－2	加利福尼亚州南部	堵水
1987年3月	I－4	西得克萨斯	齿形修整
1988年4月	P－3	路易斯安那海上油田	堵水

被处理的井代表了一系列储层岩性，包括致密固结砂岩、高渗透疏松砂岩、白云质砂岩和碳酸盐岩。静态储层温度范围为70～180℉，地层盐水盐度在总溶解固体（TDS）的1%～16%之间变化。在四口注水井的调剖处理中只有一口在技术上取得了明显的成功，失败通常是由于油井处理后凝胶塞的压力分离造成的。三项产水控制工作中有两项在技术和经济上取得成功。四种套管修复方法中有三种取得了暂时的成功。杜邦Ludox® 胶体二氧化硅（7nm粒径）用于所有实验室工作和现场测试。表7.6给出了Ludox胶体硅溶胶的性质以及硅酸钠（3.3∶1）的类似性质。

表 7.6 硅溶胶和硅酸钠溶液的性质

	硅溶胶	硅酸钠
平均粒径,mm	7	1
SiO_2 重量百分比,%	30.0	29.1
25℃时的 pH 值	10.2	11.1
SiO_2/NaO_2,重量百分比,%	52.0	3.3
25℃时的黏度,mPa·s	5	300
密度,lb/gal	10.1	11.6
相对密度	1.22	1.39

如下是一个关于得克萨斯州南部 C-1 至 C-3 井段的油井套管修复案例。在得克萨斯州南部的一次大型油田注水过程中,用硅溶胶修补了三口浅层注水井的小套管泄漏。这是一些深达 1500ft 的井,在 400~1200ft 的深度范围内穿透了多个水砂层。套管损坏是由于 30 年的现场作业期间,现场水的轻微腐蚀造成的。强制性套管完整性试验通过在 500psi 压力下对油管或套管环空进行水压试验进行,在 30min 的试验间隔内,压降不允许超过 25psi。该油田的试验失败表明,通常无法通过常规方法检测和修复泄漏。每次处理都遵循类似的程序(图 7.12)。

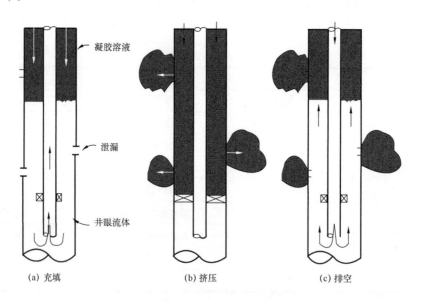

(a) 充填 (b) 挤压 (c) 排空

图 7.12 南得克萨斯油田套管修复工艺

在补救作业期间,水驱封隔器被释放,向油管或套管环空注入预冲洗溶液进行填充。重新设置封隔器,并将预冲洗盐水泵入泄漏处 4~7h。在每种情况下,注入泄漏处的预冲洗液少于 1bbl。硅溶液以类似的方式被挤入泄漏处。并且注入速率都保持在足够低的水平,以便注入硅溶液液柱顶部的水不会将套管中相当深的水置换出来,从而淹没浅层泄漏处。注入压力至少与 500psi 的最终系统测试压力一样高。在所有情况下,在向泄漏处挤压 5~7h 后,注入的二氧化硅溶液应少于 1bbl。预计溶液到达凝胶时间后释放封隔器,二氧化硅溶液随封隔器流体循环出环空。这使得环空保持清洁,在泄漏处用硅胶堵塞(图 7.12)。冲洗后用硅溶液修复,凝胶黏度保持在胶凝点附近。关井,第二天进行压力测试。三口井完成处理后立即进行套管压力完整性测试。在修复后 6 个月左右,对所有的三口井又重新进行了测试。一口井发生油管泄漏,未进行测试。一口井没有通过测试,它显示 10min 内压力下降了 50psi。第三口井的测试符合标准。尽管凝胶挤压程序成功地修复了试注入井中的小型套管泄漏,但硅胶并未从根源上解决套管劣化问题。因此,最终又形成了新的泄漏,再处理的频率可能要高达每 6 个月一次。只有在修井成本是低到中等的情况下,测试才是经济的。

7.2.6 案例研究6(岩性异常)

对挪威近海油田进行了案例研究(Aadnoy et al. ,1991)。初步结论是,30in 套管下入深度难以建模,而 20in 套管柱可设置在较浅的深度。进一步研究了该油田漏失压力的大范围扩散。有些扩散是由岩石的破坏机制引起的,这是不可预测的。然而,观察到的破裂梯度中的部分扩散似乎与钻井液性质有关。因此,通过配制适当的钻井液,可以提高井眼强度。

2006 年,挪威石油安全局进行了"试井完整性调查"。该项目的目标是确定挪威大陆架上的油井受完整性问题影响的程度(Vignes et al. ,2006)。图 7.13 显示了调查中出现的各种类型的油井完整性问题(Vignes and Aadnoy,2008)。与七家公司进行了联系,请他们分享有关预选海上设施油井状况的信息。为获得具有代表性的油井,对注水井和生产井进行了评估。油井的范围因井而异,且具有不同的开发类别。

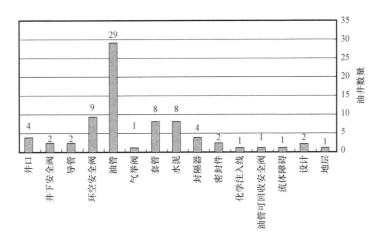

图 7.13 遭受不同屏障元件故障的油井数量(Vignes and Aadnoy,2008)

图 7.14 表明,1992 年至 2006 年的油井代表了完整性问题发生的峰值。在评估的 406 口油井中,发现其中的 75 口存在完整性问题。这些油井中的大多数完成于 20 世纪 90 年代初(Vignes et al. ,2006)。图 7.14 显示了油井内可能出现的一些不同的泄漏路径。导致持续套管压力(SCP)的一些常见故障有:套管或油管泄漏、周围地层的流体侵入以及封隔器和井口密封件泄漏(Vignes and Aadnoy,2008)。确定了各种 SCP 案例,并提出了解决方案。

7.2.6.1 情况1:生产封隔器下方泄漏

根据 NorsokD –010 指南的要求,9⅝in 套管水泥不符合主要屏障的要求。为保证 9⅝in

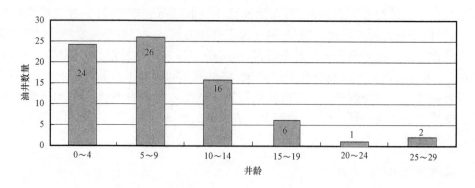

图 7.14　存在完整性问题井的井龄,406 口井中有 75 口井存在完整性问题

套管外的屏障 TOC,套管应位于生产封隔器上方。这种缺陷在老井中出现的频率相对较高。
图 7.15 所示的环空 b 和环空 c 中 SCP 的产生是由于两个屏障元件失效了。第一次故障发生
在 7in 套管处,第二次故障发生在 9⅝in 套管处。

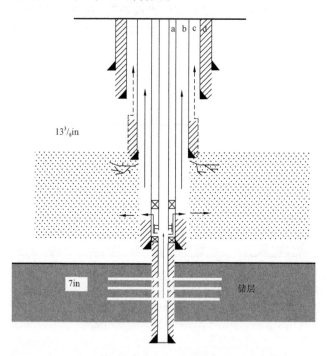

图 7.15　水泥外部 9⅝in 的套管设置在生产封隔器下方

　　因此,生产封隔器下方的泄漏可能导致流体流入地层或环空 b 和环空 c 中产生 SCP。一
级屏障用蓝色标记,二级屏障用红色标记(Eikås,2012)。

　　如果生产封隔器下方发生泄漏,且外部地层无法承受压力,则流体可能会沿井筒流动或流
入地层,在某些情况下,会一直流到地面。如果允许液体沿井筒中 9⅝in 套管的方向流动,则
SCP 可能在环空 b 中积聚。由于环空 b 位于二次屏障包络线之外,因此在这里产生 SCP 是非
常不利的。环空 c 中是否产生 SCP 取决于 13⅜in 的地层、套管鞋的设置情况以及水泥质量。
这个场景在案例 3 中有更详细的描述。

建议的解决方案:如图7.16所示,如果已经在生产封隔器上方进行了水泥固井,假设水泥提供了不渗透密封,则问题可能已经消除。如果将13⅜in套管和水泥重新定义为一个屏障,那么环空b中的SCP应该在一个屏障封套内,且更容易控制。第一道屏障用蓝色标记,第二道屏障用红色标记,如图7.16所示。

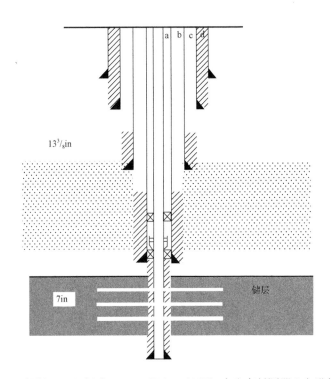

图7.16　根据Norsok标准D-010(Eikås,2012),在生产封隔器上方进行固井

Norsok D-010规定,水泥需要在生产封隔器上方才能有效地作为屏障。如果封隔器没有被水泥和13⅜in套管覆盖,油井则只有一个有效屏障。根据Norsok标准,当存在失控的油井外流的风险时,油井作业中应始终至少有两个独立的屏障封套。

7.2.6.2　情况2:未密封高压地层上方的套管鞋

在图7.17中,必须钻穿高压地层才能到达储层。为了能够以常规方式钻穿高压地层,在进入地层之前安装13⅜in套管鞋。下一段套管的设置深度并不能满足用水泥封住高压区。其结果是在高压地层中出现裸眼地层。由于高压地层中的孔隙压力超过环空流体压力,地层流体进入井筒,在环空b中形成SCP。主屏障用蓝色标记,次屏障用红色标记,如图7.17所示。

建议的解决方案:为了解决由于地层流体流入而在环空b中产生SCP的问题,可以使用额外的套管,如图7.18所示。将9⅝in套管设置在高压地层正下方,而不是储层正上方,所设置的新的深度使密封高压地层成为可能。同时把7in生产套管设置在储层正上方,而9⅝in套管设置在较浅的地层。因此,生产套管的直径从7in减小至5½in。该解决方案符合OLF-117的建议:"当SCP发生后,在已建立的油井屏障外的环空中还能产生溢流和压力积聚的地

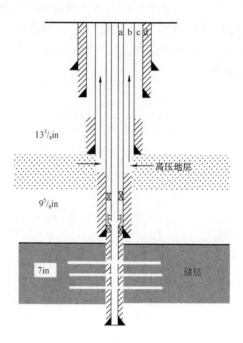

图 7.17 来自高压区的流体进入油井,导致环空 b 中的压力升高(Eikås,2012)

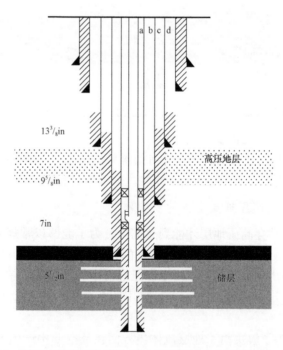

图 7.18 高压地层被适当封闭,防止地层流体流入油井(Eikås,2012)

层带通常是最复杂也是最难进行管理和消除的。"当该区域被适当隔离时,可以继续钻探到最初计划的深度,但现在直径较小。主要屏障用蓝色标记,次要屏障用红色标记。

比较:从图 7.17 中可以看出,导致 SCP 的原因与其说是屏障失效,不如说是缺少屏障。

图 7.18 显示了如何下入一个额外的套管柱,以实现对地层的合理密封。当水泥柱高度降低时,更容易使高压地层被有效封堵。如果要求的封隔高度过高,水泥柱的重量可能超过地层强度。图 7.17 中所要求的高度相当大。通过下入额外的套管柱,使所需高度降低,则成功封隔的可能性会更大。在上述建议中,额外插入 7in 生产套管能导致生产套管的直径从 7in 减小到 $5\frac{1}{2}$in。

为了避免生产套管直径的减小,可以在中间套管和生产套管之间插入一个 11in 的套管。如果套管柱设计得能够承受高压,那么管壁厚度将相当大。因此,插入一个额外的套管柱可能导致整个套管柱设计得非常紧密。由于循环速度的原因,在密集环空中进行良好的固井作业可能会更加困难。

如果可能的话,可以使用不同的钻井方法,如双梯度或 MPD,而不是插入额外的套管。这可能允许在高压地层下方设置 $13\frac{3}{8}$in 的套管鞋并且生产套管直径将保持不变。

若要使用不同的钻井方法,先前设置的套管鞋必须能够承受泄漏时可能暴露的压力。

为了节省 $9\frac{5}{8}$in 中间套管的钢材,如图 7.19 所示,可将其设置为衬套。如果先前的套管柱为了任何可能发生的 SCP 而设计,则可以使用衬管代替一直延伸到地面的套管柱。主要屏障用蓝色标记,次要屏障用红色标记。如果套管的抗爆裂性增加,则壁厚也会增加。在抵抗相同的压力时,要求大直径套管的厚度比小直径套管的更大。因此,最好将套管一直延伸到地面,而不是增加先前套管柱的直径。

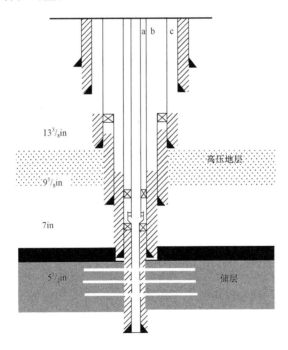

图 7.19 将 $9\frac{5}{8}$in 套管设置为衬管,不使用同一种套管延伸到地面(Eikås,2012)

7.2.6.3 情况 3:套管鞋下入脆弱地层

图 7.20 显示了在 $13\frac{3}{8}$in 套管鞋的下入深度附近有两个不同强度的地层。$13\frac{3}{8}$in 套管设置在顶部地层,即两个地层中最弱的地层。在生产过程中,套管悬挂器封隔器下方的生产套管

和9⅝in套管中发生泄漏。允许储层流体流动,并在环空 b 中形成压力。脆弱地层不能承受13⅜in套管鞋以下的储层压力和裂缝。由于地层和水泥胶结不良或水泥液中的通道被允许流入环空 c,从而在此处产生了 SCP。如果泄漏发生在井的其他位置,油井管柱的其他部分也可能会遇到同样的挑战。如果套管鞋和地层无法承受泄漏液体的压力,那么套管鞋和周围地层就会出现裂缝,液体会进入地层或沿 13⅜in 套管进入环空 c。一级屏障用蓝色标记,二级屏障用红色标记。

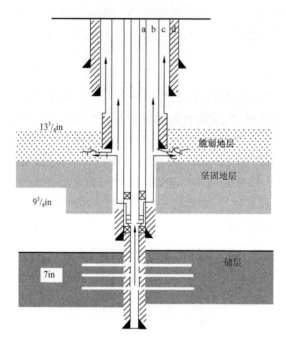

图 7.20　13⅜in 套管鞋位于脆弱地层中(Eikås,2012)

建议的解决方案:如果套管鞋可以设置在不同的地层中,OLF 建议将套管鞋设置在能够承受储层压力的地层中。假设坚固的地层能够承受储层压力,则应将套管鞋设置在该处。通过使用不同的钻探方法,可以钻探足够远的距离,以便套管鞋可以安装在坚固的地层中。如图7.21 所示,在坚固地层中设置了套管鞋。13⅜in 套管和水泥可以被重新定义为油井屏障,因此可以监测和控制 SCP。主要屏障用蓝色标记,次要屏障用红色标记。

如果更先进的钻井方法不能实现足够深的钻探,则可使用额外的套管或衬管。设置深度较浅的 13⅜in 套管再加上 11in 套管可能允许9⅝in 套管钻得更深,从而置于坚固地层中,如图 7.22 所示。这种布置可以处理油藏的压力。此处,一级屏障用蓝色标记,二级屏障用红色标记。若要在坚固的地层设置套管鞋,尺寸可以考虑 13⅜in。如果需要,将 13⅜in 套管和水泥重新定义为油井屏障也是可能的,这是因为在 9⅝in 水泥环和 13⅜in 套管之间的裸眼段地层可作为一个油井屏障元件。

比较:正如案例 2 中所讨论的,在套管设计中插入额外套管可能会涉及与套管厚度和固井相关的问题。一个选择是如果进一步钻井或插入 11in 套管是可能将 9⅝in 套管设置到 11in套管处的深度的。7in 生产套管可设置在储层上方,并将生产套管直径减小至 5½。

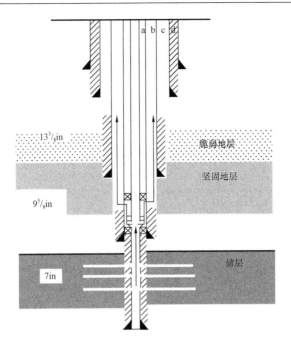

图 7.21　坚固地层中的套管鞋（Eikås,2012）

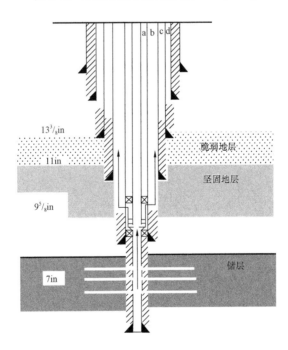

图 7.22　附加的 11in 套管柱（Eikås,2012）

7.2.6.4　情况 4:生产套管鞋下方泄漏

如果生产套管鞋下方发生泄漏,则不会受到次要屏障的限制。这可能是一个非常糟糕的情况,应该尽一切努力避免。图 7.23 显示了 SCP 的两种可能来源。一种泄漏直接来自沿着

7in 套管的地层。另一种泄漏源于生产衬管和水泥失效。安装 9⅝in 套管鞋处的地层不能承受储层压力。因此,储层流体可流入地层并沿 9⅝in 套管流入环空 b。

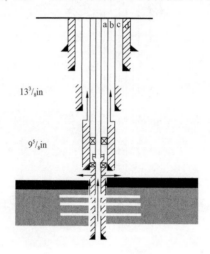

图 7.23　尾管悬挂器封隔器下方的液体泄漏进入环空 a、b 和周围地层。
主要屏障用蓝色标记,次要屏障用红色标记(Eikås,2012)

　　建议的解决方案:如果发现在 9⅝in 套管深度处的地层强度不足以承受储层压力,则套管鞋需要设置得更深(因为地层强度通常随深度增加)。如果地层中任何部分都不能承受该压力,则可以在盖层中设置套管鞋。原来的 9⅝in 套管可通过使用可选的钻井方法来延伸,也可以直接使用额外的套管柱。图 7.24 显示了如何在盖层中设置 9⅝in 生产套管,以防止流体逸出,并将 SCP 装入环空 b 中。

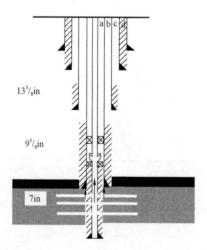

图 7.24　9⅝in 套管设置得更深,以延伸次要屏障,从而保护套管悬挂器封隔器下方的泄漏。
主要屏障用蓝色标记,次要屏障用红色标记(Eikås,2012)

　　在 9⅝in 套管后增加一个额外的套管柱可能会影响缸套直径。图 7.25 显示了由于插入 7in 生产套管后缸套直径如何从 7in 减小至 5½in。在钻井过程的早期插入额外套管可能是一种允许生产套管设置得更深的选择,它也可能不影响生产套管直径。

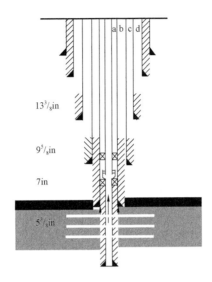

图 7.25　在 9⅝in 套管之后添加 7in 生产套管。延伸次要屏障,以防止尾管悬挂器封隔器下方的泄漏
进入环空 b 和周围地层。主要屏障用蓝色标记,次要屏障用红色标记(Eikås,2012)

对比:在钻井计划阶段,应测试不同地层的强度。如果发现储层上方的地层不能承受储层压力,则应重新考虑在该地层设置套管。如果泄漏路径直接从储层沿 7in 套管方向泄漏,重新设计油井可能很难清除水泥。为了通过在盖层中设置生产套管来消除泄漏,套管鞋必须完全拧紧。

7.2.6.5　经验教训和建议

在解释 SCP 产生的原因时,大多数研究主要集中在设备故障、水泥质量和固井性能上,而对套管鞋下入深度与 SCP 的关系研究很少。目前的普遍做法是在钻井时只考虑钻井过程中可能出现的情况。这项研究试图揭示,如果在设计阶段考虑了生产阶段,那么该井的钻井方式是否会有所不同。

目前决定套管鞋下入深度的因素有:

(1)孔隙压力;

(2)破裂梯度;

(3)淡水含水层的保护;

(4)循环漏失区;

(5)盐层和低压区可能导致卡钻;

(6)井涌标准。

这些因素非常重要,应加以考虑,以确保钻井作业的安全。由于油井在其生命周期内有多个阶段,因此在油井规划和设计期间,也应实施有助于提高安全性的措施。在生产阶段一些有利的重要因素包括:

(1)有可能重新定义屏障;

(2)将套管鞋放置于坚固的地层中,使其能够承受高压;

(3)高压高渗透地层固井应避免裸眼段。

由于套管层之间流体运移而发生的许多 SCP 情况是 TOC 和先前的套管鞋设置深度之间转换不良的结果。如果水泥浆液柱更高,或套管鞋设置得更深,许多 SCP 情况都可以避免。

如果该井在所有水泥柱和套管柱之间完全重叠的情况下完井,则可以避免与套管鞋安装深度相关的 SCP 问题。图 7.26 显示了一种油井设计,通过水泥和先前套管柱之间的重叠防止流体从周围地层流入环空。这要假设水泥板无缺陷,因此没有缝隙、具有良好的水泥地层/套管胶结等。如前所述,完美的水泥密封可能性非常小。

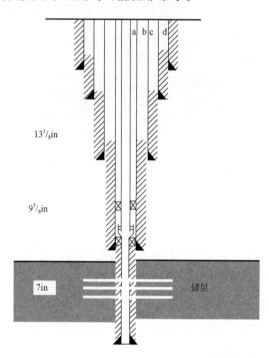

图 7.26   如果水泥是完整的且水泥与地层或套管的胶结良好,则油井设计可以防止流体
从周围地层流入环空。主要屏障用蓝色标记,次要屏障用红色标记(Eikås,2012)

在油井的所有部分,水泥和套管柱之间有重叠段是不常见的做法,这可能是由于:

(1)在大间距固井时,与获得良好水泥胶结相关的水泥费用和其他问题;

(2)裸眼侧钻比胶结段侧钻容易得多;

(3)有时,过大的压力使得流体有机会进入地层,而不是在环空内积聚,从而导致套管柱破裂,在最坏的情况下,井口可能产生井喷。

水泥不符合标准的原因可能有多种,例如:

(1)所需的水泥柱高度对套管鞋周围地层造成过大压力;

(2)环空可能太紧,无法将水泥挤进狭小的空间;

(3)水泥可以分解地层。

如何使水泥柱足够高的一个解决办法是使用挤压注水泥固井。首先对底部进行固井,然后在 TOC 处对套管进行射孔,再对下一段进行固井。与挤压固井相关的一个不利因素是,射孔套管可能产生泄漏通道。SCP 通常是套管鞋下入深度与 TOC 相关性差的结果。这意味着消除其中一个缺陷可能会消除 SCP。套管鞋设置深度的不足可能包括但不限于以下内容:

（1）套管埋深不够；

（2）套管的设计不能承受可能暴露的压力；

（3）套管设置在不能承受高压的地层中；

（4）根据 Norsok 标准，由于立柱不够高而导致水泥不足；

（5）由于高压区或脆弱地层普遍存在密封性差的问题而导致的水泥不足。

7.2.7 案例研究7（表层套管设置）

Baron 和 Skarstol（1994）提出了一些案例研究。通过大量现场试验，验证了一种优化表层套管深度的新技术。这一新方法的灵感来源于阿尔伯塔省对地面套管设置的一系列新规定。用新方法测定的深度与目前工业上使用的深度相比更具优势。

只有了解设置表层套管的原因，才能确定表层套管的最佳设置深度。第一项任务是确定套管的主要用途。表层套管的主要功能是保护含水层、提供井眼稳定性、允许井涌循环流出，还是在检测到井涌后完全关井？

表层套管的主要功能是允许井涌安全地循环出油井。阿尔伯塔省的新要求应确保，在司钻的井控方法中，地面套管鞋处的地层能够承受井涌压力，从而防止地表破裂。对于浅井（小于1000m），应继续使用低阻流井控方法（Alberta Rules，2018）。

7.2.7.1 漏失试验

选择最佳套管点的其他方法主要集中在确定地层破裂梯度或漏失梯度。然而，地层漏失梯度无法合理准确地预测。尽管漏失测试程序很粗糙，可能会导致数据变化，但它们通常会为给定井设置合理的最小漏失梯度。由于结果范围很广，给定井的漏失梯度不能应用于相邻井。图7.27 显示了阿尔伯塔省一个样本区漏失梯度数据的严重分散程度。

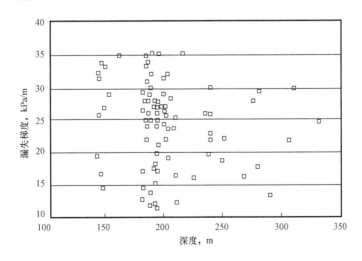

图 7.27　漏失试验结果的可变性（Baron and Skarstol，1994）

图7.27 中约75%的数据点高于22kPa/m，该值接近大多数地区的平均覆盖层梯度。因此，合格区被定义为具有至少22kPa/m 的漏失梯度。如果更多地强调为套管座选择一个合适的区域，这个数字可能接近100%。在井涌余量方程中，建议采用22kPa/m 作为地层漏失梯度。

如果用最小地层漏失梯度来确定有效层,则无需用理论方法来确定破裂梯度。相反,则需要进行单独的油井泄漏测试,以确保达到最低要求。

如果漏失测试确定的梯度小于最小值,则司钻法压井可能导致套管压力超过最大允许套管压力(MACP)。此时应使用可接受的替代方法,如低阻压井方法。

图 7.28 显示了使用井涌余量方程得出的结果,假设井涌增量为 3m³ 或初始井涌体积。井涌余量方程得出的表层套管深度为总深度的 10% ~ 30%。与监管机构规定的行业目前使用的深度相比,这些数值更为有利。

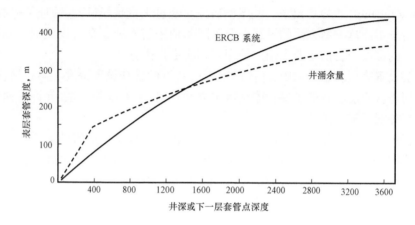

图 7.28　地面套管深度选择(Baron and Skarstol,1994)

新系统使用了 ERCB 先前的曲线,该曲线基于表层套管鞋处 22kPa/m 的地层破裂梯度和 10kPa/m 的储层压力梯度。曲线中的内在假设是,对于钻至 3600m 的井,表层套管鞋处必须保持 27.5% 的储层压力。对于理论井深为零的井,该百分比线性增加至储层压力的 50%。

这些变化包括一个系统,该系统通过允许使用大于或小于 10kPa/m 的储层压力梯度来修改曲线(图 7.29)。在决定保留这部分要求时,ERCB 将其曲线与井涌余量法的结果进行了比较(假设初始井涌体积为 3m³)。

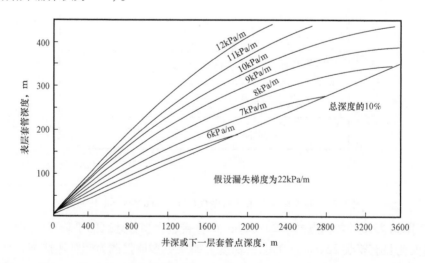

图 7.29　ERCB 地面套管要求(Baron and Skarstol,1994)

对于深度小于 500m 的井,ERCB 曲线中显示的表层套管花费要比井涌余量法计算的费用少,而对于深度范围为 1500 ~ 3600m 的井则相反(图 7.30)。总的来说,比较结果相当接近,保留曲线的理由是低阻压井方法已成功应用于阿尔伯塔省的浅井。与司钻法相比,低阻压井法可以减少表层套管的使用,因为套管压力会保持在 ACP 的以下。在司钻法中,套管压力可以上升到最大允许压力,然后下降。

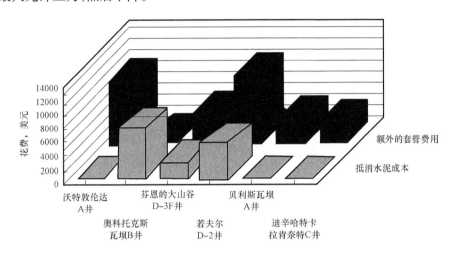

图 7.30　地面套管和长管柱固井成本(Baron and Skarstol,1994)

低阻压井法可能需要多次循环,然后才能将溢流完全循环出井筒。相比之下,司钻法理论上只需要一次循环就可以消除井涌。因此,在较深的油井中,低阻压井法是不可取的,因为要循环的流体体积很大。可能需要许多循环,从而增加放气系统发生故障的风险。

通过要求较深的油井具有比井涌余量方程计算的更多的表层套管而获得的安全界限是合理的,因为实际的漏失试验可能产生小于 22kPa/m 的地层破裂梯度。

7.2.7.2　还原系统

ERCB 指南的第二部分包括一个还原系统,该系统允许使用比图 7.29 所示系统中更少的表面套管。还原系统是以井控为基础的。

石油行业认为井涌余量法中使用的 $3m^3$ 初始井涌量过高。其论点是,在使用电子钻井液池体积计算仪(PVT)系统的情况下,井涌体积可限制在 1.5 ~ 2.5m³。

一般认为,对于经常遇到的情况,5 ~ 8m³(30 ~ 50bbl)是一个合理的估计值。根据 Aadnoy 等人(1991)的说法,5m³ 是一个典型的可检测井涌体积。ERCB 同意业界的观点,即最新的技术进步应该允许更早地检测到井涌。因此,对于套管设计,可检测井涌尺寸能限制在 3m³ 以下。根据井涌余量法,表层套管深度与初始井涌体积的平方根成正比。ERCB 还原系统使用井涌体积的平方根来确定还原系数,如下所示。

(1)如果在井上安装 PVT 系统并在 2.0m³ 时发出警报,井涌量可限制为 2.5m³。从而可将$(2.5m^3/3.0m^3)\sup\frac{1}{2} = 0.91$ 的还原系数应用于图 7.29 中基础系统确定的表层套管。

(2)如果在井上安装 PVT 系统并在 1.0m³ 时发出警报,井涌量可限制为 1.5m³。从而可将$(1.5m^3/3.0m^3)\sup\frac{1}{2} = 0.71$ 的还原系数应用于由基础系统确定的表层套管。

第一层还原系数为 0.91,可应用于为证明安装了 PVT 或进行了泄漏试验的任何油井所确定的表层套管深度。

第二层还原系数 0.71 仅适用于低风险开发井。低风险井是指在每 100 口开发井中井涌率小于 3 次的油田中钻井。其理由是,只有在置信度较高的情况下,即储层压力和其他数据都已知晓且发生井涌的风险很小时,才应大幅度降低表层套管设置深度的 30%。

ERCB 指南中包含的第三层还原适用于表层套管可能减少至历史设置深度的位置。这种还原可能会导致表层套管设置为计划总深度的 5%,这不足以使用司钻法循环井涌。

由于在深井排放系统存在故障风险较高的情况下,必须使用低阻井控方法,因此 ERCB 需要安装应急压井管线。此外,低阻井控方法严重依赖 MACP 值,所以必须进行泄漏试验。最后,这种还原只能应用于使用 PVT 系统的低风险开发井,它会发出 $1.0m^3$ 井涌警报。

在井控过程中,准确测定漏失压力至关重要。尽管漏失测试仅强制用于降低历史设定深度的油井,但 ERCB 强烈鼓励对所有其他油井进行漏失测试,以确保得到准确的漏失压力。

阿尔伯塔省的法规规定,所有可用的含水层必须用水泥环或表层套管覆盖。在许多情况下,表面套管设置深度不够深,无法覆盖所有可用含水层,因此必须对下一根套管柱进行全长固井或分段固井,以确保含水层覆盖。

阿尔伯塔省的新规定使某些地区的表层套管变深,增加了表层套管覆盖含水层的可能性。在深层表层套管覆盖含水层的油藏中,下一根管柱的水泥顶部位置要求通常较低。

在表层套管的要求发生任何变化之前,一项研究试图去确定固井是否会节省一些成本。在阿尔伯塔省中部和南部随机选择了 6 个深度从 700~3600m 的油藏(表 7.7)。由于含水层数据有限,未选定阿尔伯塔省北部的油藏。

表 7.7　研究区域成本

地区	深度,m	现有系统,m	新系统,m	所需水泥面,m	最深可用含水层,m
Waterton	3600	360	490	1200	600
Okotok	2700	365	375	950	350
Fenn Big Valley	1650	165	230	300	180
Joffre	2080	210	355	650	233
Bellis	700	70	125	390	115
Medicine Hat	825	125	175	0	123

图 7.30 显示了六个油气藏在新系统下将产生的额外表层套管费用(70 美元/m,其中包括表层套管和额外表层钻孔费用)。大约抵消的固井成本包括 1500 美元的固定成本、10.50 美元/m 的水泥成本和 2.00 美元/m 的水泥服务成本(这些成本是账面价格,因此采用了 40% 的折扣)。

在其中三个油气藏中,较深的表层套管覆盖了可用的含水层,从而降低了长管柱固井成本。图 7.31 显示了由于新系统而产生的总体成本变化。

在其中的五个油藏中,总体影响是额外的资本支出,金额从 2000 美元到 9000 美元不等,平均为 4000 美元。然而,Okotoks - Wabamun B 油藏由于表层套管含水层覆盖,净成本下降。在这个例子中,额外的表面套管成本被较低的固井成本完全抵消。

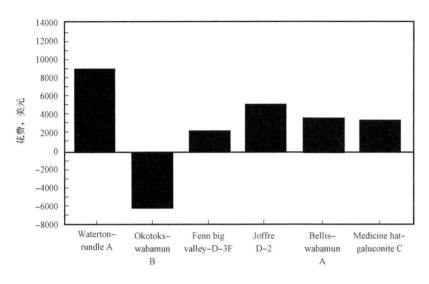

图 7.31　净成本变动

三级还原系统也可能有助于抵消增加的成本。对于第一级还原,如果使用了 PVT 系统(带有 $2m^3$ 报警装置)或进行了漏泄测试,则可以降低 10% 的地面套管成本。多年来,在阿尔伯塔省钻探的较深油井都使用了配备 PVT 系统的钻机。因此,可以在不增加额外成本的情况下节省表层套管 10% 的成本。

对于较浅的油井,租用 PVT 系统的成本可通过表层套管节省的成本来抵消[10d 的 PVT 租金约为 2500 美元,可通过将表层套管设置深度减少 20m(70 美元/m)来进行抵消]。

低风险开发井的二级还原可将表层套管成本降低 30%。符合三级还原条件的油井可能会将设定深度要求恢复到历史深度,从而不会增加表层套管成本(例如,Harmattan East Rundle 油藏)。

总体而言,预计的这些变化会导致工业成本略有增加。在已经需要对下一根套管柱进行全长固井的地区,或在存在深层可利用含水层的山麓地区,抵消固井成本的可能性很低。然而,在其他地区,如阿尔伯塔中南部,有可能降低固井成本从而抵消增加的表层套管成本。此外,三级还原系统还可以在适用的领域提供一些费用减免。

7.3　小结

本章介绍了与套管损坏或故障相关的套管钻井与修井方面的各种问题,提出了解决每个问题的最佳实践方法。本章也引入了大量的案例研究,这些案例是从各种应用中精心挑选的,并且都与套管问题有关。

参 考 文 献

[1] Aadnoy,B. S. 2010. Modern Well Design,second edition,Leiden,The Netherlands:CRC Press/balkema,ISBN 978 - 0 - 415 - 88467 - 9.

[2] Aadnoy, B. S. , Soteland, T. , Ellingsen, B. , 1991, Casing point selection at shallow depth, Journal of Petroleum Science and Engineering, Volume 6, Issue 1, July 1991, pp. 45 – 55.

[3] Adams, N. , 1980, Well Control Problems and Solutions, Petroleum Publishing Co. , 1980.

[4] Addis, M. A. , Hanssen, T. H. , Yassir, N. , Willoughby, D. R. et al. 1998. A Comparison Of Leak –

[5] Alberta Rules, 2018, http://www. qp. alberta. ca/documents/Regs/1971_151. pdf accessed Jan. 13, 2018.

[6] Alliquander, O. , Design Methods of Setting Protecting Casing String in Hungary, American Institute of Mining Metallurgical and Petroleum Engineers, 1974.

[7] Anonymous, 2012, Casing Problem in Drilling, Drilling Today, Nov. 13.

[8] Bachu S, Watson TL. Review of failures for wells used for CO2 and acid gas injec – tion in Alberta, Canada. Energy Procedia. 2009;1:3531 – 3537.

[9] Bailey, B. et al. "Water Control," Oilfield Review 12 (Spring 2000) 30 – 51.

[10] Baron, S. and Skarstol, S. , 1994, New method determines optimum surface casing depth, Oil & Gas Journal; Tulsa Vol. 92, Iss. 6, (Feb 7, 1994): 51.

[11] BCPRB, 1991, British Columbia Petroleum Resources Branch, "Drilling and Production Regulations," 1991.

[12] Begos K. 2014. Some states confirm water pollution from drilling. Associated Press. Available at http://bigstory. ap. org/article/some – states – confirm – water – pollution – drilling. Accessed Jan 7, 2018.

[13] Bellabarba, M. , Bulte – Loyer, H. , Froelich, B. et al. 2008. Ensuring Zonal Isolation.

[14] beyond the Life of the Well

[15] Bonett, A. , Pafitis, D. 1996. Getting to the Root of Gas Migration.

[16] Bourgoyne, A. T. Jr. , Chnevert, M. E. and Millheim, K. K. et al. 1986. Applied Drilling Engineering, Vol. 2, 330 – 339. Richardson, Texas: Textbook series, SPE Bourgoyne, A. T. Jr. , Scott, S. L. and Manowski, W. 1999. A Review of Sustained Casing Pressure Occurring on the OCS. Technical Report Contract Number.

[17] 14 – 35 – 001 – 30749, Louisiana State University, Louisiana (24 – 25 March) Brufatto C, et al. From mud to cement—Building gas wells. Oilfield Review.

[18] 2003;15:62 – 76.

[19] Carey J. W. Geochemistry of wellbore integrity in CO2 sequestration: Portland cement – steel – brine – CO2 interactions. Rev Mineral Geochem. 2013;77:505 – 539. Christman, S. A. 1976. Casing Stresses Caused by Buckling of Concentric Pipes.

[20] Presented at the SPE Annual Fall Technical Conference and Exhibition, New Orleans, Louisiana, USA, 3 – 6 October. SPE – 6059 – MS. https://doi. org/10. 2118/6059 – ms.

[21] Clark, C. E. and Veil, J. A. , 2009, Produced Water Volumes and Management Practices in the United States, DoE Report, Argonne National Laboratory.

[22] Considine TJ, Watson RW, Considine NB, Martin JP. Environmental regulation and compliance of Marcellus Shale gas drilling. Environ Geosci. 2013;20 – 1:16.

[23] Davies RJ, et al. Oil and gas wells and their integrity: Implications for shale and unconventional resource exploitation. Mar Pet Geol. 2014 doi: 10. 1016/j. marpetgeo. 2014. 03. 001.

[24] Davies RJ, et al. , 2014, Oil and gas wells and their integrity: Implications for shale and unconventional resource exploitation. Mar Pet Geol. 2014 doi:10. 1016/j. marpetgeo. 2014. 03. 001.

[25] Dawson, R. 1984. Drill Pipe Buckling in Inclined Holes. J Pet Tech 36 (10): 1734 – 1738. SPE – 11167 – PA. https://doi. org/10. 2118/11167 – pa.

[26] Driscoll, F. , 1986, Groundwater and Wells, St. Paul: Johnson Division, submitted as NRC015, Aug. 25, 2014.

[27] Eikås, Inger Kamilla, 2012, Influence of Casing Shoe Depth on Sustained Casing Pressure, MSc Thesis, Department of Petroleum Engineering and Applied Geophysics, Norwegian University of Science and Technology.

[28] ERCB, 1986, Energy Resources Conservation Board of Alberta, "Minimum Surface Casing Requirements and

Exemptions – ERCB Guide G – 8 , ” 1986.

[29] ERCB, 1990, Energy Resources Conservation Board of Alberta, “Oil and Gas Conservation Regulations, ” AR19/90.

[30] Erno B, Schmitz R. Measurements of soil gas migration around oil and gas wells in the Lloydminster area. J Canadian Petroleum Technol. 1996;35:37 – 45.

[31] Frequency of inspections, The Pennsylvania Code, Chapter 78, Subchapter X, Sect.

[32] 78. 903 (2001)

[33] Government Accountability Office 1989. Drinking Water: Safeguards Are Not Preventing Contamination From Injected Oil and Gas Wastes, GAO – RCED – 89 – 97. Available at www. gao. gov/products/RCED – 89 – 97.

[34] Ifeanyi1, N. R. , Francis, A. , and Tsokwa, T. , 2017, Predicting Drillstring Buckling, American Journal of Engineering Research (AJER), Volume – 6, Issue – 5, pp 301 – 311.

[35] Ingraffea AR, Wells MT, Santoro RL, Shonkoff SBC. Assessment and risk analysis of casing and cement impairment in oil and gas wells in Pennsylvania, 2000 – 2012. Proc Natl Acad Sci USA. 2014, 111, 10955 – 10960.

[36] IOGCC, 1992, Interstate Oil and Gas Compact Commission, “Summary of State Statutes and Regulations for Oil and Gas Production, ” 1992.

[37] Islam, M. R. , 1993, “Oil Recovery from Bottomwater Reservoirs”, J. Pet. Tech. ,

[38] Technology Today Series, June, 514 – 516.

[39] Jackson, R. B. , 2014, The integrity of oil and gas wells, Proc Natl Acad Sci U S A.

[40] 2014 Jul 29; 111(30): 10902 – 10903.

[41] Jurinak, J. , & Summers, L. (1991), Oilfield applications of colloidal silica gel. SPE Production Engineering, 6 (4), 406 – 412.

[42] Kang M. 2014. CO2, methane, and brine leakage through subsurface pathways: Exploring modeling, measurement, and policy options. PhD dissertation (Princeton Univ, Princeton)

[43] Khosravanian, R. and Aadnoy, B. S. , 2016, Optimization of casing string place – ment in the presence of geological uncertainty in oil wells: Offshore oilfield case studies, J. Pet. Sci. Eng. , vol. 142, 141 – 151.

[44] King GE, King DE. Environmental risk arising from well construction failure— Differences between barrier failure and well failure, and estimates of failure frequency across common well types, locations and well age. SPE Production and Operations. 2013;28:323 – 344.

[45] Li, C. , and Samuel, R. , 2017, Buckling of Concentric String Pipe – in – Pipe, SPE – 187455, presented at SPE Annual Technical Conference and Exhibition, 9 – 11 October, San Antonio, Texas, USA.

[46] Lubinski, A. 1950. A Study of the Buckling of Rotary Drilling Strings. In Drilling and Production Practice. Washington, DC: American Petroleum Institute.

[47] Lubinski, A. and Althouse, W. S. 1962. Helical Buckling of Tubing Sealed in Packers.

[48] J Pet Tech 14 (06): 655 – 670. SPE – 178 – PA. https://doi. org/10. 2118/178 – pa.

[49] Marca, C. : “Remedial Cementing” in Well Cementing, Developments in Petroleum Science 28 (1990), E. B. Nelson, ed. , Elsevier, Amsterdam, 13 – 1.

[50] MiReCOL, 2017, Overview of available well leakage remediation technologies and methods in oil and gas industry, Project no. Project no. : 608608, final report.

[51] Mitchell, R. F. 1982. Buckling Behavior of Well Tubing: The Packer Effect. SPE J 22 (05): 616 – 624. SPE – 9264 – PA. https://doi. org/10. 2118/9264 – pa.

[52] Miyazaki B. Well integrity: An overlooked source of risk and liability for under – ground natural gas storage: Lessons learned from incidents in the USA. Geol Soc Lond Spec Publ. 2009;313:163 – 172.

[53] Nicot JP, Scanlon BR. Water use for Shale – gas production in Texas, U. S. Environ Sci Technol. 2012;46 (6):3580 – 3586.

[54] Norsok standard D – 010 Well integrity in drilling and well operations, third edition.

[55] 2004.

[56] O&G Journal, 1990, patches cure leaky casing problems in Indonesia, May 28. Off Test And Extended Leak – Off Test Data For Stress Estimation. Paper SPE/ISRM

[57] 47235, presented at the SPE/ISRM Eurock ? 98, Trondheim, Norway, 8 – 10 July. Paslay, P. R. and Bogy, D. B. 1964. The Stability of a Circular Rod Laterally Constrained to Be in Contact with an Inclined Circular Cylinder. Journal of

[58] Applied Mechanics 31 (4): 605 – 610.

[59] RCT, 1992, Railroad Commission of Texas, "Statewide Rules for Oil, Gas, and Geothermal Operations," Oil and Gas Division, 1992.

[60] SCDC, 1988, State of California Department of Conservation, "California Code of Regulations," Title 14, Register 88, No. 22 – 5 – 28 – 88.

[61] Schlumberger, Oilfield Glossary, ID: 1464, http://www. glossary. oilfield. slb. com/ Display. cfm? Term = liner (accessed 26 May 2012).

[62] SEM, 1991, Saskatchewan Energy and Mines, "Oil and Gas Conservation Regulations," 1992.

[63] Seright, R. S. , 1993, "Effect of Rock Permeability on Gel Performance in Fluid – Diversion Applications," In Situ, 17(4), 363 – 386.

[64] Seright, R. S. , Lane, R. H. , Sydansk, R. D. , 2003, A Strategy for Attacking Excess Water Production, SPE Production & Facilities, August, 158 – 169.

[65] Shen, Z. , 2012, Numerical Modeling of Cased – Hole Instability in High Pressure and High Temperature Wells, PhD Dissertation, Texas A&M University.

[66] Tancret, F. et al. , 2003, Design of a creep resistant nickel base superalloy for power plant applications Part 3 – Experimental results, Materials Science and Technology, March, Vol. 19, 296 – 302.

[67] Vengosh A, et al. A critical review of the risks to water resources from uncon – ventional shale gas development and hydraulic fracturing in the United States. Environ Sci Technol. 2014 doi: 10. 1021/es405118y.

[68] Vidic RD, Brantley SL, Vandenbossche JM, Yoxtheimer D, Abad JD. Impact of shale gas development on regional water quality. Science. 2013, 340 (6134): 1235009. Vignes, B. and Aadnoy, B. S. 2008. Well – Integrity Issues Offshore Norway. Paper SPE/IADC 112535 presented at the SPE/IADC Drilling Conference, Orlando, Florida, 4 – 6 March.

[69] Vignes, B. , Andreassen, J. and Tonning, S. A. 2006. PSA Well Integrity Survey, Phase 1 summary report. Petroleum Safety Authority Norway, Norway (30 June 2006).

[70] Watson TL, Bachu S. , 2009, Evaluation of the potential for gas and CO2 leakage along wellbores. SPE Drill & Compl. , 24: 115 – 126.

[71] Wojtanowicz, A. K. , Nishikawa, S. and Rong, X 2001. Diagnosis and Remediation of Sustained Casing Pressure in Wells. Technical Report, Lousiana State University, Baton Rouge, Louisiana, 31 July.

第8章 固井问题

尽管固井技术在整个人类文明中一直存在,但在极高温度下加工石灰石以生产无机水泥的人工固井处理技术与塑料时代是同步的。硅酸盐水泥起源于石灰石,是 19 世纪中期在英国发展起来的。然而,这项技术的第一项专利在 1822 年问世,尽管它的名字还是“英国水泥”(Francis,1977)。当哈里伯顿公司获得“油井固井方法和手段”的专利时,它推动了完井行业实践的革命。这是第一次,有人提议在不使用其他任何材料的情况下使用水泥,如沙子或混凝土。自 20 世纪 20 年代采用波兰特水泥建造油气井以来,固井已成为钻井作业和生产井维护的重要阶段之一。哈里伯顿公司的专利(编号 US 1369891,于 1921 年 3 月 1 日批准)确定了环空固井的作用,即防止水侵入,从而降低石油产量并导致许多油井过早报废。

结果表明,除非环空固井状况良好,否则套管的大部分功能无法维持。更重要的是,没有一项安全措施能在固井作业失败后幸存下来。例如,防喷器操作、钻井液损失、套管坍塌和油井完整性都与固井作业的质量有关。如果主要屏障是围绕井筒的内部封套,那么次要屏障是围绕主要屏障和井筒闭合的封套。这恰好与固井作业的质量有关。为了加固油井并保护环境,水泥被泵入表层套管,以填充套管外部和井筒之间的空间,直至水泥返至地面。水泥候凝 12h 后,进行套管内试压,方可进行钻井作业。防喷器是控制压力的关键设备,安装在表层套管的顶部,这确保了淡水含水层和表层套管的安全。只有在放置了表层套管并进行了固井之后,才能将防喷器装置安装在井口。

因此,固井作业仍然是一项具有挑战性的工作,因为每项固井作业都必须根据当地条件和独特的地质环境进行设计。一般认为:(1)没有适用于所有油井的单一用途设计、油井施工或屏障验证过程,(2)保护可用水的屏障系统包括表层套管和水泥,(3)有效隔离的验证通常通过压力测试(套管和套管鞋水泥的直接测量)和操作评估(套管后面的水泥浇筑)来完成,(4)目前没有可用于验证套管后面水泥屏障的直接测量。

8.1 固井存在的问题及对策

油井固井工艺包括将水泥粉和水与多种添加剂混合,制备水泥浆,并将水泥浆注入套管和井筒之间的环形空间。添加剂的选择通常是为了满足隔离环空的特殊需要。添加剂还决定了水泥浆的凝结期,即水泥浆脱水和抗压强度迅速上升的时期。同时,水泥渗透性急剧下降。这也是水泥体中出现裂缝的时间,可能对套管完整性产生长期影响。

钻井分阶段进行,随着地层深度的增加,所钻井的直径越来越小。每阶段必须有各自的套管和环空胶结。在完成给定套管的固井、水泥凝固和套管完整性测试之前,无法继续钻探。因此,在整个钻井作业过程中保持最佳固井实践非常重要。即使在生产阶段,固井也最常用于永久关闭水溢流进入油井的通道。在油井寿命结束时,当生产不再经济时,固井为废弃油井做好准备。

影响固井作业的因素很多。它们都发挥了作用,如果考虑不充分,可能会导致固井问题。这些因素概括为:(1)钻井液条件,(2)使用隔离液和冲洗液,(3)套管移动和旋转,(4)套管居中度,(5)泵排量,(6)钻井液设计与主要温度和压力条件,(7)水泥成分,(8)水泥浆体积和隔离液体积。

8.1.1 水泥失效引起的泄漏

固井的主要目标是提供一个不透水的隔离层,该隔离层应在油井的整个生产周期内有效(Bellabba et al. ,2008)。水泥失效的原因有很多。水泥可能变脆,并且可能对压力和温度引起的荷载反应较差。

在水泥凝结过程中,水泥通过一系列放热反应从液态钻井液形式转变为最终的固态形式,从而显著改变了体系的主导温度。由于水泥凝结过程中有许多参数,每个参数都受温度的影响,因此产生缺陷的可能性很大。水泥以液体的形式凝固,直到最终达到固体状态,它经历了不同的阶段。在这个过程中,有许多参数可能导致水泥有缺陷(Bourgoyne et al. ,1986)。

图 8.1 显示了混凝土导热系数随温度的变化。油井水泥也存在类似的关系。导热系数的变化导致水泥浆凝结不均匀,进而引发混合材料性能的不均匀,如含水量和渗透性。压力变化也会产生类似的影响。套管和水泥在承受压力和温度变化时,对温度的反应方式不同。如果水泥在温度和压力载荷下膨胀超过套管,它们可能会分离并在套管周围形成微小环空。这种微小环空从两个方面影响套管的完整性。如果微小环空延伸很长一段时间,它可能成为流体运移的载体,造成持续的套管压力(SCP)。此外,微小环空的存在会进一步破坏水泥凝固过程,最终影响套管完整性。温度和压力的变化都会对水泥系统产生机械冲击。它们也可能在跳闸期间发生。在每一瞬间,套管与水泥的黏结力都会减弱,在界面处形成一个微小环空,或在水泥体内部产生裂缝。混凝土的力学响应通常以应力—应变关系的形式表示,这种关系会导致混凝土抗压强度和延展性的变化。

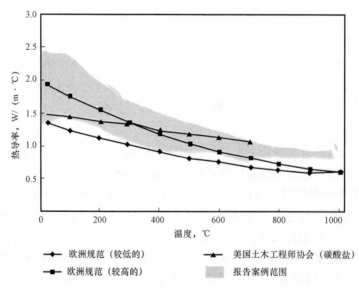

图 8.1 正常强度混凝土导热系数随温度的变化(Kodur,2014)

　　图 8.2 显示了应力—应变曲线的斜率如何随着温度的升高而减小。混凝土强度对室温和高温下的应力—应变响应都有显著影响。所有情况下均表现出线性响应,然后是抛物线响应,直到应力峰值,之后是快速下降的部分,最后才失效。这里的要点是流变学中的这种动态变化,它会在水泥体中产生裂缝和通道,并导致固井作业发生错误。

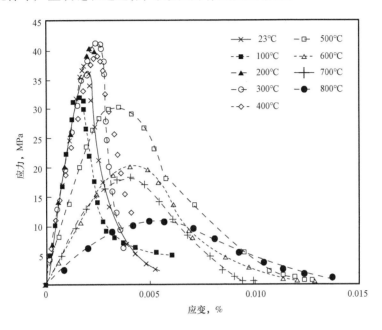

图 8.2　不同温度下混凝土的应力—应变关系(Kodur,2014)

　　一次固井不良或一次固井受损都可能导致产生 SCP,从而导致不同的问题,并对钻井过程产生影响。即使一次固井工作做得很好,也有某些事件会导致水泥损坏。例如,地层流体侵入环空,可能对套管产生腐蚀。如果地层压力始终高于环空压力,则可能发生这种侵入,如图 8.3 所示。

　　在图 8.3 中,地层压力 p_1 大于水泥浆静水压力 p_2。由于压力梯度朝向 p_2,地层流体将通过环空向上运移。这种流体反过来又会侵入同一地层中压力较低的其他区域。解决此问题的方法是确保 p_2 大于 p_1。这可以通过调整水泥浆的密度来实现,使水泥浆的静水压力大于地层压力。但是,静水压力不应高于地层破裂压力。否则,钻井液可能会流失,油井可能会失去控制。

　　另一个与水泥泄漏有关的问题是在衬管顶部以及水泥鞋处形成的通道。这个问题可以通过把水泥挤到受影响的区域来解决。但是,中间的通道由于无法通过而得不到修复。因此,确保

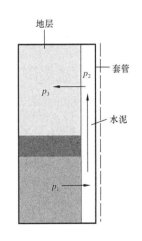

图 8.3　地下压差可触发流体通过环空的运移

一次固井质量是很重要的。影响固井的一些因素是钻井液特性、孔隙压力和地层破裂压力,这些区域可以通过通道连接并产生横流。需要考虑的一个因素是,凝胶传递静水压力的能力随时间而降低。这可能使液体进入水泥,并在水化过程中形成通道。无论固井过程的质量如何,

水化阶段都很容易受到储层或其他含有高压流体地层的流体侵入的影响。

为了确保固井符合标准,石油公司提供了一个指南。如果没有严格遵守指导方针,就不能完成固井作业。表8.1给出了挪威石油公司NORSOK的此类指南示例。

任何补救都比预防更困难。正如几十年前Smith(1984)所指出的那样,他写道:"成功完成一项主要工作所增加的成本远远低于修复故障所需的补救工作的成本(更不用说潜在的延迟或生产损失)。"因此,采取一切预防措施成功完成一项固井工作可以节省大量成本。为防止水泥浆泄漏,可采取以下措施。

表8.1 套管水泥验收表,符合 NORSOK 标准 D – 010 2004,表 22(NORSOK Standard,2018)

要点	验收标准	参考文件
A. 说明	该元件由位于同心套管柱或套管(衬管)与地层之间的环空中的固态水泥组成	
B. 功能	该元件的目的是沿套管环空或套管柱之间的孔提供连续、永久和不透水的液压密封,以防止地层流体流动,抵抗上方或下方的压力,并在结构上支撑套管或套管柱	
C. 设计、施工和选择	(1)应为每个主要套管固井作业发布设计和说明规范(固井方案)。 (2)凝结水泥的性能应能提供持久的分区隔离和结构支撑。 (3)用于隔离渗透带和异常承压油气层的水泥浆应设计得能够防止气体运移。 (4)采用的水泥浇筑技术应确保作业符合要求,同时对脆弱地层施加最小的失衡。应评估和降低固井过程中的 ECD 和收益损失风险。 (5)沿井眼套管环空中的水泥高度(TOC)。 ① 概述:应对位于套管鞋上方100m处连续作业的水泥柱进行压力测试或套管鞋钻孔。 ② 导管:无要求,因为这不是 WBE。 ③ 地面套管:应根据井口设备和作业的载荷条件确定。TOC 应位于导体靴内,如果未安装导管,则应位于地面或海底。 ④ 穿过含油气地层的套管:应根据分区隔离要求确定。水泥应覆盖不同储层之间潜在的横流层段。 (6)对于未钻出的水泥套管柱,潜在流入点(或泄漏点、含油气的渗透性地层)上方的高度应为 200m,或达到先前套管鞋的高度,以较小者为准。 (7)长时间温度暴露或循环,不得导致强度或隔离能力降低。 (8)确定斜井中实现了沿井筒压力完整性的要求	ISO10426 – 1 Class "G"
D. 首次鉴定	套管鞋钻孔时,水泥应通过地层强度试验进行验证。或者,验证可以通过暴露水泥柱,以获得环空水泥上方液柱的压差。在后一种情况下,应规定压力完整性验收标准和验证要求。	
E. 使用	无	
F. 监视	(1)当存在进入该环空的通道时,应定期监测水泥井屏障上方的环空压力。 (2)定期目测观察导体环形出口处的表层套管	"井口"的 WBEAC
G. 失效模式	不满足上述要求及以下情况:由于微小环空、水泥窜流等原因,环空压力增大	

（1）确定固井不充分的原因：潜在的原因可能是腐蚀性流体、腐蚀性材料、pH 值不稳定的流体以及缓解压力和温度条件。应监测这些元素的存在，并研究它们对水泥浆的影响。前文已经讨论了温度和压力的作用；还应该考虑天然流体、砂和其他物质的作用。侵蚀和腐蚀可通过表面样品和井径仪等井下检查方法进行监测。固井方案，包括水泥浆的成分，应根据井筒的主要条件进行定制设计。

（2）避免不必要的油井装载。当关井启动时，就会产生这种异常载荷。此类事件在短时间内造成温度和压力的显著变化，这可能会对油井造成负担，从而为固井创造不利条件。

（3）当计划在生产套管外进行固井作业时，必须同时考虑孔隙压力和破裂压力，以设计适当的套管顶部（TOC）。重要的是，TOC 只有足够高才能满足生产封隔器的设置要求。

（4）如前一节所述，如果两个含液层要用相同的钻井液钻穿，则必须对固井采取预防措施。重要的是要确保下部区域的孔隙压力不太接近上部区域的破裂压力。图 8.4 中，第 2 层孔隙压力大于第 1 层破裂压力。因此，在水泥体形成凝胶之前，其内部形成通道，导致两层之间的横流，从而进一步影响胶凝过程。

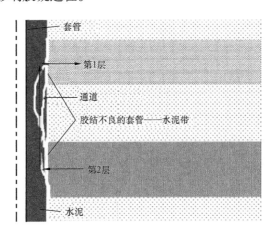

图 8.4　第 2 层孔隙压力大于第 1 层破裂压力（Eikås，2012）

（5）在进行任何固井作业之前，尽可能清除水泥或地层界面上的滤饼也很重要。滤饼的存在会使水泥与套管之间的黏结力变弱，进而形成易发生水泥漏失和连通的可渗透环空。此外，残余滤饼可能会为天然气沿环空向上流动创造一条通道，并导致 SCP。

8.1.2　键槽

键槽是一种可能发生在狗腿处的现象，在狗腿处，钻柱会形成一个新孔，直到钻杆卡在井壁上。当钻杆穿入井壁时，在斜井中遇到键槽。这是因为直径比钻铤小的钻杆与井筒摩擦并磨出了一个槽（图 8.5）。在通过狗腿的过程中，钻柱试图通过施加侧向力来拉直狗腿。这种侧向力最终迫使关节在狗腿处钻入地层。因此，额外的孔通常具有与工具接头相同的直径。所以在起下钻时钻铤不能穿过二次孔。当钻杆可以在钻具接头距离范

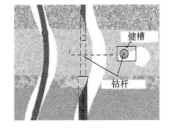

图 8.5　键槽

围内往复运动或直到钻铤到达键槽,同时管柱旋转和循环保持正常时,即可诊断键槽。尽管可以继续向前钻,但拉出时会产生键槽效应。

在形成键槽之前,应满足两个条件:地层必须柔软;狗腿下方的悬挂重量必须足够大,以产生临界侧向力。只有在钻柱向下移动时,才能确定键槽问题。

8.1.2.1 预防

狗腿的严重程度会导致侧向力,从而形成键槽。当角度下降的时候,这种类型的问题很可能发生在软地层中。该问题也可能出现在突出部分和套管鞋处,在这些部位,沟槽被挖入金属而不是地层中(Matanovic et al.,2014)。键槽的形成与旋转小时数直接相关。像往常一样,预防胜于补救。为了预防卡钻的发生,可以采取以下步骤。

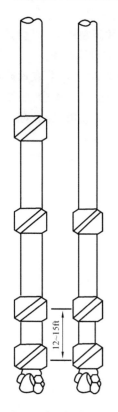

图 8.6 填充井眼组件

(1)钻直井。对于斜井,应避免井斜或钻井方向突然改变。预防措施将能控制整个井径的上部井眼偏差和狗腿严重程度。这将消除导致键槽产生的侧向力(Matanovic et al.,2014)。

(2)应通过更好地实时监测地下已钻情况并调整钻井参数,将狗腿的严重性降至最低。

(3)尽量减少钻柱旋转。每一次,管柱旋转都会导致井下的非预期重新定向,并可能加重狗腿或键槽的情况。

(4)底部钻具组合(BHA)的设计应避免形成狗腿。通常,"填充"BHA 设计用于钻直孔,并减少狗腿、键槽和岩架的严重程度。它为套管下入井提供了最高保证。支撑填充 BHA 的理论是由 Roch 提出的。当需要将角度和方向变化保持在最小值时,使用填充井眼组件。在定向井中,达到最大偏移角并希望保持该角度时应使用填充井眼组件。刚性组件紧密配合在井眼中,并由多个稳定器固定到位。稳定器通常放置在钻头上方 0 – 10′ – 40′ 或 0 – 10′ – 40′ – 70′ 处(图 8.6)。BHA 的硬度和刚度应保持在相同的相对位置。最好具有更高的硬度和刚度,以最大限度地提高效率。

(5)尽量减少套管下方井眼的长度。在传统的随钻扩孔 BHA 中,扩孔器放置在旋转导向系统(RSS)和随钻测井(LWD)工具上方,形成一个长的井眼,需要额外的程序才能将孔扩大到总深度。最近开发的哈里伯顿工具 TDReam™ 使井眼长度减少到 3ft 以下,而不需要额外的程序。扩孔器在 TD 处激活,以扩大扩孔器下方左侧的井眼。

8.1.2.2 补救

可以采取以下补救措施。

(1)井眼应当扩孔。当使用扩孔工具对小井眼进行扩孔时,便解决了卡钻的直接问题。该过程如图 8.7 所示。然而,除非采取预防措施,否则键槽问题可能再次出现(Matanovic et al.,2014)

(2)发现并确定有机液体的位置,以减少键座周围的摩擦,从而促进钻杆的工作。

(3)如前所述,键槽形成后,可继续向下运动。但是,为了修复键槽,应该逐渐向上操作钻柱。然而,如果键槽已经形成了很长时间,或者如果 BHA 卡在槽内,则该过程会变得越来越困难。应尝试以最小张力向上旋转钻柱,并将键槽移除(Baker Hughes INTEQ,1995)。在预计会出现此问题的油井中,有时 BHA 中包括一种称为键槽扩孔器的工具。这是接头上的一个扩孔器壳体,用于在将钻铤从井眼中拉出时遇到障碍物(如键槽)可以打开足够的孔,以便钻铤通过。哈里伯顿工具 TDReam™ 也属于相似的类别。

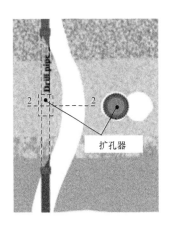

图 8.7　键槽扩眼工具

8.1.3　水泥块

这一问题与井底积聚的移位水泥块有关,并且它会卡在钻柱上。这种位移可能是由大尺寸的套管和稳定器引起的,这些套管和稳定器可以在水泥凝固和泄漏试验完成后破坏松散的水泥块(Baker Hughes INTEQ,1995)。预防措施包括:

(1)尽量减少套管鞋下井眼的长度;

(2)在钻前一定要扩眼或钻水泥塞;

(3)通过套管鞋起下钻时要小心;

(4)如果发生卡阻,尝试通过上下交替工作和震击来清除或打破障碍物,这些释放力应逐渐增加,直到钻柱释放,如果条件允许的话,可泵送酸溶液溶解水泥。

8.1.4　钻井液和水泥流变性相关问题

钻井液的问题主要由三个关键因素造成(Chen et al.,2014;Nair et al.,2015):

(1)水泥置换钻井液效果差;

(2)固井作业中滤饼清除不当;

(3)水泥浆搅拌或测试不良。

许多与水泥相关的问题都指向滤饼清除不当。如果未正确清除滤饼,它就会为流体通过环空提供一个通道。Mwang'ande(2016)总结的许多因素可导致钻井液和滤饼顶替不当:

(1)偏心环空;

(2)水泥浆流型(模式);

(3)钻井液流变性;

(4)不使用扩孔器下入套管或采用其他方法清除滤饼;

(5)应用固井技术。

上述每一个因素都会导致滤饼清除不当。图 8.8 是固井作业的示意图,可以将各种因素的作用可视化。

如前几节所述,水泥浆中含有水溶液中的水泥粉。大多数情况下,还加入了水泥添加剂,这是为了获得所需的钻井液性能(Skalle,2014a)。常用的水泥添加剂见表 8.2。这些添加剂的直接作用是改变钻井液和水泥、水泥和地层之间的界面。对于这些相互作用的确切性质知之甚少,因为大多数试验都集中在清洁环境中的水泥性能上。

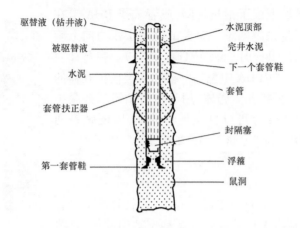

图 8.8　固井作业示意图(Mwang'ande,2016)

表 8.2　添加剂及其对水泥浆的影响示例(Mwang'ande,2016)

可加种类	对钻井液的好处或影响
催化剂	缩短稠化时间; 提高早期抗压强度
缓凝剂	延长增稠时间
增量剂	降低钻井液密度; 提高钻井液产量
增重剂	提高钻井液密度
分散剂	降低钻井液黏度
降滤失剂	减少钻井液脱水
堵漏剂	防止钻井液流失至地层
特种添加剂	消泡剂纤维等

8.1.4.1　油基钻井液污染

水泥浆不能连续注入,必须用钻井液推进。然而,必须使用中间流体作为缓冲液,称为隔离液(Nelson and Guillot,2006)。通常,隔离液是含有表面活性剂的水性流体,表面活性剂的存在使注入系统在注入水泥之前更容易清洁过渡区。正是使用这种液体清洗滤饼,从而增加了滤饼与地层的附着力(API,2004)。通过流变测量、钻井液沉降试验、失水率、抗压强度和稠化时间等一系列试验,选择了一种新型的隔离液。解释结果还考虑了井的几何形状、套管中心化、流体体积和流速等因素的影响(API,2004)。然而,现行标准没有任何规定可在模拟井筒条件下进行试验。此外,目前还不存在对实验室实验进行现场解释的尺度定律。

在注入隔离液后再注入钻井液体系推动水泥浆的过程中,水泥容易受到油基钻井液的污染(Li et al.,2016;Soares et al.,2017)。众所周知,油的存在严重影响水泥的质量。这是因为油基钻井液可与水泥浆的所有添加剂混溶,导致水泥浆性能的改变。油基钻井液具有一定的优势,如井眼稳定性、温度稳定性、抗污染性、润滑性,以及对某些地层的较高的渗透率。因此,油基钻井液的污染是一个普遍关注的问题。当使用油基钻井液时,确定水泥在放置过程中的污染程度是很重要的,因此可以采取必要的补救措施。图 8.9 显示了油基钻井液(OBM)对水泥抗压强度的不利影响。值得注意的是,在这张图中,OBM 的影响直到后期才"感觉到",它对水化过程本身几乎没有影响。然而,从长远来看,由于 OBM 的存在,强度会下降,整体套管完整性会受到影响。Soares 等人(2017)列出了以下内容。

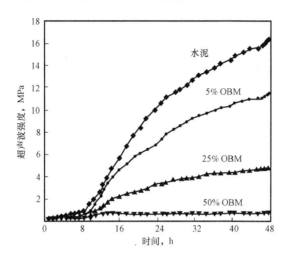

图 8.9   OBM 对水泥强度的影响(Li et al. ,2016)

(1)水泥浆与油基钻井液的混合会引起塑性黏度和屈服点的增加,并可能影响固井过程中水泥浆的最大可泵稠度。

(2)固化后形成的微孔会降低凝固水泥的抗压强度,这可能会影响液压密封的稳定性,并导致井控问题。

(3)与水泥颗粒接触的润湿剂使水泥在钻井液的油相中具有较好的润湿性,阻碍了水泥水化产物的形成。

Li 等人(2016)观察到,水泥中存在的油或乳液:(1)降低了水泥浆的流动性,使其无法移动,(2)降低了水泥石的抗压强度和胶结强度,增加了水泥石的孔隙度和渗透性,(3)在水泥骨架颗粒之间润滑,导致水泥骨架颗粒在外力作用下容易滑移。

与 OBM 污染相关的问题在胶结完成后无法避免。因此,强烈建议在固井作业前,在实际条件下进行相容性试验。虽然确实没有关于这一问题的规则或标准,但作为一个良好的行业惯例,应该采取此类措施来避免任何与固井质量不良有关的问题。

与之相关的是,最近引入了一种实时评估水泥的监测技术。Wu 等人(2017)最近推出了一种先进的分布式光纤传感系统,用于评估油井和气井的固井作业质量和层间隔离状态。根据水泥水化过程中获得的温度曲线,可以实时确定实际凝固时间。此外,还可以检测钻井液对水泥浆的污染,并估计顶替效率。该系统能够识别和定位胶结和非胶结部分。这可用于实际现场应用,以确定 TOC 和水泥缺陷,如通道、裂缝和空隙。虽然这项技术还未在现场进行测试,但它确实为研究固井作业的实时调整提供了一个机会。

8.1.4.2   偏心环空相关问题

当套管没有很好地集中在井筒中时,水泥浆能够更容易和更快地通过较宽的环空间隙。

流速与 d^5 成正比,其中 d 是可供流动的横截面的等效直径,环空较宽和较窄侧之间的速度差可能很大。在较窄的间隙中,位移滞后可能不完整。这种不均匀的环空充填或环空中不完整的水泥浇筑可能导致不可靠的分区隔离,高毛细管压力区域不允许任何水泥扩散(Wu et al.,2017)。图8.10显示了最宽和最窄侧环空中钻井液高度的差异。注意钻井液如何在最窄的部分流动,而水泥如何在最宽的部分流动。偏心环空的横截面积与同心环空相同。然而,通过偏心环空的流动呈现出多种形式。图8.11显示了速度剖面如何随不同的间隔值而变化。如果套管完全居中,间隔为100%。另一方面,0值的压差意味着管柱接触井筒。无论扶正器的类型如何,目的都是在整个套管柱上提供一个正压距,最好在67%以上。这里的目标是通过使用所需的尽可能多的扶正器来最大限度地保持距离。套管间隔本身取决于以下因素:(1)井径和井眼尺寸,(2)套管外径和重量,(3)扶正器性能,(4)钻井液和水泥浆的位置和密度。

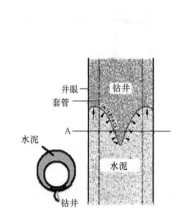

图8.10　受影响
钻井液的顶替

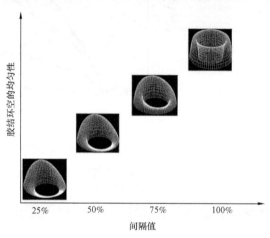

图8.11　偏心环空对胶结环空均匀性的影响,
间隔值较低时会受到很大影响

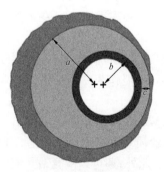

图8.12　套管接触孔壁时,
压差为0($c=0$)

套管压差的高值有助于减少钻井液窜流,提高驱油效率。井筒中居中的套管将产生更均匀的轴向速度剖面和更短的流体界面长度。当压差接近0时,狭窄的侧流甚至可能被堵塞,使流体无法排出。在图8.12中,间隔值变为 $c/(a-b)$。无论扶正器类型如何,目标都是在整个套管柱上提供一个正压距,最好在67%以上。

对于间隔值较低的套管,岩屑很难从环空中清除,如果套管卡在岩屑床中,可能会给钻井作业带来重大问题。偏心环空问题在水平井中也很常见,重力影响套管柱的集中,并促进钻井液中固体的沉降。所有这些异常都会导致固井过程中的钻井液置换不良。

8.1.4.3　钻井液顶替的流态

为了将水泥浆有效地放置在套管或井眼环空中,很有必要使用水泥浆的湍流相以避免出现与位移前缘变窄相关的问题。湍流顶替前缘是平坦的,因此,它呈活塞式顶替。另一方面,层流状态会产生狭窄的顶替剖面,导致钻井液顶替不良(Skalle,2014a)。

图 8.13 显示了层流状态下速度剖面的情况。在层流状态下,剖面随着钻井液的传播而变窄。相比之下,对于湍流,顶替剖面为初始剖面,保持活塞式顶替(Skalle,2014a)。

图 8.13　受流型影响的顶替剖面图

众所周知,稀释或分散的钻井液是牛顿流体,比属于宾汉流体范畴的较稠钻井液更容易顶替。因此,建议在用钻井液顶替水泥之前对钻井液进行处理。如果在钻井液中恢复牛顿流体的特征,则更容易以较高的速度注入,同时使钻杆中的摩擦损失最小,从而提高水泥浆速度,这将有助于维持水泥浆的湍流状态。其他建议的技术如下。

(1)使用扶正器,确保套管在井筒中的居中度,从而避免水泥在环空中的不均匀性和不完整性(Nair et al.,2015)。

(2)采用合适的固井技术。在墨西哥湾的海上作业中,使用液态水泥预混料(LCP)进行水泥封隔器完井,与使用普通修井钻机相比,其效果更好,成本可节 60% ~ 70%。

(3)保持水泥浆的密度至少比钻井液高 0.24kg/L,并以非常低的流速循环水泥浆,以帮助顶替过程。环空越偏心,水泥相对于钻井液的厚度就越大(McLean et al.,1967)。这有助于在环空中实现活塞式的顶替。

(4)在大位移井和水平井中,更重的水泥要比在直井中发挥的作用更大。当使用更高密度的顶替液时,环空狭窄部分较轻的钻井液将上浮到较宽的环空部分,并很容易被运输出去(Jakobsen et al.,1991)。

(5)当水泥被泵入套管时,用塞子隔离水泥。这对于确保水泥正确填充整个环空间隙及避免水泥与钻井液污染是很有必要的(Wilde Jr,1930)。

(6)在环空中建立水泥浆紊流,更好的帮助钻井液进行顶替作业。

8.1.4.4　固井过程中滤饼清除不当

下套管柱和固井过程中不当的滤饼清除可由以下一种或多种原因引起,搞清楚这些原因就能够正确清除滤饼:

(1)下入套管柱时不带机械扩孔器;

(2)下入套管柱时不使用水力清洗;

(3)在不使用酸处理预冲洗液的情况下泵入水泥浆。

其他因素包括:

(1)偏心环空;

(2)水泥浆流型(模式);

(3)钻井液流变性;

(4)不使用扩孔器下入套管或采用其他方式清除滤饼;

(5)采用的固井技术。

补救程序包括:

(1)下套管时使用扶正器;

(2)下套管时使用扩孔器、水力喷射或酸处理;

(3)下套管前稀释钻井液;

(4)泵送时用塞子隔离水泥;

(5)建立水泥浆的紊流或活塞式流动。

套管扶正器是一种两端固定在套管外壁上的弓形装置,有两个用途:(1)清洁井筒(有助于去除滤饼),(2)确保套管管柱相对于井筒处于中心位置(Jones and Berdine,1940)。套管扶正器是固井作业中保证水泥浆能够良好顶替的重要设备。

除了要特别注意扶正器外,刮刀也很重要。机械刮刀通常固定在套管外壁上,以便在套管旋转和轴向移动时与井壁摩擦。刮刀可以清除渗透性地层中的滤饼,从而与地层形成良好的水泥胶结。

8.1.4.5 水泥浆搅拌和(或)测试不良

多年的现场经验表明,如果没有良好的水泥配方、钻井液混合和测试(模拟),即使固井作业中钻井液和滤饼能够很好地完成置换,也无法产生良好的水泥效果(Wu et al.,2017)。良好的水泥配方始于工厂生产水泥时的化学水平。水泥混合是指混合(或添加)其他成分,如水、添加剂或惰性气体(以制备泡沫水泥)。

在环空泵送过程中,可以进行良好的水泥浆混合、测试和置换。但是,如果环空填充不足,就会导致水泥环顶部(TOC)较低。不充分的环空填充(特别是TOC)是由于水泥浆体积计算不准确造成的。已经开发了不同的方法来计算钻孔体积,从而估计钻井液体积。这些技术如下。

(1)通过井径测量估算钻井液体积(Peternell Carballo et al.,2013)。利用现有的随钻测井(LWD)电磁波传播电阻率测量方法,可以满足深水环境中水基钻井液(WBM)钻井的井眼体积测定要求。通过井径测量(本方法中特定的随钻测井井径反演过程)能够获得确定井眼尺寸。水泥浆体积可根据超额百分比(井眼尺寸的150%~200%)或井径值确定。该方法适用于无隔水管顶孔段,尤其是墨西哥湾近海处。这种方法中的井径测量会受钻井液电阻率较大不确定性的影响。克服这种不确定性的方法是利用水基钻井液(WBM)和大井眼(顶部井段)的2MHz标准传播电阻率同时完成反演模型和正演模拟数据库。为了获得高精度的井眼尺寸和形状估计,该技术中使用的井径仪应能够记录更多的独立测量值。如果无法使用钢缆卡尺,则可以通过使用指定钻头尺寸的超额百分比或带有示踪材料的"流体卡尺"来估计井眼尺寸,以检测深水中的回流(Peternell Carballo et al.,2013)。

此外,该技术可以提高随钻测量(MWD)和随钻测量工具的精度,从而能够根据声波和核测量或导电钻井液中的电阻率测量来估计裸眼尺寸(Peternell Carballo et al.,2013)。与仅依赖于一种途径来确定井眼体积的其他方法相比,这一进步增加了该方法在确定井眼体积方面的价值。

(2)根据井筒几何模型估算水泥浆体积(V_{cs})(Amanullah and Banik,1987)。该方法以圆形井眼为基础计算钻井液体积。在井筒和套管直径不变的情况下,通过积分 $V=f(h)$ 来模拟水泥浆体积的计算。借助几何近似的方法来确定面积或三角形。传统方法或钻井液体积计算给出了一个粗略的近似值,这是由于整个深度内与井筒直径相关的不确定性造成了精度不足。为了消除这一缺点,Amanullah 和 Banik(1987)使用了一个常数方程,将水平面划分为 n 个相等的三角形,并将总深度划分为 m 个间隔。使用方程式(8.1)中的公式获得钻井液体积,如图 8.14 所示。

该方法的主要假设是,由于裸眼长度较大,原套管的内径假定等于裸眼的平均直径。对恒定的井眼和套管直径通过 $V=f(h)$ 进行积分,并将水平面划分为 n 个相等的三角形(图8.15),将总深度划分为 m 个相等的间隔(Amanullah and Banik,1987),从而建立方程。

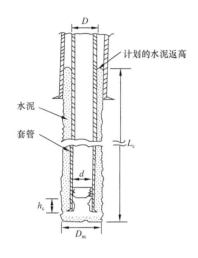

图 8.14　描述方程式(8.1)中估计
的平均直径 D_m 的主要示意图
(Amanullah and Banik,1987)

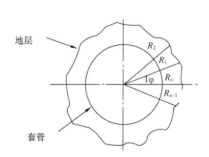

图 8.15　描述方程式(8.1)中
参数的主要示意图

该方法的精度在很大程度上受井筒平均直径 D_m 测定过程的影响。三角形个数 n 越大,几何平均直径 D_m 的精度越高。如果通过任何一个监控设备都能获得实时数据,这种方法就可以得到很大的改进。该方法的另一个限制条件是,随着井筒变得更加不规则,环空体积会显著增大,因此,有必要对井筒结构进行详细研究,以将实际井眼的体积波动降至最低(Amanullah and Banik,1987)。

(3)水泥浆体积由平均孔径获得(Mian,1992)。大多数井眼面临着冲刷、岩架、坍塌和缩径的风险。可以先计算平均孔径,然后利用平均孔径获得环空体积,最后确定这些井眼对水泥浆的需求量。利用方程(8.2)确定平均孔径,主要通过图8.16中的放大井筒进行描述。该方法与等式(8.1)中的方法(2)相似,因为它也是基于平均直径测定的。不同之处在于如何估计平均直径。该方法是将油井划分为 j 个等长为 L 的垂直段(Mian,1992),而在方法(2)中,水平面划分为 n 个等长段。

然后使用方程式(8.1)确定钻井液体积,用式(8.1)中的平均直径 D_m 替换为式(8.2)中的平均直径 d_{av}。垂直截面 j 的数量越多,d_{av} 的精度越高。

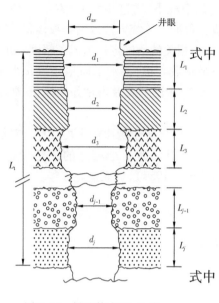

图 8.16 描述等式(8.2)中
参数的主要示意图

$$V_{cs} = \frac{\pi}{4}k(D_m^2 - D^2)L_c + d^2h_c \qquad (8.1)$$

式中 V_{cs}——水泥浆体积,m^3;

k——边际容量系数,出于安全原因通常为 1.2 ~ 1.3;

D——套管柱外径,m;

d——套管柱内径,m;

D_m——根据剖面缝洞图得出的井筒平均直径,m;

L_c——固井层段长度,m;

h_c——高度,m。

$$d_{av} = \sqrt{\frac{1}{L_t}(D_1^2 L_1 + D_2^2 L_2 + \cdots + D_j^2 L_j)} \qquad (8.2)$$

式中 d_{av}——平均孔径,m;

D_i——相应第 n 节的直径,m;

L_i——第 n 节的长度,m;

L_t——到上一个套管的计划距离(套管重叠长度),m。

8.1.5 井喷可能性

井喷是一个严重的钻井问题。然而,在本节中,考虑与固井问题有关的井喷具体方面。在2010 年墨西哥湾深水地平线事件灾难性失败的背景下,美联社(2010)报告称,井喷事件背后的主要原因是固井问题。其他井喷事件(例如,2009 年 8 月 21 日,西澳大利亚蒙塔拉井喷)也是由固井作业质量差导致的。

自那次事件以来,公众就注意到,联邦法规不足以作为固井指南。例如,他们没有规定使用哪种水泥,而是由石油和天然气公司来决定。他们要求钻井工人只需遵循美国石油协会(一个工业贸易组织)的指导方针。由于新一代的水泥是通过服务公司的研究部门开发的,另一个问题就来自于服务公司而不是运营商,往往(就像深水地平线公司的情况一样)他们自己将合同外包给另一个公司来完成固井作业。固井可能因水泥和外加剂的固有性质或环空放置不当而出现故障。对于海上油井来说,这是一个严重的安全问题。据美联社报道,1978 年至2010 年间,有 34 起石油钻井事故与固井有关。事实上,监管海上油井的美国矿产管理局提供的许多报告都将原因归结为"固井作业质量差"。例如,在 2005 年 11 月的一次事故中,有缺陷的固井作业导致支撑井壁的钢套管破裂。将近 15000gal 的钻井液泄漏到墨西哥湾。它就在深水地平线所在地区附近。一周之内,在另一个平台附近的一口井里,水泥不恰当地渗入了钻井液。这是因为有一种添加剂可以加快凝结时间。结果证明,这种"新技术"未能使水泥具有足够低的渗透率,因此无法阻止天然气流入油井。当井队最终用较轻的海水替换了较重的钻井液时,就像在井喷前对深水地平线所做的那样,油井的流量失去了控制,许多人员不得不撤离。

　　类似地,联邦调查人员确认,2007 年 8 月路易斯安那州附近发生井喷的一个明显原因是固井。他们发现"水泥质量很差,看起来像是大面积没有水泥"。内政部的一个分支机构 MMS 的报告也提供了相关证据,证明了不良固井作业在事故中所起的作用。一项研究表明,在1992 年至 2006 年间,墨西哥湾钻井平台 39 口井喷事故中有 18 口与固井作业相关。有一位专家将 2000 年 9 口失控油井中的 5 口归咎于固井问题。

　　美国有三大固井公司:哈里伯顿、斯伦贝谢和 BJ 服务公司。固井通常由此类钻机承包商执行,作为其提供的广泛钻井服务的一部分。哈里伯顿公司曾担任"深水地平线"的工作,它将氮气混合,使钻井液更有弹性。氮气还有助于形成一种轻质水泥,能更好地与套管一起固定。问题是,在现场几乎没有任何条件来测试水泥。当然,公司可以在具有类似压力和温度条件的实验室中进行实验,但有助于将实验室结果与现场条件关联起来的标度定律是原始的,目前还没有针对具有异常瞬态剖面的复杂材料的开发。实际的现场条件很难评估,更不用说实验室环境中的模型了。当水泥浆被泵入井中时,它首先下沉到井底,然后向上渗出,填满套管和井眼之间的狭窄空间。在这段时间内,水泥本身经历了放热反应,然后调整以适应井筒内不断变化的温度和压力条件。

　　同样重要的是要注意每个事故都有早期征兆。例如,SCP 是一个指示固井作业质量不佳的指标。事实上,在 2007 年的墨西哥湾井喷事故中,调查人员引用的测试结果显示套管压力高,这可能表明水泥施工有问题。平台所有者向联邦监管机构报告了问题,但在井喷前并没有采取任何行动。

　　根据政府报告,在联邦政府租赁的 22000 口海上油井中,有 8000 多口显示出持续的压力,其中大部分位于墨西哥湾。当然,有些人会使用这些数据来说,虽然 SCP 频繁发生,但事故数量却并不多,这意味着 SCP 不能作为即将发生事故的指示器。此论点的问题在于,SCP 上的监控数据并不完整,除非发生引发调查的事故,否则很少对其进行分析。如果有一个维持低SCP 或可忽略的 SCP 的协议,就可以完全避免此类事故的发生。此外,高 SCP 是不能接受的,这样的事件发生在实际的井喷之前。例如,在深水地平线爆炸一个月后,监管机构在联邦纪事上写道,"墨西哥湾的石油和天然气行业遭受了严重的事故,这是由于持续的高套管压力以及缺乏对这些压力的适当控制和监测造成的"(AP,2010)。

　　石油公司通常会等待法规来规定他们的操作方式。这种观点是短视的。长期以来,监管机构一直被指责与石油公司关系过于"亲密",不够客观。即使在"深水地平线"爆炸事件发生后,短短几个月就生效的新规定仍采取了保守的观望和等待的态度,新规中只要求了业界已经实施的常规操作:一个带有监测和诊断测试的管理程序。其中并没有新的记录保存或报告要求。不出所料,这些规定得到了业内人士的支持。业内人士仍将监管视为利润率的"流失"。能源委员会成员、美国众议员 Diana DeGette(D - Colo)在她的声明中总结了这种情况:"不幸的是,这是钻井固井问题引发的一系列事故中的又一场危机。"

　　可提供以下指南。

　　(1)良好的一次固井是不可替代的。避免使用新产品,特别是那些为了加快设定时间而设计的产品。通常,它们是水泥失效最常见的来源。

　　(2)对于复杂地层,必须在固井前进行比例模型研究,以确定成分、泵的注入速率和凝固时间。

(3)识别早期预警信号。在进行下一阶段钻井之前,应密切监测 SCP 值,并采取预防措施。

(4)不要等待法规来指导固井实践。钻井法规不充分,石油运营商必须制订属于自己的符合零容忍政策的标准。

8.2　良好固井实践

良好的顶替和因此而成功的固井作业的要求已经在前面章节中描述过了。Jakobsen 等人(1991)进行了一项实验工作,他们使用 60°大型倾斜装置模拟斜井,证明了当顶替液的密度比被顶替液的密度高 5% 时,由于浮力,被顶替液漂浮在更宽的环形空间中,因此易于运输,从而实现高效顶替。类似地,他们的实验工作进一步确定了黏性力的影响,即由顶替液和被顶替液之间的黏度差异决定。结果表明,钻井液(即顶替液)黏度越低,顶替效果越好。这证实了长期以来的观点,即在良好的黏度比下,黏度引起的不稳定性是最小的。在这个特定的应用中,Smith 和 Ravi(1991)使用这个概念来论证钻井液稀释应该发生,以确保钻井液的活塞式位移。不遵守固井标准显然会导致固井作业失败。然而,在这个框架内,应该最大限度地提高被顶替液与顶替液的黏度比。对上述因素之一失去控制可导致不利后果,如(O'Neill and Tellez,1990):

(1)套管与水泥胶结不良或地层与水泥胶结不良或两者均与水泥胶结不良;

(2)固井过程中水泥不完全充填环空,导致顶替效率低下;

(3)凝结水泥抗压强度低;

(4)固井添加剂效率低;

(5)水泥浆稠化时间出现错误;

(6)可能无法控制地层压力,特别是当钻井液密度控制不当时。

对各个固井变量的研究应该结合起来,形成一种整体的固井设计方法,从而在关键井中实现有效的层间隔离。为了正确设计油井中的水泥柱,必须要对水泥柱静水压头损失的机理有一个透彻的了解(Hartog et al. ,1983)。通常,为了模拟实际的现场条件,需要进行实验室测试,但行业或监管机构标准并不要求这些数据。一个好的商业实践会收集有关水泥流变性、失水控制、钻井液稳定性和凝结性能的数据,还应注意钻井液调节、分批搅拌、钻井液冲洗器和隔套。高水泥排量、往复运动、合适的水泥流变性和接触时间可实现高效钻井液顶替。对每个变量都应该优化。虽然存在理论模型,但并不足以指导脆弱环境下的固井作业。必须通过对特定关注的领域进行定制设计研究,才能充分了解控制水泥浆置换的相关钻井液参数。

Crook 等人(2001)发表了一份良好固井作业的配方。近 20 年前的这份文件至今仍然有效,与固井作业失败相关的灾难增加了对良好商业实践的需求。他们确定了决定固井作业完整性的八个控制因素。它们是:(1)调节钻井液;(2)使用隔离液和冲洗液;(3)移动套管;(4)使套管居中;(5)顶替效率最大化;(6)设计合适温度的钻井液;(7)选择和测试水泥成分;(8)选择合适的固井系统。

8.2.1 钻井液

在固井作业中,钻井液条件是实现良好顶替的最重要变量。在钻井液中通常会出现胶凝块,特别是在准备安装套管的停工时间。胶凝体的形成表明了钻井液的触变性,是静止或静态条件下钻井液吸引力的一种测量方法。由于这和屈服点(YP)都是絮凝的指标,它们会同时增加和减少。屈服点表示钻井液中胶体颗粒之间的吸引力,是应力—应变图上外推至剪切率为零的屈服应力。它反映了宾汉塑性模型的特征。塑性黏度(PV)是宾汉塑性模型的另一个参数。屈服点用于评估钻井液从环空中提升岩屑的能力。高屈服点意味着是非牛顿流体,它比与之密度相似但屈服点较低的流体具有更好的携岩能力。通过向黏土基钻井液中添加降凝剂可降低屈服点,而通过添加新分散的黏土或絮凝剂(如石灰)可增加屈服点。必须进行实验室测试才能确定套管安装作业时间范围内形成凝胶的可能性。如果使用油基钻井液,则应特别注意,因为需要考虑胶凝和污染前景方面的问题。

高温环境往往会增加水基钻井液中的屈服点,例如钻井液中有二氧化碳、盐和硬石膏等污染物时。当屈服点增大时,当量循环密度(ECD)通常会增大,必须在设计时考虑到这一点。

8.2.2 井眼清洁

在钻大直径井眼时,钻井液中的屈服点必须很高,以提高井眼清洁效率。希望能够得到每个特定钻井活动的最佳塑性黏度水平,而这往往很难确定,最好的方法是根据经验,利用邻近油井和油井本身的资料建立。在这方面,实时监控非常有用。

8.2.3 凝胶强度

凝胶强度是钻井液静置一定时间后,在低剪切速率下测得的钻井液剪切应力。凝胶强度是钻井液的重要性能之一,它反映了钻井液在循环停止时悬浮钻井固体和加重物质的能力。

对于钻井液来说,脆性凝胶更可取。在这种情况下,凝胶强度最初是相当高的,但随着时间的推移只有略微增加。这种类型的凝胶通常很容易破裂,并且需要较低的泵压来打破循环。作为良好实践的一部分,必须确保凝胶流体的结构是易破碎的。

下套管后,恢复并保持良好的流体流动性是关键。具有低凝胶强度和低滤失性能的钻井液是最容易顶替的。这种高流速和低压降可以使司钻保持水泥处于湍流状态。湍流的优点已经在前面章节中做过讨论。为了调整钻井液以准备固井作业,建议操作人员遵循以下措施。

(1)确定可循环的井眼体积。

(2)评估实际循环的井筒比例。

(3)记住,返出的流体不是环空流体的可靠指标。

(4)使用"流体卡尺"或物料平衡器来确定井下流体的流动性,并检查环空流体是否移动。

(5)循环钻井液,帮助打破钻井液的凝胶结构。如果预先确定的数据表明有可能形成凝胶袋,则改变钻井液的成分,以避免在固井作业的时间范围内形成凝胶。

(6)调整钻井液直至达到平衡。套管下到井底之后,在开始顶替之前,循环钻井液会降低其黏度并增加其流动性。

(7)不要让钻井液长时间停滞,特别是在高温下。当钻井液状态良好(出井的钻井液性质与泵入的钻井液相同)时,继续循环,直到开始顶替程序。

(8)改变钻井液的流动特性,以优化流动性和提高钻屑清除能力。实验室测试,甚至一些现场实际岩屑的原油测试都会有所帮助。

(9)在作业计划阶段和固井作业前,检查钻井液凝胶强度剖面。测量 10s、10min、30min 和 4h 这几个时刻的凝胶强度。最佳的钻井液应具有平稳的、非递增性的凝胶强度。例如,在 Fann 35 黏度计上,在 10s、10min 和 30min 时,其凝胶强度值分别为 $1lbf/100ft^2$、$3lbf/100ft^2$ 和 $7lbf/100ft^2$。

(10)在作业计划阶段,在井下温度和压力下测量凝胶强度变化情况。

(11)高温高压下残留在井内的钻井液会形成凝胶状,无法清除。这些增加的凝胶强度是无法在表面条件下检测到的。

(12)斜井通常需要更高黏度的钻井液,以防止固体沉降到井底。系统中较大的钻屑则要求使用黏度更高的流体。是否使用高黏度流体应该取决于井眼条件和井的倾斜角度。

8.2.4　隔离液和冲洗液

隔离液和冲洗液是有效的钻井液顶替剂,是有效固井技术的重要组成部分。如前所述,在固井之前,需要使用隔离液清洁井筒,它使水泥与钻井液隔离,以防止污染水泥,使其失去重要的性能。图 8.17 显示了套管和流体系统各部件的相对位置。在操作过程中,隔离液增强了钻井液的清除能力,并使水泥与井眼更好地结合(图 8.18)。为了控制水泥周围的井筒化学反应,可以添加各种类型的隔离液。例如,加重隔离液有助于井控,而反应性隔离液则更有利于除泥。流体相容性应是选择隔离液时最重要的考虑因素,试验应在实际情况下进行。当然,必须满足 API 关于试井的指导方针,但操作人员最好不要仅仅只满足 API 标准。如果正在使用一种新型水泥添加剂,或者如果钻井位于易受岩石或流体系统不可预测行为影响的区域,则更应如此。

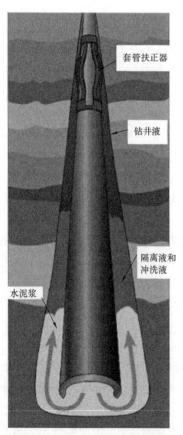

图 8.17　隔离液有助于隔离液体
(Crook et al. ,2001)

冲洗液用于稀释和分散钻井液颗粒。这些液体主要用于清洁井筒和清除钻井液残留物。泵送这些流体的速度必须足够高,以维持环空中的湍流状态。由于冲洗液的黏度较低,在合理的泵压下维持湍流相对容易。根据钻井液的性质及其流动性,有时需要添加化学物质,通过氧化钻井液残渣中较重的成分来清洁井眼。为了最大限度地提高顶替效率,根据前面章节讨论的专家意见和研究结果,提供了以下指南。

(1)在不超过地层破裂压力的前提下,以最佳速度或尽可能快的速度泵送隔离液。

(2)在最终选择之前,在实际条件下对隔离液进行兼容性测试。

（3）提供隔离液接触时间和体积数据，以尽可能多地清除钻井液。

（4）利用钻井液体积和平均排量来计算实际作业时间。将故障时间限制为 1 ~ 1.5h。为计算钻井液设计的近似稠化时间，在工作时间上增加 1 ~ 1.5h。

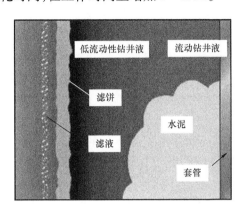

图 8.18　滤液、滤饼与钻井液流动性的定位（Crook et al. ,2001）

（5）至少要确保隔离液和水泥浆的黏度、屈服点和密度与钻井液相同。

（6）使用油基钻井液时要格外小心，在这种情况下，隔离液的设计必须使套管表面和地层完全浸湿。

（7）应使用新的 API 表观润湿性测试技术测试隔离液体系。该技术允许定制隔离液表面活性剂包，确保最佳的水润湿性能。Heathman 等人（1999）开发了一种可以准确、快速检测润湿性的筛选工具。可使用此程序进行测试。

（8）理想的水泥浆没有可测量的自由水，可提供足够的流体损失控制，有足够的缓凝剂以确保适当的顶替，并保持稳定的密度以确保静水压力控制。

（9）理想的水泥浆顶替是在湍流状态下进行的。所有泵送量的计算应维持在湍流状态下。

（10）分散剂和缓凝剂的添加量不能超过井筒条件所示的量。应该加入适量的防滤失材料，以便在水泥凝固前进行顶替。

8.2.5　钻井液设计

有几个标准影响钻井液设计。如果这些因素没有得到充分考虑，它们中的任何一个都可能成为案例设计标准中的一个故障点。这些标准如下。

（1）井深：一般井的深度越大，其脆弱性就越大。

（2）井底静态温度（BHST）：这将极大地影响水泥性能，在相容性试验中必须予以考虑。如果操作员知道水泥将遇到的实际温度，他们可以优化钻井液设计。井底固井温度影响水泥浆稠化时间、流变性、凝结时间和抗压强度的发展。

（3）钻井液静水压力：重要的是要考虑到每种关注的流体都是非牛顿流体，如果超过破裂压力，可能会导致地层破裂。

（4）钻井液类型：为此，隔离液和钻井液的相容性试验非常重要。

（5）钻井液密度：低密度钻井液和高密度钻井液各有优缺点，因此必须对钻井液进行优化。

(6)井漏:必须正确了解地质情况,并考虑井漏的可能性。滤液漏失到渗透性地层而造成的水泥脱水可导致桥接、摩擦压力、黏度以及密度增加。泵压力可能会增加。必要时可使用添加剂来控制失水,以补偿脱水。

(7)气体运移的可能性:在水泥凝结过程中,气体运移会导致水泥浆窜流,使水泥本身容易受到 SCP 的影响。

(8)泵送时间:应计算泵送时间,以保持隔离液和水泥浆的湍流流态。

(9)混合水的质量:水中存在的矿物质会影响水泥的质量,必须在设计时加以考虑。混合水中的有机物和溶解盐会影响钻井液的凝结时间。有机材料通常会延缓水泥的凝结。无机材料一般会加速水泥的稠化。作业前,应检查水泥的反应和实际位置的混合水,以确保配方可按预期执行。正如前面讨论的,混合水中的污染物会在增稠时间和抗压强度上产生较大的差异。

(10)失水控制:在过渡期控制失水过程或失水程度具有重要意义。

(11)流型:流型必须保持为湍流。对于黏度接近水黏度的隔离液和冲洗液,这很容易实现。然而,对于水泥浆而言,必须刻意建立湍流状态,通常特别关注高泵送速率。环空中的高能流动是确保良好钻井液顶替的最有效方法。当紊流对地层或井筒结构不可行时,使用可行的最高泵速。当隔离液和水泥以最大能量泵送,且隔离液设计适当能去除钻井液,并使用性能良好的水泥时,可获得最佳的固井效果。

(12)沉淀物和游离水:这会导致分离和凝胶块的形成,两者都对固井质量有害。

(13)水泥质量:原材料和工厂加工方法差异很大,可能导致水泥质量的变化。

(14)干燥剂或液体添加剂:添加剂在不同的浓度值下往往会发生相互冲突。因此,在执行之前,必须在实际条件下进行仔细的优化。

(15)强度变化:这一瞬态因素对含水量、污染、温度和压力极为敏感,在设计钻井液前必须仔细评估。

(16)水泥测试实验室和设备的质量:实验室测试旨在超过标准规定的预期。

8.2.6 套管旋转和往复运动

在固井前和固井过程中,旋转和往复运动的套管会打破固定的、胶化的钻井液凝胶结构,并有助于使钻井液均匀化。图 8.19 显示了套管(井筒)系统的配置。如图 8.19 所示,旋转套管有助于使流体漏失均匀化。同时,旋转可以使胶化钻井液中的岩屑松动。通过保持钻井液的稳定流动,套管移动可以在较低的泵速下实现较高的顶替效率。

通过改变流动路径,使钻井液完全围绕套管循环,移动部分补偿了套管集中度差的情况。附着在套管上的机械刮刀进一步增强了管柱移动的优势。行业没有明确规定固井过程中管柱移动的最低要求,因此,在类似地区,这取决于司钻的经验。

在某些情况下,不建议使用往复式套管。它会产生冲击和抽汲压力,引发卡钻和增加表层套管头压力。当当量循环密度(ECD)和破裂压力彼此接近,使得钻井压力窗口非常狭窄时,这一点尤为明显。当浅层气侵或水侵非常严重时,也会发生这种情况。一些尾管悬挂器和机械装置能够防止套管移动,这在水泥顶替方案设计时必须加以考虑。读者可阅读前面的章节,以进一步深入了解卡管的过程。

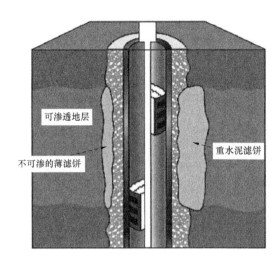

图 8.19　套管(井筒)结构使滤失液系统均匀化

8.2.7　扶正套管

通过机械扶正器对套管进行扶正,是实现良好固井作业的必要条件。在套管没有居中的情况下,环空流动会变得不一致,而不同的侧面实际上可以保持不同的流态,从而导致强度不同和一致性差异。在集中度不高的套管中,水泥通过阻力最小的路径绕过钻井液。水泥沿环空宽侧下行,将钻井液留在窄侧(图 8.19)。图 8.20 显示,在套管没有居中的情况下,水泥凝结不一致、不均匀。

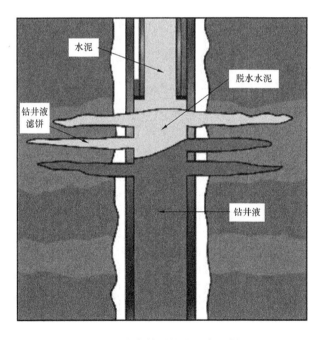

图 8.20　非居中套管系统中的水泥凝固配置

如前所述,较大的管距有助于确保套管周围的流动模式均匀。平衡环空间隙周围的摩擦力损失或水泥浆施加的力,可以增加钻井液的排出量。在斜井中,为了防止固体颗粒在环空低侧的地层中积累,压差值更为关键。当环空间隙为 1 ~ 1.5in 时,可以在最佳速率下获得最佳钻井液排量。市面上有许多计算压差值的软件包。然而,最好的选择是使用监控工具实时观察异常情况。对较小的环空进行居中是困难的。套管移动和排量受到严格限制。由于井的伸缩特性,需要重新设计。

8.2.8 顶替效率

通过保持段塞流,可最大限度地提高顶替效率。然而,由于提升效果有限,在实践中很少这样做。通过遵循以下准则,可以优化成本和顶替效率。

(1)根据从井下温度记录器获得的实际井筒循环温度来进行作业设计。

(2)如果无法进行实际测量,则使用 API 推荐的固井测试规程估算井底循环温度(BH-CT)。

(3)使用实际测量的井下温度。不得使用超过井筒温度推荐的分散剂和缓凝剂的用量。在确定所需的缓凝剂量时,应考虑钻井液的加热速率。

(4)在预测作业时间时,应包括地面混合时间,尤其是进行批量混合作业时。

8.2.9 水泥质量

作业前,应检查水泥反应和实际位置混合水,以确保配方按预期执行。混合水中的污染物会在稠化时间和压缩强度方面产生较大的差异。混合水中的有机物和溶解盐会影响钻井液凝结时间。有机材料通常会延缓水泥的形成。无机材料通常会加速水泥稠化。

原材料和工厂加工方法差异很大,可能导致水泥质量发生变化。由于滤液漏失到渗透性地层而造成的水泥脱水可导致桥接、摩擦压力、黏度以及密度增加。泵压力可能增加。必要时可以使用添加剂来控制失水,以补偿失水。

传统的水泥选择方法是基于抗压强度,较高的抗压强度可使得水泥环质量较好。如今,研究证明,水泥提供良好分区隔离的能力能够被其他力学性能更好地定义。良好的隔离不一定要求高抗压强度。例如,实际渗透率和微裂隙的缺失是区域隔离的更好指标。真正的能力测试是看现场的水泥系统能否在油井寿命期间提供区域隔离。

现场研究和实验室研究表明,水泥环可能由于非弹性而失去提供隔离的能力。各层之间的环空流体运动和异常高的环空压力表明已经发生失效。在使用过大内部套管试验压力的井筒表面,任何流动温度过高的区域都可以观察到水泥失效。将水泥环失效考虑在内的应用程序要求使用能够承受井筒应力的系统。一些水泥外加剂赋予了水泥韧性,以提高其应力容限。

泡沫水泥是应用最广泛的水泥体系之一,它具有更好的韧性和弹性,并能承受与套管膨胀和收缩有关的应力。研究人员发现,泡沫质量约为 25% 的水泥具有随套管膨胀和收缩的延展性和弹性。然而,低密度泡沫有其自身的缺点,在使用水泥之前必须认识到这些缺点。

8.2.10 特别注意事项

正如本章中几次提到的,API 和 ISO 标准不足以确保固井作业将来不会出现问题。例如,深水固井需要考虑一套更具挑战性的固井标准。这些挑战性条件下的设计会付出相当大的努力。同样,低温、低破裂梯度和极具挑战性的井况下也需要为每口井制订温度和压力计划。

应为每个深水作业使用温度模拟器。API 和 ISO 规范并未涉及深水环境中独特的温度和压力条件以及地层中的异常压力条件。在这种情况下,通常不可能采用本节所述的所有固井实践。

8.3 案例研究

尽管任何一个行业都关注如何成功,但从失败中吸取的教训要多于成功的案例。在上一节中,讨论了固井作业的最佳实践。在本节中,将提供现场示例,以说明在固井作业的适当管理中出现失误后可能产生的后果。

一旦发生故障,重要的是要知道确切的根本原因并采取对策来解决问题,如果可能的话还要采取预防措施以避免问题再次发生。因此,每次故障都与后续操作中的补救措施和可能的预防措施有关。

8.3.1 固井作业失败原因

如前几节所述,固井过程中钻井液的适当顶替对完井至关重要。图 8.21 展示了各种固井挑战,涉及排量、井眼几何形状和地层,这些挑战会导致固井作业质量差。图 8.22 给出了问题来源的横截面图。这组数据见表 8.3。图 8.21 和图 8.22 显示了固井作业的挑战性,尤其是在理论体积估计错误的情况下(导致较差的顶替量)。图 8.21 显示了宽环空和窄环空的实际水泥顶部差异。宽环空内压力较高,窄环空内压力较低。

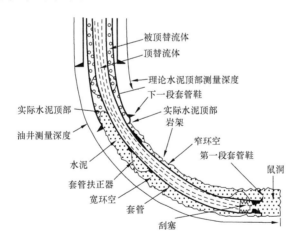

图 8.21 固井的挑战和问题的可能来源(Mwang'ande,2016)

此外,宽环空和窄环空的实际水泥顶部(TOC)均低于计划的水泥顶部(TOC),这可能就需要挤水泥。

套管扶正器的数量受井筒复杂性和井筒几何形状的限制。因此,套管分散会导致环空压差不均匀,进而导致水泥浆流动不均匀。结果就是环空窄侧和宽侧 TOC 有很大的差异(Mwang'ande,2016),即 TOC 在宽侧较高,窄侧较低,如图 8.21 所示。实际的 TOC 通常是从

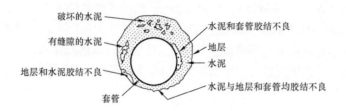

图 8.22　套管问题来源的横截面图

CBL 日志或类似工具中获得。

在固井过程中,岩架也是造成顶替不良的一个原因。它们会阻碍水泥在环空中的连续流动,导致水泥胶结不良,特别是水泥与地层之间的胶结。如果岩架足够长,足以接触到套管柱,那么影响会更大,因为这种情况下水泥不会与套管和地层发生胶结,如图 8.21 中套管环空窄侧所示。

表 8.3　各种固井相关问题

各种情况	描述	基本操作	逻辑输出
造斜段在套管内	当套管鞋处井深 – 造斜段上端井深 > 0		
造斜段在裸眼内	当套管鞋处井深 – 造斜段下端井深 < 0;当裸眼内套管不居中		
水泥浆的体积/理论计算体积低时	当水泥浆体积/理论计算水泥浆体积 < 1.5 – 1.25 – 1.0		
套管外环空间隙过窄	当钻头直径 – 套管外径 < 4 – 3 – 2 上一级钻头		
浮重高于预期值	由于地层中的天然裂缝或钻井液通过后期诱导裂缝进入油藏而增加油藏压力		
浮重低于预期值	断层相交可能会增加固井的复杂性		
浮重等于预期值	这是在特殊情况下定义的		
预期损失	在钻井之前已知		
井深过大	垂深 > 2 – 3 – 4km		
井深过浅	当垂深 < 2 – 1.5 – 1km		
井斜过大	当井斜角 > 60°,在东西坐标下的井身剖面图中获得		
井斜较小	当井斜角 < 30°		
井斜角中等	当井斜角介于 30° ~ 60° 之间		
井眼较长	测深 > 3 – 4 – 5km		
裸眼长度	如果测深 – 上层套管鞋深度 > 0.4 – 0.75 – 1km		
套管外环空间隙过大	可能导致漏失		
顶替压力过高	破裂压力当量密度 – ECD < 1.0 – 0.5 – 0kg/L		
顶替速度过高	导致环空压力过大		
渗漏	漏失量 < 5 – 3.5 – 2% 泵排量		
严重漏失	漏失量 > 5 – 10 – 15% 泵排量		
发生堵塞	钻屑堆积限制了水泥浆流动		
漏失压力高	压降速度 5 – 1 – 15psi/min		

图 8.22 显示了固井效果不佳的情况,这是由于固井过程中顶替效果差造成的。水泥未能在窄侧与套管和地层正常黏结,在宽环空处也有损坏。水泥中的通道和胶结物将钻井液或隔离液固定在其中。根据式(8.3)和式(8.4)对顶替效率的定义,图 8.22 代表了固井作业中较差的顶替效率。顶替效率由公式(8.3)和公式(8.4)得出:

图例:☒ 水泥　■ 钻井液

$$\varepsilon = \frac{注入水泥体积}{总的环空体积} \qquad (8.3)$$

$$\varepsilon = \frac{固井区域}{环空区域} \qquad (8.4)$$

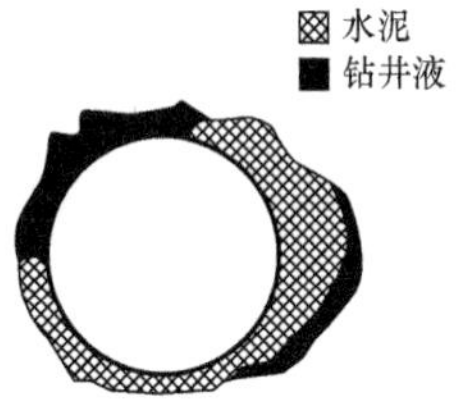

为获得成功的固井作业,顶替效率应高于 100%,即泵送的水泥体积应高于待固井的环空总体积;否则,将导致顶替效果较差(图 8.23)或低于计划的水泥顶部(TOC)。

图 8.23　确定方程(8.4) 顶替效率的胶结环空横截面

8.3.2　套管头压力问题

持续的套管压力很可能是固井作业质量差产生的最普遍的症状。在这些问题的压力下,继续操作受到威胁,补救行动往往代价高昂,有时甚至是不可能完成的。正如 Crook 等人(1991)指出的,对于墨西哥湾联邦水域的油井,美国矿产管理局(MMS)规则和条例 30CFR250.517 中涉及了套管头受到的持续压力。该条例规定,必须在发现套管头压力后的下一个工作日营业结束前报告给 MMS 部门主管。该规则允许一口井的持续套管头压力小于受影响套管最小内部屈服压力的 20%,并通过 1/2in 的针阀将压力降至零,针阀可在 24h 内持续工作。一旦报告了持续的套管头压力,就需要对井内所有套管环空进行诊断测试。

对于套管头内压力大于套管最小内部屈服压力 20% 的井或者通过 1/2in 针阀压力未降至零的井,美国矿产管理局(MMS)要求应提交一份调查申请报告。

一旦操作员提交调查申请,就需要进行额外的诊断测试和报告。具体要求请参考 MMS。如果 MMS 拒绝申请,油井运营商有 30d 的时间作出回应,并制订计划消除持续的井口压力。在某些情况下,拒绝可能需要更短的时间来纠正问题。

Crook 等人(2001)报告称,截至 2001 年,墨西哥湾外大陆架水域已钻了约 36000 口井。其中,MMS 表示有 8000 口井的 11500 个套管环空具有带压问题。2010 年"深水地平线"灾难发生后,墨西哥湾地区产量下降,但此后有所回升(图 8.24),套管压力的问题也随之出现了。

在 2000 年,MMS 收到 672 份关于套管环空压力问题的调查申请,处理了 632 份。在这些请求中,MMS 允许 217 口井在固定的时间段内按照特定的监测要求继续作业,之后需要新的调查申请。另有 238 口井的套管压力低于受影响套管最小内部屈服压力的 20%。此外,压力可能会被释放到零,MMS 允许这些公司继续生产,无需进一步报告。

MMS 允许 30 口井继续作业,其中套管压力归因于环空流体的热膨胀。MMS 拒绝了 112 个请求,阻止了正常的油井作业,并要求运营商进行补救工作来解决问题。操作员撤销了 35 个调查申请。

Davies 等人(2014)的最新数据显示,在墨西哥湾外大陆架的 15500 口生产井、已关井和临时废弃井中,有 6692 口(43%)至少在一个套管环空中保持了套管压力。在这些事故中,有

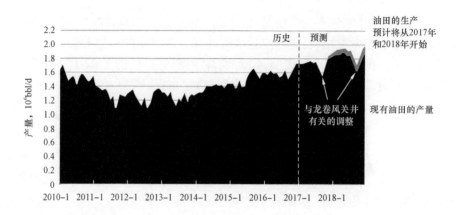

图 8.24　墨西哥湾的每月原油生产记录(IEA,2017)

47.1% 发生在生产管柱上,26.2% 发生在表层套管上,16.3% 发生在中间套管上,10.4% 发生在生产套管上。持续套管压力问题并不局限于墨西哥湾的油井。这是一个可以在世界上任何一个石油盆地产生的问题。

Vignes 和 Aadnøy(2010)检查了 7 家公司在挪威运营的 12 个海上设施的 406 口井。他们的数据集包括生产井和注入井,但不包括堵塞井和废弃井。在他们检查的 406 口井中,有 75 口(18%)存在油井屏障问题。有 15 种不同类型的屏障失效,其中很多是机械性的,包括环空安全阀、套管、水泥和井口。水泥问题占故障总数的 11%,而油管问题占故障总数的 39%。

对挪威大陆架的分析表明,据报道,2008 年 1677 口井中有 24% 的井发生了油井屏障故障;2009 年,1712 口井中有 24% 的井发生了油井屏障故障;而在 2010 年,1741 口井中有 26% 的井发生了油井屏障故障。目前还不清楚是否连续几年测试了相同的井,或者是否针对不同的井进行了调查(Vignes,2011)。SINTEF 还对 8 个海上油田的 217 口井进行了研究(Vignes,2011)。11% ~73% 的油井出现了某种形式的屏障失效,注水井的失效发生率是生产井的 2 ~ 3 倍(Vignes,2011)。图 8.25 显示,无论何时报告环空泄漏问题,固井问题都是非常突出的一个特征。

2007 年,在挪威克里斯蒂安桑举行的第 20 届钻井大会上,挪威国家石油公司提交了一份关于海上油井完整性的公司内部调查报告(Vignes,2011)。该分析显示,711 口井中有 20% 存在完整性故障、问题或不确定性(Vignes,2011)。526 口生产井和 185 口注水井中分别有 17% 和 29% 发生了油井屏障故障。

Vignes(2011)也报道了荷兰矿山国家监督局开展的检查项目的结果。他们在 2008 年进行的检查,只包括 10 家运营公司的 1349 口开发井中的 31 口。在这些井中,有 13%(31 口井中有 4 口)存在油井屏障问题;根据井的类型,有 4% 的生产井(26 口井中有 1 口)和 60% 的注水井(5 口井中有 3 口)发现了问题。

8.3.3　良好固井作业案例

综上所述,良好的固井作业应具有以下基本要点(Mwang'ande,2016)。

(1)理论顶替比大于 1,考虑裸眼井段中由于井眼扩径而产生的多余体积时,最好为 1.4。

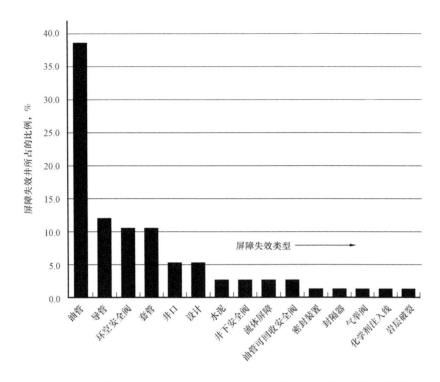

图 8.25　挪威近海调查的 75 口(一共 406 口)生产井和注入井的屏障失效原因,
显示了此类失效的证据(Vignes,2011)

(2)观察到的水泥顶部可能低于计划的水泥顶部,但这应该不是问题。例如,如果用水泥填充足够的套管重叠或在海床处悬挂现有套管,则观测到的水泥顶部较低不是问题。

(3)基于 CBL 或类似工具的观测体积与泵送体积之比应接近 1。

(4)实际顶替效率接近 1。

(5)整个顶替过程不应导致水泥受损。

Mwang'ande(2016)总结了四个环形填充成功的案例,以了解正常工作的特征。

8.3.3.1　良好案例 I

井名和井段:34/10 – C – 47 井,8½in 井段。

数据来源:挪威国家石油公司。

对于 34/10 – C – 47 井,给出了 8½in 井段 7in 套管的良好固井作业实例。油井示意图如图 8.26 所示。

如表 8.4 所示,由于该区域跨越了多个断层,因此预计会出现水泥漏失。表 8.4 显示了根据井数据和地震数据解释的断层,这些断层在良好案例 I 中被 8½in 井段穿过(Mwang'ande,2016)。决定提前泵送 40m³ 水泥(挤压断层以避免漏失),然后泵送 20m³ 隔离液,最后泵送 30m³ 泡沫水泥。如表 8.5 所示,理论排量比(1.216)、实际排量效率(0.988)和实际充满环空的泵送体积分数(0.808)等三个参数均表明固井效果良好。通过将水泥挤入 7in 套管搭接的顶部对 9⅝in 套管中密封泄漏的轻微故障进行修复。

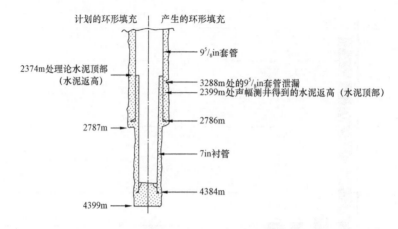

图 8.26　案例 I 的油井配置和计划及达到的水泥返高(Mwang'ande,2016)

表 8.4　通过井资料和地震数据解释断层

断层(地层)	实测深度,m	真实垂直深度,m	区域
断层 S3(S5/S3)	3210	1975	
断层 S3	3425	1999	
断层 S3	3555	1998	
断层 S2(S5/S3)	3810	2000	8½in 井段
断层 S2	4080	2005	
断层 S2	4150	1999	
断层 S3	4350	1985	

8.3.3.2　良好案例 II

井名和井段:2/2 – 5 井,12¼in 井段(9⅝in 套管)。

数据来源:AGR 数据库(Saga 石油公司)。

这口 2/2 – 5 井是 12¼in 井段 9⅝in 套管的良好固井作业实例。井示意图如图 8.27 所示。

如表 8.6 所示,三个参数理论排量比(1.513)、实际排量效率(0.961)、实际充满环空的泵送体积分数(0.631)均表明固井效果良好。CBL 测井发现 TOC 略有下降(计划 TOC 和观测 TOC 分别为 2070m 和 2120m)。由于 9⅝in 套管悬挂在海底,不可能发生泄漏,因此决定不挤压搭接层,继续钻探到下一段。

8.3.3.3　良好案例 III

井名和井段:3/4 – 1 井,17½in 井段(13⅜in 套管)。

数据来源:AGR 数据库(阿莫科挪威石油公司)。

3/4 – 1 井是 17½in 井段中 13⅜in 套管固井的一个很好的例子。井示意图如图 8.28 所示。由表 8.7 可以看出,三个参数理论排量比(1.533)、实际排量效率(0.965)和实际充满环空的泵送体积分数(0.582),除最后一个参数外,其他参数均表明固井效果良好。

表 8.5　案例 I 的油井数据(Mwang′ande,2016)

井名及井段:34/10 – C – 47 井,8½in 井段					
数据来源:挪威国家石油公司					
顶替效率相关数据					
1. 原始数据					

可用钻井(固井)参数	说明(描述)	英制		公制	概率,%
		数据	单位	数据	
钻头尺寸	上一开次	12.25	in	0.311	100
钻头尺寸	本开次	8.5	in	0.216	100
套管内径	上层套管(P110,53.5lb/ft)	8.535	in	0.217	100
套管内径	当前套管(L – 80,29lb/ft)	7	in	0.178	100
套管外径	当前套管			2786.00	100
套管鞋井深	上层套管			4384.00	90
浮箍深度	上层套管			4367.00	100
上层套管顶部井深	上层套管顶部			2374.00	90
造斜段上部井深	中点在上层套管内			2370.00	90
造斜段下部井深	中点在裸眼内			2370.00	90
浮重符合预期	2 种选择:是或否→;满足条件	否			
浮重不符合预期	2 种选择:是或否→;可能导致漏失	否			
预计发生漏失	2 种选择:是或否→;真实发生	否			
井深	总井深			4399.00	100
垂深	对斜井而言的垂直深度			1982	100
套管重叠长度(L_1)	与上层套管重叠的长度			412.00	100
裸眼长度(L_2)	上层套管鞋到本层套管鞋距离			1598.000	100
鼠洞长度(L_R)	鼠洞长度			15.000	100
套管鞋标高(h_c)	套管鞋标到套管鞋的距离			17.000	100
井斜	最后几百米的平均角度	90	0		95
水泥损失	地层漏失率(泵排量的百分比)	7	%		75
破裂压力当量密度 – ECD	水泥顶替时压力窗口狭窄	1.15	kg/m³		80
井眼堵塞	2 个选项:是或否→;导致水泥损失	否			
压力泄漏	试压时压降率高	8.7	psi/min		100
水泥浆返深	理论值			2374.000	90
水泥浆返深	声幅测井得到井水泥返深			2399.00	100
理论返深	根据测量井深和环空容积计算的水泥返深			2025.000	90
测量返深	声幅测井测量的水泥返深			2000.000	100
水泥浆量	泵入量			30.00	100

2. 计算结果		
水泥浆理论值(V_2)	包括环空容积 L_1 和 L_2,井底口袋和套管鞋内水泥塞	24.67
理论顶替速度(V_1/V_2)	泵入量和理论用量之比	1.216
真实顶替效率	水泥返深的测量值和理论值之比	0.9881
声幅测井水泥浆体积(V_3)	由声幅测井推算的水泥浆体积	24.251
V_4	根据声幅测井确定的漏入地层的水泥浆体积	5.749
V_3/V_1	实际填满环空的泵送体积的部分	0.808

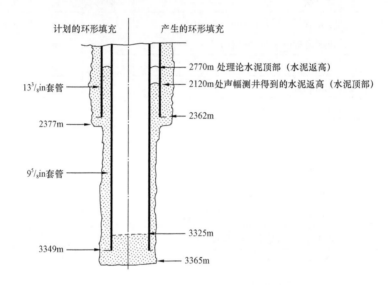

图 8.27　井配置参数,方案 II 的计划和最终配置参数

表 8.6　案例 II 井的重要数据

井名和井段:2/2 – 5 井,12¼in 井段(9⅝in 套管)					
数据来源:AGR 数据库(Saga 石油公司)					
顶替效率相关数据					
1. 原始数据					

可用钻井(固井)参数	说明(描述)	英制		公制	概率,%
		数据	单位	数据	
钻头尺寸	上一开次	17.5	in	0.445	100
钻头尺寸	本开次	12.25	in	0.311	100
套管内径	上层套管(P110,72lb/ft)	12.347	in	0.314	100
套管内径	当前套管(L-110,53lb/ft)	8.535	in	0.217	100
套管外径	当前套管	9.625	in	0.244	100
套管鞋井深	上层套管			2362.00	100
套管鞋井深	当前套管			3349.00	100

浮箍深度	当前套管			3325.00	90
上层套管顶部井深	上层套管顶部			89.000	100
造斜段上部顶深	中点在上层套管内				
造斜段上部顶深	中点在裸眼内				
浮重符合预期	2 个选项:是或否→是:满足条件	否			
浮重不符合预期	2 个选项:是或否→是;可能导致漏失	否			
预计发生漏失	2 个选项:是或否→是;真实发生	否			
垂深	对斜井而言的垂直深度			3364.000	100
套管重叠长度(L_1)	与上层套管重叠的长度				100
裸眼长度(L_2)	上层套管鞋到本层套管鞋距离				100
鼠洞长度(L_R)	鼠洞长度				100
套管鞋标高(h_c)	套管鞋标到套管鞋的距离				100
井斜	最后几百米的平均角度	1.9	0		95
破裂压力当量密度－ECD	水泥顶替时压力窗口狭窄	1.17	kg/m³		80
井眼堵塞	2 个选项:是或否→是:导致水泥损失	否			
压力泄漏	试压时压降率高	2.3			90
水泥浆返深					90
水泥浆返深	声幅测井得到井水泥返深				90
理论返深	根据测量井深和环空容积计算的水泥返深				90
测量返深	声幅测井测量的水泥返深				100
水泥浆量	泵入量				100
2. 计算结果					
水泥浆理论值(V_2)	包括环空容积 L_1 和 L_2,井底口袋和套管鞋内水泥塞			39.649	
理论顶替速度(V_1/V_2)	泵入量与理论用量之比			1.513	
真实顶替效率	水泥返深的测量值和理论值之比			0.961	
声幅测井水泥浆体积(V_3)				37.842	
V_4				22.158	
V_3/V_1	实际填满环空的泵送体积的部分			0.631	

　　尽管在整个作业过程中观察到连续的回采,但作业前后钻井液池体积的物质平衡表明钻井液漏失了100bbl(15.9m³)。由于有足够的泵送量,这种损失对水泥顶替的影响不大。CBL日志检测到TOC略有下降(计划和观察的TOC分别为183m和230m)。观察到的TOC下降并没有停止密封,因为仍有足够长的水泥重叠(图8.29),钻井继续进行到下一段。

8.3.3.4　良好案例Ⅳ

　　井段和套管:8½in 井段、6in 套管和7in 套管、5½in 套管。

　　数据来源:出版文献。

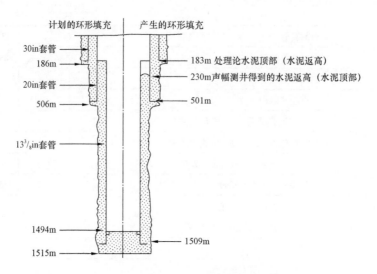

图 8.28　案例Ⅲ的设计和最终油井配置参数

表 8.7　案例Ⅲ的重要参数

井名和井段:3/4 - 1 井,17½in 井段(13⅜in 套管)					
数据来源:AGR 数据库(Saga 石油公司)					
顶替效率相关数据					
1. 原始数据					

可用钻井(固井)参数	说明(描述)	英制		公制	概率,%
		数据	单位	数据	
	上一开次	17.5	in	0.445	100
	本开次	12.25	in	0.311	100
套管内径	上层套管	18.73	in	0.445	100
套管内径	上层套管	8.535	in	0.217	100
套管外径	当前套管	13.375	in	0.340	100
套管鞋井深	上层套管			501.000	100
套管鞋井深	当前套管			1494.000	90
浮箍深度	当前套管			3325.00	90
上层套管顶部井深	上层套管顶部			89.000	100
造斜段上部顶深	中点在上层套管内				
造斜段上部顶深	中点在裸眼内			183.000	100
浮重符合预期	2 个选项:是或否→是;满足条件	否			
浮重不符合预期	2 个选项:是或否→是;可能导致漏失	否			
预计发生漏失	2 个选项:是或否→是;真实发生	否			
井深	总井深			1515.000	100
垂深	斜井的真实垂直深度			1514.950	100

套管重叠长度(L_1)	与上层套管重叠的长度			318.000	100
裸眼长度(L_2)	上层套管鞋到本层套管鞋距离			108.000	100
鼠洞长度(L_R)	鼠洞长度			6.000	100
套管鞋标高(h_c)	套管鞋标到套管鞋的距离			15.000	100
井斜	最后几百米的平均角度	0.9			95
水泥损失	地层损失率(泵排量的百分比)	4	%		85
破裂压力当量密度 - ECD	水泥顶替时压力窗口狭窄	1.11	kg/m³		
井眼堵塞	2 个选项:是或否→是:导致水泥损失	否			
压力泄漏	试压时压降率高	2.7	psi/min		90
水泥浆返深				183.000	90
水泥浆返深	声幅测井得到井水泥返深			230.000	90
理论返深	根据测量井深和环空容积计算的水泥返深			1332.000	90
测量返深	声幅测井测量的水泥返深			1285.000	100
水泥浆量	泵入量	914	bbl	145	100
2. 计算结果					
水泥浆理论值(V_2)	包括环空容积 L_1 和 L_2,井底口袋和套管鞋内水泥塞			94.794	
理论顶替速度(V_1/V_2)	泵入量与理论用量之比			1.533	
真实顶替效率	水泥返深的测量值和理论值之比			0.965	
声幅测井水泥浆体积(V_3)				84.586	
V_4				60.724	
V_3/V_1	实际填满环空的泵送体积的部分			0.582	

　　Hayden 等人(2011)从已发表的文献中介绍了一个案例,对良好的水泥胶结和不良水泥胶结进行了对比,也显示了 TOC 的模糊性。

　　本案例研究中固井的目的是隔离衰竭的(XX3 砂层)和未衰竭的(XX4 砂层)储层。由于水泥套管和非水泥套管的水泥胶结缺乏良好对比,水泥完整性的解释具有挑战性。正常 CBL 衰减测井所见的合格水泥顶部恰好处于四个不同的水平。如图 8.29 所示,这导致了在该时间段内固井作业是否良好存在不确定性。改进的水泥完整性评估技术通过指定一个正确的 TOC(图 8.30)来帮助消除疑问。胶结管段和自由管段之间的良好对比如图 8.30 所示(Hayden et al. ,2011)。该技术包括变密度测井和弯曲衰减图。这些结论表明,由此产生的 TOC 足以提供良好的分区隔离(XX3 砂层以上),因此,该井段的固井作业良好。

　　在图 8.30 所示的 TOC 下方可以看到一个良好的固井作业,而在其上方,一直到计划的 TOC,固井胶结效果较差。但这并不是一个问题,因为这些区域早已被达到的 TOC 充分隔离。

8.3.3.5　良好案例 V

　　井名和井段:34/10 - 37A 井,12¼in 井段(套管 9⅝in)。

　　数据来源:Mwang'ande(2016)报告的 AGR 数据库(挪威国家石油公司)。

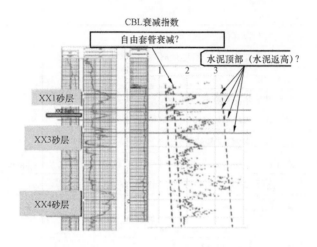

图 8.29 由于水泥和非水泥套管之间缺乏对比,正常的 CBL 衰减测井记录显示了 4 个 TOC 值。需要额外的测井数据来清楚地显示具体的 TOC(Hayden et al.,2011)

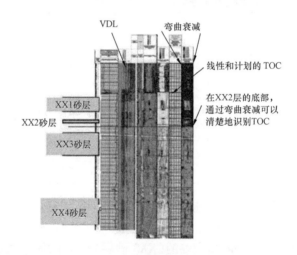

图 8.30 由 VDL 和弯曲衰减图表示的水泥顶部(TOC)

本节给出了 12¼in 井段 9⅝in 套管的良好固井作业实例。井示意图如图 8.31 所示。图 8.31 显示,泵送水泥量较低,但由于地层中没有巨大的水泥漏失,因此总体情况良好。

具体情况见表 8.8。该表显示了钻头尺寸、各种井眼的特征长度和宽度以及该井的其他基本特征。

分两个阶段泵送 28.6m³ 水泥浆进行固井:10.7m³ 的领浆和 17.975m³ 的尾浆。理论排量为 27.944m³。在正常情况下,由于顶替效率低,这可以被定义为一个较差的固井作业。如表 8.8 所示,除了理论顶替比(1.023)外,实际顶替效率(0.951)和实际充满环空的泵送体积分数(0.929)表明固井效果良好。理论顶替比表明,在这种情况下,固井作业不好,但由于水泥损失低,且在整个作业过程中观察到连续回注,并且套管的任何部分都没有剩余,因此认为整个固井作业是良好的和成功的。

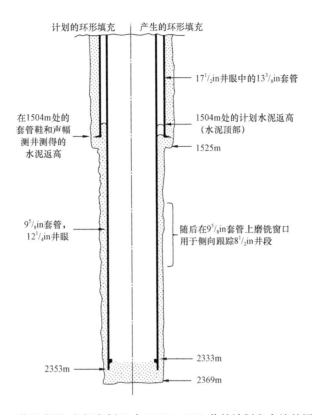

图 8.31　井示意图,良好案例 V 中 34/10 - 37A 井的计划和实施的固井作业

8.3.4　固井作业失败案例

在上一节中,讲述了成功的固井案例。它们是良好实践的范例,有助于防止在水泥凝固过程和油井寿命期间出现后续的问题。而从失败的固井作业中可以吸取同样重要的教训,或者更为重要的教训。这些失败案例表明应该避免哪些做法,以及可以采取哪些措施来避免有缺陷的固井作业。

表 8.8　与良好案例 V 的顶替效率相关的数据

井名及井段:34/10 - 37A 井 ,9⅝in 井段					
数据来源:AGR 数据库(挪威国家石油公司)					
顶替效率相关数据					
1. 原始数据					
可用钻井(固井)参数	说明(选项)	英制		公制	概率,%
		数据	单位	数据	
钻头尺寸	上一开次	17.5	in	0.445	17.5
钻头尺寸	本开次	12.25	in	0.311	12.25
套管内径	上层套管(P110,72lb/ft)	12.347	in	0.314	12.347
套管内径	当前套管(L - 80,53lb/ft)	8.535	in	0.217	8.535

套管外径	当前套管	9.625	in	0.244	9.625
套管鞋井深	上层套管			1504.000	
套管鞋井深	当前套管			2353.000	
浮箍深度	当前套管			2338.000	
上层套管顶部井深	上层套管顶部			89.000	
造斜段上部顶深	中点在上层套管内				
造斜段上部顶深	中点在裸眼内			163.000	
浮重符合预期	2个选项:是或否→是;满足条件	否			否
浮重不符合预期	2个选项:是或否→是;可能导致漏失	是			是
预计发生漏失	2个选项:是或否→是;真实发生	否			否
井深	总井深			2369.000	
垂深	斜井的真实垂直深度			2369.950	100
套管重叠长度(L_1)	与上层套管重叠的长度			49.000	100
裸眼长度(L_2)	上层套管鞋到本层套管鞋距离			849.000	100
鼠洞长度(L_R)	鼠洞长度			16.000	100
套管鞋标高(h_c)	套管鞋到套管鞋的距离			15.000	80
井斜	最后几百米的平均角度	1.5			100
水泥损失	地层损失率(泵排量的百分比)	2	%		90
破裂压力当量密度 – ECD	水泥顶替时压力窗口狭窄	1.11	kg/m³		
井眼堵塞	2个选项:是或否→是;导致水泥损失	否			
水泥浆返深				1455.000	90
水泥浆返深	声幅测井得到井水泥返深			1500.000	90
理论返深	根据测量井深和环空容积计算的水泥返深			914.000	100
测量返深	声幅测井测量的水泥返深			869.000	100
水泥浆量	泵入量			28.600	100
2. 计算结果					
水泥浆理论值(V_2)	包括环空容积L_1和L_2,井底口袋和套管鞋内水泥塞			27.944	
理论顶替速度(V_1/V_2)	泵入量与理论用量之比			1.023	
真实顶替效率	水泥返深的测量值和理论值之比			0.951	
声幅测井水泥浆体积(V_3)				26.576	
V_4				2.024	
V_3/V_1	实际填满环空的泵送体积的部分			0.929	

8.3.4.1 固井失败案例1

案例名称:井眼封隔造成水泥损失。

井名和井段:2/1 – 3 井,8½in 井段。

数据来源：AGR 数据库(英国石油开发有限公司,挪威,美国)。

对于 2/1 – 3 井,在 7in 尾管固井作业期间,在 8½in 井段发现了一个井眼堵塞导致水泥损失的情况。井示意图如图 8.32 所示。图 8.32 显示了失败案例 1 中 2/1 – 3 井的井示意图、计划和达到的 TOC。由于井眼中存在封隔问题,挤压并没有成功。该案例的分析和细节见表8.9、表 8.10 和表 8.11。表 8.9 显示了各种井眼的钻头尺寸、特征长度、宽度以及油井的其他基本特征。表 8.10 显示了本体工程数据,而表 8.11 显示了与油井相关的各种问题的因果关系。

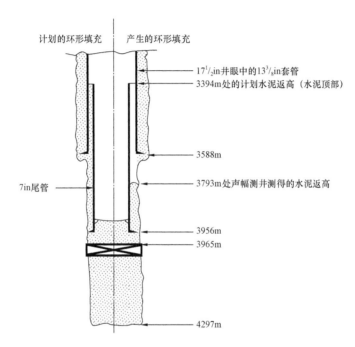

图 8.32　井示意图,失败案例 1 中 2/1 – 3 井计划和达到的 TOC

固井分两次进行。钻井液混合问题使得需要进行第二次尝试。由于混合问题,第一次尝试中使用的钻井液被倒出并倾倒。然后,在第二次尝试中,泵送 208bbl(33.068m³) 钻井液,使理论体积达到 19.436m³。在泵送水泥时,井眼被填塞,大部分水泥流失到地层中。这导致井内压力升高至 750psi(51.7bar),并吸入 11bbl(1.75m³) 的井涌流体,然后将井涌流体排放至零。起下钻后,将钻井液调节至 1.71SG,并进行有效压井。清理套管后,进行 CBL 测试,结果显示井漏区的位置低于 9⅝in 套管鞋。此外,还检测到 7in 衬管搭接处胶结不良或未胶结。根据 CBL 测试结果,发现 TOC 为 3793m,这意味着水泥甚至无法完全密封尾管裸眼井段。这不是隔离区域,并可能最终导致衬管腐蚀。由于井眼堵塞,挤水泥不成功。水泥的巨大漏失(18.389m³)导致环空填充不成功(TOC 低),因此该段的固井作业较差。如表 8.9 所示,除理论顶替比(1.701)外,实际顶替效率(0.558)和实际充满环空的泵送体积分数(0.444)均表明固井效果不佳。泵送量足够,但水泥漏失是固井质量差的原因。

这一问题本可以通过以下方式避免：

(1)确保在水泥顶替前进行良好的井眼清洁;

(2)提前泵送一定量的水泥,以获得足够的堵漏添加剂来密封泄漏地层;

(3)可以降低泵送速率和压力,从而避免环空中压力积聚。

表8.9 失败案例1的数据

案例名称:8½in 井段2/1-3 井封孔漏浆					
数据来源:AGR 数据库(英国石油开发有限公司,挪威,美国)					
顶替效率相关数据					
1. 原始数据					

可用钻井(固井)参数	描述(选项)	英制		公制	概率,%
		数据	单位	数据	
钻头尺寸	上一开次	12.25	in	0.311	100
钻头尺寸	本开次	8.5	in	0.216	100
套管内径	上层套管(N-80,47lb/ft)	8.535	in	0.217	100
套管内径	当前套管(XTL-N-80lb/ft)	6.094	in	0.155	100
套管外径	当前套管	7	in	0.178	100
套管鞋井深	上层套管			3588.000	100
套管鞋井深	当前套管			3956.000	100
上层套管顶部井深	上层套管顶部			3394.000	100
浮重不符合预期	2个选项:是或否→是;可能导致漏失	否			
预计发生漏失	2个选项:是或否→是;真实发生	是			
井深	总井深			4297.000	100
垂深	斜井的真实垂直深度			4295.500	97
套管塞深	总的套管塞深度(如果进行了油井封堵)			3965.000	100
套管重叠长度(L_1)	与上层套管重叠的长度			194.000	100
裸眼长度(L_2)	上层套管鞋到本层套管鞋距离			368.000	100
鼠洞长度(L_R)	鼠洞长度			341.000	100
套管鞋标高(h_c)	套管鞋到套管鞋的距离			15.000	80
井斜	最后几百米的平均角度	0			90
水泥损失	地层损失率(泵排量的百分比)	17	%		70
破裂压力当量密度-ECD	水泥顶替时压力窗口狭窄	0.63	kg/m³		70
井眼堵塞	2个选项:是或否→是:导致水泥损失	是			
压力泄漏	试压时压降率高	9.6	psi/min		70
水泥浆返深				3394.000	90
水泥浆返深	声幅测井得到井水泥返深			3793.000	100
理论返深	根据测量井深和环空容积计算的水泥返深			903.000	95
测量返深	声幅测井测量的水泥返深			504.000	95
水泥浆量	泵入量	208	bbl	33.068	100

2. 计算结果		
水泥浆理论值(V_2)	包括环空容积 L_1 和 L_2，井底口袋和套管鞋内水泥塞	19.436
理论顶替速度(V/V_2)	泵入量与理论用量之比	1.701
真实顶替效率	水泥返深的测量值和理论值之比	0.558
声幅测井水泥浆体积(V_3)		14.679
V_4		18.389
V_3/V_1	实际填满环空的泵送体积的部分	0.444

表 8.10　失败案例 1 本体工程相关数据

各种情况或"症状"	描述（选项）	基本操作	逻辑输出
水泥浆体积与理论体积之比低	当比值 < 1.5 - 1.125 - 1.0	G36/G38	0
套管环空狭窄	当(钻头尺寸 - 套管外径) < 4 - 3 - 2in(当前段)	E11 - E14	3
浮重超出控制	由于地层中存在天然裂缝或钻井液进入储层(尽管后来形成了裂缝)，导致储层压力增加	无	0
浮重不符合预期	断层相交可能增加固井的复杂性	E18	0
预期发生漏失	钻前已知	E19	1
井的深度大	总井深 > 2 - 3 - 4km	G21	3
井的深度小	当总井深 < 2 - 1.5 - 1km	G21	0
井倾斜程度高	当井斜角大于 60°时，参看油井平面图	E27	0
井倾斜程度低	当井斜角在 5°～30°之间时	E27	0
井倾斜程度中等	当井斜角在 30°～60°之间时	E27	0
垂直井	当井斜角在 0°～5°之间时	E27	1
井的长度值大	测量井长 > 3 - 4 - 5km	G20	2
裸眼井长"裸眼长度 + 鼠洞长度"	如果(井深 - 上层套管鞋深) > 0.4 - 0.75 - 1km	G24 + G25	1
套管环空压力高	可能导致循环漏失	是	1
顶替压力高	当破裂压力当量密度 - ECD < 1.0 - 0.5 - 0kg/m³	E29	1
顶替速度高	导致造斜段环空压力积聚	是	1
渗流损失	漏失量 < 泵排量的 5 - 3.5 - 2%(+)	E28	0
严重漏失	漏失量 > 泵排量的 5 - 10 - 15 - 2%(+)	E28	3
堵塞	堆积的岩屑限制水泥流动	E30	1
压力泄漏量大	压降速率 > 5 - 10 - 15psi/min	E31	1

表 8.11 失败案例 1 的因果关系

各种情况或"症状"	各工况分值	总值	目标误差	概率	导致的事故
堵塞	1.0				
套管环空压力高	0.8	2.4	未充分顶替水泥	0.27	
套管环空狭窄	0.4				
井的长度值大	0.2				
堵塞	1.0				
严重漏失	0.8	2.2	水泥环质量差	0.25	水泥损失,井涌和整体固井作业失败
套管环空狭窄	0.4				
严重漏失	1.0				
堵塞	0.6				
压力泄漏量大	0.8				
顶替压力高	0.8	4.2	套管后泄漏	0.48	
顶替速度高	0.8				
裸眼井长	0.2				
总计		8.8		1.00	

8.3.4.2 固井失败案例 2

案例名称:洗井时水泥漏失和劣质水泥环。

井名和阶段:2/1 - 4 井,8½in 井段。

数据来源:AGR 数据库(英国石油开发有限公司,挪威,美国)。

2/1 - 4 井在 7in 尾管固井作业期间,发现 8½in 井段存在水泥漏失和水泥环质量差的情况。井示意图如图 8.33 所示。图 8.33 显示了失败案例 2 中 2/1 - 4 井的油井示意图、计划和达到的 TOC。由于冲蚀,3591~4000m 的水泥质量较差。该井段固井能力下降,挤压作业未能成功。

上述案件详情见表 8.12、表 8.13 和表 8.14。表 8.12 显示了各种井眼的钻头尺寸、特征长度和宽度以及油井的其他基本特征。表 8.13 显示了本体工程数据,而表 8.14 显示了与油井相关的各种问题的因果关系。

固井分两次进行。由于固井设备供气失败,第一次固井尝试未成功,将此次尝试的水泥循环排出并倾倒。第一次尝试总共耗费了 12h15min。第二次尝试开始了。在第二次尝试中,共泵送了 1241ft³(35.141m³)水泥,以满足水泥的理论体积(19.876m³)。由于以下问题,第二次尝试面临严重的顶替问题。

(1)该段在 3823~3984m(最大井眼面积为 15in×23in)的区间内被严重冲刷。冲蚀导致井眼清洁效果差,水泥环质量差。

(2)特殊地层(松散砂层)在冲蚀层段渗透,导致水泥与地层胶结不良。

(3)顶替压力非常高(最大为 1200psi),这是同一地区 2/1 - 3 井的所用压力的两倍。

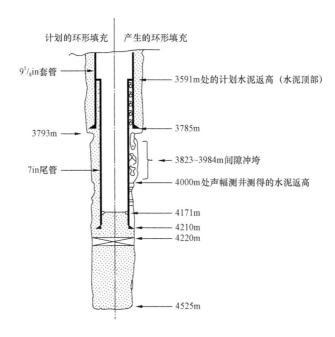

图 8.33　井示意图,失败案例 2 中 2/1 - 4 井的计划和达到的 TOC

表 8.12　失败案例 2 中的重要数据

案例名称:2/1 - 4 井,8½in 井段冲洗过程中水泥漏失和劣质水泥环					
数据来源:AGR 数据库(英国石油开发有限公司,挪威,美国)					
顶替效率相关数据					
1. 原始数据					

可用钻井(固井)参数	说明(选项)	英制		公制	概率,%
		数据	单位	数据	
钻头尺寸	上一开次	12.25	in	0.311	100
钻头尺寸	本开次	8.5	in	0.216	100
套管内径	上层套管(N - 80,47lb/ft)	8.681	in	0.220	100
套管内径	当前套管(N - 80,29lb/ft)	6.184	in	0.157	100
套管外径	当前套管	7	in	0.178	100
套管鞋井深	上层套管			3785.000	100
套管鞋井深	当前套管			4171.000	100
上层套管顶部井深	上层套管顶部			3591.000	100
浮重不符合预期	2 个选项:是或否→是;可能导致漏失	否			
预计发生漏失	2 个选项:是或否→是;真实发生	是			
浮重符合预期	2 个选项:是或否→是;满足条件	是			
井深	总井深			4525.000	100
垂深	斜井的真实垂直深度			4524.500	95

套管塞深	总的套管塞深度(如果进行了油井封堵)			4220.000	100
裸眼长度(L_2)	上层套管鞋到本层套管鞋距离			425.000	100
鼠洞长度(L_R)	鼠洞长度			315.000	100
套管鞋标高(h_c)	套管鞋到套管鞋的距离			39.000	100
井斜	最后几百米的平均角度	1.3			95
水泥损失	地层损失率(泵排量的百分比)	19	%		75
破裂压力当量密度 – ECD 低	水泥顶替时压力窗口狭窄	0.4	kg/m³		80
井眼堵塞	2 个选项:是或否→是:导致水泥损失	否			
压力泄漏大	试压时压降率高	15	psi/min		100
水泥浆返深				3591.000	100
水泥浆返深	声幅测井得到井水泥返深			400.000	
理论返深	根据测量井深和环空容积计算的水泥返深			934.000	
测量返深	声幅测井测量的水泥返深			525.000	
水泥浆量	泵入量	1241	ft³	35.141	100
2. 计算结果					
水泥浆理论值(V_2)	包括环空容积 L_1 和 L_2,井底口袋和套管鞋内水泥塞			19.876	
理论顶替速度(V_1/V_2)	泵入量与理论用量之比			1.768	
真实顶替效率	水泥返深的测量值和理论值之比			0.562	
声幅测井水泥浆体积(V_3)				14.754	
V_4				20.387	
V_3/V_1	实际填满环空的泵送体积的部分			0.420	

表 8.13 失败案例 2 的本体工程相关数据

各种情况或"症状"	说明(选项)	基本操作	逻辑输出
水泥浆体积与理论体积之比低	当比值 <1.5 – 1.125 – 1.0	G38/G40	0
套管环空狭窄	当(钻头尺寸 – 套管外径)<4 – 3 – 2in(当前段)	E11 – E14	3
浮重超出控制	由于地层中存在天然裂缝或钻井液进入储层(尽管后来形成裂缝),导致储层压力增加	否	0
浮重符合预期	导致地层被冲蚀(井筒破坏)	E21	1
浮重超出预期	断层相交可能增加固井的复杂性	E19	0
预期发生损失	钻前已知	E20	1
井的深度大	总井深 >2 – 3 – 4km	G23	3
井的深度小	总井深 <2 – 1.5 – 1km	G23	0
井的倾斜程度大	当井斜角大于60°时,参见油井平面图	E29	0
井的倾斜程度中等	当井斜角在30° ~60°之间时	E29	0
井的倾斜程度低	当井斜角在5° ~30°之间时	E29	0

各种情况或"症状"	说明（选项）	基本操作	逻辑输出
垂直井	当井斜角在 0°~5° 之间时	E29	1
井的长度值大	测量井长 > 3 – 4 – 5km	G22	2
裸眼井长"裸眼长度 + 鼠洞长度"	如果（井深—上层套管鞋深）> 0.4 – 0.75 – 1km	G27 + G26	1
套管环空压力高	可能导致循环漏失	是	1
顶替压力高	当破裂压力当量密度 – ECD < 1.0 – 0.5 – 0kg/m³	E29	1
顶替速度高	导致造斜段环空压力积聚	是	1
渗流损失	漏失量 < 泵排量的 5 – 3.5 – 2%（ + ）	E30	0
严重漏失	漏失量 > 泵排量的 5 – 10 – 15 – 2%（ + ）	E30	3
堵塞	堆积的岩屑限制水泥流动	E32	1
压力泄漏量大	压降速率 > 5 – 10 – 15psi/min	E33	1

表 8.14　失败案例 2 的因果关系

症状（情况）	路径强度	总和	目标错误	概率	导致的故障
浮重符合预期	1.0				
裸眼井长	0.4	1.6	井眼扩大	0.27	
顶替速度高	0.2				
严重漏失	1.0				
套管环空压力高	0.6				
套管环空狭窄	0.8	2.8	水泥顶替不充分	0.19	
井深度大	0.2				
井长度大	0.2				
浮重符合预期	0.6				
井长度大	0.4				
预计发生漏失	0.4	3	水泥环质量差	0.20	水泥漏失、井涌和整体固井作业失败
严重漏失	0.8				
套管环空狭窄	0.8				
压力泄漏值高	1.0				
严重漏失	0.8				
套管环空狭窄	0.8				
压力泄漏值高	1.0	1.8	套管鞋泄漏	0.12	
套管环空压力高	0.6				
裸眼井长	0.2				
严重漏失	1.0				
井深度大	0.8				
套管环空狭窄	0.2	5.8	套管后泄漏	0.39	
套管环空压力高	0.8				

症状(情况)	路径强度	总和	目标错误	概率	导致的故障
预计发生漏失	0.6				
压力泄漏值高	0.6				
顶替压力高	0.8	5.8	套管后泄漏	0.39	水泥漏失、井涌和整体固井作业失败
顶替速度高	0.8				
裸眼井长	0.2				
总计		15		1.00	

(4)对于狭窄的环空,顶替率也很高(7.5bbl/min),这导致环空压力增加。EoW 报告中指出,2/1 – 4 井的 CBL 测井数据显示除了 4100~4130m 较差的井段外,7in 套管鞋至 4000m 的井段水泥胶结良好。而在 3590~4000m 的衬管重叠处可以看到胶结不良,这可能是由于冲蚀造成的。

8.3.4.3　固井失败案例3

案例名称:泵送水泥量不足及水泥漏失至地层导致套管有被腐蚀的风险。

井名和井段:2/2 – 2 井,17½in 井段。

数据来源:AGR 数据库(Saga 石油公司)。

对于 2/2 – 2 井,在 13⅜in 套管固井作业期间,发现 17½in 井段的 TOC 较低(套管暴露在地层中)。井示意图如图 8.34 所示。案件详情见表 8.15、表 8.16 和表 8.17。表 8.15 显示了钻头尺寸、各种井眼的特征长度和宽度以及油井的其他基本特征。表 8.16 显示了本体工程数据,表 8.17 显示了与油井相关的各种问题的因果关系。

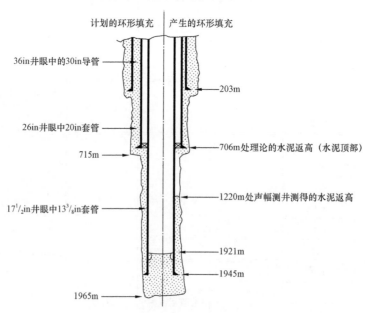

图 8.34　计划和实际的油井配置

通过泵送4124ft³(87.226m³)的水泥进行固井,将整个过程分两个阶段:3549ft³(75.06m³)前导浆和575ft³(12.16m³)尾浆。理论顶替体积为84.872m³。这导致了较差的顶替比。据介绍,CBL测井显示TOC为1220m,而计划TOC为706m。较低的TOC观测值使套管游离(未胶结)并暴露在地层中,导致存在套管腐蚀的高风险,从而在套管上形成孔洞。该井段固井质量差的原因如下。

(1)水泥量泵送不足。泵送了87.226m³的水泥对84.872m³环空进行填充。

(2)高顶替压力(2500psi)导致了顶替过程中水泥和钻井液的损失,见表8.15,三个参数:理论排量比(1.028)、实际排量效率(0.592)和实际充满环空的泵送体积分数(0.593)都表明固井效果不佳。

这种情况本可以通过以下方式避免:

(1)增加泵送水泥量;

(2)降低顶替率;

(3)降低顶替压力。

8.3.4.4 固井失败案例4

案例名称:斜井段水泥胶结不良、水泥覆盖差。

井号及井段:7/12 - 3A 井,8½in 井段。

数据来源:AGR 数据库(英国石油公司挪威石油开发公司 A/S)。

在 7in 尾管固井作业期间,发现 8½in 斜井段水泥胶结不良和水泥环(环空覆盖)质量差。井示意图如图 8.35 所示。表 8.18、表 8.19 和表 8.20 包含了有关油井的详细信息。表 8.18 显示了钻头尺寸、各种井眼的特征长度和宽度以及油井的其他基本特征。表 8.19 显示了本体工程数据,表 8.20 显示了与油井相关的各种问题的因果关系。

通过泵送504ft³(14.272m³)的水泥浆来填充理论体积为11.083m³的环空,使固井在一个阶段内完成。

表 8.15 与失败案例 3 中顶替效率相关的数据

案例名称:由于钻井液泵送不足而在 17½in 井段的 2/2 - 2 井产生套管腐蚀风险					
数据来源:AGR 数据库(Saga 石油公司)					
顶替效率相关数据					
1. 原始数据					
可用钻井(固井)参数	说明(选项)	英制		公制	概率,%
		数据	单位	数据	
钻头尺寸	上一开次	26	in	0.660	100
钻头尺寸	本开次	17.5	in	0.445	100
套管内径	上层套管(X - 52,133lb/ft)	18.73	in	0.476	100
套管内径	当前套管(N - 80,72lb/ft)	12.347	in	0.314	100
套管外径	当前套管	13.375	in	0.340	100
套管鞋井深	上层套管			706.000	100

续表

套管鞋井深	当前套管			1945.000	100
浮箍深度	当前套管			1921.000	100
上层套管顶部井深	当前套管顶部			90.600	100
浮重不符合预期	2个选项:是或否→是;可能导致漏失	否			
预计发生漏失	2个选项:是或否→可能导致漏失	否			
预计发生漏失	2个选项:是或否→是;真实发生	是			
浮重符合预期	2个选项:是或否→是;满足条件	是			
井深	总井深			4525.000	100
垂深	斜井的真实垂直深度			4524.500	95
套管重叠长度(L_1)	与上层套管重叠的长度			1964.940	100
裸眼长度(L_2)	上层套管鞋到本层套管鞋距离			1239.000	100
鼠洞长度(L_R)	鼠洞长度			425.000	100
套管鞋标高(h_c)	套管鞋到套管鞋的距离			24.0000	100
井斜	最后几百米的平均角度	0.75			100
水泥损失	地层损失率(泵排量的百分比)	12	%		75
破裂压力当量密度 – ECD	水泥顶替时压力窗口狭窄	0.87	kg/m^3		70
井眼堵塞	2个选项:是或否→是;导致水泥损失	否			
水泥浆返深	理论值			706.000	95
压力泄漏	试压时压降率高	15	psi/min		100
水泥浆返深	声幅测井得到井水泥返深			1220.000	100
理论返深	根据测量井深和环空容积计算的水泥返深			1259.000	95
测量返深	声幅测井测量的水泥返深			745.000	95
水泥浆量	泵入量	4124	ft^3	87.226	100
2. 计算结果					
水泥浆理论值(V_2)	包括环空容积L_1和L_2,井底口袋和套管鞋内水泥塞			84.872	
理论顶替速度(V_1/V_2)	泵入量与理论用量之比			1.028	
真实顶替效率	水泥返深的测量值和理论值之比			0.592	
声幅测井水泥浆体积(V_3)				51.718	
V_4				35.508	
V_3/V_1	实际填满环空的泵送体积的部分			0.593	

表8.16　失败案例3中本体工程相关数据

各种情况或"症状"	说明(选项)	基本操作	逻辑输出
水泥浆体积与理论体积之比低	当比值<1.5 – 1.125 – 1.0	G36/G38	2
浮重不符合预期	断层相交可能增加固井的复杂性	E20	0
浮重符合预期	这里它将在特定情况下定义	E20	0

续表

各种情况或"症状"	说明(选项)	基本操作	逻辑输出
预期发生损失	钻前已知	E21	1
井的深度大	总井深 >2 - 3 - 4km	G23	0
井的深度小	总井深 <2 - 1.5 - 1km	G23	1
井的倾斜程度高	当井斜角大于60°时,参见井平面图	E28	0
直井	当井斜角在0°~5°之间时	E28	1
井的深度小	总井深 <2 - 1.5 - 1km	G23	0
井的倾斜程度低	当井斜角在5°~30°之间时	E28	0
井的倾斜程度中等	当井斜角在30°~60°之间时	E28	0
井的倾斜程度低	当井斜角在5°~30°之间时	E29	0
井的长度值大	测量井长 >3 - 4 - 5km	G22	0
裸眼井长"裸眼长度 + 鼠洞长度"	如果(井深—上层套管鞋深) >0.4 - 0.75 - 1km	G25 + G26	3
套管环空压力高	可能导致循环漏失	是	1
顶替压力高	当破裂压力当量密度 - ECD <1.0 - 0.5 - 0kg/m³	E30	1
顶替速度高	导致造斜段环空压力积聚	是	1
渗流损失	漏失量 < 泵排量的 5 - 3.5 - 2% (+)	E29	0
严重漏失	漏失量 > 泵排量的 5 - 10 - 15 - 2% (+)	E29	0
堵塞	堆积的岩屑限制水泥流动	E31	0

表 8.17　失败案例 3 中的因果关系

症状(情况)	路径强度	总和	目标错误	概率	导致的故障
水泥浆体积与理论体积之比低	1.0				
预计损失	0.8				
套管环空压力高	0.4	3.8	水泥未充分顶替	0.51	
严重漏失	0.8				
裸眼井长	0.6				水泥损失和环空填充不足导致套管腐蚀风险
井长度大	0.2				
严重漏失	1.0				
预计损失	0.8				
顶替压力高	0.8	3.6	套管后泄漏	0.49	
顶替速度高	0.8				
裸眼井长	0.2				
总计		7.4		1.00	

据称,已进行了 CBL 和 VDL 测井,发现造斜段下部水泥覆盖不足。这导致水泥与地层和套管的胶结不良。从 3710m(观察到的 TOC)到套管搭接处,造斜段胶结不良。仅在尾管搭接段和造斜段的一些穿孔部分进行的挤水泥获得了成功。该井段固井质量差是由以下原因造成的。

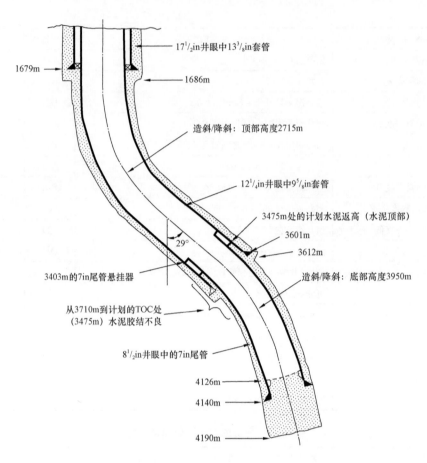

图 8.35　井示意图,显示了失败案例 4 的 7/12 – 3A 斜井 $8\frac{1}{2}$in 井段
狭窄环空中的固井作业(水泥黏结和覆盖不良)

（1）井斜角为 29°,导致套管在该井段分散(造斜段下部有狭窄的环空)。

（2）在裸眼井内的造斜段。

表 8.18　与失败案例 4 中顶替效率相关的数据

数据来源:AGR 数据库(英国石油公司挪威石油开发公司)					
顶替效率相关数据					
1. 原始数据					
可用钻井(固井)参数	说明(选项)	英制		公制	概率,%
		数据	单位	数据	
钻头尺寸	上一开次	12.25	in	0.311	100
钻头尺寸	本开次	8.5	in	0.216	100
套管内径	上层套管(N – 80,47lb/ft)	8.681	in	0.220	100
套管内径	当前套管(N – 80,32lb/ft)	6.094	in	0.155	100
套管外径	当前套管(N – 80,32lb/ft)	6.094	in	0.155	100

续表

套管鞋井深	上层套管		3601.000	100
套管鞋井深	当前套管		4140.00	100
套管接箍深度	当前套管		4126.000	90
浮箍深度	当前套管		3403.000	100
造斜段/降斜段深度	开始和结束偏差的平均深度		3950.000	
浮重不符合预期	2个选项:是或否→;可能导致漏失	否		
预计发生漏失	2个选项:是或否→可能导致漏失	是		
浮重符合预期	2个选项:是或否→;满足条件	否		
井深	总井深		4190.000	100
垂深	斜井的真实垂直深度		4002.600	100
裸眼长度(L_2)	上层套管鞋到本层套管鞋距离		539.000	100
鼠洞长度(L_R)	鼠洞长度		50.000	100
套管鞋标高(h_c)	套管鞋标到套管鞋的距离		14.000	100
井斜	最后几百米的平均角度	29		100
水泥损失	地层损失率(泵排量的百分比)	14	%	75
破裂压力当量密度 – ECD	水泥顶替时压力窗口狭窄	0.4	kg/m^3	80
井眼堵塞	2个选项:是或否→是:导致水泥损失	否		
压力泄漏	试压时压降率高	11	psi/min	100
水泥浆返深	理论值		3475.000	100
水泥浆返深	声幅测井得到井水泥返深		3710.000	80
理论返深	根据测量井深和环空容积计算的水泥返深		715.000	100
测量返深	声幅测井测量的水泥返深		480.000	100
水泥浆量	泵入量	504	ft^3	14.272	100
2. 计算结果				
水泥浆理论值(V_2)	包括环空容积L_1和L_2,井底口袋和套管鞋内水泥塞		11.083	
理论顶替速度(V_1/V_2)	泵入量与理论用量之比		1.288	
真实顶替效率	水泥返深的测量值和理论值之比		0.671	
声幅测井水泥浆体积(V_3)			7.156	
V_4			7.116	
V_3/V_1	实际填满环空的泵送体积的部分		0.501	

表8.19 失败案例4中本体工程相关数据

各种情况或"症状"	说明(选项)	基本操作	逻辑输出
水泥浆体积与理论体积之比低	当比值 < 1.5 – 1.125 – 1.0	E11 – E14	3
套管环空狭窄	当(钻头尺寸 – 套管外径) < 4 – 3 – 2in(当前段)	E11 – E14	3
造斜段/降斜段在套管内"没有完成固井"	当(上层套管鞋深 – 造斜段/降斜段顶部高度) > 0	G15 – G19	1

各种情况或"症状"	说明(选项)	基本操作	逻辑输出
造斜段/降斜段在裸眼内	当(上层套管鞋深 – 造斜段/降斜段顶部高度) < 0	G15 – G20	1
浮重超出控制	由于地层中存在天然裂缝或钻井液进入储层(尽管后来形成裂缝),导致储层压力增加	否	0
浮重符合预期	导致地层被冲蚀(井筒破坏)	E23	0
浮重超出预期	断层相交可能增加固井的复杂性	E21	0
预期发生损失	钻前已知	E22	1
井的深度小	总井深 < 2 – 1.5 – 1km	G25	0
井斜程度低	当井斜角在 5° ~ 30° 之间时	E30	0
井斜程度中等	当井斜角在 30° ~ 60° 之间时	E30	0
井斜程度低	当井斜角在 5° ~ 30° 之间时	E30	0
井的长度值大	测量井长 > 3 – 4 – 5km	G22	0
裸眼井长"裸眼长度 + 鼠洞长度"	如果(井深—上层套管鞋深) > 0.4 – 0.75 – 1km	G27 和 G28	1
套管环空压力高	可能导致循环漏失	是	1
顶替压力高	当破裂压力当量密度 – ECD < 1.0 – 0.5 – 0kg/m^3	E31	1
顶替速度高	导致造斜段环空压力积聚	是	1
渗流损失	漏失量 < 泵排量的 5 – 3.5 – 2%(+)	E31	2
严重漏失	漏失量 > 泵排量的 5 – 10 – 15 – 2%(+)	E31	0
堵塞	堆积的岩屑限制水泥流动	E34	2
压力泄漏量大	压降速率 > 5 – 10 – 15psi/min	E34	2

表 8.20　失败案例 4 中的因果关系

症状(情况)	路径强度	总和	目标错误	概率	导致的故障
水泥浆体积与理论体积之比低	1.0				
严重漏失	0.6				
套管压力高	0.6				
套管环空狭窄	0.6	4.2	水泥未充分顶替	0.28	
预计发生损失	0.2				
顶替压力高	0.4				
井斜	0.8				斜井段水泥胶结不良,水泥覆盖效果差
套管分散	1.0				
水泥浆体积与理论体积之比低	0.8				
井斜	0.8				
造斜段/降斜段在裸眼内	0.8	5.4	水泥环质量差	0.37	
裸眼井长"裸眼长度 + 鼠洞长度"	0.2				
顶替压力高	0.8				
套管环空狭窄	1.0				

续表

症状(情况)	路径强度	总和	目标错误	概率	导致的故障
井深度大	0.2				
套管环空狭窄	0.8				
漏失严重	0.8				
套管环空压力高	1.0				斜井段水泥
预计发生损失	0.2	5.2	套管泄漏	0.35	胶结不良,
压力泄漏值高	0.6				水泥覆盖
顶替压力高	0.8				效果差
长裸眼井	0.8				
总计		14.8		1.00	

(3)顶替压力高,导致环空内形成高压,最终导致钻井液流失至地层。

如图 8.35 所示,同一口井 12¼in 井段的造斜段顶部出现了相同的问题。如表 8.18 所示,三个参数:理论排量比(1.288)、实际排量效率(0.671)和实际充满环空的泵送体积分数(0.501)均表明固井效果不佳。

这种情况本可以通过以下方式避免:

(1)增加套管扶正器的数量,以承受套管的弯曲阻力;

(2)降低顶替压力;

(3)良好的井眼设计,以减少或避免高倾斜度。

8.4 小结

本章讨论了固井作业,重点讨论了套管问题。通过分析良好的固井作业和较差的固井作业,增强了对固井作业的认识。在讨论过程中补充了大量成功和失败的案例研究,为在该领域实施最佳固井作业做好了准备。总的来说,建议进行有针对性的、专门设计的固井作业,而不是仅仅依赖于标准,因为标准往往不足以防止灾难性后果。

参 考 文 献

[1] Amanullah,M. and A. K. Banik,A. K. ,1987,A New Approach to Cement Slurry Calculation,Document ID SPE - 17018 - MS,Society of Petroleum Engineers Publication.

[2] AP,2010,Bad cement jobs plague offshore oil rigs,May 24, available at:http://www. nola. com/news/gulf - oil - spill/index. ssf/2010/05/bad_cement_jobs_plague_offshor. html

[3] AP,2010,Badcementjobsplagueoffshoreoilrigs,May24,availableat:http://www. nola. com/news/gulf - oil spill/index. ssf/2010/05/bad_cement_jobs_plague_offshor. htmlAPI,2004,APISpecification no. 10A.

[4] Bourgoyne,A. T. Jr. ,Chnevert,M. E. and Millheim,K. K. et al. 1986. Applied Drilling Engineering,Vol. 2, 330 - 339. Richardson,Texas:Textbook series,SPE.

[5] Darley,H. C. H. ,Gray,G. R. ,1988. Composition and Properties of Drilling and Completion Fluids,fifth ed. Butterworth - Heinemann,Houston.

[6] Davies, R. J. et al. ,2014, Oil and gas wells and their integrity: Implications for shale and unconventional resource exploitation, Marine and Petroleum Geology 56 (2014) 239 – 254.

[7] Eberhardt, J & Jr, Joseph. (2004). Gulf of Mexico Cement Packer Completions Using Liquid Cement Premix. 10. 2523/90841 – MS.

[8] Francis, A. J. (1977) The Cement Industry 1796 – 1914: A History, David & Charles, 1977, ISBN 0 – 7153 – 7386 – 2.

[9] Harder, C. , Carpenter, R. , Wilson, W. , Freeman, E. , Payne, H. ,1992, Surfactant/ cement blends improve plugging operations in oil – base muds. SPE/IADC Drill. Conf. 18 – 21.

[10] IEA, 2017, Gulf of Mexico crude oil production, already at annual high, expected to keep increasing, April 12.

[11] Jakobsen, J. , Sterri, N. , Saasen, A. , Aas, B. , Kjosnes, I. , & Vigen, A. (1991), Displacements in eccentric annuli during primary cementing in deviated Wells, SPE – 21686 – MS, Paper presented at the SPE Production Operations Symposium, Oklahoma, 7 – 9 April.

[12] Kodur, V. , 2014, Properties of Concrete at Elevated Temperatures, ISRN Civil Engineering, Volume 2014 (2014), Article ID 468510, 15 pages.

[13] Li, Z. , et al. , 2016, Contamination of cement slurries with oil based mud and its components in cementing operations, J. Natural Gas Science and Engineering 29, 160 – 168.

[14] Matanovic, D. , Vaurina – Medjimurec, N. , and Simon, K. , 2014, Risk Analysis for Prevention of Hazardous Situations in Petroleum and Natural Gas Engineering, Hershey, PA: IGI Global.

[15] Mian, M. A. (1992). Petroleum engineering handbook for the practicing engineer

[16] (Vol. 1). Oklahoma: PennWell Books.

[17] Nelson, E. B. , Guillot, D. , 2006, Well Cementing, Schlumberger, Sugar Land. Norsok Standard, 2018, available at http://www. standard. no/pagefiles/1315/d –

[18] 010r3. pdf, accessed January 18, 2018.

[19] O' Neill, E. , & Tellez, L. E. (1990). New slurry mixer improves density con – trol in cementing operations, SPE – 21130 – MS, Paper presented at the SPE Latin America Petroleum Engineering Conference, Rio de Janeiro, 14 – 19 October.

[20] Peternell Carballo, A. G. , Dooply, M. I. , Leveque, S. , Tovar, G. , & Horkowitz, J. (2013). Deepwater Wells Top – hole Cement Volume Evaluation using Innovative Hole Size inversion from Logging While Drilling Propagation Resistivity Measurements. Paper presented at the SPE Annual Technical Conference and Exhibition, Louisiana, 30 September – 2 October.

[21] Sauer, C. , & Landrum, W. (1985). Cementing – A Systematic Approach. Journal of Petroleum technology, 37 (12), 2, 184 – 182, 196.

[22] Skalle, P. , 2014a, Pressure control during oil well drilling (5th ed.). Trondheim: BookBoon.

[23] Skalle, P. , 2014b, Drilling fluid engineering (5th ed.). Trondheim: Bookboon. Smith, R. (1984). Successful primary cementing can be a reality. Journal of

[24] Petroleum Technology, 36(11), 1851 – 58.

[25] Smith, T. and Ravi, K. (1991). Investigation of drilling fluid p erties to maxi – mize cement displacement efficiency, SPE – 22775 – MS, Paper presented at the SPE Annual Technical Conference and Exhibition, Dallas, 6 – 9 October.

[26] Soares, A. et al. , 2017, Cement slurry contamination with oil – based drilling fluids. Journal of Petroleum Science and Engineering. 158. 10. 1016/j. petrol. 2017. 08. 064. Soares, A. A. , 2017, Cement slurry contamination with oil – based drilling fluids,

[27] J. Pet. Sci. Eng. , vol. 158, 433 – 440.

[28] Vignes, B. , Aadnøy, B. S. , 2010. Well – integrity issues offshore Norway. SPE 112535.

[29] SPE Production & Operations, Volume 25, Issue 02, May.

[30] Vignes, B. ,2011. Contribution to Well Integrity and Increased Focus on Well Barriers from a Life Cycle Aspect (PhD thesis). University of Stavanger.

[31] Wu, Q. et al. ,2017, Advanced distributed fiber optic sensors for monitoring real – time cementing operations and long term zonal isolation, J. Pet. Sci. Eng. ,158: 479 –493.

[32] Crook, R. J. ,2001, Eight steps ensure successful cement jobs, Oil and Gas Journal,

[33] July 2.

[34] Hartog, J. J. , Davies, D. R. , Stewart, R. B. ,1983, An integrated approach for success – ful primary cementations, J. Pet. Technol. , Vol. 35(10).

[35] Heathman, J. , Wilson, J. M. , Cantrell, J. H. ,1999, WETTABILITY – 1: New test procedures optimize surfactant blends, Oil and Gas Journal, Oct. 2.

[36] Hayden, R. , Russell, C. , Vereide, A. , Babasick, P. , Shaposhnikov, P. , & May, D. (2011), Case studies in e-valuation of cement with wireline logs in a deep water environment, Paper presented at the SPWLA 52nd Annual Logging Symposium, Colorado, 14 – 18 May.

第9章　井壁失稳问题

任何钻探过程都会造成数百万年来形成的完好无损的巨大岩石流体系统的失衡。预计这种人为干预会遇到来自岩石的阻力。从工程角度来说,这意味着任何钻探的井壁都将变得不稳定。为了能够在地下生产,工程师们必须找到一种能够应对这种阻力的策略。井壁稳定过程是防止井筒周围岩石因机械应力或化学不平衡而发生脆性破坏或塑性变形的过程。井眼稳定性是一个持续存在的问题,导致石油行业每年要在这方面花费大量资金(Hossain and Al-Majed,2015)。井壁稳定技术包括化学方法和机械方法,主要是在钻井过程中保持井筒的稳定,但最终目的是在整个井身寿命期间保持稳定。井壁失稳源于以下事实:任何钻井作业(如钻井液)都包含许多复杂的化学系统,所有这些系统都与天然岩石和流体系统相互反应。钻井液的主要目的是形成一个井眼,并在整个生产期间对其进行维护。这可以通过以下子任务来完成:(1)将岩屑带出井眼,(2)清洁、冷却及润滑钻头,(3)为钻柱提供浮力,(4)控制地层流体压力,(5)防止地层损害,(6)支撑井眼并保持化学稳定。

由于近几十年来钻井活动的急剧增加,钻井事故也更加引起人们的关注,首先是因为水平井,然后是非常规油藏的扩张。这两种情况都暴露在独特的地质环境中,这些环境比常规情况要更具挑战性。目前,疏松或固结不良的沉积物、页岩、几何结构复杂的储层、天然裂缝性储层和异常高压储层是常见的地质环境,它们也容易受到井筒失稳的影响。

井壁不稳定会在钻井过程中以及整个油井的生产周期中引发许多问题。这类问题的原因通常分为:(1)由地应力引起的机械破坏(例如,由于高应力、低岩石强度或不适当的钻井操作而导致井眼周围的岩石破坏);(2)由流体循环引起的侵蚀;(3)由于岩石(通常是页岩)与钻井液之间的破坏性相互作用而引起的化学效应。

预防和修复井壁失稳的一般框架包括以下问题。(1)岩石和流体的相互作用:更好地理解这种耦合现象可能对设计出具有更好的渗透率、准确的井眼轨迹和整体井壁稳定性的井有帮助。(2)流量平衡测量:钻井液意外漏失可能导致灾难性事故,因此,任何预警信号(特别是在地热环境中的)都是有益的;此外,如果无论地层特征如何都能实现钻井液零漏失,那么这将是钻井液研究的一个突破。(3)基于空气的系统:这种系统可以减少地层损害并解决一些环境问题,前提是粉尘能够得到充分控制。这符合零排放工程计划,该计划已成为可持续石油作业的标志。

9.1　井壁失稳问题及对策

井壁失稳是工程技术人员在钻井过程中遇到的重要问题之一。井壁失稳的原因通常分为机械原因和化学原因,例如,由于高应力、低岩石强度或不适当的钻井操作而导致井眼周围岩石的破坏或由于岩石(通常是页岩)与钻井液之间的破坏性相互作用而引起的化学效应。通常,现场的不稳定情况是化学因素和机械因素共同作用的结果。这个问题可能会在油井中造成严重的并发症,在某些情况下,可能会导致代价高昂的操作问题。在油田规划阶段,出于经济方面考虑以及由于大量使用斜井、大位移井和水平井,使得对井壁稳定性分析的需求不断增加。

观察井壁不稳定问题的另一种方式是考虑一些源于自然的事实,即被钻入地层的固有因素。而相对的其他来源则与钻井活动有关,是钻探人员可控制的。岩石的意外或未知性能往往是出现钻井问题的原因,它导致时间和成本都大大增加,有时损失部分井筒甚至整个井眼。

解决井壁失稳问题的主要困难之一是,在许多情况下,防止或减轻井壁坍塌风险的最佳策略可能会对整个油井设计中的其他要素造成损害,例如可能会导致钻速低、产生压差卡钻、井眼清洁能力差或地层损害等。换言之,要维持井壁稳定,必须牺牲钻井设计中的其他理想因素才行,这意味着需要制订出最佳的策略。最终可以归结为优化选择钻井液密度、化学组成、流变性、滤饼添加剂,以及可能的温度。敏感性研究还可以揭示所选井眼轨迹和倾角是否存在额外风险。

9.1.1　井壁失稳的原因分析

如前所述,钻井过程会破坏地下的自然状态,因此任何钻井作业期间都会出现井壁不稳定现象。井壁不稳定通常是由多种因素共同造成的,这些因素在起源上可大致分为两类:可控因素或不可控因素(自然因素)。Pašić等人(2007)编制了表9.1,其中显示了导致井壁不稳定的各种因素。

9.1.1.1　不可控因素

了解不可控制因素有助于在钻井作业设计中最大限度地减少井壁不稳定现象。在天然裂缝和断层中,井壁失稳非常重要。岩石中的天然断裂系统通常可以在断层附近发现,尽管玫瑰图的主轴方向与断层方向完全垂直(Islam,2014)。随着钻井作业的继续,断层附近的岩体可能会被破碎成大块或小块。如果这些碎块岩石发生松动,则会落入井筒中,并将堵塞井眼中的管柱(Goud,2017)。即使这些碎块岩石的各部分黏合在一起,由于钻柱振动而产生的底部钻具组合(BHA)冲击作用也会使这些地层碎屑落入井筒,从而产生钻杆问题。正如Goud(2017)所指出的,在钻穿断裂或高度断裂的石灰岩地层时,这种类型的钻杆问题很常见。通常,可以通过选择可替代的转速或改变底部钻具组合(BHA)配置来缓解该问题,以尽量减少高强度的冲击。

表9.1　井壁失稳原因

不可控因素	可控因素
天然裂缝和断层地层	井底压力
构造应力地层	井斜方位
高地应力地层	瞬时孔隙压力
流动地层	岩石和流体的物理化学相互作用
松散地层	钻柱振动
天然高压页岩坍塌地层	腐蚀
诱导型高压页岩坍塌地层	温度

图 9.1 显示了由于钻天然裂缝或断层系统而可能出现的问题。如图 9.1 所示,当穿过裂缝地层时,井壁容易脱落碎屑,这些碎屑会扩大井眼,同时也会有堵塞钻铤的风险。如果脆弱层理面以不利角度与井筒相交,这一系列问题将变得更加严重。页岩中的此类裂缝可能为钻井液或流体侵入提供通道,从而导致强度随时间变化逐渐退化、软化,最终导致井眼坍塌。在这种地层中,井眼尺寸与裂缝间距之间的关系非常重要。

在自然应力水平较高的地层中钻井且近井筒应力与钻井液密度提供的约束压力之间存在很大差异时,可能会发生井壁失稳。由于地壳运动,岩石被压缩或拉伸的区域会产生构造应力。尽管这是一个非常缓慢的过程,但它仍然是一个动态过程,这些地区的岩石在运动的构造板块的压力下处于屈曲状态。当在高构造应力区域钻井时,井筒周围的岩石将塌陷到井筒中,并产生类似于超压页岩中的碎裂塌陷(图 9.2)。将塌陷与井壁失稳联系起来,并运用地质、地质力学、钻井系统和过程方面的知识对其机理进行正确描述(Kumar et al.,2012)。在构造应力的情况下,稳定井筒所需的静水压力可能比其他裸露地层的破裂压力还要高得多。

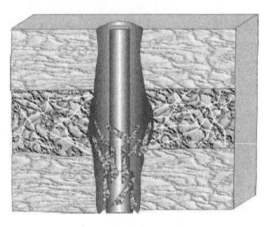 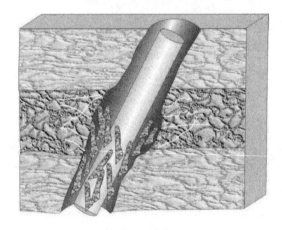

图 9.1　穿过天然裂缝或断层地层的钻探　　　　图 9.2　钻穿构造应力地层
　　　　　(Pašić et al.,2007)　　　　　　　　　　　　(Pašić et al.,2007)

尽快对这些地层进行封堵并保持足够大的钻井液密度有助于稳定这些地层,然而,可能存在无法实现套管优先封堵的情况(例如,厚层)。

另一种情况下,井壁失稳将是一个自然问题,即高地应力占主导地位。这种情况的例子有:盐岩地层,包括盐丘、断层附近地层或褶皱的内翼。类似地,石膏、硬石膏和钾盐(如光卤石和杂卤石)也会出现相同的情况。蒸发岩,特别是岩盐,会在压力下流动,可能会在被挤压的盐丘中发现,并仍从原来的位置向上移动,进入上覆地层,从而造成固有的不稳定性。这些岩石对蠕变的敏感性给钻井过程带来了问题。最后,应力集中也可能发生在特别坚硬的岩石中,如石英砂岩或砾岩。文献中只描述了几个由局部应力集中引起的钻井问题的案例,主要原因是难以测量或估计此类地应力。

另一类是流动地层。流动地层是由将页岩(或盐层)挤压到井筒中的上覆压力造成的。流动地层以塑性方式活动,在压力下变形。挤压地层使井筒直径减小,因此,钻柱(或 BHA)卡在井筒内。变形导致井筒尺寸减小,导致下入 BHA、测井工具和套管时出现问题(图 9.3)。

在钻井、起钻和下钻过程中,这种情况随时都可能发生,这取决于塑性地层移动的速度(Abduljabbar et al.,2018)。拉力过大则向下的重量和扭矩会突然增加。大多数情况下,由于底部钻具组合包含最大直径的部分,所以会被卡在塑性区。发生变形的原因则是由于钻井液密度不足以防止地层岩屑挤入井筒。因此,可以通过增加钻井液密度来避免该问题。此外,对于含盐地层的钻进,使用高盐度钻井液有助于稳定这些地层。

一般来说,松散地层也容易受到井筒稳定性的影响。这种类型的不稳定机制通常与浅层地层有关。松散地层的内部颗粒内几乎没有内聚力,这会导致大量岩石从井壁上脱落,掉入井中,并有效地堵塞井眼。地层坍塌是由于钻井时移除支撑岩石造成的(图9.4)。当滤饼很少或不存在时,地层坍塌就会发生在井筒中。由于流体只是单纯流入地层,因此无固结的地层(砂、砾石等)不能靠流体静平衡支撑。然后,砂粒或砾石落入井眼中,并充填钻柱。这种影响可以是在超过数米的区域上产生的阻力逐渐增加或是突然增加。如果在钻井设备位于井筒中时发生这种情况,则设备可能会卡住。如果在从井筒中取出钻具时(例如,更换钻头时)出现这种情况,则可能需要重钻或将全部或部分井眼划至井筒内,因为地层颗粒、卵石或巨砾之间几乎没有胶结,地层结构松散。这需要足够的滤饼来帮助稳定这些地层。因此,钻井液成分在防止此类井壁失稳方面起着重要作用。

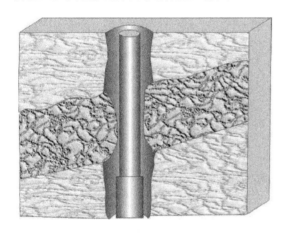

图9.3　钻穿活动地层(Pašić et al.,2007)

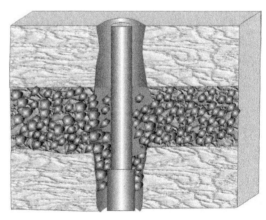

图9.4　松散地层中的不稳定性

据估计,90%的井壁失稳相关问题与页岩地层有关(Mody and Fisk Jr.,1996)。页岩中遇到的问题类型如图9.5所示。在这类情况中弹塑性页岩和弹脆塑性页岩的性质十分重要。

这些岩石具有许多特殊的物理性质,导致了独特的钻探问题。这些特性中最重要的如下。

(1)机械弱点:作用在井筒周围的应力通常很大。因此,脆弱岩石可能会受到超过其强度峰值的应力,并以某种方式被破坏。

(2)低渗透性:由于流入低渗透地层的钻井液体积较小,因此不会形成能够防止钻井液与地层相互作用的滤饼。所以当存在超平衡压力时,井筒中相对较高的流体压力将扩散(渗透)到地层中。

(3)黏土含量高:页岩通常主要由细黏土颗粒组成。黏土(尤其是蒙脱石类)对含水量和化学性质的变化非常敏感,因此,页岩与水基钻井液接触时通常会发生膨胀。

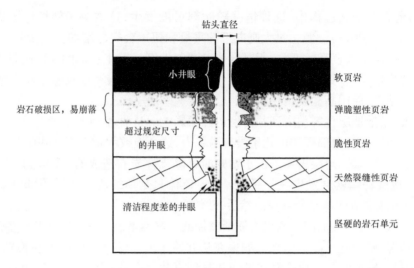

图9.5 泥质地层钻井期间井壁失稳示例

自然超压页岩通常是由地质现象引起的,如欠压实、自然移除的覆盖层和隆起(图9.6)。在这些地层中使用不足的钻井液密度将导致井眼变得不稳定并可能坍塌。短时间的井眼暴露和足够大的钻井液密度有助于稳定这些地层。

当页岩承受井筒流体的静水压力数天后,就会发生诱导超压页岩坍塌。如果压力条件不变,则页岩将以与天然超压页岩相似的方式坍塌(图9.7)。这种机理通常发生在水基钻井液中、在钻井液重量减小后,或在钻井液停滞状态下保持长时间暴露后。

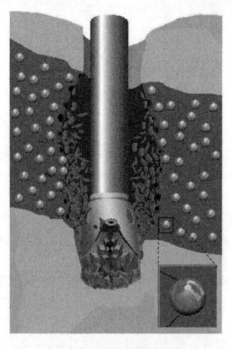

图9.6 钻穿天然超压页岩

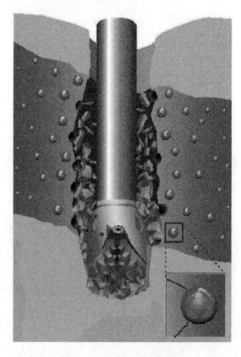

图9.7 钻穿诱发超压页岩

9.1.1.2　可控因素

可控因素与影响井筒化学或机械稳定性的工程参数有关。由于钻井液的范围从水到油，再到复杂的化学体系，其性质针对特定的现场条件而设计，旨在帮助更好地完成钻井过程，因此在钻井作业过程中，化学相容性显得尤为重要。不仅如此，钻井液具有许多机械功能，如将岩屑带出井眼、清洁钻头、冷却和润滑钻头、向钻柱提供浮力、控制地层流体压力、防止地层损害和提供井眼支撑等，从而使井筒依赖于机械稳定性（Hossain and Al-Majed，2015）。

9.1.1.2.1　机械因素

影响井筒稳定性的最重要因素是井底压力，它是关于钻井液密度的函数。图9.8显示了钻井安全窗口的位置。众所周知，钻井液密度有一个下限，低于该下限时会发生压缩破坏，超过该上限时会发生拉伸破坏。下限和上限之间的范围定义为钻井液密度窗口。由岩石力学和应力特性中莫尔—库仑曲线和莫吉—库仑曲线导出的方程可用于确定最佳钻井液密度窗口（Hossain and Al-Majed，2015）。在钻井、增产、修井或生产过程中，静态或动态流体压力提供的支撑压力将决定近井眼地带存在的应力集中。由于岩石破坏取决于有效应力，因此稳定性的结果在很大程度上取决于流体压力能否穿透井壁并且以多快的速度穿透井壁。然而，这并不是说较高的钻井液密度或较高的井底压力总不会成为井壁失稳的原因。在缺乏有效滤饼的情况下，例如在裂缝地层中，井底压力升高可能会损害稳定性，并可能损害其他指标，例如地层损害、压差卡钻风险、钻井液特性或水力学。

在钻井过程中，与主地应力相关的井斜和井眼方位是导致坍塌风险的重要因素。图9.9显示了井斜如何定义井眼稳定区域。通过分析井斜角和方位角对钻井液密度的影响，可以优化井眼轨迹。图9.9显示了垂直井和水平井的安全钻井液窗口，其中钻井液密度窗口随着钻井深度的增加而逐渐扩大。通过莫尔—库仑准则和莫吉—库仑准则获得了不同倾角下的稳定性。图9.9和图9.10显示，钻井液密度窗口随着井筒倾角的增加而逐渐缩小，这说明垂直井需要使用最低钻井液密度来防止漏失，而水平井需要使用最高钻井液密度来保持井筒稳定性。如图9.10所示，在地层倾角为0°时，莫尔—库仑准则预测的断裂压力和剪切破坏压力分别约为80.36MPa和40.3MPa，在倾角为90°时二者分别约为62.11MPa和51.18MPa，在钻井液密度窗口范围内可获得最佳钻井液压力。

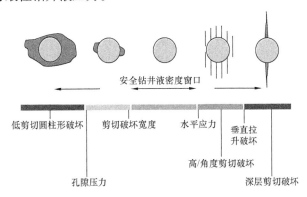

图9.8　钻井液密度对井壁应力的影响

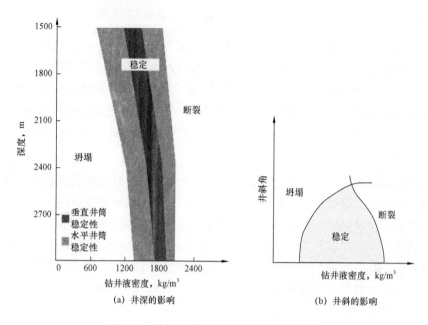

(a) 井深的影响   (b) 井斜的影响

图9.9　井深和井斜对井筒稳定性的影响

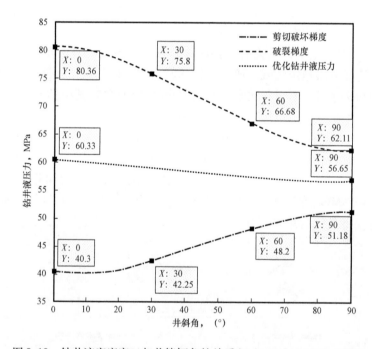

图9.10　钻井液密度窗口与井筒倾角的关系(Aslannezhad et al. ,2016)

　　物理(化学)流体和岩石相互作用以及相容性问题构成了影响井筒稳定性的又一组因素。这些因素包括水化、渗透压、膨胀、岩石软化和强度变化以及分散。这些条件产生的影响大小取决于许多因素的复杂相互作用,包括形成的性质(如矿物学、刚度、强度、孔隙水成分、应力历史、温度)、滤饼或渗透屏障的存在、井筒流体的性质和化学成分,以及井筒附近的损伤程度。各种物理化学现象都影响着井壁稳定,它们是(Aslannezhad et al.,2016):(1)页岩和钻井液之间的相互作用,(2)井筒中的机械(或化学)耦合,(3)润滑剂是主要的页岩抑制剂。

Mody 和 Hale(1993)基于钻井液和页岩的相互作用机制,提出了概念化学势、井眼稳定性模型(图9.11)。根据该模型,此机理大致可分为四个部分:(1)影响页岩井筒稳定性的水活度;(2)膜效率影响进水;(3)影响岩石性质的黏土含量;(4)影响岩石强度的钻井液。

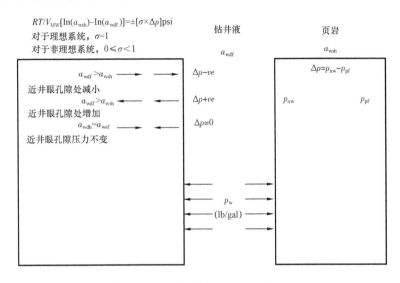

图 9.11　Mody 和 Hale 的概念模型

钻井液活度与地层流体活度的差异是控制页岩活动的重要因素。一方面,钻井液中的高活性(或欠饱和,如低盐)水可能流入页岩地层。同时,页岩地层中孔隙数量的增加和有效应力的降低会使页岩膨胀,进而导致井眼不稳定。另一方面,高盐钻井液可能导致页岩孔隙中的水流入井筒,从而显著降低页岩中的孔隙压力。这会导致页岩中快速形成裂缝,降低井筒的稳定性。

提高钻井液密度,防止井壁崩塌,是提高页岩井壁稳定性的有效途径。例如,当钻井液密度增加 0.5lb/gal 时,井壁崩塌的角度从 100°下降到 60°(图9.12)(Zhang et al.,2015)。钻井液密度不应增加过高,否则会导致地层漏失或破裂。因此,必须优化钻井液密度。

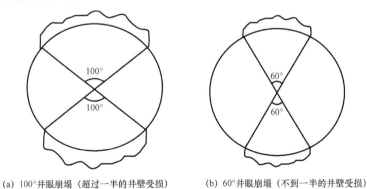

(a) 100°井眼崩塌(超过一半的井壁受损)　　(b) 60°井眼崩塌(不到一半的井壁受损)

图 9.12　井眼崩塌角度(Zhang et al.,2015)

钻柱振动在某些情况下会扩大井眼。因此,它被认为是可以改变井壁稳定性的重要操作因素。地面旋转顶部驱动装置的旋转对钻柱施加的沉重而复杂的动态载荷会在井下产生不同的应力状态和湍流运动,从而导致过大的振动和潜在的过早失效。由于钻井液的阻尼效应,空气钻井等助钻方法的应用也可能加剧钻柱振动。钻柱振动有三种形式:轴向振动、扭转振动和横向振动。钻柱沿旋转轴运动时发生轴向振动;钻柱从地面以恒定速度作不规则旋转时发生扭转振动;钻柱沿旋转轴横向运动时发生横向振动。考虑了井眼几何形状、倾斜度和待钻地层因素的最佳井底钻具组合(BHA)设计有时可以消除这种对井壁坍塌的潜在影响。此外,环空循环速度过高也被认为可能会造成井眼侵蚀。这可能在屈服地层、天然裂缝地层或松散的沉积物中最为显著。这个问题在斜井或水平井中可能很难诊断和解决,因为在斜井或水平井中,通常需要高循环流量来确保井眼充分清洁。

一些研究人员确定了非线性随机动力学(即钻头反弹、黏滑和横向冲击)随钻柱平移和旋转速度改变的变化规律,以最大限度地提高钻井过程的效率。例如,Kreuzer 和 Steidl(2012)研究了动态行波方向改变的影响;在顶部驱动方向和钻头方向对钻柱中扭转振动(或黏滑振动)的影响。结果表明,黏滑振动不利于钻井过程,降低了机械钻速,有可能导致钻井失败。Agostini 和 Nicoletti(2014)评估了回扩(或起出钻柱)过程中横向振动对底部钻具组合(BHA)的影响,他们指出,回扩过程中发生的异常横向振动可导致 BHA 电子设备故障、岩石落入井中和钻柱堵塞。

Hakimi 和 Moradi(2010)使用微分求积法(DQM)分析了钻柱在井壁上的振动与钻柱有效长度的关系,以及梁曲率的确切形式。数值结果表明,钻柱长度和梁曲率会影响钻柱的轴向固有频率和扭转固有频率,从而影响钻井过程的效率和精度。

在一定程度上,井底生产温度可能会引起热集中或膨胀应力,这会对井筒稳定性不利。钻井液温度的降低导致近井筒应力集中降低,从而防止岩石中的应力达到其极限强度(McLellan,1994a)。

9.1.1.2.2 化学因素

由于钻井液的成分与地层流体的成分不同,所以任何钻井液在地层中都会产生相容性问题,从而引发化学不平衡。在复杂地层(如页岩)中,岩石与流体之间的化学作用可能会导致不稳定性。必须仔细考虑每个系统,以便有针对性地设计一个过程,以最大限度地减少流体和岩石之间的相互作用。

化学效应的一个特殊方面是,岩石与钻井液接触后,其力学性质会发生严重变化。岩石中水的赋存形式主要有水蒸气、固体水、束缚水、吸附水(薄膜水)、毛细管水和重力水(游离水)。由于与井筒周围钻井液直接接触,钻井液中的游离水在物理和化学驱动力下扩散到岩石中。在钻井过程中,吸附水量增加,岩石颗粒扩散层变厚,引起地层页岩体积增大,产生膨胀应力。为了计算水化引起的膨胀应力,必须首先通过实验研究吸水率与膨胀率的关系。每个油田都必须这样做,结果应取决于钻井液的性质。

在考虑化学效应时,必须牢记页岩地层最容易受到化学变化的影响。例如,页岩的低渗透性会使在井壁上形成滤饼变得困难,导致水和压力渗透到页岩基质和孔隙中,增加孔隙压力,从而引发机械不稳定,这是孔隙压力增加的直接结果。孔隙压力的增加会导致井筒内应力场的改变。如果钻井液的静水压力不足以支撑地层流体压力,则页岩会以塌入井筒的形式发生屈服,从而导致井壁失稳。根据地层流体和钻井液化学成分的相容性,页岩地层会产生一种称为"膨胀压力"的额外压力,这种压力也需要在钻井液压力计算和钻井液设计中予以考虑。众所周知,泥页岩的强度和井眼附近的孔隙压力受流体与泥页岩相互作用的影响。

这些相互作用导致膨胀应力的产生。同时,膨胀降低了井筒周围岩石的力学强度,导致井壁失稳。这些相互作用的各种结果可概括为:

(1)活动不平衡导致流体流入(或流出)页岩;

(2)不同的钻井液和添加剂影响流入(或流出)页岩的流体量;

(3)压差或失衡导致流体流入页岩;

(4)流体流入页岩导致膨胀压力;

(5)含水量影响页岩强度。

Dokhani 等人(2015)证明,各种页岩类型的孔隙压力响应与页岩基质的吸附趋势直接相关,而与页岩和钻井液之间的化学势差无关。含水率随时间的变化与岩石的单轴抗压强度有关,对井筒稳定性分析有重要影响。这反过来又决定了在各种水分输送情况下安全钻井液密度的性质。他们进一步表明,含水量对钻井液密度窗口的影响在常规三轴和多轴破坏准则中都有体现。

钻井液与页岩地层接触时产生的不稳定性和页岩与流体相互作用机制可总结如下(Lal,1999)。

(1)当一定密度的钻井液取代井眼内页岩时,机械应力会发生变化。由各种因素引起的机械稳定性问题已得到了充分的理解,并且也有了稳定性分析工具。

(2)断裂页岩——流体渗入裂缝、断层以及脆弱层面。

(3)当钻井液在狭窄的孔喉界面与天然孔隙流体接触时,毛细管压力为 p_c。

(4)由于渗透压力(或化学势),钻井液和页岩天然孔隙流体(具有不同的水活度和离子浓度)之间通过半渗透膜(具有一定的膜效率)发生渗透和离子扩散。

(5)由于水力梯度 p_h,导致流体在净水力梯度下运移。

(6)膨胀或水化压力 p_s,由水分与黏土粒径带电粒子的相互作用引起。

(7)当钻井液压缩孔隙流体并将压力前缘扩散到地层中时,井筒附近的压力发生扩散和变化(随时间)。

(8)裂缝性页岩和脆弱层理面的流体渗透可能在页岩不稳定性中起主导作用,因为大量断裂页岩掉落到井眼中。

提高水湿页岩的毛细管压力可能是防止钻井液侵入页岩的最有效方法。可以通过使用油基钻井液和合成钻井液来增加这种毛细管压力,因此可以使用酯类、聚 α – 烯烃和其他有机低极性钻井液来钻探页岩。毛细管压力由式(9.1)给出:

$$p_c = 2\gamma \frac{\cos\theta}{r} \tag{9.1}$$

式中　γ——界面张力;

　　　θ——钻井液与天然孔隙流体界面的接触角;

　　　r——地层的特征孔隙半径。

由于泥质地层的特征孔隙半径很小,而界面张力很高,因此在油或孔隙水接触处形成的毛细管压力很大。由于液压过平衡压力 p_h($= p_w - p_o$)低于毛细管临界压力 p_c,这样大的过平衡压力阻止了油液进入页岩。在这种情况下,分散力最小。然而,在有利的条件下,渗透和离子扩散现象仍然会发生。因此,毛细管压力会改变 p_h 值,净液压驱动压力 p_h 值如下所示:

$$\dot{p}_h = p_h - p_c, 0 < p_c < p_h \tag{9.2}$$

$$\dot{p}_h = 0, p_c > p_h \tag{9.3}$$

如前所述,低渗透水湿页岩的毛细管压力可能非常高(平均孔喉半径为 10nm 时毛细管压力约为 15MPa)。这是因为成功使用了油基钻井液或酯类、聚 α – 烯烃和其他有机低极性流体的合成钻井液。通过半透膜形成的渗透诱导水力压力或微分化学势 P_M 为:

$$P_M = -\eta P_\pi = -\eta \left(\frac{RT}{V}\right) \ln \frac{A_{sh}}{A_m} \tag{9.4}$$

式中 η——膜效率;

P_π——理想膜的理论最大渗透压($\eta = 1$);

R——气体常数;

T——绝对温度;

V——液体摩尔体积;

A_m,A_{sh}——分别为钻井液和页岩孔隙流体的水活度。

有人建议使用各种现象学表达式来定义具有很多难以测量参数的膜效率。其中两种表达方式是:

$$\eta = 1 - \frac{(a - r_s)^2}{(a - r_w)^2} \tag{9.5}$$

$$\eta = 1 - \frac{v_s}{v_w} \tag{9.6}$$

式中 a——孔隙半径;

r_s——溶质半径;

r_w——水分子半径;

v_s,v_w——分别为溶质和水的速度。

根据非平衡热力学原理,假设接近平衡的缓慢过程和单一的非电解质溶质,压力和流量之间的线性关系可以写成:

$$J_v \Delta x = L_p p_h - L_p \eta P_\pi \tag{9.7}$$

$$J_s \Delta x = C_s (1 - \eta) J_v + \omega P_\pi \tag{9.8}$$

$$J_v = J_w V_w - J_s V_s \tag{9.9}$$

在等式(9.7)中,认识到进入页岩的流体通量 J_v 是由于水力压力梯度 p_h(平流)和渗透诱

导压力 P_M($=\eta P_\pi$)引起的通量的叠加,与水力渗透系数 L_p 有关。

系数 L_p 与页岩渗透率 K 和滤液黏度 μ 有关,$L_p=K/\mu$。等式(9.8)描述了进入页岩的净盐通量 J_s。式(9.9)表示水和盐通量以及这些组分的偏摩尔体积的质量平衡。注意,对于完美的膜,$\eta=1$,因为只有水可以流过膜,$J_s=0$,因此 $\omega=0$。水力压力梯度(平流)p_h 隐含地包含在等式(9.7)中。如果试验流体与页岩孔隙流体相同(这意味着活性相等,$P_\pi=0$,即不渗透),则方程式(9.7)简化为达西方程,其中体积流量表示为:

$$J_v\Delta x = L_p p_h \tag{9.10}$$

其中,$L_p=K/\mu$;K 表示页岩渗透率,μ 表示黏度。Lal(1999)指出了气体研究所(GRI)的一项研究,该研究进行了一系列实验测试,以研究渗透压和水压的影响,得出以下结论。

(1)水力压力的增加会增加水进入页岩的量,并降低岩石强度(随着暴露时间的延长)。因此,增加钻井液重量可能会恶化稳定性问题(随着时间的推移),而不是将其固化。

(2)在含油气流体中,水向页岩中的运移可通过页岩内部相的活动来控制。

(3)水基钻井液需要比页岩低得多的活性来控制水的传输。即使这样,有效强度也可能降低。

(4)页岩的膨胀压力和膨胀行为与页岩中黏土矿物的种类和数量直接相关。在黏土中观察到两种类型的膨胀:

(1)晶内膨胀(IS),由干黏土的可交换阳离子水合作用引起;

(2)渗透膨胀(OS),由黏土表面附近和孔隙水中离子浓度的巨大差异引起。

溶胀实验表明,溶胀过程遵循扩散型规律,进入页岩的累积水通量 Q、时间 t、吸附性 S、平衡孔隙比(液固体积比)e 和扩散率 D 的变化关系如下:

$$Q = St^{0.5} \tag{9.11}$$

$$S = \Delta e(2D)^{0.5} \tag{9.12}$$

如果钻井液根本无法穿透页岩(例如,对于给定的页岩使用理想油基钻井液),则在钻井液与页岩接触时($t=0$),井壁附近的孔隙压力为原始孔隙压力 p_o(忽略应力变化的影响),且在 $t>0$ 时保持不变。然而,当钻井液与页岩相互作用时,井筒压力 p_w 下的钻井液会扩散到页岩中。随着时间的推移,井壁附近的压力将从 p_o 开始增加。井眼附近孔隙压力增加的速度取决于页岩的渗透性、弹性性质和其他边界条件。一般来说,渗透率越低,压力增加并趋于与 p_w 平衡所需的时间就越长,从而失去地层的压力支撑。根据渗透率的不同,在井筒附近的压力接近井筒压力、失去压力支撑、降低有效应力和使岩石处于不稳定状态之前,可能需要几个小时到几天的时间。这可能是暴露页岩段延迟破坏的一种解释,通常在现场发生。

每种化学因素都受温度的影响。因此,在进行所有化学测试时都要考虑温度,这一点很重要。在现场应用中,冷钻井液循环进入井筒会因岩石温度变化而引起应力变化。对于坚硬的岩石,这可能会导致裂缝的产生。在钻井过程中,这种裂缝会对流体损失和相关因素造成额外的限制。Aadnoy 和 Looyeh(2011)计算热诱导应力,如下所示:

$$\sigma_T = \frac{\sigma_m E(T-T_o)}{1-v} \tag{9.13}$$

式中　v——泊松比；

　　　E——杨氏模量；

　　　σ_m——岩石基质的体积热膨胀系数，K^{-1}；

　　　T——循环温度，K；

　　　T_o——原始岩石温度，K。

9.1.2　井筒不稳定性指标

表9.2列出了钻井、完井或生产过程中主要由井壁坍塌或缩径引起的井筒不稳定性指标。它们分为两类：直接原因和间接原因。不稳定性的直接指标包括井径测井中容易观察到的井眼过大或不足(Mohiuddin et al.，2001)。井壁坍塌、循环到地面、起下钻后的井眼填充，证实井筒中正在发生剥离过程。大量的岩屑和(或)洞穴，超过了岩石的体积，在一个井眼中被挖掘出来，也可证实井眼的扩大。如果没有超过破裂梯度，也没有遇到凹陷或自然裂隙地层，则所需水泥体积超过计算得到的井眼体积也是发生井眼扩大的直接标志。

表9.2　井筒不稳定性指标

直接指标	间接指标
井眼过大	高扭矩和阻力(摩擦)
小于钻头的井眼	悬挂钻柱、套管或连续油管
岩屑过多	循环压力增加
塌陷量过大	卡钻
地表塌陷	钻柱振动过大
起下钻后井眼填充	钻柱失效
所需水泥量过多	井眼轨迹发生偏差
—	无法进行测井
—	测井响应差
—	固井作业不良造成环空气体泄漏
—	键槽
—	过多的狗腿

9.1.2.1　判断井壁失稳

图9.13显示了判断井壁失稳四个最重要机制所涉及的各个步骤。这些机制包括：(1)破裂，(2)密集的天然裂缝和钻遇的脆弱地层，(3)钻井诱发裂缝，(4)化学因素。前三种机制是机械机制，而最后一种机制是化学机制。

9.1.2.2　预防措施

可以通过钻井(起下钻)过程中调整钻井液密度和有效循环密度(ECD)以及井眼轨迹控

制来恢复应力—强度平衡,进而防止产生机械稳定性问题。前面的章节已经详细讨论了机械不稳定问题的预防措施,在此不再赘述。

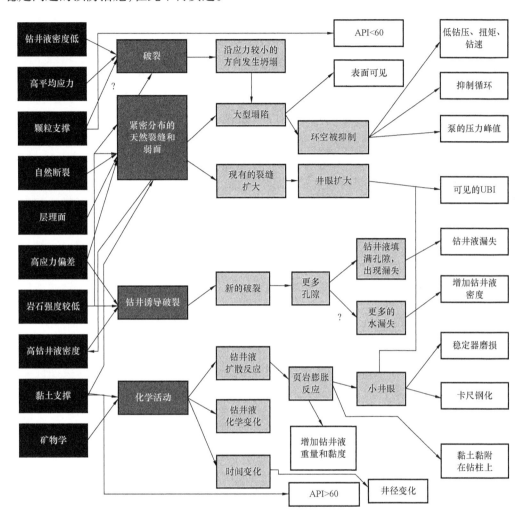

图 9.13　判断四种最常见的井壁失稳机制

另一方面,化学稳定性问题与机械不稳定性不同,它是随时间变化的,而机械不稳定性是在钻入新地层时发生的。可通过选择适当的钻井液和钻井液添加剂来减少或延缓流体与页岩的相互作用,并通过减少页岩暴露时间来防止化学不稳定性。选择合适的钻井液和添加剂,甚至可以使流体从页岩流入井筒,降低近井筒孔隙压力,防止页岩的强度降低。

作为损害控制,如果页岩开始被破坏或侵蚀,可以采取某些措施,通过将黏土颗粒结合在一起来限制岩屑或剥落物的分散。能够减少页岩崩解的聚合物必须吸附在黏土板表面,并具有足够高的能量来抵抗将其拉开的机械力或液压力。部分水解聚丙烯酰胺(PHPA)和强吸附阳离子聚合物以及聚甘油等组分可限制页岩岩屑或剥落物在井中的分散。为了在页岩地层中获得类似的结果,聚合物必须能够扩散到大块页岩中,需要短的柔性链。

针对化学不稳定性的预防措施主要是针对化学不稳定性的具有特殊性质的钻井液。预防措施包括对裂缝使用有效的密封剂,例如,分级 $CaCO_3$、低剪切速率下的高黏度和较低的 ECD。

为了最大限度地减少钻井液的膨胀,已经提出了一系列化学添加剂。BOL(1986)使用各种盐添加剂和聚合物进行了广泛的测试。结果表明,当围压超过 100bar 时,页岩的体积膨胀率不会很大。文献作者指出,聚合物可能会影响水化速率,从而减少岩屑的崩解。Reid 等人(1992)指出,部分水解聚丙烯酰胺(PHPA)在矿物表面的吸附提供了一种涂层,增强了页岩相对于钻井液滤液的机械完整性。他们在 KCl—PHPA 溶液中加入 5%~10% 的聚甘油,并针对偏移井对该溶液进行了测试。文献作者报道了该体系相对于基本体系(KCl—PHPA)有更好的性能。尽管他们对新体系的抑制性能提出了几种解释,但总体效果是降低了钻井液的水活度以及化学物质在黏土表面的吸附,从而减缓了页岩与流体的相互作用。Cook 等人(1993)利用改进的压力容器进行计算机层析成像扫描,研究了井下应力条件下泥页岩与钻井液的相互作用。CT 扫描技术使他们能够检测页岩样品中膨胀和裂缝的传播。结果表明,高浓度 KCl 钻井液(即较低的水活度)阻碍了膨胀带的发育。Clark 和 Benaissa(1993)研究了铝盐与有机酸的螯合作用。他们的研究产生了新一代用于水基钻井液的铝络合物。铝盐的加入降低了皮埃尔页岩的水化程度,提高了页岩硬度。然而,酸的相关成本降低了该项目的经济合理性。现场试验结果表明,该方法减少了冲刷量,提高了固体去除效率。van Oort 等人(1994a)建议在钻井液中添加化学堵剂或增加钻井液滤液黏度(即加入低分子量黏合剂),以减少钻井液侵入页岩。文献作者还指出,对于完好和低渗透性的页岩,使用化学添加剂(产生渗透回流)来补偿水力入侵可能是一种很好的方法。虽然 KCl 被认为是一种很好的黏土抑制剂,但研究表明,即使在饱和水平下,溶液的黏度也不会改变(van Oort,1994b)。

Carminati 等人(2000)使用压力传递实验(PTT)分析了不同化学添加剂的缓蚀性能。据报道,页岩样品的渗透率在 50~100nD 之间。结果表明,对于硅酸盐钻井液,堵孔提高了页岩的稳定性。硬度测试表明,阳离子聚合物和硅酸盐均能提高页岩强度。结果表明,乙二醇只有在溶液中含有钾离子时才有效,阳离子聚合物可以将黏土表面的阴离子聚合物结合在一起,从而降低页岩水化程度。Aston 等人(2007)修改了井眼加固方法,使之适用于页岩地层的钻井作业。"应力限制"这个名字已经被认为是一种利用诱导裂缝来增加井眼周围的环向应力从而增加压应力的方法。使用桥接材料,可以保持裂缝打开,并产生应力限制效应或加固井筒。他们的方法是将桥接颗粒输送到可固化的介质中,以固化裂缝。他们还改变了这种材料与页岩的黏附性。然而,这一解决方案仅适用于油基钻井液体系,现场实施这一新的处理技术还需要修改加压挤油工艺。地层完整性测试结果表明,该技术在水基钻井液中的推广应用有待进一步研究。页岩稳定通常需要超过 3% 的氯离子浓度,而政府法规禁止在地面处置含氯量超过 0.3% 的盐水。这一问题促使许多研究人员寻找其他替代品来取代传统的化学添加剂(Cai et al.,2011)。Cai 等人(2011)的研究重点是使用非改性的纳米颗粒,以减少页岩地层的吸水量。需要注意的是,改性纳米颗粒是携带有特殊化学基团或带电基团的纳米颗粒。通过热稳定性试验和压力传递试验(PPT)研究了纳米二氧化硅对阿托卡页岩的阻隔作用。结果表明,通过热稳定性试验的纳米颗粒溶液可以进行压力传播测试。纳米颗粒的尺寸在 7~22nm 之间。文献作者报告称在 7~15nm 范围内的纳米颗粒能有效降低页岩渗透率。纳米颗粒的物理机制是通过填充页岩孔隙的开口,最终减少吸水量。文献作者得出的结论是,纳米颗粒的适宜浓度在 5%~10% 之间。图 9.14 显示了为存在井壁失稳问题的储层确定最佳钻井液的流程图。

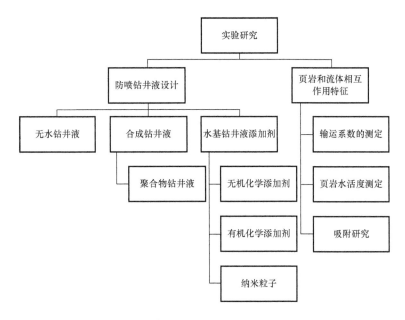

图 9.14　关于页岩与流体相互作用的实验研究分类(Adham,2014)

随着钻井液的新型添加剂用于稳定页岩的研究,一个主要的挑战是如何使其与其他所需的钻井液性质(如流变性,钻井固体相容性和钻井速率)兼容。

最后,即使能够为页岩地层设计最佳的钻井液体系,连续监测和控制钻井液也是成功钻探的关键要素。钻井液成分在循环过程中不断变化,并与地层和所钻固体相互作用。除非持续监测各种钻井液添加剂的浓度(与目前仅定期监测流变性质和简单性质的做法相反)并保持这种状态,否则无法获得所需的结果。在提高对页岩与流体相互作用的理解的基础上,应同时开发和引入用于化学测量的改进的监测技术,并开发出更有效的钻井液体系,以提高页岩的稳定性。

9.2　案例研究

本节介绍了一系列涉及井壁失稳的案例研究。在讨论井壁失稳问题的其他章节中,没有讨论这些具体的案例研究。

9.2.1　泥质地层的化学效应问题

Yu 等人(2013)报告了一个案例研究,详细说明了伊拉克哈法亚油田 Nahr Umr 页岩地层的井筒稳定性问题。哈法亚油田位于伊拉克米桑省南部,距离伊拉克首都巴格达东南部约400km。综合地质和工程资料分析,哈法亚油田 Nahr Umr 组为裂缝性页岩。该诊断是在多次发生井壁坍塌和卡钻事故后进行的。试验和理论分析表明,哈法亚油田井眼不稳定性主要受裂缝性页岩和高离子浓度地层水化学作用的影响。在这种页岩地层中钻井时,不仅在新井中,而且在回注井中,经常会出现井壁失稳问题,特别是随着水基钻井液的增加和更严格的环境控制,使得在这种页岩中实现井壁稳定对钻井或钻井液工程师来说极具挑战性。

哈法亚油田 Nahr Umr 组已钻 3 口水平井。然而,三口水平井中有两口井因卡钻而发生侧钻,只有一口水平井钻井成功,这说明了倾角在安全钻井中的作用。

测试了三种钻井液对 Nahr Umr 组页岩岩石力学性能的影响,计算了随时间变化的坍塌压力。通过分析,提出了安全钻井的工程对策,提高了钻井作业水平。

9.2.1.1 地质因素

哈法亚油田位于阿拉伯大陆架上,毗邻扎格罗斯构造带(Leturmy and Robin,2010)。扎格罗斯构造运动的影响是欧洲板块(北北东—南南西)向阿拉伯大陆架的挤压。应力波的传播导致阿拉伯壳体中出现一系列背斜。这种挤压在中新世中期停止。地质构造为低倾角背斜,其中长轴几乎垂直于扎格罗斯挤压应力场。该构造位于阿拉伯大陆架之上,远离扎格罗斯断裂控制带,但仍受扎格罗斯构造运动的影响,地应力复杂。

这里没有地震资料可以识别的大断层。背斜构造也非常光滑。结果表明,扎格罗斯构造运动产生的挤压应力不是很强,挤压应力不会产生强烈的原地变形和破坏。

哈法亚油田自上而下岩性特征分别为古新—新近系上法尔斯组(主要为砂质泥岩,厚约1300m)、下法尔斯组(主要为硬石膏、盐岩和页岩沉积,厚约500m,为区域盖层)、古近—新近系基尔库克群(主要为砂岩和泥岩,厚约300m)、古近—新近系 Jaddala 组至 Nahr Umr 组(主要为碳酸盐岩和薄泥灰岩、砂岩和页岩夹层)。

9.2.1.2 钻井问题

哈法亚油田 Nahr Umr 组已钻三口水平井,分别为 N001H 井、N006H 井和 N002H 井。井分布均位于构造长轴方向。以下是一些主要问题。

(1)当第一口水平井(N001ST 井)遇到 Nahr Umr 层时,进行了两次侧钻作业。第一次侧钻发生在 3941.26m,SLB 螺杆卡在大斜度井段,定向工具掉落井中,打捞失败,导致了侧移。第二次侧钻发生在 4091.21m,Nahr Umr 页岩坍塌,导致 4087m 处卡钻,处理措施无效后,进行了侧钻作业。

(2)第二口水平井(N006ST 井)采用有机盐钻井液,该钻井液具有很强的抑制性。钻至 3964m 时,Nahr Umr 页岩坍塌,卡钻处理失败,因此在 3800m 处采用直井完井进行侧钻。

(3)第三口水平井(N002H 井)采用饱和盐水钻井,但 Nahr Umr 组 3660~3895m 之间多次发生卡钻,振动筛处发生了塌陷。

9.2.1.3 失稳机理

图 9.15 显示了 N004 井 Nahr Umr 组的测井数据。GR 测井显示,地层主要为砂岩和页岩。井径测井表明,该区存在稳定层段和不稳定层段。与 GR 测井资料对比,崩塌层段岩性为页岩,砂岩层段稳定。由于存在丰富的内部微裂缝、钻井液和滤液渗流,Nahr Umr 页岩的声波时差测井资料和层间时差高于相邻的砂岩层段。同样,页岩的密度测井资料也低于相邻的砂岩层段。这可以从 Nahr Umr 页岩的照片中看出(图 9.16)。富含裂缝的页岩的存在通过 Nahr Umr 页岩的洞穴形状表现出来(图 9.17)。

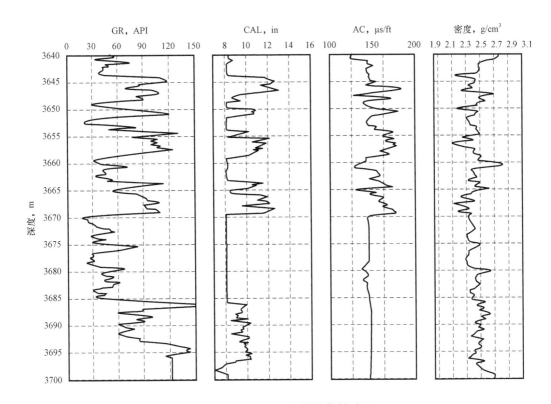

图 9.15 Nahr Umr 组测井资料对比

图 9.16 Nahr Umr 页岩岩心

图 9.17 N006H 井 Nahr Umr 页岩的页岩塌陷

　　具有大量裂缝的硬脆性泥页岩井壁失稳的主要原因有以下几个方面。如果钻井液封堵能力不足或离子浓度不足以平衡地层水离子浓度,钻井液和滤液会在钻井液液柱压差和离子浓度差的驱动力作用下流入微裂缝。这将导致裂隙面摩阻系数降低,井筒周围有效应力降低,地层变得疏松,钻井液柱对井壁的支撑力降低。因此,地层流体将流入井筒。在扩眼和回扩过程中,钻机对松散地层的扰动会导致井壁失稳。

9.2.1.4　不稳定性分析

　　井筒稳定性(或不稳定性)可以通过对各种钻井液的反应来评估。表 9.3 显示了这三口水平井使用的钻井液性质。这三口井使用了三种不同类型的钻井液。根据表9.3中钻井液性质参数可以得出以下结论。

表9.3 Nahr Umr 组三口水平井钻井液性质

钻井液类型	井编号			
	N001H 井 1 号井眼	N001H 井 2 号井眼	N002H 井	N006H 井
密度,g/cm^3	1.25	1.25	1.28	1.28
黏度,s	51	53	78	65
塑性黏度,mPa·s	26	27	41	39
屈服应力,lb/100ft^2	24	26	31	29
凝胶强度 10″/10′, lb/100ft^2	5/8	5/14	7/9	5/7
API 滤液,mL	3.2	3.4	3.0	3.0
滤饼,mm	0.3	0.3	0.3	
酸碱度	9.5	9.0	9.0	8.5
固体,%	13	11	13	17
砂,%	0.3	0.3	0.2	0.3
膨润土含量,g/L	27	26	38	
钾离子,mg/L			27000	
氯化物,mg/L			55000	11520
钙离子,mg/L			200	

(1)从钻井液流变参数来看,对于完整性较好的地层,三口井的流变参数相近,能够满足工程要求。然而,对于裂缝性泥页岩地层,这三口井的流变参数是不同的。与其他两口井相比,N001H 井钻井液黏度低,无法携带岩屑和岩石碎块。另外,低黏度的钻井液在压差作用下容易流入地层。因此,N002H 井钻井液流变参数对井壁稳定性有利。通常提高钻井液黏度有利于钻裂缝性地层。

(2)滤失数据表明,这三口井的滤失相似。由于滤失量是在实验室用实验仪器测量的,其结果不能反映实际地层情况,只能作为参考指标。这也证实了在比例模型中进行实验室实验的必要性。

(3)钻井液离子浓度。虽然日常钻井报告中没有 N001H 井钻井液的离子浓度参数,但根据钻井液服务商提供的钻井液说明,该井钻井液离子浓度表明,N001H 井使用的 KCL 聚合物钻井液离子浓度介于 N002H 井和 N006H 井的浓度之间,N002H 井离子浓度最高,N006H 井离子浓度最低。钻进时,钻井液与地层水的离子浓度差是水从钻井液中进入地层的主要驱动力。通常情况下,钻井液的高离子浓度有利于防止钻井液中的游离水流入地层。如果钻井液中的游离水进入地层,地层就会发生水化,地层强度将降低,从而导致井筒周期性坍塌。哈法亚油田地层水性质见表9.4。结果表明,地层水具有极高的离子浓度,钻井液需要较高的离子浓度来平衡地层水。

表9.4　哈法亚油田地层流体性质

项　目	单　位	Nahr Umr 组
水类型		CaCl$_2$
酸碱度		6.3
相对密度(15.56°C)		1.121
电阻率(25°C)	Ω·m	0.068
总盐度	mg/L	166661
总硬度	mg/L	16562
Na$^+$	mg/L	60015
Ca^{2+}	mg/L	8681
Mg^{2+}	mg/L	993
Fe^{2+}	mg/L	74
Ba^{2+}	mg/L	1
K$^+$	mg/L	716
Sr^{2+}	mg/L	356
Cl$^-$	mg/L	107098
SO$_4^{2-}$	mg/L	874
HCO$_3^-$	mg/L	7263
CO$_3^{2-}$	mg/L	0
OH$^-$	mg/L	0

9.2.1.5　页岩水化

根据地层特征,Nahr Umr 页岩微裂缝丰富。因此,预计钻井液很容易流入微裂缝面,从而导致地层强度发生变化。为了防止井壁失稳,必须改善钻井液性能。从钻井液矿物组成、钻井液浓度、钻井液对地层强度的影响等方面分析了钻井液对井壁稳定性的影响。

表9.5 和表9.6 分别说明了 Nahr Umr 页岩的矿物和黏土矿物组成及含量。表中试验结果表明,Nahr Umr 页岩主要由石英和黏土组成,尤其是石英,含量超过 48.5%。对于页岩地层,石英含量越高,脆性越高;同时,页岩中的黏土矿物含量属于中高水平。黏土矿物主要由伊利石(蒙脱石)和高岭石组成,蒙脱石含量较低。黏土矿物的类型表明页岩非常易碎。此外,高岭石是一种稳定的黏土矿物,伊利石(蒙脱石)的水化作用也很弱。黏土矿物的类型和含量均表明,Nahr Umr 页岩地层为硬脆性地层,不易水化。

现场研究经验表明,适当的钻井液抑制可以防止页岩水化。为此,对哈法亚油田使用的三种钻井液体系的排液能力进行了评价。三种钻井液分别为有机盐钻井液、凝胶聚合物钻井液和氯化钾聚合物钻井液。

表9.7 列出了相关性能。结果表明,三种钻井液对 Nahr Umr 页岩的岩屑回收率均大于95%,但膨胀率不同。这说明钻井液的抑制能力较强,而地层水化能力较弱。钻井液的抑制能力并不是导致泥页岩井壁失稳的主要原因。

为了分析钻井液对 Nahr Umr 页岩井壁稳定性的影响,进行了钻井液对岩石力学性质影响的实验研究。测定了 Nahr Umr 页岩在不同钻井液中浸泡后的强度。表 9.8 显示了单轴抗压强度(UCS,MPa)的实验结果。图 9.18 显示了不同钻井液浸泡后强度变化规律。

图 9.19 显示,页岩在有机盐钻井液中浸泡后,UCS 大大降低,其次是氯化钾聚合物钻井液;凝胶聚合物钻井液中的强度变化不大。因此,凝胶聚合物钻井液有利于 Nahr Umr 页岩的井壁稳定。

表 9.5　Nahr Umr 页岩的矿物组成和含量

深度,m	矿物质含量,%								
	石英	钾长石	钠长石	斜长石	方解石	白云石	黄铁矿	赤铁矿	黏土矿物
3645.10	51.7	0.8	—	0.2	—	—		2.7	51.7
3649.83	60.8	1.2	—		0.4		4.7	—	60.8
3666.00	48.5	1.9	—	0.3	1.4		4.5	—	48.5

表 9.6　Nahr Umr 页岩的黏土矿物组成和含量

深度,m	黏土矿物含量,%						互层比率,%	
	S	I/S	It	Kao	C	C/S	I/S	C/S
3645.10	—	34	7	48	11	—	14	—
3649.83	—	33	3	40	24	—	11	—
3666.00	—	44	7	49	—		21	—

表 9.7　Nahr Umr 页岩的膨胀率和回收率　　　　　单位:%

项目	有机盐	氯化钾聚合物	凝胶聚合物
回收率	95	96	97
膨胀率	24	36	22

表 9.8　钻井液浸泡后页岩 UCS 实验结果　　　　　单位:MPa

钻井液浸泡类型	有机盐	氯化钾聚合物	凝胶聚合物
无浸泡	48.62	51.09	47.22
浸泡 24h	40.16	44.80	44.80
浸泡 48h	37.81	41.41	43.02
浸泡 72h	35.64	39.82	41.69
浸泡 96h	34.96	39.00	40.33

在离子浓度差的扩散力作用下,钻井液中的自由水进入地层后会降低岩石强度,这是导致 Nahr Umr 页岩坍塌的主要原因。另外,由于地层极硬、极脆,内部裂缝丰富,如果钻井液密封能力不够好,在钻井液柱压力和孔隙压力的压差下,钻井液和滤液会沿微小裂隙流入岩石,从而削弱地层强度,导致井壁坍塌。因此,提高钻井液中的离子浓度和密封能力是保证 Nahr Umr 页岩井壁稳定性的关键。

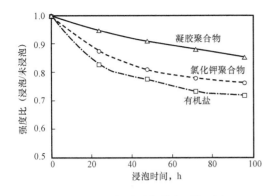

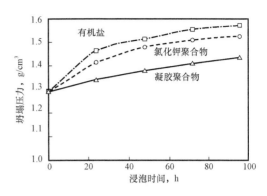

图 9.18　浸泡后页岩强度下降对比　　　图 9.19　Nahr Umr 页岩随时间变化的坍塌压力

9.2.1.6　动态效应

根据力学概念,井壁坍塌的主要原因是由于钻井液柱压力较低,井眼周围岩石承受的应力超过岩石强度,从而产生剪切破坏。井壁坍塌一般发生在最小水平应力方向($\theta = \pi/2$ 或 $3\pi/2$)。

对于 Nahr Umr 组页岩,根据研究结果和实验结果,钻井液浸泡对其力学性能的影响主要表现为压缩强度随浸泡时间的增加而降低。图 9.19 显示了 Nahr Umr 页岩坍塌压力随钻井时间的变化。坍塌压力随地层强度的降低而增大,随速度的增大而逐渐减小。在一定的钻井液密度下,使用凝胶聚合物钻井液时坍塌压力的增长率最低。它能使井筒保持最长时间的稳定。钻井液密度的增加只能在有限的时间内保持井壁稳定。如果钻井液的性能不能得到改善,增加钻井液密度将迫使钻井液流入地层,造成井壁失稳。

9.2.1.7　对策和经验教训

从这次事件的经验中吸取了一些教训。

(1)在含有大量裂缝的页岩地层中,仅靠钻井液黏度不能解决井壁失稳问题。如果钻井液密度过高,孔隙压力会增大,井筒周围有效应力将降低,从而导致更大的损害。另一方面,降低钻井液滤失,改善钻井液流变性,有利于井壁稳定。

(2)井斜越大,井壁失稳的概率越大。但在层流裂缝存在的情况下,减小井筒轴线与地层法向的夹角有利于井筒的稳定。

(3)在评价井壁稳定性时,应考虑抽汲压力和冲击压力的影响。

(4)高压水射流在钻进渗流过程中会产生水楔效应,因此不宜采用水力喷射。

(5)在某些情况下,井壁坍塌无法预防,及时进行岩屑处理可以减少井下闲置时间。

(6)地层水离子浓度极高时需采取特殊对策。

在实验研究和理论分析的基础上,针对这一具体案例采取了以下对策。

(1)降低钻井液滤失量、改善钻井液流变性能有利于井壁稳定。

(2)减小井筒轴线与地层法向的夹角有利于井壁稳定。

(3)在评价井筒稳定性时,应考虑抽汲压力和冲击压力的影响,简化井底钻具组合(BHA)可以防止抽汲压力和冲击压力过大,进而防止卡钻。

(4)避免水力喷射或使用大直径射流。

(5)避免狗腿或井眼轨迹剧烈变化,防止钻柱对井壁产生过大的作用力。

(6)优化水力参数,确保岩屑及时出井。在某些情况下,井壁坍塌是无法预防的,及时进行岩屑处理可以减少井下复杂时间。提高钻井速度可以缩短页岩地层的暴露时间,有利于井壁的稳定。

(7)当存在高浓度地层水时,钻井液应采用高离子浓度来平衡地层水。

9.2.2　减少振动以提高井壁稳定性

Larsen(2014)介绍了一些案例研究。其中一个例子是为了恢复井壁稳定性而将振动降至最低。在此案例研究中,使用了带 8½inPDC 钻头的井底钻具组合配置,以及 8½in 和 9⅞in 扩眼器。在油井的第一个钻段,扩眼器处于非活动状态,以量化扩眼器启动后振动水平的差异。使用两个动态测量工具(DMT)钻垂直井眼,一个在钻头上方,另一个在扩孔器上方,以记录钻头和扩孔器的动态和载荷。

现场测试是从 106m(348ft) 的深度开始的。当扩眼器处于非活动状态时,数据记录为 152.5m(500ft)。在这一阶段没有明显的静力弯曲,但记录到了一些由于钻头与岩石相互作用而产生的钻井噪声。位于扩眼器附近的上部 DMT 没有表现出任何破坏性振动的迹象。在第一次数据测量值下方 5m(16ft) 处,扩眼器被激活,并于 5.25m(17ft) 深处再次记录数据。这两个数据集是在几乎相同的条件下收集的。由于扩眼器的切削作用,与扩眼器不活动时相比,整个钻具组合经历了很高水平的振动。扩眼器产生的切削力引发了与钻柱旋转方向相反的运动(向后旋转)。在靠近扩眼器的 DMT 处,钻柱的横向运动明显增加,并且在靠近钻头的较低 DMT 处也记录到较高的振动水平。与上部 DMT 相比,扩眼过程在下部 DMT 上的效果不那么显著,但它仍然存在。现场试验清楚地表明,扩眼器明显提高了振动、弯矩和加速度水平。

在斜井中进行了第二次试验。该 BHA 包括用于定向控制的 RSS。由于井眼的弯曲,钻柱屈曲,因此钻柱与井壁保持接触。正如在垂直井测试中得出的结论,上部 DMT 比下部 DMT 经历了更多的振动。由于弯曲,稳定器在斜井中受到更大的接触力。这些接触力阻止了扩眼器向后旋转,这意味着与垂直井筒相比,钻柱在斜井井筒中不易受到横向运动的影响。

在第二个案例研究中,在硬砾岩层段钻取了四口井。该段所有井均使用滚筒扩眼器。在偏移井(不使用滚筒扩眼器)中钻穿该层段通常需要多次起下钻,旋转引起的井眼特征常常导致起下钻问题。实施滚筒扩眼器 BHA 后,未记录到钻井进尺出现问题。滚筒扩眼器用于分离旋转和黏滑,从而允许施加更多的钻压。钻头旋转程度和旋转诱导模式的振幅都很可能降低。当钻得更深时,必须用稳定器更换滚筒扩眼器,因为轴承稍微松动,没有备用轴承。钻头和 BHA 结构保持不变,稳定器的尺寸与滚筒扩眼器相似。当使用稳定器而不是滚筒扩眼器钻井时,钻井过程变得缓慢,并且再次记录到严重的地面振动,即横向振动和扭转振动。

9.2.3　机械井壁稳定性问题

Adham(2016)提出了一系列案例研究,涉及可表征为机械故障引起的井壁稳定性问题。在本节中,将使用这些案例研究来说明机械方面如何在井壁稳定性中发挥作用。

9.2.3.1　X-51 井案例研究(页岩问题)

井的位置如图 9.20 中的横断面图所示。拟将 X-51 井作为开发井,预计从贝斯塘河砂

（BRS）每天生产 $2 \times 10^6 \text{ft}^3$ 天然气和 $30 \times 10^9 \text{ft}^3$ 凝析油。图 9.21 显示了这口井与其他井的相关性良好，并且相关井也是本案例研究的一部分。该井计划定向钻井，方位 N 330°，倾角 42.9°。图 9.22 显示了计划的井眼轨迹。起始点为 730m，最终深度为 1814.7m（测量深度）或 1600m（实际垂直深度）。按照计划，钻探过程需要 23d 才能完成。

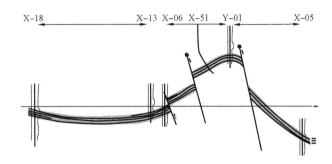

图 9.20　BRS 形成的结构相关性

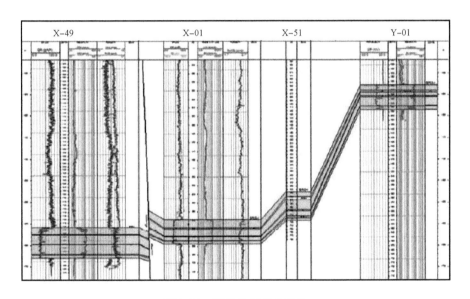

图 9.21　BRS 地层的井对比

　　为达到 BRS 砂岩地层的目标深度，钻井过程将通过 Seurula 组、薄 Keutapang 组和上 Baong 页岩地层。Seurula 组主要由砂岩、页岩和黏土组成，而 Keutapang 组主要由细粒砂岩组成，夹杂黏土、页岩和石灰岩条带。

　　第一个钻井段的井眼尺寸为 8½in。定向钻井的实际起钻点为 724m，目标深度为 1054m。本段使用的钻井液相对密度为 1.2。在该井段钻井时遇到了严重的井壁失稳问题，导致井底钻具组合（BHA）因封隔而卡在 1040m 处。为了克服这一问题，做了多种努力，包括优化钻井液循环、实施震击和使用溶解剂，但都失败了，井眼被堵塞。本节的关键操作参数见表 9.9。然后，为该井准备了一个新的侧钻井方案，钻井液相对密度从 1.2 增加到 1.24。

　　使用相对密度为 1.24 的钻井液在 891m 处钻取第一个侧钻窗口。在钻井过程中，井眼不稳定性的第一个迹象出现在 1172m 处，这从振动筛处的岩屑和底部钻具组合被卡住可以明显看出。优化钻井液循环后成功解除了卡钻 BHA。然而,当将 BHA 返回到当前深度时,BHA 位于 978m 处。冲洗作业产生的钻井液表明该井眼充满页岩岩屑。

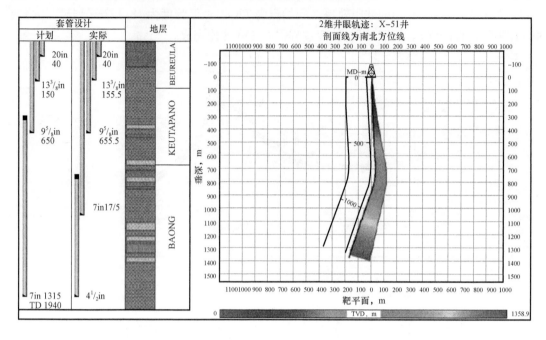

图 9.22　井眼示意图和实际井眼轨迹(X-51 井)

表 9.9　X-51 井钻井关键作业参数

序号	井段	测深,m	实际垂深,m	岩性	方位角,(°)	倾斜度,(°)	钻井液密度, g/cm³	钻井液黏度, mPa·s	钻井液类型
1	8½in	1040	999	页岩	329.8	35.00	1.24	90	油基钻井液
2	8½in 截面 (第一侧轨)	1172	1106	页岩	33.0	1.25	1.25	88	油基钻井液
3	8½in 截面 (第一侧轨)	1495	1381	页岩	331.0	31.10	1.27	95	油基钻井液
4	8½in (第一侧轨)	1478	1359	页岩	331.0	32.10	1.27	95	油基钻井液
5	8½in 截面 (第一侧轨)	1359	1260	页岩	325.5	32.30	1.26	90	油基钻井液

在 1495m 测量井深处发生了另一次封隔和起钻,钻井液相对密度增加到 1.3,黏度也更高,成功释放了被卡住的钻具组合。1478m 处封隔和起钻未取得成功,在 1418m 处用顶部打捞工具(TOF)切割钻具组合,并在 1305m 处用水泥(TOC)封堵井眼。钻井液循环产生的页岩岩屑量表明,这两种情况都是造成封隔的原因。

第二个侧钻窗口在 1305m 测量井深处进行钻进,并在 1359m 测量井深处立即出现过载提升。震击、优化循环、冲洗和扩眼未能释放卡住的 BHA。这口井被堵塞并最终废弃。

X-51井的钻井进度(图9.23)显示了特定深度所花费的时间。根据在该深度花费的非生产性的时间量,可以很容易地快速确定不稳定区域的深度。

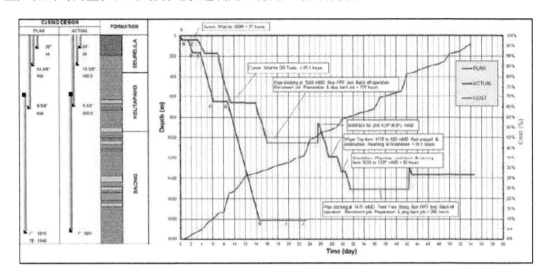

图9.23 X-51井钻井进度图

图9.24显示,90.5%的非生产时间是由卡钻事件造成的。与该井造成非生产时间的其他原因相比,这个比例非常高。

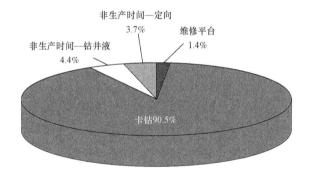

图9.24 X-51井非生产时间图

9.2.3.2 X-53井案例研究(页岩和砂岩问题)

X-53井原本计划作为一口开发井,它与X-51井来自同一井组。与X-51井类似,该井的目标储层位于贝斯塘河砂层。要达到该地层,钻井过程必须经过Seurula组、薄Keutapang组和上Baong页岩地层。该井的初始计划为定向,方位角N 133.7°,倾角35.6°。起始点为600m,最终深度为1825m(实际垂直深度为1640m)。按照计划,钻井过程需要24d才能完成。井筒示意图如图9.25所示。

对于该井,实际定向井段(8½in)从580m测深开始,到1690m测深。该井段的设计钻井液相对密度为1.2~1.3,黏度为45~50mPa·s。该钻井液重量高于X-51井所用的钻井液重量,以避免发生相似问题。但该井段仍存在井壁失稳现象。第一个问题是在向上提出BHA时发生的,有封隔迹象,导致底部钻具组合卡在 1565m 测深处,出现 60t 超载。震击和优化循环未能释放底部钻具组合,最终决定在 1545m 测深处使用切割工具切割底部钻具组合。然后堵住井眼,并为侧钻井准备新的钻井程序。

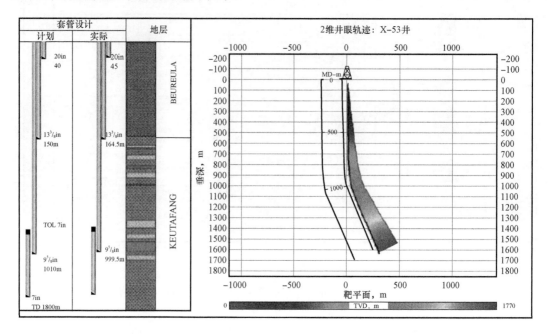

图 9.25   井眼示意图和实际井眼轨迹(X-53 井)

这口井的新方案是从在 1035m 测深处创建侧钻窗口开始。在这一段钻井期间发生了许多井壁失稳问题。第一个问题发生在下入 BHA 进行侧钻时,钻柱于 1054m 处发生堵塞,导致 BHA 卡死。在振动筛上发现了大量的岩屑。最终,利用震击成功释放了 BHA,然后钻井液相对密度从 1.56 增加到 1.58。另一次尝试下入 BHA 进行侧钻时遇到了堵塞和钻柱卡钻。通过震击释放后,钻井液相对密度从 1.59 增加到 1.61。在检测到偏离设计轨迹后,下一次创建侧钻井的尝试受到阻碍。据预测,这种偏差是由扩眼和释放卡住的 BHA 时冲洗造成的。因此创建了一个具有新轨迹的新程序。

新的侧钻在整个 Baong 上部页岩地层中运行良好,没有严重的不稳定问题。然而,完全漏失发生在 1782m 处,随后 BHA 卡住。完全漏失时钻井液相对密度为 1.68,释放 BHA 失败,在 1310m 处对钻柱进行了切割。

在 BHA 起下钻过程中,创建新侧钻井的尝试不断失败,管柱位于 1042m 处,没有放入新侧钻井眼。在 1020m 处也有堵塞迹象。然后在 950~1050m 井段重新封堵油井,并将其作为悬停井。

图 9.26 中的钻井进度图显示了特定深度所花费的时间。从图 9.26 中,可根据在某个深度花费的非生产时间量,立即识别出不稳定区域的深度。与 X-51 井不同的是,这里发生不稳定的地层有两种类型:上部页岩 Baong 组和 BRS 砂岩层。与 X-51 井类似的是,非生产时间图(图 9.27)显示,大部分非生产时间是由卡钻引起的。该井产生非生产时间的另一个更大的原因是在钻第一口侧钻井期间进行了扩眼。

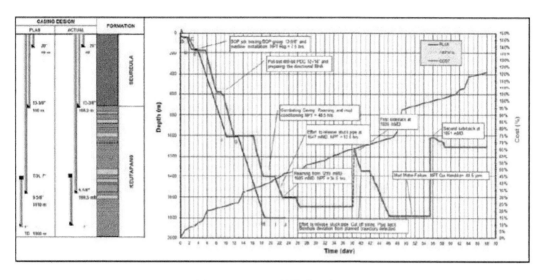

图 9.26　X-53 井钻井进度图

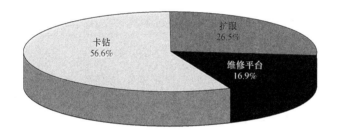

图 9.27　X-53 井非生产时间图

钻井液测井数据用于确定调查深度的关键作业参数。调查了在问题发生的深度处的岩性、钻井液性质和岩屑描述，将这些数据列于表 9.10。

表 9.10　X-53 井的钻井关键作业参数

序号	井段	测深,m	实际垂深,m	岩性	方位角,(°)	倾斜度,(°)	钻井液密度, g/cm³	钻井液黏度, mPa·s	钻井液类型
1	8.5in	1565	1472	页岩	134.1	34.2	1.65	120	油基钻井液
2	8.5in 截面（第一侧轨）	1782	1640	砂岩	135.1	33.4	1.65	114	油基钻井液

9.2.3.3　X-52 井案例研究（成功案例）

X-52 井是一口开发井，与 X-51 井和 X-53 井计划钻入同一地层。与其他两口井不同，X-52 井成功地达到了目标深度，尽管存在一些井壁失稳问题。该井为定向钻井，倾角32°，方位角98.3°。井筒示意图如图9.28 所示。

第一个井壁失稳问题发生在1478m 处（页岩地层），钻井液相对密度为1.27。成功释放BHA 后，使用1.28 的钻井液对该段进行钻井，直至到达砂岩地层（目标储层）。另一次堵塞发生在 1650m 处页岩地层（目标储层下方）。检测到堵塞，随后 BHA 卡住。该段使用的钻井液相对密度为 1.29。

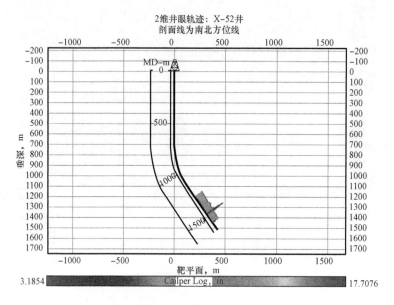

图 9.28　X－52 井示意图

钻井液测井数据显示了出现问题处的一些关键钻井参数，见表 9.11。贝斯塘河砂岩组是该井的目的油层，恰好位于 Baong 页岩组中部。井径测井曲线如图 9.29 所示，显示了油层上方和下方有使用钻井液（相对密度 1.27～1.29）冲刷的迹象。与其他井相比，该井使用的钻井液密度高于 X－51 井，但远低于 X－53 井。X－52 井仍有漏失迹象，但严重程度远低于 X－53 井。

表 9.11　X－52 井的钻井关键作业参数

序号	井段	测深，m	实际垂深，m	岩性	方位角，(°)	倾斜度，(°)	钻井液密度，g/cm³	钻井液黏度，mPa·s	钻井液类型
1	8.5in 截面	1478	1380	页岩	98.3	34.5	1.27	72	油基钻井液
2	8.5in 截面	1650	1528	页岩	98.1	33.5	1.29	70	油基钻井液

9.2.3.4　经验教训

根据这些案例研究，总结出以下经验教训。

（1）Baong 组中部三个地层均出现井壁失稳问题。

（2）砂岩：上部页岩、砂岩、下部页岩。这与普遍认为井壁失稳仅限于泥质地层的观点相反。

（3）不同岩性的失稳问题类型不同，页岩地层发生井壁崩塌，砂岩地层发生井漏。每种问题都有不同的补救方案，必须考虑所有的解决方案，以确保在这种地层中顺利作业。

（4）由于 X－53 井的钻井液性能与实际钻井液不匹配，因此不能作为参考。同一地区对钻井液的要求可能明显不同，因此强化了这样一种观念，即每口井都必须根据自己的岩性和流体数据进行定制设计。

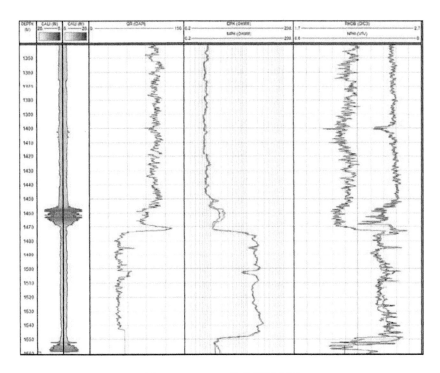

图 9.29 X - 52 井井径测井图

（5）所有失稳问题都发生在斜井段,因此需要分析井筒倾斜的影响。井斜对井筒不稳定性的影响是相互关联的,这在这些案例研究中得到了证实。

（6）确定合适的钻井液重量是这些井钻井成功的关键。因此,每口井都需要根据岩石流体特性进行设计。

9.3 小结

井壁失稳是钻井过程中最基本的属性。本章指出了这种不稳定性的根本原因,并给出了井壁失稳造成的最终结果。虽然在其他章节中讨论了由井壁失稳引起的个别问题,但本章提供了一些处理井壁失稳问题的案例研究。

参 考 文 献

[1] Aadnoy, B. S. and Looyeh, R. 2011. Petroleum Rock Mechanics: Drilling Operations and Well Design, first e-dition. Oxford: Gulf Professional Publishing.

[2] AbdulJabbar, A., Hossain, M. E., Al Gharbi, S., and Al - Rubaii, M. (2018). Optimization of Tripping Speed to Minimize Surge & Swab Pressure. SPE - 189331 - MS, presented at the SPE/IADC Middle East Drilling Technology Conference and Exhibition 2018, 29 - 31 January 2018, Abu Dhabi, UAE.

[3] Adham, A., 2016, Geomechanics Model for Wellbore Stability Analysis in Field "X" North Sumatra Basin, MSc Thesis, Dept. of Petroleum Engineering, Colorado School of mines.

[4] Agostini, C. E., Nicoletti, R., 2014, Dynamic modeling and vibration analysis of oilwell drillstring during back-

reaming operation, in: T. i. M. A. I (Ed.), Society for Experimental Mechanics Series 2014, pp. 123 – 131.

［5］ Aslannezhad, M., Manshad, A. K., Jalalifar, H., 2016, Determination of a safe mud window and analysis of wellbore, J Petrol Explor Prod Technol, 6:493 – 503.

［6］ Dokhani, V., 2014, The Effects Of Chemical Adsorption On Wellbore Stability In Transversely Isot 钻速 ic Shale Formations, PhD Dissertation, Dept. of Petroleum Engineering, University of Tulsa, Oklahoma, USA.

［7］ Dokhani V., Yu, M., Takach, N. E., Bloys, B., 2015, The role of moisture adsorption in wellbore stability of shale formations: Mechanism and modeling, Journal of Natural Gas Science and Engineering, 27, 168 – 177.

［8］ Goud, M., 2017, Mud Engineering Simplified, Mumbai: BecomeShakespeare. com, ISBN 978 – 93 – 86487 – 67 – 4.

［9］ Hakimi, H., Moradi, S., 2010, Drillstring vibration analysis using differential quadrature method, J. Pet. Sci. Eng. 70: 235 – 242.

［10］ Hossain, M. E. and Al – Majed, A. A. (2015). Fundamentals of Sustainable Drilling Engineering. ISBN 978 – 0 – 470878 – 17 – 0, John Wiley & Sons, Inc. Hoboken, New Jersey, and Scrivener Publishing LLC, Salem, Massachusetts, USA, pp. 786.

［11］ Islam, M. R., 2014, Unconventional Gas Reservoirs, Elsevier, 655 pp.

［12］ Kreuzer, E. and Steidl, M., 2012, Controlling torsional vibrations of drill strings via decomposition of traveling waves, Arch. Appl. Mech. 82 (2012) 515 – 531.

［13］ Kumar, D. et al., 2012, Real – time Wellbore Stability Analysis: An Observation

［14］ from Cavings at Shale Shakers, Article #41095 (2012), presented at AAPG International Convention and Exhibition, Singapore, 16 – 19 September 2012.

［15］ Lal, M., 1999, Shale Stability: Drilling Fluid Interaction and Shale Strength, SPE 54356, paper presented at the 1999 SPE Latin American and Caribbean Petroleum Engineering Conference held in Caracas, Venezuela, April 21 – 23.

［16］ Larsen, L. K., 2014, Tools and Techniques to Minimize Shock and Vibration to the Bottom Hole Assembly, MSc Thesis, University of Stavanger.

［17］ Leturmy, P. and, Robin, C., 2010, Tectonic and stratigraphic evolution of Zagros and Makran during the Mesozoic – Cenozoic: introduction, Geological Society, London, Special Publications, 330, 1 – 4, 1 June 2010.

［18］ Mehdi Hajianmaleki, J. S. D, 2014, Advances in critical buckling load assessment for tubulars inside wellbores, J. Pet. Sci. Eng. 116.

［19］ Mody, F. K., Hale, A. H., 1993, Borehole – stability model to couple the mechanics and chemistry of drilling – fluid/shale interactions, J. Petrol Technol. 45 (11) 1 – 93.

［20］ Mody, F. K. and Fisk, Jr., J. V., 1996, Water – based drilling muds, US patent no.

［21］ 5925598,

［22］ Mody, F. K., et al., 2002, Development of novel membrane efficient water – based drilling fluids through fundamental understanding of osmotic membrane gen – eration in shales, in: SPE Annual Technical Conference and Exhibition, 2002. SPE77447.

［23］ Pašić, B., et al., 2007, Wellbore Instability: Causes And Consequences, Rud. geol. – naft. zb., Vol. 19, 87 – 98.

［24］ Yu, B., Yan, C., and Nie, Z., 2013, Chemical Effect on Wellbore Instability of Nahr Umr Shale, Scientific World Journal, Oct. 24, 2013: 931034, doi: 10. 1155/2013/931034.

［25］ Zhang, Q. et al., 2015, A review of the shale wellbore stability mechanism based on Mechanical – chemical coupling theories, Petroleum, vol. 1, 91 – 96.

第10章 定向井和水平井钻井问题

水平井技术普及之前,在垂直井不能提供足够的生产效率的地方常应用的是定向井和近似水平井。然而,地质构造导致油层在水平方向上的长度几乎总是远远大于垂直方向上的厚度。因此,水平井开采出的含油层比垂直井开采出的含油层要多。在水平井普及之前,定向井技术主要应用于海上钻井,而讽刺的是,每口井随后都要下降到垂直位置。类似地,油藏位于不安全、不经济或不可能在上方安装钻机的位置时,需要设计从其他位置进入这些目标油藏的方法。自从水平井在稠油和油砂地层中的新应用(仅从排水效率的角度来看是有用的)出现以来,水平井钻井开始流行起来。水平钻穿含油气地层的油井通常是美国产量最高的油井之一。现代水平钻井在20世纪80年代取得了商业上的成功,并且在技术上也已经得到了改进,近年来,水平井已经变得越来越普遍。自2011年以来,水平井数已经超过了垂直井数(图10.1)。2015年,美国产量最高的油井[即每天产量超过400bbl石油当量(BOE)]中有近77%是水平井;约85000口中等产量油井(定义为每天超过15bbl油当量,每天最多400bbl油当量)中,42%的井是水平井;而在约370000口最低产量的边际油井(也称为低产井)中,只有约2%为水平井(图10.2)。

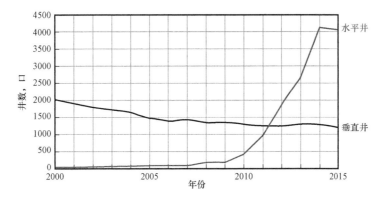

图10.1 每天至少生产400bbl石油当量的油井数量(Perrin,2016)

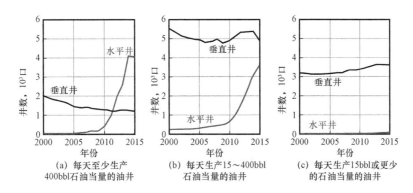

(a)每天至少生产
400bbl石油当量的油井

(b)每天生产15~400bbl
石油当量的油井

(c)每天生产15bbl或更少
的石油当量的油井

图10.2 不同方位和产量的油井数量(Perrin,2016)

在北海,几乎所有的钻井作业都是水平井。然而,在中东,大多数油井仍然是垂直的。在水平井或定向井钻井过程中的地应力与垂直钻井的地应力有很大的不同。与单向垂直钻井不同,定向钻井可以是二维或三维。由于深度、垂直方向倾斜度和方位角的动态变化,钻井过程会变得更加复杂。水平井、大位移井、分支井、小井眼钻井和连续油管钻井等定向钻井技术的复杂性依然存在。在大斜度井和水平井条件下,实现高钻井液顶替效率需要特别注意钻井(完井)的两个方面。为了获得最佳的钻井液顶替效率和固井效果,以下这两个方面是必要的:(1)钻井液体系和性能,(2)套管和井眼尺寸。

上述每一个方面都带来了一系列新的困难,而这些困难在垂直井钻井过程中是不会遇到的。

10.1 定向井存在的问题及对策

定向井的激增始于海上钻井,这要求在单个平台上进行多边钻井。每个钻井平台上实行多口定向井,而不是原来的单个平台上仅一口直井,这种形式可以大幅度减少平台的数量。20世纪80年代以后,随着水平井技术的蓬勃发展,定向井又实现了一次飞跃。每个水平井都有一个很大的区段,实际上是定向的。然而,定向井钻井存在许多后勤和固有的问题。尽管在过去几十年中,钻井技术取得了许多进步,如井下动力钻具和涡轮、随钻测量(MWD)、随钻声波等,但定向井钻井仍然是一项具有挑战性的任务。水平井技术出现后不久,钻水平段长为2~3mile、实际垂直深度(TVD)为10000ft的定向井就变得很常见了(Inglis,1987)。图10.3显示了一个典型的定向井及其水平和垂直剖面的延伸情况。

由于定向井的方位特殊,导致了定向井出现了许多不同于直井的钻井问题。在定向钻井中,重力不再与钻井方向一致,定向井剖面会产生一组新的约束条件。这些附加问题与井剖面和沿井筒作用的重力轴向分量减小等因素有关。随着倾角的增大,钻井问题变得更加严重。与大斜度井(即倾斜超过60°)相关的特殊问题将在下一节讨论。

钻探非常规油井的运营商发现的最重要的定向钻井问题是,无法始终如一地遵循规定的井径,无法达到并保持在地质学家、地球物理学家和油藏工程师共同确定的目标范围内。若无法保持在优化生产区内,则会降低油井产能和盈利能力。不准确的定向钻井会导致每口井高达数十万美元的产值损失。更重要的是,任何偏离计划轨迹的情况都可能使得在钻探地层时发生意外,导致大量的钻探问题。钻定向井已经是一项艰巨的任务,因为所有的变量都是动态的和不可预测的。试图对计划偏差进行补偿的做法可能会导致最终井眼弯曲度增加、错过储层、侧钻或不必要的起下钻。过度弯曲的后果包括:(1)钻井时间增加;(2)井下设备应力增加

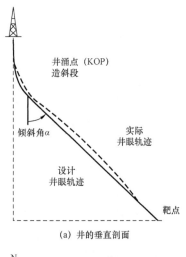

(a) 井的垂直剖面

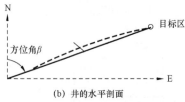

(b) 井的水平剖面

图10.3 定向井的垂直和水平视图

导致钻具故障;(3)后续完井硬件的运行出现问题;(4)增大的扭矩和摩阻导致大位移井的钻距受限;(5)总采收率减少;(6)未来的生产问题,如沿井筒水平段低位置的不期望的高产水或持液率。所有这些问题都将产生长期的影响。

10.1.1 井眼轨迹精度

定向钻井最重要的方面就是精度。钻井作业需要准确描述井眼深度、轨迹和方向,以便有效和安全地引导钻进。定向井必须与距离地面位置几千米、深度数千米的目标相交。深度通过钻杆测量获得,倾角和方位通过重力和磁场测量获得。目标的到达过程必须是沿着预定的轨道进行。在定向钻井开始前,必须仔细选择各种井底钻具组合(BHA)。而且需要钻井系统自适应控制的监测工具。影响钻头轨迹偏离的因素很多,主要因素有:

(1)地层效应(不同地层的边界);

(2)钻压(WOB)过大;

(3)BHA 选择不当;

(4)监测工具校准不当;

(5)钻井液的磁性。

石油工业的服务部门拥有许多用于井位定位和导航应用的设备。这些设备在工作原理和功能方面各不相同。油井定位工具良好运行的基本要求是始终准确测量方位角、倾角和深度。目前,陀螺仪测量仪器能够最准确地描述井眼的走向和方向。然而,这种测量工具操作费时、技术风险大、费用高。

随钻磁性测量(MWD)工具是陀螺仪测量仪器的替代品。该仪器由发射器模块和传感器组件组成,传感器组件包括安装在井下探头上的三轴磁力计和三轴加速度计,它们安装在三个正交方向上。加速度计通过测量地球重力来确定工具面角度和井眼倾角(钻井),而磁力计通过测量地磁参数来确定井眼方位。当底部钻具组合(BHA)完全静止时,传感器通过瞬时测量磁场和重力条件来监测钻井期间底部钻具组合(BHA)的位置和方向。使用垂直对或三轴正交加速度计测量地球重力场,以确定底部钻具组合倾角和工具面角度,而磁力计测量地磁分量,以确定沿井筒路径的一些预定测量点的底部钻具组合方位角。随钻测量仪器可能受不同因素影响会产生一些误差,如:(1)磁干扰误差;(2)传感器的校准;(3)重力模型不准确;(4)弯曲、居中误差;(5)膨胀;(6)热元件;(7)错位偏差(Kular,2016)。

在井眼定向测量中,许多不确定的因素会降低精度,例如(Hadavand,2015):(1)重力模型误差;(2)深度误差;(3)传感器校准;(4)仪器失调;(5)BHA 弯曲;(6)居中误差;(7)磁环境误差源。

尽管钻井液成分(其中存在磁性材料)的作用通常不会在钻井作业的误差估计中被提及,但 Tellefsen(2011)对其进行了研究,表明有些磁性畸变与某些钻井液添加剂有关。为了增加对这些效应的理解,进行了一系列实验。首先,对一系列淡水膨润土钻井液进行了研究,考察了膨润土对磁屏蔽的影响。随后,对一系列未使用过的油基钻井液进行了评价,以观察有机黏土的磁屏蔽作用。将从海上钻井位置的沟道磁铁中收集的腐蚀钢(切屑)添加到油基钻井液中,研究钻井液中腐蚀钢(切屑)含量对磁屏蔽的影响。最后,对使用过的油基钻井液和水基钻井液进行研究。使用过的油基钻井液的测量结果显示,对于所测试的一系列钻井液,屏蔽作用很小或几乎没有。屏蔽效果峰值为 0.22%,明显低于水基膨润土钻井液。在油基流体中合成的有机亲锂辉石黏土含有很少量(或根本没有)的能够屏蔽磁性的铁质成分。然而,当将近海钻井液中的碎屑加入油基钻井液中时,屏蔽效果为25%。这是相当大的地球磁场屏蔽效应,可能会对随钻测量工具中的定向磁传感器造成重大误差。

Russell(1979)创造了术语"导向"作为BHA指向的垂直方向和水平方向。垂直方向称为倾角,水平方向称为方位角。井眼下方任意点的倾角和方位角的组合就是该点的井眼走向。为了进行定向分析,井眼路径的任何长度都可以看作是直线。当仪器轴与该点的井眼路径对齐时,沿井眼路径的任何点的倾角是仪器纵轴相对于地球重力矢量方向的角度。方位角是指包含仪器纵轴的垂直面与参考垂直面之间的角度,该角度可通过磁性或陀螺来定义(图10.4和图10.5)。

图10.5显示了由磁参考垂直面定义的方位角测量,其中包含一个确定的磁北(Russell,1991)。从定义的磁北顺时针到垂直面(包括井眼轴线)的水平角被认为是方位角。当定义的磁北包含仪器所在位置的地磁场主场矢量时,相应的方位角称为"绝对方位角"或"校正方位角",是定向钻井过程中所需的方位角值。在实际工作中,测量的局部磁场偏离地磁主磁场(Russell,2003),从而造成误差。井眼方位角最初是从磁北开始测量的,但通常会校正到地理北极,以制作精确的定向钻井地图。井眼路径的空间测量通常是从沿路径的连续测站的方位角和倾角的一系列测量中得出的,这些测点之间的距离是准确已知的(Russell,1989)。

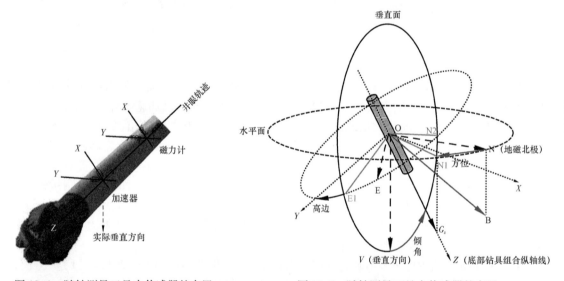

图10.4　随钻测量工具中传感器的布置　　　　图10.5　随钻测量工具中传感器的布置

Russel和Roesler(1985)报告称,通过将磁性测量仪器定位在钻柱的非磁性段(称为非磁性钻铤,NMDC)内,延伸到上部和下部铁磁性钻柱段之间,可以减轻钻井组件的磁变形,但不能完全消除。如果NMDC足够长,能够将仪器与钻井设备、稳定器、钻头等的磁性部分靠近时产生的磁效应隔离,则该方法可以将磁失真降低到可接受的水平(Russell,2003)。由于这种特殊的无磁钻铤相对昂贵,需要在BHA中引入足够长度的NMDC和罗盘间距。Russell(2002)报告说,这种形式的被动纠错在经济上是不可接受的,因为NMDC的长度随着BHA和钻柱磁性部件质量的增加而显著增加,这导致使用这种较重设备的油井成本很高。

由于在传统的磁性仪器中,罗盘读取的方位是由本地磁场的水平分量确定的,如果仪器在井眼位置观测到的本地磁场的水平分量与预期的磁北方向不一致,则所有的磁性测量都会受到方位不确定性的影响。Noureldin(2002)确定了成功的钻井作业必须满足以下要求。

(1)确定垂直井段的初始方位角。在将井的垂直剖面确定至适当深度后,随钻测量系统应能够确定底部钻具组合的初始方位角,并准确监测方位角的变化,同时将整个钻杆围绕其中心轴向所需方位角方向旋转。目前的随钻测量磁测系统由于采用了垂直整体的钢套管,使地球磁场发生了偏移,因此,为了保证精确的初始方位角,监测设备对磁场的不敏感性是必不可少的。

(2)在多井结构区段避免与邻近井发生碰撞。在一些钻井现场,特别是近海钻井作业,由于平台面积有限,所有油井都集中在一起。因此,避免与邻井发生碰撞是准确测量方位角的关键,应对其进行精确估计。MWD磁性测量系统在这种多井结构中由于相邻井套管的存在而受到了测量地球磁场偏差的影响。因此,独立于磁场的随钻测量监测设备对于成功的钻井作业至关重要。

(3)近钻头随钻测量。近钻头测量是钻井行业的一个新趋势,它保证了测量参数的精确计算。目前的随钻测量系统位于钻头后面50ft处,因此不受钻头正后方轴承组件旋转的影响。据报道,将随钻测量设备安装在靠近钻头的位置将非常有利于提供可靠的随钻测量数据,特别是在多井结构的情况下。最新的近钻头MWD测量仅通过在钻头后面的轴承组件内安装加速计来提供BHA倾角和TVD的精确计算(Muritala et al. ,2000;Berger and Sele,2000;Skillingstad,2000)。然而,为了使底部钻具组合保持在其期望路径内,最好也提供近钻头方位的计算。

(4)大斜度井段和水平井段的精确测量。当BHA以大倾角接近油藏时,获得准确的测量数据至关重要。Clary等人(1987)称,当估计的倾斜角接近90°时,0.5°的误差可能会使目标的交点相差几百英尺。遗憾的是,目前的随钻测量系统在大倾角条件下测量误差较大。因此,应制订一些方法,使这些误差尽可能小。

(5)连续随钻测量。如前所述,目前的随钻测量系统会中断一些预定测量站的钻井过程,以提供倾角和方位角。这增加了钻机工作的总时间,从而增加了钻井过程的总成本。因此,连续测量是非常必要的,它能够降低与钻井作业时间相关的成本,并为整个钻井过程提供准确的底部钻具组合轨迹。

目前随钻测量仪器的主要缺点是使用磁强计来监测方位角,以及这些设备必须在恶劣的环境中工作。使用磁力计时遇到的问题是钻机周围存在大量钢材。由于铁磁性材料的丰富性,磁力计必须用无磁钻铤进行分离。无磁钻铤一次安装的成本可能超过3万美元。除了使用无磁钻铤的成本外,它们的使用还带来了第二个问题。由于无磁钻铤对钻头施加了额外的重量,因此测量工具与轴承组件和钻头之间的距离约为50ft。

取消无磁钻铤可以减小仪器组件与钻头之间的距离,有利于近钻头测量的发展。与磁力计的使用有关的第三个问题是,由于地球磁场与油藏的偏差,磁力计在地下使用时缺乏可靠性。

有人建议更换磁力计。现有的机械陀螺仪、环形激光陀螺仪等商用导航装置不能用于井下钻井。机械陀螺仪含有运动部件,在井下恶劣环境中不能正常工作。此外,它们的平均无故障工作时间(MTBF)相对较小(9000h),漂移率较高,需要频繁校准和维护。虽然环形激光陀螺仪精度很高,但其尺寸大于井下应用所允许的最小仪器尺寸。

防止地磁参考不确定性的最佳保障之一是现场调查,使用现场参考(IFR)绘制地壳异常

(局部磁性参数)图,并使用插值 IFR(IIFR)方法消除地磁干扰。通过多种方法(多次测量校正)对钻具的磁干扰进行补偿,以降低位置测量的不确定性。

由于位置不确定性的整体降低,因此允许减少相邻井间隔。钻井工程师确定井眼轨迹的能力取决于从井口到总轨迹的误差累积。在使用 MWD 工具进行的现代磁性测量中,累积误差的两个综合影响可能达到测量井深的 1%,这个数值是很高的,对于长井筒来说可能是无法接受的。为了在使用随钻测量工具时准确地放置井筒,现代工业促进了用于补偿各种误差源的严格数学程序的发展。因此,工业上可用的一般井筒位置精度约为井筒水平位移的 0.5%。

Noureldin(2002)研究了光纤陀螺仪(FOG)是否适用于井下钻井应用。这种类型的陀螺仪优于机械陀螺仪,因为它没有运动部件,因此可靠性高(高 MTBF),不需要频繁地校准或维护。此外,由于 FOG 可以承受相对较高的温度、冲击和振动,所以它们表现出较低的环境敏感性。目前可用的光纤陀螺体积小(直径 1.6in),漂移率小于 0.10°/h,角度任意移动小于 0.005°/h,平均无故障时间长(60000h),没有重力效应,对振动和冲击力具有良好的免疫力。

Noureldin(2002)开发了一种基于惯性导航技术的新的随钻测量方法,将光纤陀螺技术与三轴加速度计相结合,为井下提供完整的测量解决方案。惯性导航系统(INS)利用三轴加速度计和三轴陀螺仪组成惯性测量单元(IMU)来确定运动平台的位置和方向。由于底部钻具组合不能容纳完整的 IMU,故利用了一些与水平钻井作业相关的特定条件,尽量减少陀螺仪的数量,以便只用 1~2 个高精度的 FOG 就足以提供井下完整的测量解决方案。此外,为了降低光纤陀螺输出的不确定性,采用了一些自适应滤波技术来提高光纤陀螺的性能。同时,还应用了基于卡尔曼滤波方法的最优估计技术来提高测量精度。这种基于光纤陀螺的随钻测量技术能够将目前使用的无磁钻铤所需的高昂费用节省下来,还可以在不中断钻井过程的情况下连续测量井眼,并利用一些实时数字信号处理技术提高整体精度。

10.1.2 连续油管打捞

改进的连续油管(CT)技术、专门设计的液压驱动维修工具的开发以及对成本效益的日益重视,使连续油管成为许多打捞作业的可行选择。在连续油管打捞技术出现之前,传统的作业程序包括使用钢丝绳从油气井进行打捞。如果钢丝绳不成功,钻机或液压修井(强行起下钻)装置必须在油井上方作业并移除打捞上来的钻具。

连续油管能够在打捞处循环流体并产生较高的井下作用力,使得在其他作业方案不可行或成本效益不高的情况下打捞回钻具成为可能。连续油管打捞可在生产井、大斜度井或水平井的压力下进行;这项作业可在 1~3d 内完成,仅需花费修井成本的一小部分即可恢复油井生产。与钢丝绳打捞相比,连续油管打捞有三大优势:

(1)它能够在高压下循环各种清洗液,包括氮气和酸,以清洗、冲刷或溶解落鱼顶部的沙子、钻井液、水垢和其他碎屑;

(2)它能够在直井或大斜度井中产生较大的轴向力,以便震击或拉动对钢丝绳来说太重的落鱼;

(3)可以同时执行上述操作。

比较连续油管打捞和钢丝绳打捞效率的一种方法是估算每个系统的可用能量。这可以通过研究均匀横截面弹性构件的内部应变能方程来实现:

$$U = \frac{F\delta}{2} \tag{10.1}$$

式中　U——内部应变能;

　　　δ——构件的轴向挠度;

　　　F——构件挠度上的拉伸荷载。

等截面弹性构件的挠度由式(10.2)定义:

$$\delta = FL/AE \tag{10.2}$$

式中　A——横截面积;

　　　E——弹性模量;

　　　L——弹性构件的卸载长度。

同样值得关注的是具有均匀横截面的弹性构件的弹簧系数 k,其定义如下:

$$k = \frac{F}{\delta} = \frac{AE}{L} \tag{10.3}$$

10.1.3　井斜(井眼弯曲)

由于存在穿透层面和其他地质特征,无论采用何种技术,都不可能形成完全的直井,因此很少有完全的直井。然而,不同位置的井眼偏差和弯曲程度不同,除了自然漂移外,钻井实践还可能产生形状或方向不规则的狗腿或其他不规则的井眼,这些情况也可能在妨碍作业之前未被发现。

早期曾有人试图确定一个弯曲的井眼,但并不太成功。在直井中这种弯曲现象并不少见。然而,在定向井中有狗腿的情况要更为普遍。因此,在这个过程中,通过狗腿的大小和频率测量的弯曲程度对于确定钻井过程中可能遇到的潜在问题非常重要。在钻井中,弯曲一词被定义为"在非垂直方向钻进的井眼"或"斜井的过时术语,通常用于描述钻井过程中意外斜井"。还有另一个定义,"非垂直井眼",该术语通常表示有意从垂直方向钻取的井眼。如果钻头以大于45°的倾角击中地下岩层,钻头倾向于向下倾斜。如果岩层倾角小于45°,钻头倾向于向上倾斜,如图10.6所示。

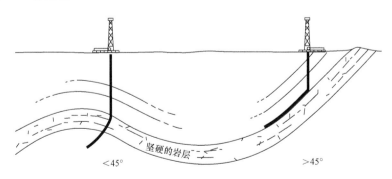

图 10.6　井眼弯曲的原因

一般来说,井眼的弯曲度是通过测量井眼偏离垂直方向的程度来确定的。当然,对于水平井,应该从水平方向进行测量,因为所寻求的标准是水平井眼。当钻井计划要求钻垂直井眼时,应定期进行勘测以确保其会达到目标,并确保不会侵入不同的地层下方。同样的原则也适用于水平井或定向井。使用机械滑移记录仪(通常称为 Totco 或 Totco 桶,以完善设备的公司命名),可以相当简单地进行这些测量。该设备在与钢丝绳装置上的钢丝相连的钻柱内运行,一直向下到钻杆的底部,在底部该设备会测量井眼的角度,然后将其取出井眼进行目视检查以确定角度。该设备的某些版本实际上是在胶片上拍摄照片,通常用于需要确定方位角(方向)的情况。当计划钻定向或水平井眼时,通常使用更复杂的工具。其中一种工具是 MWD(随钻测量)工具,该工具使用电子加速度计和陀螺仪来连续进行随钻测量并测量方位角(图 10.7)。该工具连接到钻柱本身,需要额外的技术支持人员来使用和解释数据,并且其成本要高得多。

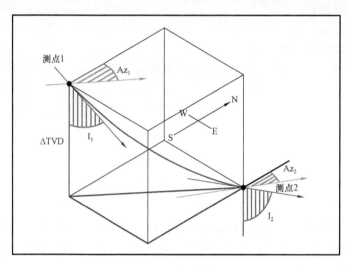

图 10.7　定向测量示意图

10.1.3.1　弯曲原因

没有确切的原因能够说明钻头为何会偏离其预定路径。无论是直井段还是弯曲井段,钻头偏离预期轨迹的倾向都可能导致钻井成本上升等一系列钻井问题。以下因素可能是钻头偏离的一些原因:(1)地层和倾角的非均质性;(2)钻柱特性,特别是井底钻具组合(BHA)的组成;(3)稳定器(位置、数量和间隙);(4)钻压(WOB);(5)井眼与垂直方向的夹角;(6)钻头类型及其基本机械设计;(7)钻头处的液压系统;(8)井眼清洁不当。

许多原因会造成井眼弯曲,这里介绍最重要的。井斜是指钻头无意中偏离预先选定的井眼轨迹。

(1)钻压不当:造成井眼弯曲的最重要原因是钻压过高。因为切削岩石的钻头必须承受压力,所以在这些作业中使用的钻头会受到整个钻柱的重量,特别是像钻铤这种重型管段的重量。由于钻杆在压缩状态下无法控制钻进方向,因此钻压与钻柱在拉伸状态时方向相反。钻铤的重量决定钻压,对钻头的导向至关重要。定向钻时,钻铤重量与钻压不一致(图 10.8)。如图 10.8 所示,这两个方向的不一致就产

钻铤重量　　钻压

图 10.8　钻头所受重力
和钻铤所受重力

生了微妙的不平衡,很容易导致弯曲。

(2)地层倾角:倾角是构造面、层理面或断层面与水平面的夹角(图 10.9)。它垂直于走向并在垂直面上测量。在夹层的界面处,影响钻头方向的岩性变化是恒定的,从而影响方向和钻速。钻速的这种变化造成了一种情况,即局部现象比井架预先计算的钻压更能控制钻井方向。因此,地层倾角是导致井眼弯曲的第二个最重要因素。

图 10.9　倾斜地层

(3)各向异性:大多数地层的垂向渗透率和水平渗透率具有各向异性,垂向渗透率远小于水平渗透率(通常小于一个数量级)。存在天然裂缝时,层面渗透率各向异性很常见。应力各向异性通常在层理面上覆岩应力和水平应力之间最大。层理面应力对比在构造活动区很常见。渗透率各向异性有时与应力各向异性有关。实际油田中,各向同性是不存在的,各向同性假设的应用是学术性的。然而,出于实际目的,可以基于各向同性假设进行批量计算。这一假设在小尺度和大尺度上都被打破(图 10.10)。这一事实的结果是,存在着从地面无法检测到的局部变化。

各向异性　　　各向同性　　　各向异性

图 10.10　各向异性地层

最常见的方向相关特性是渗透率和应力。与各向异性相关的参数有:① 密度;② 孔隙度和渗透率;③ 强度;④ 可变形性;⑤ 耐磨性;⑥ 环境的反应。

由于上述每一个参数都会影响钻井程序的整体动态,因此在各向异性地层中对钻井过程进行监测和控制成为一项困难的任务。大多数地质材料都是各向异性的,这取决于它们形成或沉积的方式。因此,大多数沉积物呈层状,变质岩可能具有线理或叶理结构,火成岩也可能呈带状,材料的性质随材料的内部结构和质地而变化。在某些情况下,内部各向异性可能很小,以至于能够忽略不计,并且出于所有实际目的,材料可被认为是均匀且各向同性的。如前所述,土壤力学和岩石力学的许多背景理论都是基于这样一种假设,即所处理的材料是各向同性和均质的。但在某些明显各向异性的材料中,例如片岩、板岩和页岩以及层状沉积物,由于各向异性而导致的材料特性变化在某些项目中可能至关重要。

(4)钻铤长度不足:钻铤是钻柱的一个组成部分,可为钻井提供钻压。钻铤是由实心钢条加工而成的厚壁管件,通常为普通碳钢,但有时也由非磁性镍铜合金或其他非磁性高级合金制成。大质量的钻铤的重力作用,提供了钻头有效破岩所需的向下力。必须使用适当长度的钻铤,以确保:① 钻压(WOB);② BHA 定向控制;③ 井眼尺寸完整性;④ 钻柱间隙;⑤ 钻柱压缩和扭转载荷。当钻铤太小时,上述因素的任何故障都可能导致井眼弯曲。

(5)无稳定器或稳定器定位不当:钻井稳定器是用于钻柱底部钻具组合(BHA)的一种井下设备。它以机械方式稳定井眼中的 BHA,以避免无意的侧钻、振动,并确保井眼质量。为了避免钻柱振动和确保钻井安全,稳定器的布置非常重要。放置稳定器时,应选择横向位移最小的集中位置,以使接触点处的应力最小化。工具(如测量设备)具有预定义的位置,应首先放置。当这些部件已放置在组件中时,应评估是否放置稳定。稳定器应位于最佳稳定接触位置。最佳的操作通常是在钻头附近放置一个稳定器,因为第一个支架的紧密间距将提供较低的振动水平。理想情况下,稳定器应重新定位,易于调整间距,从而能够在振动指数尽可能低的条件下将BHA运送至目标位置。为了达到最佳的动态性能目标,应优先发展可重新定位的稳定器。

稳定器之间的距离是一个相关因素。稳定器或其他接触点之间的距离增加通常会导致横向振动,因为钻柱可以更自由地侧向移动。应确定最大跨距,以避免无支撑截面的横向弯曲。稳定器的数量也会影响振动情况,平滑器和钟摆钻具组合中缺乏稳定性常常导致旋转。这将导致对钻井方向失去控制。

带多个稳定器的密封式钻具组合比没有稳定器的光滑钻具组合提供了更稳定的钻井条件,因为不平衡组件的限制较少。较硬的钻柱将能够在更大程度上承受振动。然而,应该注意的是,由于灵活性降低,多个稳定器可能会限制定向目标。此外,接触点处会产生更大的扭矩,从而扭转振动和黏滑可能成为问题。在这种情况下,滚筒扩眼器可以派上用场。

在可能的情况下,应尽量减少井下稳定器的数量,因为如果产生小位移,这些稳定器会与井壁产生有害接触。某些稳定器类型可能会增加遭受严重冲击和振动的风险。挠性稳定器通常放置在旋转导向工具上方,以便于旋转导向定向目标。挠性稳定器通常包括一个直径较小的稳定器,用于连接挠性接头。由于外径减小,该部件可增加横向振动水平。如果定向目标需要挠性接头,则应对BHA进行补偿设计变更。这些措施可减少稳定器之间的跨距,或使挠性稳定器更靠近钻头,以抵消增加的灵活性。如果可以避免使用挠性稳定器,则应考虑将其更换为标准非挠性稳定器,认使BHA更坚硬,从而降低发生有害振动的风险。

10.1.3.2 井眼弯曲的结果和可能的补救措施

钻井过程中无法完全控制井眼方向,大多数直孔钻井方法试图抵抗井眼偏移,而不是控制方向。定向钻井的过程尤其具有挑战性,因为钻头往往在钻井时发生偏移,这是一个对地层倾角和岩石性质高度敏感的过程,此外,振动也起着关键作用。这可能导致技术和法律问题。为了最大限度地降低运营成本,减少井眼偏差至关重要。与井筒弯曲有关的一些直接问题是:(1)间距不均(底部);(2)法律问题;(3)生产问题;(4)固井问题。

前三项超出了本书的范围,第四项已在其他章节中讨论过。特别是对于水平井和定向井,由于环空偏心,固井问题尤为突出。在这种情况下,水泥浆更容易和更快地通过较宽的环形间隙。在较窄的间隙中,位移滞后且可能不完整。这种不均匀的环空填充或环空内不完整的注水泥可能导致不可靠的分区隔离。偏心环空问题在水平井中尤为突出,重力影响套管柱的居中,促进钻井液中固体的沉降。所有这些异常都会导致固井过程中的钻井液顶替不良。此外,大位移井和水平井容易受到水泥密度不足的影响。当使用更高密度的顶替液时,环空狭窄部分中较轻的钻井液将上浮到较宽部分中,并容易被运走;这将造成不均匀性,特别是在弯曲井中。

在寻求使井眼偏差最小化的方法时,由于技术或操作限制,其中一些因素可以控制,而有的因素则不能控制。井眼偏差取决于许多因素,如:(1)井眼形态(井眼长度、倾角和直径);(2)钻井设备(钻杆、钻头等);(3)钻井参数(推力、扭矩、钻速、转速、钻柱重量等);(4)岩石(硬度、结构等);(5)操作员(经验、细心程度等)。井斜和定向控制的补救措施包括:(1)降低钻压;(2)减缓旋转速度;(3)更换底部钻具组合(BHA),(4)添加稳定器。

此外,还将特别考虑水平井和斜井剖面内的操作参数变化。为避免井眼弯曲,可采取以下预防措施:

(1)使用"大尺寸"钻铤;

(2)使用扩眼器和稳定器;

(3)从垂直方向开始钻进。

如果井眼已经弯曲,可采取以下补救措施:

(1)回填和侧钻;

(2)使用造斜器;

(3)使用扩眼器。

正如 Larsen(2014)指出的,只有当钻柱内的振动最小化时,才能打直井。图 10.11 总结了钻直井井眼时应考虑的一些因素。

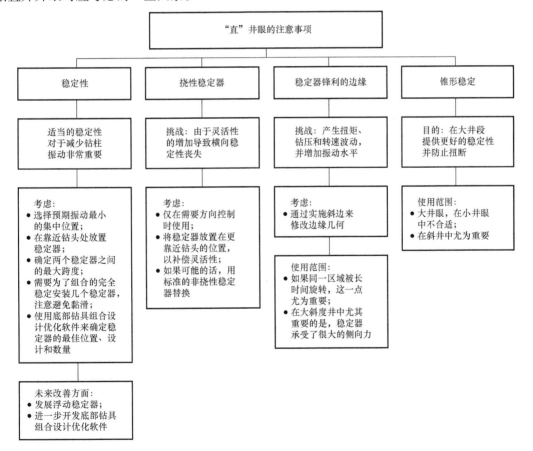

图 10.11   油井管理流程图

10.1.4　卡钻问题

正如在第2章和第6章中所看到的,如果在不损坏钻杆和不超过钻机最大允许钩载的情况下无法从井眼中取出钻杆,则认为钻杆被卡住了。卡钻可分为两类:压差卡钻和机械卡钻。机械卡钻可能由局部现象(如井中落物、井筒几何异常、水泥、键槽或环空岩屑堆积)引起。压差卡钻则与钻井液静水压力和钻井液地层压力之间的压差有关,而静水压力大于地层压力会导致钻柱侵入渗透性地层中的滤饼(图10.12)。当发生压差卡钻时,管柱不可能向上或向下运行,但很容易建立自由循环。这个问题与井眼方向无关。

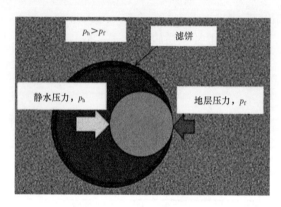

图10.12　压差引起的卡钻

机械卡钻的原因是环空中钻屑清除不充分或井眼不稳定,如井眼坍塌或破坏、塑性页岩或盐段挤压(蠕动)以及键槽(图10.13)。这些事故中的每一起都与井眼方向有着复杂的联系,因此导致了定向井中潜在的钻井问题。

在定向井中,岩架起着重要的作用。在软、硬地层和天然裂缝地层的连续地层中钻井时会出现岩架。底部钻具组合和钻具接头中的稳定器容易磨损软地层和天然裂缝地层,但硬地层仍在测量范围内(井眼尺寸不变)。如果井筒中有大量岩架,钻柱可能会卡在岩架下。图10.14显示了这种卡钻现象。即将发生由岩架引起的卡钻问题时会有明显的迹象,它们是:(1)钻探硬地层和软地层。钻速突然变化;(2)录井样品显示软岩和硬岩;(3)有可能钻遇裂缝地层;(4)观察到不稳定的拉力过大现象;(5)在起下钻或钻井时可能发生,也与微小狗腿有关。

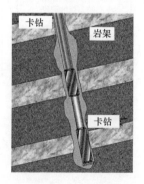

图10.13　机械卡钻　　图10.14　岩架引起的卡钻

有许多方法可以解决机械卡钻问题。它们已经在上一章中讨论过,因此这里不再赘述,以下是各种程序的总结。

(1)如果怀疑是岩屑堆积或井眼坍塌的原因,则使用高黏度、低滤失量的钻井液进行循环。旋转和往复移动钻柱,并在不超过最大允许当量循环密度(ECD)的情况下增加流速。

(2)如果是因为塑性页岩导致井眼变窄,则钻井液密度的增加可能会释放钻杆。如果无法循环,尝试以最大压力恢复。如有必要,向环空施加压力将页岩推回。

(3)如果是盐导致的缩径,则循环淡水可以释放套管。

(4)如果钻杆卡在键座区域,不得急剧拉动钻杆。相反,试着用扭力冲击器向下冲击。定位到高度润滑的滤饼。如果不成功,后退尽可能靠近至卡点。旋转同时震击使外径小到足以进入磨合时的键槽。如果2~3h的旋转不成功,则涂抹润滑剂后继续旋转。

① 如果在上提过程中发生卡钻,施加扭矩并使用震击器,向下施加最大的起下钻载荷。

② 当朝上放置震击器和敲击时,应停止或减少循环。

③ 继续震动,直到钻柱释放或做出其他决定。

④ 如果卡钻发生在石灰石或白垩上,可以在卡钻位置注入酸溶液。在淡水中加入流动盐。

⑤ 当管柱处于自由状态时,增加循环至最大速率,旋转并操作管柱。彻底扩眼和回扩。循环清洁井眼。

10.1.5　水平井钻井

在钻每一个水平井时都涉及一段垂直钻井。建立垂直井段后,水平钻井过程包括三项主要任务:

(1)当钻杆仍处于垂直方向时,确定所需的方位角;

(2)使用转向操作模式建立井的径向段;

(3)采用旋转作业方式建造水平井段。

石油工业中的水平钻井过程利用定向随钻测量仪器(MWD)来监测井底组件(BHA)的位置和方向。因此,水平钻井系统除了常规钻井组件外,还应包括定向随钻测量(MWD)设备和导向系统。目前的定向监测设备包括安装在三个相互正交方向上的三个加速度计和三个磁力计。在一些预定的测量站,加速度计测量地球重力分量以确定钻具组合倾角和工具面角度,而磁力计测量地球磁场以确定钻具组合方位。正如前面几节所讨论的,这些测量构成了水平井钻井最关键的方面。

水平钻井过程的钻井组件包括一个金刚石钻头、一个带弯曲外壳的高速电动机、带有内置浮动阀的套管鞋导向接头、无磁钻铤(包括磁性测量工具)和一个光滑钻杆(图10.15)。

无磁钻铤承载测量设备,并稳定电动机的运动。它们通常由蒙乃尔合金制成,以避免对磁性测量工具产生外部干扰。水平井技术包括将垂直井(通常使用常规旋转钻井)钻至适当深度,然后安装水平井钻井设备,将弯曲壳体调整到适当的偏移角(通常小于3°),将组件安装在井下并旋转,使偏移指向所需的方位角方向。随后,用一个特殊钻头在套管上切出一个窗口,然后从该点开始继续"钻进",并用三轴磁力计监测井眼方位角,使用三轴加速度计确定倾斜度(与垂直方向的偏差)和工具面角度。

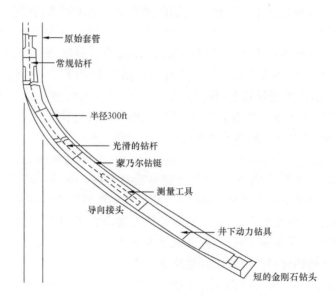

图10.15 水平井钻井组件(Noureldin,2002)

水平井的产能取决于井长。这促使石油工业早在20世纪80年代就开始推动长水平井的发展,井长最长可达1km。然而,后来人们认识到,水平井确实提供了一个最佳通道,特别是对于有着显著流动阻力的重油,从而消除了井长的影响(Islam and Chakma,1992)。根据转弯半径和造斜率,水平井钻井技术可分为四类。转弯半径是从完全垂直转向完全水平方向所需的半径。造斜率定义为每钻进一段距离钻杆与垂直方向的偏差。表10.1显示了钻井类别及其井斜角和造斜率。在这种水平钻井过程中采用的方法取决于钻井承包商的计划、地层的性质和直井眼的深度。水平井的产能则取决于井的长度。

一般来说,水平井与传统的垂直井相比有几个优点。不同的研究者对这些优点进行了充分的讨论。

(1)水平井与油气藏接触面积大。因此,对于固定的排量,水平井所需的压降比垂直井小得多。

(2)与常规直井相比,水平井具有较高的产能。水平井产能为直井产能的2~7倍。

(3)由于其高产能,钻水平井可以减少所需的井数,并将地表扰动降至最低,这在环境敏感地区非常重要。

表10.1 不同水平井钻井类别以及相应的井斜角和造斜率(Joshi et al. ,1991)

钻井类别	井斜角	造斜率
超短半径	1~2ft	40°/ft~60°/ft
短半径	20~40ft	2°/ft~5°/ft
中等半径	300~800ft	6°/100ft~20°/100ft
长半径	1000~3000ft	2°/100ft~6°/100ft

然而,这些优势也伴随着来自钻井方面的巨大挑战。在下一节中,将回顾与水平井钻井相关的困难。

10.1.5.1　水平井钻井相关问题

大多数钻杆失效都归因于疲劳。疲劳失效是指地面的大钩或钻头承受 0~3000kN 的冲击载荷,转速为 50~200r/min。钻井工具的钻速可在 1~50m/h 之间变化,由于井眼摩擦,施加在地面钻柱上的扭矩变化范围为 0.5~70KN·m(Albdiry and Almensory,2016)。如图 10.16 所示,螺纹根部连接处的高应力集中和钻杆加厚过渡区的高应力集中是导致钻具疲劳失效的原因。这些位置是水平井钻井过程中压力最大的位置(图 10.17)。

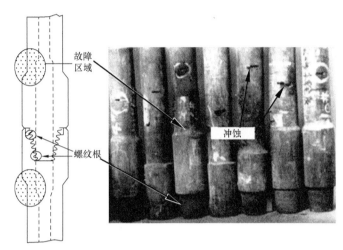

(a) 导致疲劳失效的钻杆和连接件的关键区域　(b) 钻杆过渡段的冲蚀失效

图 10.16　钻具疲劳失效

由于井眼偏心,这种情况变得更为复杂,这在油藏地层钻井过程中是不可避免的。二十年前,Knight 和 Brennan(1999)在一系列实验测试后得出结论,任何应力集中再加上适量的钻铤井眼偏心率都会导致钻杆在弯曲载荷下的疲劳寿命显著降低(图 10.17)。Yonggang 等人(2011)模拟了钻杆过渡带位置的应力状态。如图 10.17 所示,他们发现过渡带是整个钻杆最薄弱的位置,过渡带长度和过渡带半径 R 对应力集中有显著影响。钻柱上有两种类型的疲劳载荷:通过井眼特征反向弯曲的狗腿和在动态振动下收集的大量振源。弯曲段是指在水平井钻井过程中不可避免地出现偏差的井眼区域,如图 10.17 所示,在水平井钻井过程中,钻杆在弯曲段内旋转。弯曲的部分造成完全相反的交替拉压应力(循环)。从技术上讲,这是最激烈的钻杆振动。为了解决这一问题,在水平定向钻(HDD)技术中采用斜肩螺纹(BST)很有帮助。Zhu 等人(2013)证明了 BST 适用于钻杆螺纹设计,因为其具有较高的抗弯强度、较大的抗弯刚度和承受较大弯曲载荷的能力。

Luo 和 Wu(2013)研究了在拉伸和弯曲组合载荷下,应

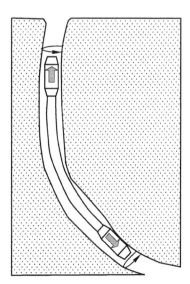

图 10.17　水平井钻井过程中的异常应力

力集中对镦粗钻杆销和箱形螺纹接头失效的影响。他们确定，钻具失效是由最大应力集中和疲劳裂纹造成的，疲劳裂纹从钻杆的销—钻具接头肩部的第一个齿根处形成核型，然后通过钻具接头壁扩展。钻具接头抗疲劳性能的劣化与由于钻杆与垂直线的局部偏差而存在严重循环弯曲载荷的狗腿区域有关。

由于地面旋转顶部驱动装置的旋转，在钻柱上施加了大量复杂的动态载荷，可在井下产生不同的应力状态，从而导致剧烈振动。如前所述，此类振动可能引发钻井故障。这种振动是往复运动，或是钻柱振动行为的表现。由于钻井液的阻尼作用，空气钻井等辅助钻井方法的应用也可能加剧钻柱振动。水平井和直井的流体系统和岩石力学不同。在水平井钻井过程中，轴向振动、扭转振动和横向振动三者共同作用，导致钻柱产生不必要的振动模态，使得钻井效率低下。因此，基本上都是在临界速度以上或临界速度以下操作钻柱。通常，这种扭转振动与非线性轴向横向振动和横向不稳定性的共同作用会损坏钻具和整个钻柱。Kapitaniak 等人（2015）研究了复杂钻柱振动的影响，以及钻柱的黏滑振动、旋转、钻头反弹和螺旋屈曲对钻机条件的影响。

在石油天然气钻井工业中，钻杆屈曲载荷的分析一直是一个难题，因为屈曲载荷会增加钻杆的弯曲应力，并随着时间的推移导致钻杆的疲劳失效。Mehdi Hajianmaleki（2014）回顾了针对不同井筒几何形状（如垂直、倾斜和弯曲）中屈曲失效进行的大多数分析、数值研究和实验研究。Sun 等人（2015）介绍了扭矩、摩擦、流速和钻具接头对正弦和螺旋临界降压载荷的影响。他们指出，在倾斜井筒中，钻柱首先会变成正弦屈曲形状，然后会变成螺旋屈曲。Sun 等人（2015）分析了非线性静态后屈曲变形、临界动态屈曲载荷和两种不同的准周期运动，即管柱围绕其静态屈曲结构上下移动，或者管柱从井筒的一侧移动到水平井约束的旋转钻柱的另一侧。屈曲载荷的理论计算和井底钻具组合件的正确选择对高速、小振幅或大振幅旋转钻杆的实际设计应用很有帮助。

如前几章所述，冲蚀和扭断是钻杆常见的失效模式。这些失效主要是由机械疲劳损伤或腐蚀引起的（Moradi and Ranjbar，2009）。钻杆腐蚀是由于钻杆与环境之间发生反应而产生的一种劣化。钻杆中的腐蚀机理可以是电化学腐蚀，也可以是机械作用腐蚀或机械与腐蚀剂的共同作用。结果表明，水平井井筒中的钻柱由于表面积较大和疲劳程度较高而最为脆弱。

冲蚀是一种非临界失效，可定义为钻杆中的泄漏、裂缝或小开口（Knight and Brennan，2003）。相对而言，冲蚀是一种更常见的故障，而扭断故障则不太常见；冲蚀是一种严重且非常高成本的故障。根据先前对钻柱失效进行研究收集的数据库资料显示，发现约95%的钻杆因底部钻具组合附近的冲蚀而失效，其余钻杆因扭断而失效（Mehdi Hajianmaleki，2014）。其中65%属于卡瓦区，22%发生在钻铤区。此外，另一个操作因素能够产生应力集中并导致完全断裂，即卡瓦和大钳产生的模痕。

10.1.5.2　水平井钻井的特殊问题

水平井钻井有许多独特的参数，分别如下。

（1）扭矩和阻力：阻力是一种限制钻具在平行于井眼轨迹的方向上移动的力。扭矩是抵抗旋转运动的力。与定向井段类似，水平井对钻井过程构成了独特的限制，因为水平井段与垂直井段处于正交位置。降低钻柱重量可降低具有适当的化学和物理性质的高质量钻井液的阻力和扭矩,这是至关重要的。油基钻井液由于其额外的润滑性能,应考虑用于要求更高的情况。

(2)井眼清洁:水平井钻井过程中出现的一个特殊问题即很难从水平井段上清除岩屑。问题的根源是岩屑倾向于在井底沉淀,并允许钻井液在不携带岩屑的情况下从上方通过。在钻杆从垂直段过渡到水平段以及环空从水平段过渡到垂直段的过程中,岩屑容易在 BHA 后面积聚。高流体速度和聚合物钻井液通常用于有效的井眼清洁和最小化地层损害。即便如此,钻井液体系的设计也会影响水平井钻井的应用。此外,油基钻井液可以控制页岩膨胀。这在井眼穿过泥质地层的情况下很重要。当然,增加含盐量也会降低页岩的化学活性。

(3)定向控制:克服重力是定向井和水平井钻井的一个基本问题。底部钻具组合包括钻头、动力钻具、无磁钻铤和随钻测量工具。底部钻具组合(BHA)部分控制井眼轨迹,但不影响钻压。因此,该部分重量应尽可能轻,以将扭矩和阻力降至最低。

(4)各向异性:各向异性对水平井的影响不同于垂直井。下一节的案例研究中表明沿最大水平应力方向钻水平井与沿最小水平应力方向钻水平井有很大的不同。

10.2　案例研究

10.2.1　多分支井和水平井钻井

本节讨论沙特阿拉伯具有高程度各向异性的复杂储层中多分支井和水平井的钻井问题。

10.2.1.1　简介

Khan 和 Al – Anazi(2016)报告了沙特阿拉伯水平井和分支井钻井的一系列现场案例。他们认为,过多的井眼破裂和更快的钻速(ROP)是造成钻井难题的关键因素。正如预期的那样,他们报告了许多由于压差卡钻而导致的卡钻问题,这些情况在高孔隙度地层和枯竭地层中尤为明显。因此,建议根据钻前地质力学模型来确定给定井的最佳钻井液密度,以保证井眼稳定性。此外,确定了钻速的安全阈值,该阈值是井眼方位角的函数,用于实现有效的井眼清洁,并避免因封隔造成的卡钻问题。基于这一分析提出的建议使整个油田的几口水平井得以成功钻探并及时完井。

作为扩大碳酸盐岩气藏的广泛计划的一部分,沙特阿美开始钻探大量水平井和分支井。正如 Rahim 等人(2012)所讨论的,最初的设计是沿着最小水平应力(S_{Hmin})方向钻井,从而通过横向水力裂缝实现最大产量,这将是大规模压裂项目的一部分。

这些钻井项目的挑战在于:(1)上覆岩层压力(S_{v})造成了较大的井筒应力;(2)在现场普遍的走滑应力条件下,在最大水平应力(S_{Hmax})方向钻井的困难。

10.2.1.2　问题的描述和解决方案

过去 20 年来,沙特阿美通过水力压裂垂直井和水平井成功地开发了其天然气藏。在这种相对致密的碳酸盐岩地层中钻探了许多水平井,这些地层经常产生裂缝,但可以使用水力压裂提高产量(Rahim et al.,2012)。在规划阶段,通过地质力学分析整合了若干数据集,包括邻近场地的裸眼测井,以建立地应力模型(MEM),提供三个主要地应力的大小,S_{Hmax}方向的方位角,沿测井裸眼段的孔隙压力和岩石强度特性。MEM 提供了一个解决方案,即向最小水平应力(S_{Hmin})方向钻取的水平井有更好的机会通过压裂获得更高的产量。在这种情况下,平行于S_{Hmin}的井筒中产生的水力裂缝将与井筒正交,从而确保储层与地层更好地接触,并在不影响压裂效率的情况下增加裂缝产生的可能性。结果发现,沿S_{Hmin}钻的水平井产生了许多与钻井相关的问题。由于井筒承受更高的应力,因此需要更大的钻井液密度来控制地层破裂或坍塌,所以使用之前的钻井液程序会产生与钻井液相关的钻井问题,包括井眼不稳定性。在调整钻井液重量后,沿S_{Hmin}钻探的试验方案已经取得了积极成果。

在构造地应力模型的过程中,对偏移井地质力学相关的钻井事件的识别和分析为确定地应力方向和大小提供了良好的校准和验证数据,从而有助于约束地应力模型。随后,在目标储层钻井过程中,借助实时测井信息,对模型进行动态校正和更新,并预测钻井液密度。

图 10.18 和图 10.19 显示了 X-1 井和 X-2 井的事件日志。本节引用了两口示例井。从 X-2 井中观察到,在 Khuff-Unayzah 组前的泥质层段发生了随时间变化的井壁失稳现象。在 X-1 井,导致侧钻的卡钻事件的发生最有可能与钻井破裂有关。在侧钻井(X-1 井)中,Unayzah 组的所有井壁失稳事件均发生在 12 月 22 日解除卡钻后。然后使用相关信息进行历史匹配,以验证 MEM。

图 10.20 和图 10.21 中所示的 MW 窗口表示钻井液密度限值,其中可能发生钻井液井涌或钻井液漏失。井内流体压力低于储层压力时发生井涌,井内流体压力超过储层压力时发生钻井液漏失。为了使井眼稳定,应避免这两种情况。当然,这些图是 MEM 的模拟结果,随着新数据集的出现,MEM 会不断更新。根据给定钻井液密度、地应力、地层压力和岩石强度的钻井经验,可以利用附近的钻井数据进行初始建模。将预测的井眼条件与实际的井下测量(校准和成像测井,如果可用)和钻井事件进行比较,以确保模型中包含的所有参数都受到约束,并且能够以合理的精度预测井下条件。然后利用校正后的模型进行增产设计,预测计划的直井和斜井钻井期间的 MW,或进行其他分析。

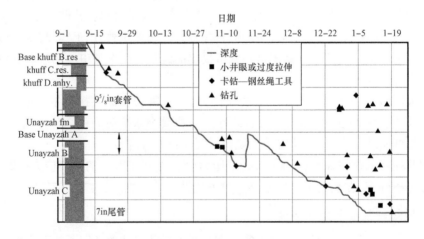

图 10.18　X-1 井事件日志(Rahim et al.,2012)

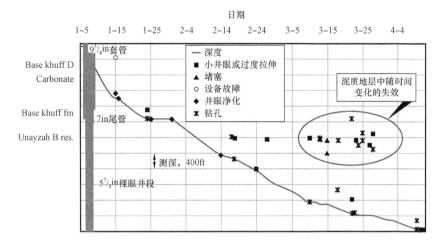

图10.19　X-2井事件日志(Rahim et al.,2012)

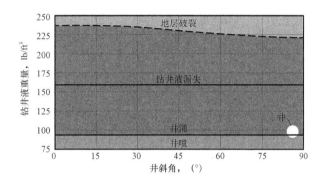

图10.20　钻井液重量与井斜

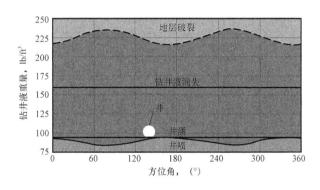

图10.21　钻井液重量与井眼方位的关系

　　X-3井的MEM跨越了从开始到总深度(TD)的区间,涵盖了Khuff组和Unayzah-A储层。为计划的X-3井开发的MEM使用X-1井数据进行了校准,两口井的钻井方向相同。在X-3井钻井过程中采用MEM进行实时监测。建议91lb/ft³的最低安全随钻测量(MW)来钻探计划中的X-3井,以尽量减少由于井壁失稳造成的钻井问题。该井已成功钻探,MW为

92～93lb/ft³(图 10.22)。

　　遇到的问题和损失的时间如图 10.22 所示。X-1 井一直是一口高难度井,因为预测的安全 MW 窗口非常小。该井在储层段显示出许多突破点。井径测井表明井眼直径受到了较大影响,与钻头尺寸 8⅛in 相比,井眼尺寸明显较大。

　　图 10.22、图 10.23 与图 10.18 的比较表明,钻井事故的减少使 NPT 也发生了减少。钻井事故的减少可归因于在规划、建造和校准 MEM 以及在钻井过程中使用推荐的 MW 方面投入的努力。

　　与 X1 井相比,X3 井的钻井难度很小,漏失不明显,井眼尺寸与钻头尺寸匹配,显示了井筒的完整性。

　　按照相同的工作流程,为 X-4 井开发了另一个程序。表 10.2 显示了推荐的钻井液密度计划。如图 10.23 所示,X4 井在 Sudair 地层以 100lbft³ 的速度钻井。然而,必须将钻井液重量增加到 103lb/ft³ 才能抑制水流(表 10.2)。中间套管的安装没有出现任何问题。在 Khuff 地层中成功钻遇了储层段,钻井液重量为 85lb/ft³。

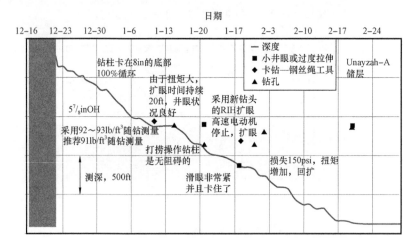

图 10.22　X3 井事件和活动日志(Rahim et al. ,2012)

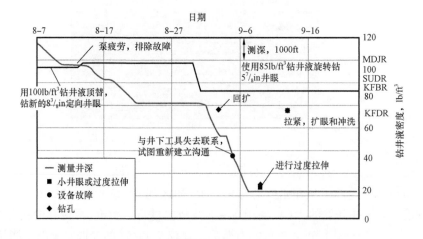

图 10.23　X4 井事件和活动日志(Rahim et al. ,2012)

表 10.2　X-4 井计划的推荐钻井液重量

地层	推荐钻井液重量, lb/ft³	钻井期间使用的钻井液重量, lb/ft³
SUDR	100	100 ~ 103 *
KHFF, KFAC	89	103 * *
KFBC	87	85

注: * 由于 SUDR 地层中的水流, 钻井液重量增加至 103.0lb/ft; * * 7in 衬管。

10.2.1.3　广泛的前景

收集失效数据, 然后用观察到的油井失效进行校准, 从而构建沿井眼轨迹的应力大小剖面, 如图 10.24 所示。水平应力的大小受岩石弹性性质和孔隙压力的影响, 岩石孔隙度和矿物学的差异会导致 S_V 与不同地层的两个水平应力之间存在差异。在钻遇这些地层时, 在 S_{Hmin} 方向、S_V 和 S_{Hmax} 方向钻的水平井将在井壁顶部和底部面临更高的应力集中(压缩)。

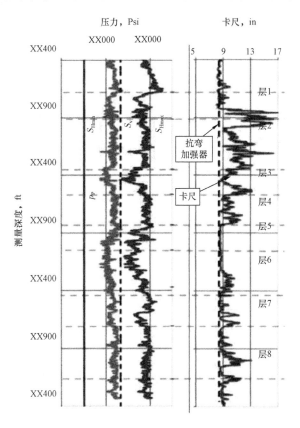

图 10.24　沿 S_{Hmin} 方向钻井观测到的现场地应力
剖面和孔隙压力剖面

在沿井筒的某些区域, 当集中应力值高于有效钻井液支撑值时, 井径数据表明井壁可能会失效并出现不同程度的破裂, 如图 10.25 所示。钻井约束的严重性, 如缩径、拉力过大、高扭矩和阻力、封隔和卡钻随着钻井液过平衡的增加而减轻。

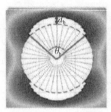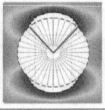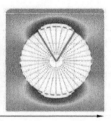

钻井液过平衡增加

图 10.25 给定深度下钻井液过平衡对计算的漏失严重程度的影响

在这些条件下,需要寻求最佳的平衡条件。如第 9 章所示,钻井液失衡在很大程度上取决于地质力学条件,过高的密度会造成其他复杂情况。

如图 10.25 所示,最佳过平衡将稳定井壁,并将漏失严重程度降至最低,同时保持在压差卡钻问题的阈值以下。图 10.25 显示了蓝色虚线圆圈(钻头大小)外的白色区域的范围,该区域表示漏失的严重程度。较高的钻井液过平衡稳定了井壁,降低了漏失宽度(d_q)和深度(d_b)。这是一个选择允许适度漏失的操作条件的问题,同时确保安全的操作条件,以避免压差卡钻。同样重要的是钻速(ROP),它对钻井作业有明显的影响。因此必须优化钻速,因为低钻速会导致岩屑累积,使水平井容易发生堵塞、坍塌和其他问题。

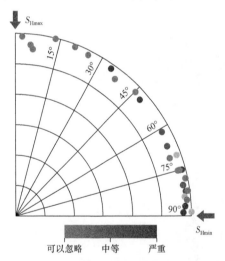

图 10.26 不同方向水平井钻井经验

图 10.26 显示了来自多个水平井的钻井经验数据,每个数据点表示一口井的方位角,如径向线所示,在 0°或平行于 S_{Hmax} 方向和 90°之间变化,或与储层中的 S_{Hmin} 方向平行。同心圆表示井斜角为 0°的垂直井,最外圆为水平井。数据点的颜色表示遇到的钻井问题的严重性,其中红色表示由于严重和重复的钻井问题,无法按照计划钻井,而绿色表示该井按照计划钻井,没有任何重大钻井问题。同样,粉色和浅粉色分别代表中等和轻微的钻井问题,即缩径、扩眼、高扭矩和阻力等。尽管大多数井是按照计划进行钻探的,但由于钻井问题,一些井无法到达预期深度。可以看出,随着油井方位角接近 S_{Hmin} 方向,钻井作业变得更具挑战性。对一系列数据进行了分析,试图找出钻井问题的原因。

数据分析表明,大多数卡钻事件与回扩和起钻有关。这些问题可能是由于岩屑和碎石沉积在井底造成的,可通过钻井液过平衡来缓解。此外,还需要考虑另一个因素。在起下钻或回扩作业期间,如果钻柱向上移动的速度快于岩屑循环流出的速度,则岩屑将积聚在井底钻具组合(BHA)后面,并可能在当前井深以上的某个深度处造成井眼堵塞或卡钻。

根据观察到的钻井问题的严重程度对油井进行排序,并将相应的钻井液过平衡(图 10.27a)和平均钻速(图 10.27b)绘制为沿 S_{Hmax} 方向的井眼方位函数。数据点的颜色表示井眼问题的严重性。所示数据属于相邻两个油田[油田 1(F1)和油田 2(F2)]的钻井数据,目标是两个由非生产性厚层垂直分隔的储层带。图 10.27a 中的字母数字数据标签表示井号(左边的数字)和油田(F1 或 F2)。图 10.27a 表明,方位角与 S_{Hmax} 方向成 45°的井可以在两个油田进行相同的过平衡钻井(10~12lb/ft³),并且钻速在 35~38ft/h 之间。当沿 S_{Hmax} 方向的井的方位角增加到 45°以上时(井更加接近 S_{Hmin} 方向),则需要增加钻井液过平衡,如图 10.27a 中的两条曲线(F1 实线和 F2 虚线)所示,以保持井壁稳定性。这两个油田对钻井液过平衡要求的变化表明,现场地应力条件和其他地质力学因素可能不同,建议使用已知的地应力和岩石强度特性。蓝色虚线圆圈(钻头大小)外的白色区域的范围表示漏失严重性。较高的钻井液过平衡稳定了井壁,减少了漏失宽度和深度。

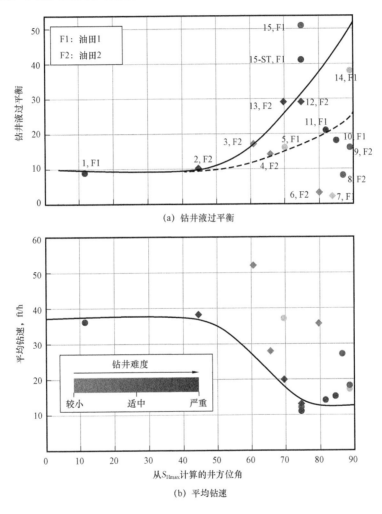

图 10.27   钻井液井方位角与钻井液过平衡和平均钻速

图 10.27 所示的油井数据基于钻速值和钻井液过平衡进一步对井壁稳定性进行分类,将其分为四个风险类别,见表 10.3。属于 1 类风险的井是指钻速和钻井液过平衡均在图 10.27 规定的安全限值范围内的井;这些井的钻井过程没有任何重大钻井问题,即 1 号、2 号、10 号、12 号和 13 号井。第 2 类风险包括钻井液过平衡低于稳定极限,导致发生漏失(6 号井和 7 号

井）或钻速高于安全极限，导致岩屑生成率较高（3 号井和 5 号井）。这类井被列为中等风险井，可能会遇到井眼缩径、扭矩和阻力大等钻井问题，偶尔还会发生卡钻。

表 10.3 根据严重程度对油井进行排序

井号	钻井液过平衡	钻速	稳定性指示器	风险类别颜色代码
1	正常	正常	稳定	1，绿色
2	正常	正常	稳定	1，绿色
3	正常	远大于	井眼清洁效果差	2，粉色
4	小于	大于	井漏	3，粉色
5	正常	大于	井眼清洁效果差	2，紫色
6	远小于	正常	井漏	2，粉色
7	小于	正常	井漏	2，紫色
8	小于	大于	井漏，井眼清洁不良	3，红色
9	小于	大于	井漏，井眼清洁不良	3，红色
10	正常	正常	稳定	1，绿色
12	正常	正常	稳定	1，绿色
13	正常	正常	稳定	1，绿色
14	远大于	正常	卡钻	4，紫色
15	远大于	正常	卡钻	4，红色

注："正常"为图 10.27 中趋势线定义的安全范围内的参数。

同样，如果超过这两个参数（钻井液过平衡较低且钻速高于安全极限），则会有更高的卡钻风险，并出现工具和 BHA 损坏，因为井下产生的多余岩屑和碎石可能难以有效循环。这些井被归类为高风险井，即 3 号、4 号、8 号和 9 号井。如果油井属于第 2 类风险，则需要调整两个参数中的一个，以达到井壁稳定的条件。对于风险等级为 3 的油井，为了保持井壁稳定需要同时增加钻井液过平衡并将钻速降低至安全极限。风险极高的井属于第 4 类风险井，这些井的钻井液过平衡严重超出了防止破裂的稳定极限（稳定的井筒），即使钻速仍在安全极限内。如 14 号井和 15 号井，由于渗透层的压差卡钻，遇到了卡钻问题。解决这个问题的办法是减少钻井液的过平衡，使其接近稳定的钻井液密度超过平衡极限。

10.2.1.4 经验教训

这一详细的案例研究提供了许多涉及水平井钻井的经验教训。图 10.28 显示了纠正措施是如何改善钻井作业的。正如引言部分所概述的，这个项目最大的挑战是要能够沿着 S_{Hmin} 方向钻探。以前，钻井是沿着 S_{Hmax} 方向进行的，但为了优化水力压裂作业，需要进行调整。在沿 S_{Hmin} 方向钻井时，井眼的完整性和稳定性是令人担忧的。这是因为裸眼井段的应力增加，地层破裂和漏失可能更频繁地发生。

图 10.28 显示，钻井成功的数量从 2012 年的 22% 增加到 2014 年的 65%。2014 年，约 25% 的井遇到了严重的钻井问题，这些问题主要是钻遇地层本质上的差异，即钻遇更贫竭的区域和高孔隙度区域。

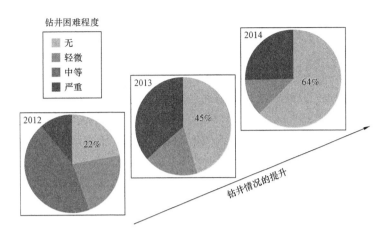

钻井困难程度
无
轻微
中等
严重

2014

64%

2013

45%

2012

22%

钻井情况的提升

图 10.28　钻井作业随时间的改进

利用地应力模型实时更新信息,不断完善钻井方案。其中关键参数是钻速和钻井液过平衡,而不变参数是方位角。

在所研究的两个油田中,采用相同的钻井液过平衡(即 $10 \sim 12\mathrm{lb/ft^3}$),可以安全地钻得与 S_{Hmax} 方向成 45°角的水平井。与油田 2 相比,对于方位角大于 45°的井,在油田 1 钻的水平井需要更低的钻井液过平衡来实现井壁稳定性。

沿 S_{Hmin} 方向钻井的钻井液配方不同,2 号油田要求钻井液重量超过 $45\mathrm{lb/ft^3}$,而 1 号油田要求钻井液重量超过 $15\mathrm{lb/ft^3}$。这一结果强调了研究各向异性的必要性,缺乏对各向异性的考虑可能会造成灾难性的后果。

在机械钻速方面,对于井眼清洁和井壁稳定性而言,机械钻速维持在 $10 \sim 20\mathrm{ft/h}$ 之间是最优的。更重要的是,研究井的钻速变化范围为 $20 \sim 50\mathrm{ft/h}$。对于漏失程度相同的油井,使用 $5\frac{3}{8}\mathrm{in}$ 钻头的油井的井眼清洁效率更高,因为与 $8\frac{3}{8}\mathrm{in}$ 钻头相比,$5\frac{3}{8}\mathrm{in}$ 钻头井眼环空面积减少了 55%~75%。钻速和适当的钻井液过平衡是保证井眼清洁效率的关键。

大多数井眼问题,例如缩径和卡钻,都是在起钻或接钻杆时发现的。显然,BHA 后面堆积的岩屑会造成限制。水平井的起下钻作业必须仔细设计,因为水平井中岩屑脱落的性质不同于垂直井的情况。

总体而言,将邻井数据的钻前地质力学研究、现场作业的实时地质力学支撑与钻后实际钻井经验分析相结合,有助于克服钻井问题。

10.2.2　深水盐层下定向钻井面临的挑战

Cromb 等人(2001)报告了墨西哥湾深水盐层地层中两口定向井的案例研究。从地震解释和钻井作业的角度来看,盐层下储层开发是石油公司面临的一个重大挑战。随着时间的推移,海水蒸发形成的盐层可以积聚到几千英尺的厚度。由于盐层具有韧性和不渗透性,它可以有效地圈闭油气。虽然盐在埋藏后仍保持较低的密度,但表层沉积物趋向于压实,并随着深度的增加而变得越来越致密。由此产生的密度和压力变化会给钻井人员带来困难。此外,其高地震波速(约为周围沉积物的两倍)使地震处理和解释复杂化。

在这种情况下,储层信息非常有限,定向钻井面临以下形式的巨大挑战:

(1)在大直径井眼中不使用隔水管的情况下造斜;

(2)通过超过3000ft的盐层控制井眼轨迹;

(3)执行高难度的侧钻以修正井底目标。

在20世纪80年代,地震处理开始更准确地对可能有油气聚集的盐层构造进行成像。在过去的五年中,地震采集、处理和解释技术的进一步发展使盐层构造的细微差别变得可见,不仅对盐层的顶部,而且对盐层的底部和邻近沉积物进行了更精确的成像。然而,盐层仍然存在局限性。

异源盐层被认为是在其原始位置达到垂直平衡后水平迁移形成的盐层。在墨西哥湾,这些地质现象主要发生在深水区,那里的沉积物没有近岸大陆架那么厚。在这些盐层下已经发现了大量的经济油气矿床,包括双子座油田。

10.2.2.1 储层描述

双子座油田发现于1995年,位于墨西哥湾密西西比峡谷292区块,水深3400ft。该油田是德士古(持股60%)和雪佛龙(持股40%)的联合开发项目。1号勘探井测试了真实垂深11300ft处 bbl/d 目标层段,即 Allison 砂层,天然气产量为 $32 \times 10^6 ft^3/d$、凝析油产量为627bbl/d。

在这一发现之后,计划再钻两口井(3号井和4号井),其中不仅包括 Allison 砂岩的评价井,还包括深度约15000ft处的 Dean 和 Erin 砂层的评价井。这三口井将通过水下集成化系统进行生产,并通过管柱连接到邻近的平台。

为了提高数据采集能力,最初希望使用水基钻井液。然而,在使用这种体系时,井眼稳定性将是一个问题。因此,该小组制订了一项应急计划,如果遇到类似问题,就改用油基钻井液。

10.2.2.2 钻井计划

7000~10000ft 深的盐层在钻井计划的设计中占据了突出位置。在这种深度下,不可能形成可钻的井眼轨迹以满足盐层以下的目标。因此,必须在进入盐层之前完成造斜,相对于3476ft处的泥层,需要相对较浅的启动深度。此外,由于更深的目标层位于 Allison 砂层的正下方,因此需要"S"形定向井剖面。钻井计划规定了以下套管要求:

(1)36in 导管在泥线下方250ft处喷射;

(2)20in 表层套管;

(3)16in 套管置于盐层顶部;

(4)11in 套管柱置于盐层正下方,在穿储层之前将其拆下;

(5)9⅝in 尾管穿过油藏,以适应预期的流速。

由于1号井没有浅水流动,预计后续井也不会出现浅水流。因此,计划要求在24in 的井段中不使用隔水管。弱浅地层中的建造角度决定了使用低角度(不超过2°/100ft)的造斜率。它还要求在24in 井段有一个浅的靶点。虽然这不是墨西哥湾深水作业的典型做法,但它已成功地应用于许多其他领域。然而,浅层井涌通常在较低的造斜率下发生。因此,计划包括从24in 启动点到20in 套管深度的1°/100ft 造斜率,并以2°/100ft 穿过17in×20in 井段,直到到达盐层界面处的16in 套管深度点。实现24in 井段的计划造斜率和盐层向目标的下降角度是关键。

定向工作能否同时通过钻进和扩眼来实现成为一个问题。钻井电动机的使用限制了团队的选择,只能先钻一个导向孔,然后再进行扩眼,或者使用双中心或可导向的随钻扩孔工具。由于后一种方法的定向控制能力较弱,因此选择前一种方法,首先在套管点进行钻进,然后扩眼。

在盐层中设计了一个 14in 的井眼,"S"形井眼的倾角从 1.5°/100ft 开始下降。最终的"S"形井眼设计将在 16in 套管鞋深度处达到最大角度。在 Allison 砂岩层靶点处下降到垂直方向。3 号井和 4 号井的方位角分别为东北 55.3°和西北 307.3°。

10.2.2.3 钻井作业

4 号开发井于 1999 年 2 月初首次开钻,约一个月后 3 号开发井开钻。对于这两口井,分批设置 36in 套管和 20in 套管,以最大限度地提高作业效率。使用一个 24in 喷射式井底钻具组合(BHA),包括一个随钻测量工具和一个 9⅝in 井下动力钻具(弯曲角度设置为 1.5°),钻至起钻深度。在这两口井中,动力钻具在软地层中提供了极好的方向响应,这有助于限制井底循环时的井角损失,并优化钻井参数,以获得有利和可控的造斜率

在 4 号井,套管点以 47ft/h 的平均钻速(ROP)形成 16.8°的角度。3 号井的套管深度达到 13.7°倾角,平均钻速为 54ft/h。3 号井从 36in 喷射组件起下钻到开始下入 20in 井眼,需要 90 个 h。与 4 号井进行相同程序所需的 104h 相比,这是一种改进,这可能是因为对该区段进行了批量钻井,将新的经验应用于下一口井。大直径(24in)的开井作业达到了计划的建造速度,并在定向控制方面超出了预期,从而满足了该项目的第一个主要挑战。

下入 20in 的套管后,在 4 号井使用 17in 导向组件,使用相同的井下动力钻具和弯头设置,以便以 2°/100ft 的造斜率完成 33.3°曲线的井斜施工。钻具组合表现良好。通过将滑移率限制在 22.1%,直到盐层顶部,使钻井进度得到了提高。钻入盐层前,机械钻速平均为 55ft/h,钻进盐层后降至 15~18ft/h。

由于盐层上方的地层主要由胶状黏土组成,因此随钻测量(MWD)管柱通过计算钻井时的当量循环密度(ECD)来监测岩屑载荷。这一步骤降低了堵塞和组件卡在黏土中的风险。

14in 的可导向钻具组合使用相同的动力钻具,但弯角设置为 1.15°,在与下沉点保持 31.5°切线的情况下钻进了剩余的 3560ft 的盐岩部分,然后以 1.5°/100ft 的造斜率下降,旋转了 84.1%的总进尺。按计划实现了盐层的下降,在套管深度处将夹角减小到 2.4°。此时遇到了第二个定向钻井挑战:在保持轨迹控制的同时,使用一次 BHA 钻过盐层。

3 号井采用了与 4 号井 20in 套管钻井相同的钻井设备和钻井方法,其钻井性能与 4 号井相似,但由于最大角度更高,需要更多的转向。3 号井钻速低于 4 号井,在进入盐层前平均钻速为 36ft/h,然后下降到 17ft/h。然而,到达 TD(总深度)后执行扩眼作业的速度约为 5ft/h。

在 3 号井盐层段,钻头的改变明显提高了机械钻速。一个铣齿钻头将钻速提高到 35ft/h,而之前钻头的钻速为 25ft/h,4 号井的钻速为 28ft/h。在 87h 内钻了 2813ft 后,钻头状况良好,密封仍然有效。一台低速、大扭矩电动机和 50~70r/min 的地面转速表明,钻头在运转过程中转速约为 160r/min。

钻过盐层后,使用一个 10⅝in 的 MWD(或 LWD)工具和 8inPDC(多晶金刚石复合材料)导向钻头将两口井钻至总深度。当不需要可操纵的定向作业时,这种装配已被证明是成功的。

它允许使用6in工具在8in的导向孔中进行测量,但不可以在12in的裸眼孔中测量,这将减少环空钻井液体积。

从定向钻井方面来看,这两口井都取得了成功,都准确命中了目标。不幸的是,Allison 4号井的目标砂岩质量很差。此外,3号井的井眼问题与水基钻井液有关,因此禁止使用电缆测井,这就增加了对随钻测井数据的依赖。所以,两口井都计划进行侧钻。

10.2.2.4 侧钻设计

计划在3号井的西北部建立新的目标。在11in套管鞋下方约11580ft处,采用$10\frac{5}{8}$in井眼侧钻。选择合成油基钻井液以消除地层稳定性问题。Allison砂岩仍然是主要目标,计划继续钻探,对西北方向约1000ft处的Dean砂层进行评估,然后在Erin砂层中继续钻探至总深度。新的井眼轨迹需要旋转130°。

4号井需要在Allison中有一个新的靶点,这意味着要进入井眼以获得足够的位移。新目标位于原目标以东约1300ft、以北约500ft处。由于地质原因,需要在11in套管段打开一个窗口,造斜器下入深度为7534ft时,侧钻进入盐层。这导致了约3000ft盐层段的钻井和更复杂的定向工作。侧钻计划为$10\frac{5}{8}$in,通过一个12in的井眼,转动70°并在盐层下设置$9\frac{5}{8}$in的套管。

重新进入3号井,运行一个光滑的组件,取代合成油基钻井液,钻废弃塞和护圈,并将裸眼水泥桥塞修整至11580ft,以便侧钻。利用陀螺仪测量方位,在11in的井眼中设置了一个造斜器并从11231ft处的窗口侧钻。由于无法使用一开,因此使用传统的三开钻进。

侧钻底部钻具组合(BHA)包括一个12in的导向随钻扩眼工具和一个8in钻头。8in钻头下入磨齿先导钻头。钻井液马达弯头设置为1.5°。该钻头在1.75°/100ft的狗腿严重度下进行5.5°的转弯,平均钻速32.5ft/h,井斜率为34.5%。

在Allison目标层下方下入$9\frac{5}{8}$in尾管之后。使用一个新的底部钻具组合,该底部钻具组合由一个8in的PDC钻头在6in动力钻具上运行,弯曲设置为1.15°。该底部钻具组合用于钻$8\frac{1}{2}$in井眼。切面与Dean和Allison砂层相交,旋转97%,平均钻速为46ft/h。主要是由于使用了合成油基钻井液,3号侧钻的钻井性能得到了改善,平均钻速为39.7ft/h,而原始井眼的平均钻速为16.8ft/h。

4号井采用了一趟钻研磨系统,节约了时间,而3号侧钻的合成油基钻井液则是节省了成本。此外,随钻测量定向将造斜器和磨铣组合设置在高侧右侧42°,从而无需使用陀螺仪测量。虽然在4号钻井作业中遇到了一些问题,需要两次起下钻才能解决,但与进行了三次起下钻的3号井相比,4号井总共减少了一天的时间。

使用相同的侧钻BHA、电动机和设置,4号侧钻从7584ft的深度延伸2689ft,耗时99h实现了定向目标。该井的井龄下降了18.7%,平均钻速为27ft/h。铣齿钻头在良好的条件下起出,它在盐井中表现出了优异的机械钻速,并将两口井的定向时间和滑动问题都降到了最低。

利用现有的BHA和PDC钻头在盐层中进行切线钻井。在钻穿3182ft深的盐层后,盐基到达了10716ft。与铣齿导向钻头相比,PDC钻头的钻进更加困难,由第一次下入钻头时的20ft/h的钻速降低至10ft/h。盐层中的钻速平均为26ft/h,其余沉积物中机械钻速为50ft/h。

4号侧钻仅用了11d就完成了,取得了非凡的成功,首次在盐层中使用可操纵的随钻扩眼装置实现了从套管窗口的侧钻。除了证明了使用初始试井评价盐下储层的可行性外,侧钻的成功也必将为盐下储层未来的多边开发提供了可能性。

10. 2. 2. 5　经验教训

仅用 165d 就完成了两口完整的盐下井和两口困难井的侧钻工程。尽管井的剖面为"S"形,侧钻转向要求也很高,但井下钻具组合的旋转率为 80. 1%,钻进了近 27000ft 的井眼,这显示出了良好的定向钻井效率。

10. 3　小结

本章讨论了水平井或定向井钻井期间的挑战。尽管在水平井(定向井)钻井过程中,大多数钻井问题的结果与垂直井钻井相似,但水平井(定向井)钻井提供了比垂直钻井更复杂的独特视角。本章的讨论仅限于与水平井(定向井)钻井相关的特殊问题。为了阐明水平井(定向井)钻井的各种显著特征,本章增加了一个综合案例研究。

参 考 文 献

[1] Albdiry, M. T. , Almensory, M. F. , 2016, Failure analysis of drillstring in petroleum industry: A review, Engineering Failure Analysis 65 (2016) 74 – 85.

[2] Azar, J. J. Drilling Problems and Solutions, Petroleum Engineering Handbook, SPE International Publication 2015, pp. 433 – 454.

[3] Cromb, J. , Pratten, C. , Long. M. , Walters, R. : "Deepwater Subsalt Development: Directional Drilling Challenges and Solutions," SPE Paper No. 59197, IADC/ SPE Drilling Conference, New Orleans, Louisiana, February, 2000.

[4] Cromb, J. R. , Long, M. , Pratten, C. , 2001, DIRECTIONAL DRILLING: Meeting directional drilling challenges in deepwater subsalt, Offshore, Feb. 1.

[5] Farmer, P. , Miller, D. , Pieprzak, A. , Rutledge, J. , and Woods, R, : "Exploring the Subsalt," Oilfield Review (Spring 1996), 8, No. 1, 50.

[6] Ghasemloonia, A. , Rideout, G. , Butt, S. , 2015, A review of drillstring vibration modeling and suppression methods, J. Pet. Sci. Eng. 131, 150 – 164.

[7] Gulyaev, V. I. , Solovev, I. L. and Gorbunovich, I. V. Stability of drillstrings in ultra – deep wells: an integrated design model, Int. Appl. Mech. 45 (2009) 772 – 779.

[8] Hadavand, Z. , 2015, Reduction of Wellbore Positional Uncertainty During Directional Drilling, Geomatic Engineering, University of Calgary.

[9] Harris, D. , and Jur, T. Classical fatigue design techniques as a failure analysis tool, J. Fail. Anal. Prev. 9 (2009) 81 – 87. https://books. google. kz/books? id = zM_rCAAAQBAJ&pg = PA172&lpg = PA172&dq = Directional + + Drilling + Problems&source = bl&ots = BBTyA8Oiau&sig = w 2Nm2GqRyaTufLOGuxpOBuxxZjU&hl = en&sa = X&ved = 0ahUKEwi667zd0 9bYAhWjDZoKHSY5C6cQ6AEIVjAH#v = onepage&q = Directional% 20% 20 Drilling% 20Problems&f = false

[10] Inglis, T. A. , 1987, Directional Drilling, London: Graham & Trotman Ltd.

[11] Islam, M. R. and Chakma, A. , 1992, "A New Recovery Technique for Heavy Oil Reservoirs With Bottomwater", SPE Res. Eng. , vol. 7(2), 180 – 186.

[12] Kamel, J. M. , and Yigit, A. S. Modeling and analysis of stick – slip and bit bounce in oil well drillstrings e-

quipped with drag bits, J. Sound Vib. 333 (2014) 6885 - 6899. Kapitaniak, M. et al. , 2015, Unveiling complexity of drill - string vibrations:

[13] experiments and modelling, Int. J. Mech. Sci. 101 - 102 (2015) 324 - 337.

[14] Khan, K. and Al - Anazi, H. A. , 2016, Optimum Mud Overbalance andROP Limits for Managing Wellbore Stability in Horizontal Wells in a Carbonate Gas Reservoir, Saudi Aramco Journal of Technology, Spring.

[15] Knight, M. J. and Brennan, F. P. , 1999, Fatigue life improvement of drill collars through control of bore eccentricity, Eng. Fail. Anal. 6. 301 - 319.

[16] Knight, M. J. Brennan, F. P. and Dover, W. D. Controlled failure design of drillstring threaded connections, Fatigue Fract. Eng. Mater. Struct. 26 (2003) 1081 - 1090.

[17] Knight, M. J. , Brennan, F. P. , Dover, W. D. , 2003, Controlled failure design of drill - string threaded connections, Fatigue Fract. Eng. Mater. Struct. 26, 1081 - 1090.

[18] Kular, S. S. , 2016, Challenges related to magnetics and navigation within direc - tional drilling, MS Thesis, Dept. of Petroleum Engineering, University of Stavanger, Norway.

[19] Luo, S. Wu, S. , 2013, Effect of stress distribution on the tool joint failure of internal and external upset drill pipes, Mater. Des. 52 (2013) 308 - 314.

[20] Mehdi Hajianmaleki, J. S. D. , 2014, Advances in critical buckling load assessment for tubulars inside wellbores, J. Pet. Sci. Eng. 116 (2014) 136 - 144.

[21] Moradi, S. and Ranjbar, K. Experimental and computational failure analysis of drillstrings, Eng. Fail. Anal. 16 (2009) 923 - 933.

[22] Moradi, S. , Ranjbar, K. , 2009, Experimental and computational failure analysis of drillstrings, Eng. Fail. Anal. 16, 923 - 933.

[23] Noureldin, A. , 2002, New Measurement - While - Drilling Surveying Technique Utilizing Sets of Fiber Optic Rotation Sensors, PhD dissertation, Dept. of Electrical and Computer Engineering, University of Calgary.

[24] Perrin, J. , 2016, Oil wells drilled horizontally are among the highest - producing wells, IEA Today in Energy, Nov. 4.

[25] R. - h. Wang, Y. - b. Zang, R. Zhang, Y. - h. Bu, H. - z. Li, Drillstring failure analy - sis and its prevention in northeast Sichuan, China, Eng. Fail. Anal. 18 (2011) 1233 - 1241.

[26] Rahim, Z. , et al. , 2012, Successful drilling of lateral wells in minimum horizontal stress direction for optimal fracture placement, Oil and Gas Journal, Dec. 03.

[27] Russell A. W. and Roesler R. F. , 1985, Reduction of Nonmagnetic Drill Collar Length through Magnetic Azimuth Correction Technique, in proceedings of SPE/IADC Drilling Conference, New Orleans, LA, Mar 6 - 8.

[28] Russell A. W. and Russell M. K. , 1991, Surveying of Boreholes, U. S. patent No. 4, 999, 920, March.

[29] Russell A. W. , 1989, Method of Determining the Orientation of a Surveying Instrument in a Borehole, U. S. patent No. 4, 819, 336, April.

[30] Russell M. and Russell A. W. , 2003, Surveying of Boreholes, U. S. patent No. 6, 637, 119 B2, October.

[31] Russell M. K. and Russell A. W. , 1979, Surveying of Boreholes, U. S. patent No. 4, 163, 324, August.

[32] Soeder, D. J. , 2018, The successful development of gas and oil resources from shales in North America, J. Pet. Sci. Eng. , 163, 399 - 420.

[33] Sun, Y. , Yu, Y. , Liu, B. , 2015, Closed form solutions for predicting static and dynamic buckling behaviors of a drillstring in a horizontal well, Eur. J. Mech. Solids 9, 362 - 372.

[34] Tellefsen, K. , 2011, Effect of Drilling Fluid Content on Directional Drilling: Shielding of Directional Magnetic Sensor in MWD Tools, MS Thesis, Norwegian University of Science and Technology (NTNU).

[35] W. H. Wamsley Jr. , R. F. Smith, Introduction to roller - cone and polycrystalline diamond drill bits, Petrole-

um Engineering Handbook, SPE publication 2015, pp. 221 – 264.

[36] Wood, David and Mokhatab, Saeid, 2006, Deepwater projects present surface, downhole challenges, Oil & Gas Journal, Dec 4.

[37] Xu, S. , Liu, Y. – z. , Zhou, L. – y. , Yan, Y. – m, and Zhu, H. – w. Failure analysis of the 18 CrNi3 Mo steel for drilling bit, J. Fail. Anal. Prev. 14 (2014) 183 – 190.

[38] Yonggang, L. , et al. , 2011, Simulation technology in failure analysis of drill pipe,

[39] Procedia Eng. 12, 236 – 241.

[40] Zhu, X. , Dong, L. , Tong, H. , 2013, Failure analysis and solution studies on drill pipe thread gluing at the exit side of horizontal directional drilling, Eng. Fail. Anal. 33, 251 – 264.

第 11 章 钻井过程中的环境危害及问题

能源是地球的命脉,也是现代文明的驱动力,因此,能源部门在扩大全球经济方面发挥着最重要的作用(Islam et al. ,2017)。自 20 世纪 50 年代以来,石油部门一直是能源管理的先锋。从 20 世纪 50 年代开始,石油和天然气成为世界人口增长的主要一次能源来源,预计在可预见的未来(几十年)这种主导地位将继续(EIA,2017)。石油仍然是世界主要的燃料,占全球能源消耗的三分之一。石油的全球市场份额在 1999 年至 2014 年连续 15 年下降后,近年来其全球市场份额已连续两年上升(BP,2017)。

在美国,石油生产始于 1859 年,当时 Drake 的油井在宾夕法尼亚州 Titusville 附近钻探。目前石油和天然气供应了大部分的能源消耗——这一趋势可能会持续几十年(BP,2017)。虽然在减轻环境影响方面已经做出了重大努力,但人们认识到,石油开采可能会带来区域或全球范围的重大环境影响,包括空气污染、全球气候变化和石油泄漏。尽管大部分影响发生在完井和开始生产之后,但如果钻井过程中遇到问题,就会产生严重的负面环境影响。

在 2010 年 4 月 20 日墨西哥湾一次钻井作业中发生灾难性事故后,这种担忧变得更加突出。这次大规模的海上石油泄漏导致了美国历史上"最严重的环境灾难"。在 Macondo 的井喷事故发生前,美国和其他几个国家对石油开采方式进行了长达 30 年的重大调整。技术、法律和地质条件使得石油勘探可以远离海岸,因为陆地勘探的成果越来越少,而全球对能源的需求也在不断增加。Macondo 井喷是一系列具有高度复杂性、巨大不确定性和严重后果的事件。然而,这场灾难通过钻井作业的失败表现出来。因此,这被认为是一个钻井问题,应该通过适当的规划加以纠正。

在本章中,将讨论钻井相关问题对环境的影响。这不仅仅是一个安全或操作危险问题,因此应考虑各种事故的长期影响。

11.1　钻井过程中的环境问题

石油和天然气的开采是持续不断的环境污染的根源。石油和天然气工业中最困难的过程是钻井。钻井平台上有几个潜在的污染源。其中一个主要的污染源是钻机的泵循环系统,它与冲洗钻井有关。通过使用具有适当流变性的钻井液来清洗井眼,可确保井底的完美清洁和最佳的水力钻头等。

钻井作业的每个阶段都涉及对环境产生长期影响的活动。其范围从勘探钻井到开发和扩大钻井项目(Bootheand Presley,1987)。尽管在引入可持续实践方面已经取得巨大的进步,但与钻井相关的环境影响仍在继续(Kharak and Dorsey,2005)。钻井造成的影响与勘探造成的影响相似,但由于所需的井、通道、套管和其他辅助设施(如压气站或泵站)数量增加,影响范围更广。油气井钻井和开发期间的典型活动包括地面清理和植被移除、分级、钻井、废物管理、车辆和行人交通以及设施的建造和安装。所有这些活动都会对环境产生长期影响。

11.1.1　环境恶化

在石油和天然气开发较多的地区,水、空气和土壤资源可能受到石油和天然气排放物及副产品的污染。然而,在钻井或生产操作过程中使用的化学物质和其他物质造成的污染却经常被忽视。可能造成环境影响的活动包括地面清理、分级、废物管理、车辆和行人交通以及在钻井开始前设施的建造和安装。钻井完成后,清理活动将继续对环境产生长期的影响。在油气田井场以外的地点进行的活动可包括挖掘(爆破)建筑材料(砂、砾石)、建造通道和储存区、建造收集管柱和压缩机的区域以及建造抽水站等。以下是环境恶化的一些主要原因。

11.1.1.1　声学(噪声)

钻井及开发阶段的主要噪声源是各种设备(推土机、钻机和柴油发动机)。这种噪声对健康和环境都有影响。为了解决健康和安全问题,通常要求钻井人员穿戴防护装备。然而,长期的环境问题无法得到解决。目前,还不具备科学的能力来保护环境,就更不用说依靠工程法规对环境进行保护了(Khan and Islam,2016)。

其他噪声源包括车辆交通和爆破。爆破活动通常是非常有限的,可能在丘陵和基岩浅的地区例外。除爆破外,噪声只限于正在进行的工程的附近地区。爆破产生的噪声是零星的,持续时间短,但会传播很长的距离。因此,钻井过程中的噪声污染与勘探过程中的噪声污染相似,勘探过程中使用炸药作为地球物理勘探的一部分。如果产生噪声的活动发生在居民区附近,爆破、钻井和其他活动产生的噪声水平可能超过美国环境保护局(EPA)的规定(EPA,2016)。重型车辆的移动和钻井作业可能会产生频繁持续的噪声,对于传统工具来说这是无法测量的,但这将产生长期的影响。

钻井和气体燃烧时产生的噪声水平最高。气体燃烧是指当天然气从地下被泵出时,与原油伴生的天然气的燃烧。在天然气基础设施投资不足的产油区,常采用燃烧法处理伴生天然气。对于钻井而言,每当钻穿非目标气层时,燃烧是一种标准做法。除了噪声,气体的燃烧还会产生对环境有害的氧化物。

石油钻探现场车辆流量的增加是造成野外噪声污染的重要原因。野生哺乳动物和鸟类对噪声干扰的反应是短期的回避行为,但许多研究表明这些行为已成为习惯。从科学的角度来说,这意味着大自然能够吸收噪声污染造成的损害,但它的代价是可能会导致长期的负面影响。负面影响包括干扰鸣禽在繁殖和筑巢季节的交流,以及改变捕食者和猎物的动态。不习惯交通方式的哺乳动物可能更容易在公路上被撞死。

从火炬站发出的噪声在距离火炬站20~80m的范围内都会受到不利的影响(Ismail and Umukoro,2012)。在距油井1800ft(549m)至3500ft(1067m)的距离处,钻井噪声测量值为115dBA到55dBA以上。根据地层深度的不同,钻井噪声会持续一到两个月或更长时间,每天持续24h。最终成为生产井的探井在生产阶段也会继续产生噪声。

11.1.1.2　空气质量

钻井及开发阶段产生的排放包括车辆排放、发电机、大型施工设备和发电机的柴油排放、燃料的储存和分配、在许多情况下的火炬废气以及燃烧活动产生的少量一氧化碳、氮氧化物、颗粒物以及产生粉尘的许多来源,如扰动和移动土壤(清理、平整、挖掘、挖沟、回填、倾倒、卡车和设备运输)、搅拌混凝土和井眼。在上述任何事件中,空气污染率都远远高于正常运行时的水平。在无风条件下(特别是在热逆温地区),与工程相关的气味可能会在距离源头1mile

以上的地方就可以被检测到。过量的粉尘会降低野生动物和牲畜的饲料适口性,并增加患粉尘肺炎的可能性。

通常,钻井过程中的主要污染来自气体燃烧。气体燃烧的环境问题通常从效率和排放两个方面来描述(Gobo et al.,2009)。众所周知,伴生气体的燃烧和排放是温室气体(GHG)排放的重要组成部分,并对环境产生负面影响。例如,石油生产作业期间的燃烧(排气)会排放二氧化碳、甲烷和其他形式的气体,这些气体会导致全球变暖和气候变化。就短期影响而言,更为重要的是对火炬站附近环境质量和健康的影响。

还有逸散排放。逸散排放是指气体无意的泄漏。这可能是由于密封件、油管、阀门或套管的破裂或小裂缝造成的,也可能是因为设备或储罐上的盖子没有正确关闭或拧紧。当天然气通过逸散排放逸出时,甲烷以及挥发性有机化合物(VOC)和气体中的其他污染物(如硫化氢)会被释放到大气中。

天然放射性物质(NORM)对油气设施的污染是普遍存在的。几乎每个石油设施都可能受到天然放射性物质污染。其中一些甚至会非常严重,以至于维修人员和其他人员会暴露在危险浓度下。此外,该行业必须遵守新的规定,这些规定将控制两类常见的 NORM 污染。

(1)石油生产设施的镭污染——特别是管柱结垢、污泥和地表结垢。此外,采出水可能由于溶解在地下水中的镭而具有放射性。

(2)天然气生产设施的氡污染,这包括氡长期衰变产物的污染。天然气设施中去除乙烷和丙烷的设施特别容易受到 NORM 污染。

长期以来,镭一直被认为是地下水的一种微量污染物,但直到 20 世纪 80 年代初首次在北海发现这一问题时,它才被报道为大规模污染物。

天然气中的氡污染已有近百年的历史。然而,直到 1971 年,人们才发现氡在加工过程中集中在较轻的天然气液体中,并可能对工业人员,特别是维修人员的健康造成严重危害。油气工业中存在的放射性垢问题已有文献报道。除了 Gese 在 1975 年的一份报告和 Gray 在 1990 年的一篇论文外,氡及其衰变产物对天然气设施的天然放射性物质污染还没有得到广泛的报告。Gray(1993)在他的论文中总结了以下几点。

(1)几乎每个石油设施都可能出现天然放射性物质污染。

(2)一般来说,在石油和天然气生产设施、天然气处理厂、管道和其他石油设备和设施中存在天然放射性物质也并不是一个严重的技术问题。

(3)管道水垢的镭污染可能是一个严重的问题,需要特殊的程序来清除和处理污染的水垢,以防止对人员造成损害或对环境造成污染。

(4)采出水可能受到镭污染,需要实施特殊的程序来保护环境。

(5)生产现场的地面设备和设施也可能受到天然放射性物质污染,需要特殊的维修和保养程序,并处理天然放射性物质污染的废物。

(6)必须解决的一个严重问题是放射性材料和设备的处置。可用于处理天然放射性物质和天然放射性物质污染废物的选择是有限的。

11.1.1.3 钻井过程中的污染

在钻井过程中,大量的化学物质被添加到钻井液系统中。这些化学成分通常具有很高的毒性(Myrzagaliyeva and Zaytsev,2012)。在钻探过程中,钻井液中充满了其他本土化学物质,如硫化氢、放射性元素和其他对工作人员健康和环境有害的物质(Bakhtyar and Gagnon,

2012)。在这个过程中,钻油气井会释放出一些污染物。其中包括:(1)硫化氢;(2)柴油;(3)甲烷;(4)苯、甲苯、乙苯和二甲苯(BTEX);(5)氮氧化物;(6)有毒金属;(7)多环芳烃;(8)二氧化硫。这些化学物质可引起急性和慢性呼吸道疾病,包括哮喘、支气管炎、肺气肿、肺炎和肺水肿。它们还会影响精神功能,导致神经系统紊乱、高血压和心脏病。钻井污染可分为不同的阶段(Shkitsa and Yatsyshyn,2012):

(1)钻井过程中洗井,高温钻井液泄漏,清洗装置内回收后会发生剧烈蒸发,并将其输送至钻井液罐;

(2)在钻柱外有一层钻井液的情况下,将钻具提起2000~6000m以上。

在第一阶段,建议通过使用Shkitsa和Yatsyshyn(2012)所述的泵循环系统的密封和改造设备项目来减少人员和环境接触有害蒸汽。处理因提升钻具而产生的污染钻井液,需要分析钻井设备净化井下工具的过程。

钻井过程中使用的发动机可能会产生一系列污染。钻井车、完井车、修井车、钻机和泵等设备通常由柴油或汽油发动机驱动。汽油和柴油产生的排放对生活在下风向的人来说影响很明显。多环芳烃(PAH)存在于机动车和其他汽油和柴油发动机的废气中。柴油燃烧产物中还含有大量其他空气污染物,包括氮氧化物、一氧化碳、苯系物、甲醛和金属。

土坑通常用于储存或蒸发天然气脱水或油气分离装置产生的采出水和废水。此外,在处理钻井废物(钻井液和水泥)和压裂废物之前,通常会将其储存在露天的泥土或金属坑中。在钻井、压裂和修井过程中可能会用到数百种不同的化学品,包括酸、杀菌剂、表面活性剂、溶剂、润滑剂等。一般来说,土壤污染可能来自以下任何一种情况。

(1)石油和天然气工业废物可能含有石油碳氢化合物、金属、天然放射性物质、盐类和有毒化学品,有可能造成土壤污染,抑制植被生长。

(2)采出水可能含有高浓度的盐和其他污染物,通常储存在钻井液池中或在蒸发池中处理。产出水的泄漏会杀死植被并污染土壤。

(3)进入土壤的污染物不一定会留在原地。它们可以通过土壤向下移动并接触地下水,也可以通过土壤向上移动并释放到空气中。

11.1.1.4　文化资源

钻井及开发阶段对文化资源的潜在影响可能包括:

(1)地表扰动地区的文化资源破坏;

(2)未经授权移走文物或人为进入以前无法进入的地区而造成的破坏(导致失去了扩大科学研究以及教育和解释使用这些资源的机会);

(3)由于大面积的裸露表面、灰尘增加以及大型设备、机械和车辆的存在而对文化资源产生的视觉影响,这些设备、机械和车辆与景观相关,对景观(例如,神圣景观或历史遗迹)会产生影响。

虽然遇到文化敏感地点的可能性相对较低,但在管道、通路或井场施工期间,此类地点受到干扰的可能性确实存在。除非在地表作业的早期发现名胜古迹,否则对名胜古迹的影响可能相当大。如果在作业期间发现了重要的文化资源,而这些文化资源本来是被掩埋的或不会被发现的,则可以被视为有益的影响。由于交通频繁和钻井开发活动增加而产生的振动也可能对岩石艺术和其他相关地点(例如,有固定建筑的地点)产生影响。

11.1.1.5　生态资源

对生态资源的影响与地表扰动和环境破碎化的程度成正比。为了开发井场、通道、管道和其他辅助设施,植被和表土将被清除。这将导致野生动物栖息地的丧失、植物多样性的减少、潜在的侵蚀增加以及侵略性或有毒性杂草的引入。在临时开垦和最终开垦之后,植被的恢复会因群落而异(例如,草原会比山艾灌木或森林栖息地恢复得更快)。

对植被的间接影响包括灰尘沉积增加、入侵和有害杂草蔓延以及野外发生火灾可能性的增加。植被上的灰尘沉降可能会改变或限制植物的光合作用或繁殖能力。随着时间的推移,在受野火破坏的地区将形成原生或侵入性植被。尽管油气田开发可能会增加交通和人类活动,从而增加入侵性和有害杂草的蔓延,但通过临时开垦和实施缓解措施,可减少部分潜在影响。在钻井及开发阶段,可能会对鱼类和野生动物产生以下不利影响:(1)侵蚀和径流;(2)灰尘;(3)噪声;(4)外来入侵植被的引入和传播;(5)栖息地的改变、破碎和减少;(6)生物群的死亡;(7)污染物的暴露;(8)行为活动的干扰;(9)骚扰或偷猎增加。

古河流地表水的枯竭可能导致水流减少,从而导致水生物种栖息地的丧失或退化。

11.1.1.6　环境评价

如果在任何资源领域发生了重大影响,而这些影响不成比例地影响少数民族或低收入人群,就可能产生环境问题。尽管环境问题(或不公正)的作用在民权运动时期就已经得到了理解,但该术语直到最近几十年才被认真考虑(EPA,2016)。预计随着发展,这将通过创造就业机会、增加项目收入以及扩大旅游业来刺激当地经济增长,使低收入、少数民族和部落人口受益。然而,噪声、灰尘、视觉冲击和栖息地破坏可能对传统部落生活方式以及宗教和文化场所产生不利影响。水井和辅助设施的开发可能会影响以前未受干扰地区的自然特征,并将景观转化为更工业化的环境。开发活动可能影响传统部落活动(狩猎和植物采集活动,以及文物、岩石艺术或其他重要文化遗址所在的地区)对文化遗址的利用。

11.1.1.7　危险材料和废弃物管理

在开发和钻井活动中会产生固体和工业废弃物。大部分固体废弃物都是无害的,包括容器和包装材料、来自设备组装和施工人员在场的杂项废物(食品包装物和废料)以及木质植被。工业废弃物包括少量的油漆、涂料和废溶剂。这些材料中的大部分可能被运离现场进行处置。在森林地区,商业级木材可以出售,而残留枝桠可以在井场附近蔓延或用于燃烧。

钻井废弃物包括液压油、套管涂料、废油和滤油器、钻井液、溢出的燃料、钻屑、桶和容器、用过的和未用过的溶剂、油漆和油漆冲洗液、喷砂介质、废金属、固体废弃物和垃圾。与钻井液相关的废弃物包括石油衍生物,例如多环芳烃(PAH)、溢出的化学品、悬浮和溶解固体、苯酚、镉、铬、铜、铅、汞、镍和钻井液添加剂(包括潜在的有害污染物,如铬酸盐和重晶石)。如果危险废弃物处理不当并排放到环境中,可能会产生不利影响。

在钻井及开发阶段,产出水(地层中与油气共存的水,在油井开发过程中回收)的生成可能会成为一个问题,在油气田的长期运营中,水的产量通常会随着生产时间的增加而增加,这常常会成为一个更大的废弃物管理问题。其中一个例外是煤层气储量的钻探和开发:在最初的完井和煤层气井开发过程中,采出水产量很高,但随着甲烷产量的增加,采出水的产量显著下降。采出水处理的有关规定是:其中大部分是通过向地下注入的方式处理的,要么是向处理井中注入,要么是向成熟的生产油田中用来提高采收率的井中(即将采出水和其他物质注入生产地层,以增加地层压力和产量的井)注入。

在一些地方,产出的水可能会携带天然放射性物质(NORM)到地表。通常情况下,NORM放射性核素(主要是镭-226、镭-228及其衍生物)溶解在产出水中,但部分NORM会以水垢和污泥的形式沉淀成固体形态,在管道和存储容器中聚集。正确处理含有NORM的产出水和固体废物对于预防职业人员和人类公众健康风险以及环境污染至关重要。NORM废弃物通常与油气田的长期运营有关,但也可能与钻井或开发阶段有关。NORM技术连接网站提供了关于规范石油工业产生的NORM承载废弃物的信息。

11.1.1.8　健康与安全

钻探及开发阶段对工人和公众健康与安全的潜在影响与其他项目产生的影响类似,这些项目涉及土方工程、大型设备的使用、超重和超大材料的运输以及工业设施的施工和安装。与油气生产相关的严重事故或伤害风险的受害人主要是井场工人。关于石油和天然气开采劳动类别的职业事故和死亡的统计数据可从美国劳工统计局获得。2005年,美国石油和天然气行业的事故率为每100名全职工人中发生2.1起事故,每10万名工人中有25.6人死亡。职业事故发生率和死亡率在钻井高峰期最高,并随着钻井和开发活动的减少而相应下降。

石油和天然气的开发存在油井火灾或爆炸的可能性。油井井喷很少见,但可能是极其危险的(例如,它们可能会摧毁钻井平台并造成附近工人伤亡)。它们通常发生在钻井过程中,也可能发生在生产过程中(尤其是在修井作业期间)。如果井喷物质中含有天然气,流体可能会被发动机火花或其他火源点燃。井喷可能需要几天到数月的时间来控制和封堵。此外,人类活动的增加可能会导致生产区发生野火的可能性增加。工人也可能暴露在空气污染物中,身体可能会接触到生产物或其他化学物质。石油或天然气工人的鲁莽驾驶也会造成安全隐患。除此之外,健康和安全问题还包括在潜在的极端天气和可能接触自然灾害的情况下工作,如不平坦的地形和危险的植物、动物。

在产生含NORM的水和固体废弃物的场所,如果废弃物处理不当,可能会存在职业和公共卫生风险。

11.1.1.9　土地使用

如果与现有的土地使用计划和社区目标如现有的娱乐、教育、宗教、科学或其他使用区域、商业用地(如农业、放牧或矿产开采)存在冲突,则在钻井及开发阶段就会产生土地使用影响。一般来说,石油和天然气设施的发展将改变景观的特点,即从农村环境变为更工业化的环境。现有的土地使用将受到干扰,如交通、噪声、灰尘和人类活动的增加,以及视觉景观的变化。特别是,这些干扰可能会影响到在相对原始的景观中寻求独处或娱乐机会的休闲者。牧场主或农民可能会受到以下影响:可用放牧地或作物地的损失;可能引入影响牲畜饲料供应的有毒植物;牲畜与车辆碰撞事故可能会增加。在森林地区,石油和天然气钻井可能导致木材资源的长期损失。扩展的道路系统可以增加该地区非公路车辆(OHV)使用者、猎人和其他娱乐活动者的数量。虽然地形特征的变化可能会打消那些更喜欢偏远乡村环境的猎人的兴趣,但由于道路系统的扩大,非法狩猎活动的可能性会增加。施工和钻探的噪声可能在距离工作区域20mile(32km)或更远的地方都能听得到。

大多数发生在钻井开发阶段的土地使用将在整个油气田的生命周期内产生持续影响。总的来说,土地使用的影响可能很小,也可能很大,这取决于油气田的面积、井和其他辅助设施的密度以及油气田与现有土地使用的兼容性。

11.1.1.10 古生物资源

对古生物资源的影响可能直接来自施工和钻探活动,也可能间接由于土壤侵蚀和化石地点的可接近性增加(例如,未经授权移除化石资源或破坏资源)。这将导致失去扩大科学研究以及对这些资源进行解释利用的机会。这些干扰揭示了重要的古生物资源,否则这些资源将被掩埋在地下无法获得,这可能被视为一种有益的影响。对未知古生物资源的直接影响预计与钻井和开发活动影响的总面积成正比。

11.1.1.11 社会经济学

钻井和开发阶段的活动将通过提供就业机会、向当地承包商提供资金以及增加当地经济收入为当地经济作出贡献。额外收入将以向矿权所有者支付特许权使用费和联邦、州及地方政府征收税款的形式产生。新经济发展的结果可能会产生间接影响(例如,在支持扩大劳动力或提供项目材料的企业中出现新的就业机会)。根据劳动力的来源,当地人口可能会增加。油气田的开发也可能会对房地产价值产生潜在影响,有增加就业带来的正面影响,也有靠近油气田感知到的不利环境影响(压缩机站的噪声、视觉效果、空气质量等)。如果娱乐人士(包括猎人和渔夫)离开该地区,可能会造成一些经济损失。而流动人口的增长可能会导致该地区犯罪活动的增加(例如抢劫、毒品)。

11.1.1.12 土壤与地质资源

在钻探和开发阶段,由于植被移除、土壤层的混合、土壤压实、土壤对风蚀和水蚀的敏感性增加、石油产品对土壤的污染、表层土壤生产力的损失以及生物土壤结层的干扰,可能会对土壤产生潜在影响。对土壤的影响与干扰量成正比。可挖掘砂、砾石和采石场的石料,用于修建通道、地基、附属建筑物、井场以及储存区。井场、套管、压缩机、泵站、通道和其他项目设施的建设可能会导致地形变化。这些变化虽然很小,但却是长期的。位于峡谷边缘或峡谷边坡上的井场可能导致基岩扰动。由于修建通道、管道、岩坑和其他辅助设施,可能会对基岩造成额外的扰动。钻井和爆破也可能引发地质灾害(地震、滑坡和下沉)。改变排水模式也会加速侵蚀,造成斜坡不稳定。

11.1.1.13 运输

油气田的开发将导致需要修建或改善道路,并将导致工业交通量的增加(例如,每个井场有数百辆或更多的卡车)。超重和过大的荷载可能会造成运输道路临时中断,并可能需要对道路或桥梁进行广泛的改造(例如,加宽道路或加固桥梁,以适应卡车荷载的大小或重量)。重型卡车交通量的全面增加将加速路面的恶化,这要求地方政府机构需要比在现有交通条件下更频繁地安排路面维修或更换路面。交通量的增加还可能导致工作区域内事故的增加。事故最有可能发生的地点是工程相关车辆从井场道路上驶入或驶离高速公路的交叉口。工业交通和其他交通之间的冲突很可能会发生,尤其是在周末、节假日和娱乐活动频繁的季节。增加该地区的娱乐用途可能会导致入口道路上的交通量逐渐增加。在钻井和开发阶段,预计每口井的运输车次将超过1000辆。

11.1.1.14　水资源

浊度、沉积物和盐度增加会导致水质退化,可能对水资源产生影响,如泄漏、跨含水层混合和水量损耗。在钻井和开发阶段,需要水来控制粉尘、制作混凝土、施工以及钻井。视情况而定,可从场外用卡车运进,或从当地的地下水井、附近地表获取。在地表水被用来满足钻井和开发需要的地方,可能会出现水流枯竭的情况。钻井和油井开发通常会带出大量的地下水,即产出水。产出水的产生可能会带来几个问题:附近含水层的水可能会枯竭;开采出来的含盐地下水或被钻井液污染的地下水,如果被带到地表而没有重新注入合适的地下单元,就会污染土壤和地表水。产出水中还可能含有有机酸、碱、柴油、曲轴箱的油和酸性增产液(如盐酸和氢氟酸)。

钻井活动可能会影响地表水和地下水的流动。如果完井方式不当,导致地层未被套管和水泥密封,含水层就可能会受到其他非饮用地层水的影响。如果地表水和地下水在水文上相连,它们之间的相互作用也可能受到影响,从而可能导致不必要的排水或回灌。现有道路、新进场道路和井场上压实的土壤会比未受干扰的场地产生更多的径流。径流量的增加可能导致流入河流的流量略高,潜在地增加了对河堤的侵蚀。增加的径流量也可能导致更有效的泥沙输送,并增加风暴事件中的浊度。

11.1.2　钻屑管理

钻屑的产生是钻井过程中无法避免的一部分。早在20世纪初,钻井液体系就作为旋转钻井的一部分引入。在这项技术开发的初期,与这些流体相关的一个重大问题是原油中挥发性馏分的蒸发点低以及相关的安全问题。当时,钻屑管理不是一个难题,因为它们通常是在陆地上处理,而不用担心违反法规。随着时间的推移,越来越多的化学添加剂被添加到钻井液系统中,这引起了人们对钻井液安全处理的担忧。直到20世纪80年代,岩屑才造成了环境恢复方面的问题。至于海上钻探,岩屑被直接倾倒到海洋中。今天,77%的海洋污染是由陆地上的人类活动造成的,但这些污染源在很大程度上仍然是看不到的(Moreau,2009)。GESAMP(1996)报告称,人为(全球)海洋石油污染的主要来源是:(1)陆地排放和径流(包括河流)占44%;(2)大气占33%;(3)海上运输占12%;(4)倾倒占10%;(5)海上油气生产占1%。

据估计,每年向全球海洋环境排放的石油污染量为$600 \times 10^4 t$,其中大部分来自每日的流入,而不是发生事故(Turner,2002)。但是,由于污染物的集中,油轮事故和油井井喷造成了严重损害;石油的物理性质导致其覆盖了海洋生物,如鸟类和哺乳动物,造成他们死亡,如果这些污染物碰巧被冲上任何海滩的覆盖层,会破坏整个生态系统。尽管这些事件中流失的石油只占到海洋的石油总量的一小部分,但它们的影响可能是巨大的。漏油事件对公众舆论产生了巨大的负面影响。

英国海上运营商协会(UKOOA)的报告给出了排入北海的石油来源:26%的船舶、21%的河流和径流、20%的近海石油和天然气(包括钻屑上的石油)、7%的大气、7%的其他沿海污水、6%的沿海污水、4%的疏浚废渣、3%的污水污泥、3%的沿海炼油厂和3%的其他来源。

据这些报告估计,在过去30年的钻井活动中,英国北海地区积累了$(100 \sim 150) \times 10^4 t$岩屑。从某种角度来看,这相当于每年生活垃圾的二十分之一,仅相当于采矿和采石产生的五十分之一(即每年约 $7400 \times 10^4 t$)。

总体而言,北海作业集中体现了油气作业带来的环境压力。因此,北海可能是世界上研究最多的近海油气生产区。油气(采出水)和钻井岩屑(钻屑)带来的地层水是常规作业中进入海洋的污染物的主要来源。通常情况下,钻井废水和采出水在排放之前都要经过各种物理方法的清洁,法规对可排放到海洋的污染物水平有严格的限制。此外,多年来,回注一直被用于减少总排放量。排污和排水也会产生污染,但与其他两个污染源相比,污染物排放总量相对较低。

如前所述,直到 20 世纪 90 年代中期,在北海的海上石油工业或任何海上作业中,油基钻井液中排放的岩屑是进入海洋环境的油气的主要来源。1981—1986 年期间,挪威大陆架(NCS)的岩屑平均年排放量为 1940t(Bakke et al.,2013)。1993 年在挪威,1996 年和 2000 年在 OSPAR 地区(OSPAR Commission,2000),这一污染源逐渐被法规消除。与此同时,在 2012年,NCS 的产出水排油量增加到了 1535t(Norwegian Oiland Gas,2013),几乎与之前的岩屑排油峰值持平。这主要是由于油井老化和生产油田数量的增加导致了总产水量的增加。

至于钻屑,在北海北部和中部仍然存在大型钻屑堆,其体积可达 $45000m^3$,高达 25m,占地面积超过 $20000m^2$(Breuer et al.,2004)。在北海南部,由于强烈的潮汐和风暴驱动的洋流,岩屑没有形成广泛的沉积物。北海的岩屑堆清单确定了英国和挪威大陆的 79 个大型(大于 $5000m^3$)岩屑堆和 66 个小型(小于 $5000m^3$)岩屑堆(Bakke et al.,2013)。油气中的好氧生物降解只发生在上部几毫米处,而厌氧降解至少可达 20~50cm,但速度非常缓慢(Breuer et al.,2004)。较深部位的石油似乎没有发生变化(Breuer et al.,2004)。这些研究的重点是本土化学品的毒性,但实际上钻井液化学品和添加剂对环境的威胁要大得多。

在政策方面,绿色和平组织支持船只上岸政策将岩屑运到陆地处理,而英国海洋法协会(UKOOA)报告称支持将钻井岩屑留在海底,双方陷入了僵局。移动钻屑堆将明显干扰海床,并将污染释放到该区域。钻屑堆让好氧细菌深入堆中,也会导致污染物的释放并减少当地底栖生物群落的可用氧气含量,这可能威胁到它们的生态系统。对堆积物进行生物改性可能会增加生物效应,使污染物更容易被海洋动植物获取(Bakke et al.,2013)。

目前,这些钻屑堆还没有显示出多少修复的迹象——即使是在 20 年之后(Turner,2002),但它们确实有沉积物覆盖,而且看起来相当稳定。硫还原菌(SRB)的厌氧微生物活性导致代谢呼吸产生硫化物。它们的释放放大了钻屑的毒性,并创造了腐蚀性、还原性环境。然而,基本的假设是有机硫(如微生物产生的硫)和合成硫一样有毒。

目前生产的海上钻屑大多被运到岸上,在那里有一些处理方法。对于海上和陆上钻屑,有以下几种选择(Turner,2002)。

(1)回注:目前在许多钻井作业中都采用了环空回注。回注取决于地层,因为需要一个坚固的盖层来防止返回地面和污染其他地层及含水层。如果无法从产出的天然气中获得更经济的产出,回注的消耗成本可能相当高。潜在的问题是岩屑的再次出现和缺乏评估环境影响的数据。

(2)填埋:填埋是许多公司正在使用的一种选择。事实上,这种选择已经实施了几十年,但并不理想。填埋不是一种处理方法,只是将一个海上问题转移到了陆上,而陆地本就存在垃圾处理的压力。任何将岩屑带到陆上的方案都会对环境造成影响。在结束钻井平台排放的同时,又增加了船舶和重型设备的污染;石油泄漏的风险更高,陆上空气和地下水污染的风险也在增加。

（3）焚化：焚化会产生大气污染物，除非能源从这个过程中得到了利用，否则便是浪费。尽管技术上已经清除了排放物，但焚化在陆地上并不受欢迎，公众强烈反对在任何人口密集或环境敏感地区附近建造工厂。由于必须添加燃料才能维持这一过程，使之成为一个高成本的选择。在源头进行海上焚化或在其他地方进行改造在技术上或许是可行的，但"不被认为是具有成本效益或环境可接受的"。如果可以就地使用废气，并且焚化后的产品具有增值能力，那么焚化整体来说是具有成本效益的。但这仍然是一个研究课题，远没有在试点项目中得到检验，就更不用说在实地实施了。

（4）溶剂萃取：从技术上讲，溶剂萃取是可行的，但仍然是一种昂贵的选择。当污染物被转移到溶剂中时，它也存在污染问题。所以还需要从溶剂中去除污染物，并进行处理。两种提取方法都很昂贵。

（5）蒸馏（热解吸）：通过加热将石油从钻屑中分离出来，使石油得以回收。此过程成本可能很高。蒸馏只适用于矿物油、某些石蜡和聚 α - 烯烃。由于钻屑含水量高，大多数其他合成材料，包括酯类和线性 α - 烯烃（LAO）都是不合适的；在蒸馏过程中使用的温度下，会导致这些材料的烃链分裂，产生有毒或挥发性馏分，从而使这些材料无法再利用。

（6）去乳化：通过化学或生物方式攻击乳化剂来分离油和水是一种很有吸引力的选择。化学分离成本很高，而且可能会引入另一种污染物。机械分离可能涉及超声波处理，但尚未达到商业应用。对油水键进行生物破坏似乎是一种可持续的选择，而且可以从进一步的研究中获益。

（7）浮选：油用作煤粉的浮选剂，在氯化物含量高的水中特别有效。石油在煤炭工业中用于浮选是因为它会附着在煤炭上。如果以这种方式清理岩屑，最终产品就可以作为燃料出售，而岩屑则可以作为一种无害的惰性材料处理掉。到目前为止，还没有使用这种方法进行研究的证据。

《保护东北大西洋海洋环境公约》（the OSPAR Convention）于 1992 年 9 月 22 日在巴黎举行的奥斯陆和巴黎委员会部长级会议上开放供签署。它与《最后宣言》和《行动计划》一起获得通过。OSPAR 公约包含一系列附件，涉及以下具体领域。

附件一：防止和消除陆源污染。

附件二：防止和消除倾倒、焚烧污染。

附件三：防止和消除海上污染源。

附件四：海洋环境质量评估。

附件五：海样生态系统和生物多样性的保护和养护。

该公约的重点是通过防止污染和人类活动的不利影响来保障人类健康和保护海洋生态系统。该公约旨在制订针对在签署国（比利时、丹麦、芬兰、法国、德国、冰岛、爱尔兰、荷兰、挪威、葡萄牙、西班牙、瑞典和英国）水域排放近海钻井废弃物的国家规则和规章。因此，OSPAR 条例涵盖了西欧所有产油的沿海国家，并且有关条例在 1998 年合并《奥斯陆公约》（1972 年）和《巴黎公约》（1974 年）后生效。此外还有一些其他的监管公约（协议），在下面一并列出。

（1）《赫尔辛基公约》：《赫尔辛基公约》于 1980 年首次生效。鉴于政治上的变化以及国际环境法和海事法的发展，该公约已于 1992 年修订并废除。波罗的海沿岸国家（丹麦、德国、瑞典、爱沙尼亚、芬兰、拉脱维亚、立陶宛、波兰和俄罗斯）签署了该公约。公约的目的是减少通过河流、河口、排水口和管道、倾倒和运输作业以及空气污染物排放等方式对波罗的海地区造成的污染。它旨在通过控制和预防污染实现可持续发展，并为联合国欧洲经济委员会成员国之间的合作提供一个框架。

(2)《巴塞罗那公约》:该公约旨在保护地中海及其沿海地区的海洋环境。公约缔约国应采取一切适当措施防止和减轻因船舶和飞机倾倒、船舶排放、海底和底土勘探开发或河流排放造成的地中海污染。

(3)南亚海域行动计划(SASAP):南亚海域包括印度洋和巴基斯坦、印度、马尔代夫、斯里兰卡及孟加拉国等地区和国家。这个地区有丰富的海洋生物生态系统。这些国家人口稠密,由许多工业组成,对海岸线构成重大威胁。SASAP 的总体目标是保护和管理海洋环境和相关的沿海生态系统,从而实现可持续发展。

(4)LBS 议定书:考虑到《保护海洋环境免受陆上活动污染全球行动纲领》,1980 年 5 月 17 日通过了《保护地中海免受陆上来源污染全球行动纲领》(LBS 议定书)。缔约各方应采取一切可能的适当措施,防止、减少和消除污染地中海的可能性。条约还鼓励各国逐步淘汰有毒、持久性和易于生物累积的物质。

(5)特别保护区和生物多样性议定书:该议定书以《生物多样性公约》(BCD)为基础,重点建立特别保护区,并为地中海生态系统中受威胁物种的保护提供指导方针。

(6)《科威特公约》:1978 年签订的《科威特公约》旨在推进各国间的合作,抛开现有的地缘政治边界,来共同保护海洋环境、减少海洋环境的污染。缔约国为巴林、伊朗、伊拉克、科威特、阿曼、卡塔尔、沙特阿拉伯和阿拉伯联合酋长国,包括环太平洋区域组织的海域。

(7)《阿比让公约》:《阿比让公约》于 1981 年 3 月通过,1984 年 8 月 5 日生效。该公约主要是中非和西非国家在保护和开发海洋和沿海环境方面开展的合作。它建议各国预防、减少、打击和控制“区域”的污染,特别是来自船舶、飞机和陆地的污染以及与海底勘探开发造成污染的有关活动。

(8)《内罗毕公约》:1985 年通过了《保护、管理和开发东非区域海洋和沿海环境内罗毕公约》,并于 1996 年生效。该条约共有九个缔约方:科摩罗、法国、肯尼亚、马达加斯加、毛里求斯、莫桑比克、塞尔舌、索马里和坦桑尼亚。东非国家意识到了自己的责任,认识到必须给予海洋保护更多的关注,各国必须对海洋生态系统负责。

(9)《利马公约》:《保护东南太平洋海洋环境和沿海地区利马公约》于 1981 年通过,1986 年生效。有四个缔约方:智利、哥伦比亚、厄瓜多尔和秘鲁。公约所涵盖的区域是缔约国管辖范围内 200n mile 的东南太平洋海域。缔约各方同意防止、减少和控制该区域的污染,特别是来自陆地、船只和在海洋环境中作业的任何其他设施和装置的污染。

11.1.3　地表沉降

每一次钻井作业都会在地下地质力学基础设施中造成不可逆转的不平衡。在生产过程中,大量流体从地下排出,从而导致地面下沉。下沉是指地球表面的下沉或逐渐下降。它在世界各地的陆地和海底各种环境中都有发现。地表沉降可由自然地质原因和人为原因引起。自然地质原因有盆地坳陷、断裂运动、沉积物压实和深部地应力松弛。人为原因包括地下水抽取、采矿、石油和天然气生产、河流渠化和地表负荷。塌陷区的大小从几英亩到几千平方英里不等,海拔损失从一英寸到几十英尺不等。破坏范围从轻微的土地海拔损失到昂贵的基础设施破坏和长期的环境破坏。自从长滩(加利福尼亚州)被称为“下沉之城”以来,由于威尔明顿油田的石油和天然气开采,这里形成了高达 29ft 深的“沉降碗”,从临近港口到海岸线海滩已经有超 20mile^2 的土地受到影响。在 20 世纪 40 年代早期,地下水的抽取导致了地面下沉,但是大部分的下沉是由石油和天然气开采引起的。20 世纪 40 年代,随着终端岛峪海军造船厂抽取地下水,地面开始下沉。到 1945 年,该地区下沉超过 4ft,远远超过了地下水的开采量。1951 年,每年的沉降速度超过 2ft。到 1958 年,受灾面积已达 20mile^2,并延伸至港区以外。"沉降碗"中心的总沉降量达到 29ft。被海水淹没的码头、铁路线和套管被扭曲或切断,而建筑物和街道被破坏和移位。95 口油井因地下滑动严重受损或被切断。石油、天然气和水的开采造成了压力损失,而上覆盖层的重量使油砂压实。由于地下压实,地表发生了下沉(图 11.1)。这些地层普遍被认为是浅层,有大量的油砂和地层水。

一般情况下,在石油作业中,地质力学对油藏规模影响的一个最著名的例子是由于油藏中石油和天然气的开采而导致的油藏压实和相关的地表沉降(图 11.2)。与储层压实相关的作业问题可能会带来负面后果,如套管坍塌、油田结构和海底套管损坏以及地面沉降(Zhang,2014)。在这里,储层压实引起的地面沉降通常可以为油气开采过程中石油地质力学性质的表征提供有价值的信息。这主要是由于地表变形特征是储层及围岩性质的最佳代表之一,而且便于采用干涉合成孔径雷达(InSAR)进行监测。

图 11.1　在产油和砂的浅层油藏中可以明显地感觉到地面沉降

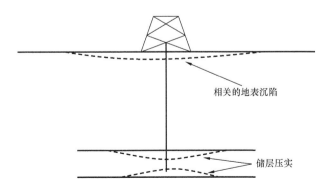

图 11.2　石油和天然气开采期间的地表沉降

在天然裂缝介质中钻井通常涉及传热、流体流动和岩体变形之间的强耦合(Dussault, 2011)。这可能导致钻井过程中井筒变形。井筒变形包括应力引起的井壁破裂和钻井引起的井壁拉伸破裂,如图11.3所示,在石油工程的许多油井中都很常见。井筒变形主要由以下现象和因素造成的(Aadnøy and Looyeh,2011): (1)井筒周围的应力集中;(2)流体和固体相互作用;(3)不一致或不正确的钻井和操作实践;(4)高压和高温储层。

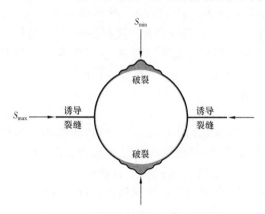

图11.3 受最大主应力和最小主应力分量影响的井筒变形的横截面示意图(Al-Lacazette,2001)

由于钻井过程中钻井液的漏失、膨胀和井壁压力的变化,井筒变形优先发生在天然裂缝性介质中。它主要是由完整的岩石和地应力作用下裂缝的存在造成的,因此井筒变形为估计地应力状态以及完整的岩石和天然裂缝性质提供了有价值的信息。同时,井径测井或超声波井眼电视测井可直接测量井眼尺寸和形状方面的井筒变形(Zhang,2014)。

沉降是一个涉及地质力学各个方面的耦合问题。因为在钻井过程中,实际的沉降幅度可以忽略不计,所以并不认为沉降与钻井有关。然而,钻井过程可以释放大量信息,这些信息可用于以后确定一种能够有效减缓沉降的技术。目前该领域面临的主要挑战包括:准确描述现场物理性质和条件(T,$[\sigma]$,p),尤其是天然裂缝性储层;膨胀和裂缝性页岩地层的井壁稳定性预测;低渗透岩石资源开发中多级水力压裂的建模与监测;出砂井控制与开采;足够准确地预测沉降,以便作出合理的设计决策;减轻或减少由于沉降或油藏热刺激引起的套管剪切;了解和分析稠油油藏的热采过程;监测油藏内部和周围复杂过程的变形以及一项新发展,利用深层沉积盆地环境永久和安全地处置流体和颗粒废弃物(Dusseault,2011)。

11.1.4 深水挑战

自2010年"深水地平线"钻井灾难以来,深水钻井在安全和环境两个方面都受到了极大的关注。深水钻探会带来许多独特的挑战,如果在规划阶段不加以考虑,每个问题都会造成灾难性的后果。下面将对此进行讨论。

11.1.4.1 狭窄的操作窗口

深水钻井最困难的挑战之一是孔隙压力和破裂压力之间的狭窄窗口(图11.4)。这种差异是由于破裂压力梯度减小和异常高的上覆压力造成的,上覆压力主要来自上覆的深水层。结果是,岩石中的应力状态整体降低,破裂压力降低。此外,在较浅地层中常见的结构脆弱、低压实和松散沉积物往往会进一步降低破裂梯度。在这种情况下,孔隙压力和破裂压力梯度形成的操作窗口将随着水深的增加而不断减小。一般而言,这种狭窄的操作窗口将导致套管数量过多、目标深度的小井眼尺寸、漏失量过大、井眼问题或在井控作业中不超过破裂极限的前提下无法达到目标深度(Aadnoy and Saetre,2003)。

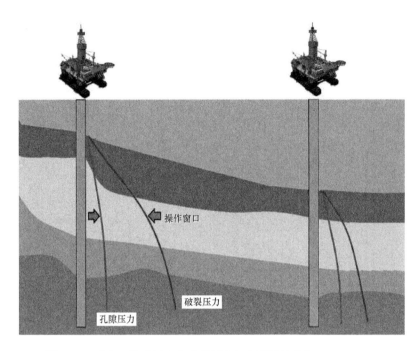

图 11.4　浅水区孔隙压力和破裂压力与水深的关系（Wærnes,2013）

11.1.4.2　海洋钻井隔水管

随着钻井作业进入更深的水域,海上隔水管的设计和完整性变得更加重要。不仅购买超长隔水管的成本很高,而且下入和回收立管所花费的时间也比正常水深要长得多。引入较长和较重的隔水管会增加防喷器和井口承受的载荷。不只是考虑隔水管的静态浮力,还考虑了它随洋流、波浪运动、压力效应(破裂或坍塌)、钻机的三维移动、压缩和拉伸载荷以及热载荷等因素的自然移动方式,这些都是文献中讨论得最多的一些方面。所有这些因素都会影响井口和防喷器承受的整体应力状态。在下入或回收隔水管时,不要忘记悬挂在钻井船上的负载,可能需要第 5 代和第 6 代钻井船。然而,人们特别关注于开发轻薄、坚固和灵活的系统,以抑制隔水管的运动和相关的力。

11.1.4.3　浅层的危害

大多数地层的表层土壤都具有多个浅层危害的风险,包括浅层气体、巨砾、坍塌地层和浅水流动,所有这些都不是与深水相关的问题,但当发生在更大深度的层位时,这些问题发生的风险会更高。在大多数情况下,当覆盖层减少时(深水情况下),松散地层对流量和压力的变化高度敏感。迄今为止,运营商一直依赖于使用地震数据来量化油井遇到这些浅层危险现象的风险。大多数浅层危险通常位于泥层以下的前 800m 处,在无隔水管模式下钻井时经常遇到。阻止浅水流或天然气流入井筒有时很困难。大多数情况下,提高钻井液密度可以成功解决这一问题。然而,随之而来的后果是,大量加重的钻井液会流失到海洋中。如果不正确考虑浅层危害,连续流动可能破坏井的结构完整性,甚至影响相邻井。

11.1.4.4　海上钻井风险分析

海上钻井在安全性和长期后果方面都面临巨大挑战。Skogdalen(2011)对海上钻井进行了详细分析。图11.5给出了一个与油气压井作业相关的例子。在该流程图中,人为因素和组织因素(HOF)在确保井控(屏障)以及在井筒完整性受到威胁时采取行动方面发挥着重要作用。早期井涌检测是一个非常重要的屏障,但在"深水地平线"钻井平台上却失败了。

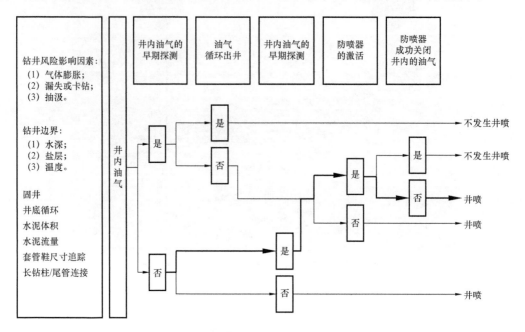

图11.5　钻井过程中进行油气压井作业

11.1.4.4.1　海上事故的疏散、逃生和救援(EER)经验

当设备发生重大危险时,EER操作在保障船上人员生命安全方面起着至关重要的作用。根据以往的事故报告,依据危害、时间限制和风险影响因素可将EER操作分为三类(Skogdalen,2011)。如图11.6所示。

当根据幸存者的证词对"深水地平线"钻井平台的EER操作进行审查时,发现没有因EER操作造成人员伤亡的报告。然而,这些访谈提供了关于EER操作成功程度的独特见解。证词显示,"深水地平线"上的一些屏障部分或全部失效。这些系统包括总警报、防喷器、紧急断开系统(EDS)和电源。并提出了一些技术性和非技术性改进建议,以改善EER操作(Skogdalen,2011)。

11.1.4.4.2　对安全的认识和理解

海上作业人员对影响安全屏障的人为、组织和技术因素的感知和理解是一个重要因素,通常通过调查来衡量。安全文化的一个要素是所谓的安全氛围,这往往是通过调查来衡量的,并基于预先制订的声明的一致程度。Skogdalen和Tveiten(2011)报告称,在挪威海上设施中,海上设施管理人员(OIM)与其他组织人员对安全的认知和理解存在显著差异。该分析的基础是2007年对6850名海上石油公司员工进行的安全氛围调查。OIM对以下几类问题的看法最为积极:安全优先顺序、安全管理和参与、安全与生产、个人动机和系统理解。这篇文章有助于了解海上组织不同级别的安全环境。

这些发现与先前的研究一致,先前的研究报告称,更接近运营计划和战略的管理者对安全水平的看法比其他人更为积极。海上工作的特殊之处在于,该组织的各个层次的人都在一个远离家人的非常有限的空间里工作、吃饭、休息和睡觉。与大多数其他工作场所相比,这创造了一个独特的工作环境。海外员工通常认为这是一个大家庭。因此,有必要了解这种密切的互动是如何影响安全观念的。群体认同、不同的知识和控制以及权力和冲突问题可能会影响不同的安全认知和理解。在规划调查以及规划和实施安全措施时,必须牢记这些群体之间不同的安全认知和理解现象。

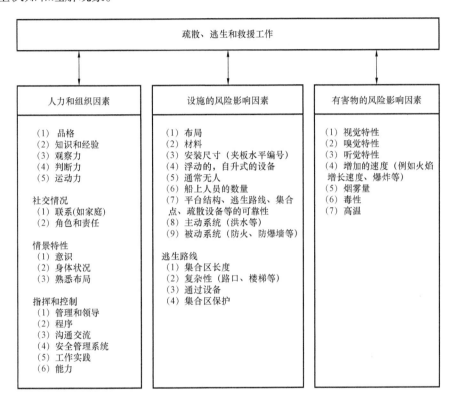

图 11.6　疏散、逃生和救援(EER)措施(Skogdalen,2011)

11.1.4.4.3　安全屏障指标

本节的第三个子目标是定义适合于屏障性能测量的指标。"深水地平线"事故是由人为、组织和技术障碍因素构成的多重障碍失效的结果。在设计中规划和包含的屏障通常会随着时间的推移而退化。严重井喷是罕见的事件,随着时间的推移,许多保障措施可能不再合理,保持它们功能的维护也就不会发生。在这方面,偏差的规范化和偏差的正确定义是一个重要问题。因此,制订指标的第一步通常是确定偏差,然后确定应如何监测偏差(Skogdalen et al.,2011)。"深水地平线"事故表明,有必要对安全指标进行更广泛的监测和理解,而这需要多学科的方法和整个行业的合作。

风险等级项目(RNNP)旨在通过使用不同的统计、工程和社会科学方法监测挪威大陆架油气行业的安全性能(Skogdalen,2011)。研究结果主要归纳为安全指标,有助于理解先兆事件和事故的原因及其在风险背景下的相对意义。作为一种工具,RNNP 自 1999 年以来经历了长足的发展。这一发展是在行业合作伙伴之间合作的背景下进行的,一致认为所选择的方法是从行业角度共同理解 HSE 水平及其趋势的明智且合理的基础上(PSA,2010c)。可以很容易地添加更多与油井事故和油井完整性相关的指标。图 11.7 总结了建议的指标。

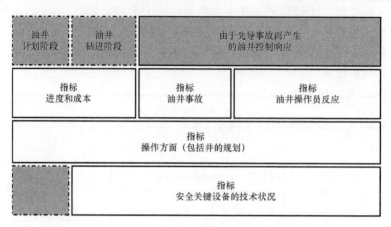

图 11.7　与深水钻井相关的建议指标汇总

　　所有建议的指标领域都基于现有数据,挪威监管当局、研究界、公司和钻井平台多年来都记录了这些数据。这些数据没有被用作指标的基础。尽管油气行业相关各方似乎一致认为,安全文化、操作方面、技术条件和先兆事件的数量相互影响,但对如何影响以及为什么影响缺乏了解。只有将不同的风险分析方法、使用指标的安全监测、前兆事件的调查、修订和检查以及事故调查等风险管理方法结合起来,才能实现这一认识。这样,一些前兆事件,例如井涌,不仅可以作为指标的输入,而且其原因和后续行动也可以作为指标的基础。

11.2　案例研究

11.2.1　钻井液排放对海洋生物的影响

　　近几十年来,海洋石油作业对环境的影响受到广泛关注。从海上设施排放的钻井液、岩屑和采出水可能产生的影响一直是人们关注的一个问题,早在 20 世纪 80 年代初就进行了许多实地研究来评估这些影响。

　　Bothe 和 Presley(1987)提出了一个涉及典型海上油井的案例研究,其中 500～1000t(干重,不包括岩屑)钻井液固体被排入大海。

　　在文献作者报告的密西西比—阿拉巴马—佛罗里达(MAFLA)钻井平台监测研究中,在钻井前、钻井中和钻井后,在勘探钻井现场附近的表层沉积物(0～2cm)中测定了选定的微量元素浓度。现场位于墨西哥湾西北部距得克萨斯州 19km 处(图 11.8)。

　　表 11.1 给出了研究地点的详细摘要。这是为数不多的钻机监测研究之一,其中获得了现场排放的钻井液成分的完整、详细记录。钻井活动对沉积物和生物的影响通过确定钻井液主要成分(Ba、Cr、Fe)和生物活性元素(Cd、Cu、Pb)以及钻井过程中可能释放的其他微量元素(Ni、V)的含量来评估。

　　他们报告了钻井作业前、钻井作业期间和钻井作业之后,墨西哥湾勘探钻井现场周围表层沉积物和大型表土动物中钻井液中存在的选定微量元素(Ba、Cd、Cr、Cu、Fe、Pb、Ni、V)

的浓度。观察到生物中的铁含量以及沉积物中的钡和铬含量的显著增加,这是由于钻井排放引起的。虾是该地区最大的商业渔业,对其进行了深入研究。在钻井的最后几天采集的虾的腹部肌肉中铁浓度是钻井之前或之后采集的浓度的两倍以上。钻井液中可溶性有机螯合剂导致海水中铁溶解度(生物有效性)增加,这是观察到的铁溶解度增加的最可能解释。在所有采样半径范围内均观察到沉积物 Ba 显著增加,但仅在钻井现场几百米范围内观察到大量增加(高达 7.5 倍)。测定了钻井现场 1000m 范围内沉积物中总排放(过量)Ba 的精确质量平衡。

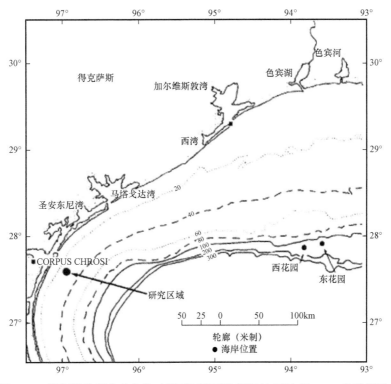

图 11.8　勘探钻井研究地点位于墨西哥湾西北部(792 区块 Mustang 岛租赁区,
北纬 27′~37′13.87″,西经 96′~57′55.17″)

表 11.1　对研究地点、取样制度和钻井活动的描述性总结

项目编号和说明		信息(数据)
现场描述(开钻前)		
1. 水深		24m
2. 沉积物类型		粉砂黏土
3. 一般材料	A、沙子	1.3~1.4(0.5~7.9)
	B、粉砂	57.3±13.3(45~98)
	C、黏土	45.0±5.0(31.6~51.5)
4. CaCO₃		3.9±2.3(0.5~9.3)

续表

项目编号和说明		信息(数据)
5. 平均沉积物土壤碳含量,%		$0.86 \pm 0.09(0.68 \sim 1.02)$
抽样		
6. 取样日期	A、钻井前	$12 - 3 - 75/11 - 23$ 至 $12 - 2 - 75$ *
	B、钻井中	$1 - 9$ 至 $1 - 10 - 76/1 - 12$ 至 $1 - 21 - 76$
	C、完钻	$3 - 26 - 76/3 - 28$ 至 $4 - 2 - 76$
7. 按类型列出的样本数	A、预钻	40/25/25
	B、钻进	40/24/24
	C、钻后	73/25/25
钻井活动		
8. 井的类型(和长度)		探井(1)
9. 钻井周期		$12 - 21 - 75$ 至 $1 - 11 - 76(13/20)$
10. 总井深		$2147m(1 - 4 - 76)$
11. 钻屑总体积		$196m^3$
12. 石灰样品	钻进取样	进行中/$1 \sim 10d$
	"钻后"取样阶段	$74d/76 \sim 81d$
使用的钻井液成分(单位:1000kg 干重)		
13 钻井液类型		木质素磺酸盐
14 所用成分的总重量	A、重晶石(加重剂)	202(73.2%)
	B、膨润土(天然矿物)	39.4(15.3%)
	C、褐煤(分散剂)	7.5(2.9%)
	D、D 烧碱(碱性和 pH 值)	4.5(1.7%)
	E、堵漏材料	1.6(0.6%)
	F、稀释剂和分散剂	l.1(0.4%)
	G、石灰:	0.91(0.4%)
	H、纯碱(除钙剂)	0.91(0.4%)
	I、云母(原生矿物)	0.34(0.1%)
	J、硬脂酸铝	0.045(<0.1%)

注：* 表示 1975 年 12 月 3 日/11 月 23 日至 1975 年 2 月 12 日,其余同理。

　　钻井结束时,1000m 范围内仅存在 9.3% 的 Ba,可能还有 Ba 追踪到的其他类似的钻井液成分。2.6 个月后,只有 6.6% 的 Ba 出现。高流速近水研究现场(24m 水深)发生的显著沉积物再悬浮和运移是导致沉积物中 Ba 滞留量低和快速流失的原因。沉积物 Cr 的最大平均增加幅度(26%)发生在 1000m 采样半径处。

在使用了 100t 以上 Ba 的情况下,沉积物 Ba 浓度随时间和距离的显著变化明显与钻井活动有关。这项研究首次量化了重晶石分散的总体影响。"钻井期间"和"钻井之后"采样阶段的总过量 Ba 数据(TEB)的比较表明,泥沙输运过程发生得很快。在取样间隔的 76d 内,2000m 直径研究区超过 29% 的沉积物出现 Ba 流失。这表示该区域内最初沉积的 TEB 的平均过量 Ba 去除率为 11.5%/月。本节提供的数据表明,在不到 1 年的时间里,在钻井场地 500m 范围内的沉积物中,只有大约 1% 的 Ba 被保留了下来。这一小部分似乎在沉积物中持续了至少 10 年。

很难解释观察到的沉积镍、铅和铬更细微的浓度趋势。如果在没有钻井液排放的情况下有背景数据,则应将该组数据与钻井后数据进行比较。然而,没有这组数据。中大西洋勘探钻机监测研究提供了一个极好的数据集,其中使用了木质素磺酸盐型钻井液,其成分与 1987 年研究中的钻井液非常相似。利用中大西洋研究中的元素(Ba)比值,可以估算所研究钻井作业期间的金属排放量。数据比较表明,如果排放的所有金属都留在该区域,则钻井期间镍和铅的排放可能对现场 500m 范围内观察到的沉积物水平的界面相变化作出重大贡献。基于 Ba 如此大规模的行为,近钻机的保留似乎不太可能。观察到的超过 500m 的增加量表示多余金属的数量是预计排放量的 13~21 倍。井眼排放量只能解释所观察到的沉积物镍和铅浓度增加的一小部分。这一结论与其他监测研究一致,其他监测研究未发现镍和铅沉积物水平因勘探钻井活动而出现显著异常。

钻井活动释放了大量岩屑和黏土,可能是造成这些变化的部分原因。然而,观测到的大部分变化可能是由于该地点的自然条件(即强水流导致泥沙运移)造成的。

相比之下,钻井过程中排放的铬似乎会导致沉积物铬浓度显著增加。即使在研究区域内没有完全滞留,估计的铬排放量也足以解释观察到的增加到 1000m 的大部分。在 500~1000m 的环空中,浓度的增加对于钻后取样阶段来说是一致的,并且经 Cr/Fe 处理的沉积物结构变化而引起的浓度不会增加太大(26%)。

排出的 Cr 似乎被迅速地运离了钻机,导致观察到的 Cr 含量与距离为负相关。这一趋势与 Cr 在钻井液中可溶性成分较多的事实相一致,预计这些组分的分散方式将与 Ba 所追踪的密度更高、溶解度更低的组分不同。虽然沉积物中 Cr 含量的增加是可测量的,但大多数增加都很小(<10%),并且似乎没有引起该地区分析的底栖生物中 Cr 含量的升高。

生物体内铁浓度的增加是与钻井活动有关的唯一明显的有机微量元素变化趋势。铁元素的升高幅度很大(100%~159%),这对所有可能进行比较的物种(杜氏疟原虫、黄胸鼠除外)来说都是一致的,而且非常显著。这一事实表明,这是一个重大的、普遍的接触。在钻井船离开研究现场前 2~3d 收集第 2 阶段生物(表 11.1)。在这一时期,最有可能发生井底排水,包括现场使用的最重和成分最复杂的钻井液。铜是虾的一种天然色素(血青素)。此外,钻井前和钻井过程中铜浓度的变化也不显著。这些事实表明,在三个取样阶段中,虾的生理学通常是不变的,因此在"期间"取样阶段观察到 Fe 含量增加是由钻井活动造成的,而不是取样的虾种群之间某些自然生理变异的结果。

11.2.2　对人类健康的长期影响

随着人们对石油作业的长期影响认识的提高,已经有大量关于动物和人类受附近钻井作业影响的文献。即使是低剂量的环境毒物也有可能产生长期影响,而且通过多种途径接触化学品会产生累积影响,因此必须对整个可持续性范围进行调查(Khan and Islam,2007)。Bamberger 等人(2015)进行了一项纵向研究,涉及来自五个州的 21 例病例,平均随访时间为 25 个月。除了人类,这项研究还涉及食用动物、伴生动物和野生动物。超过一半的接触与钻井和水力压裂作业有关;这些接触随着时间的推移略有下降。超过三分之一的接触与废水、加工和生产作业有关;这些接触随着时间的推移略有增加。家庭和动物若从钻井密集区域搬走或留在钻井活动较少的区域,其健康所受影响会降低。对于留在同一地区的家庭,如果钻探活动保持不变或增加,则对健康的影响没有变化。在研究过程中,人类和伴生动物的症状分布没有变化,但食用动物的生殖问题减少、呼吸和生长问题有所增加。这一纵向案例研究说明了获得详细的流行病学数据的重要性,这些数据说明了非常规钻井作业环境影响的特点,即多种化学品接触和多种接触途径对健康的长期影响。

在这项研究中,非常规井占大多数(19/21)。三个案例中井的类型不止一种。在三个案例中,第一次采访时居住在非常规天然气开采附近的人在第二次采访时迁移了到没有或很少有工业活动的地区,在一个案例中,迁移发生在第一次采访之前;第一次采访中列出的所有数据都与搬迁前的地点有关。在所有四种情况下,当人们搬迁时,动物也跟着人类迁移,但有一种情况是例外的,即一个养马场的经理带着她的狗搬迁,但用于繁殖的马留在了第一次采访的地点。

在第二次采访后的 3 个月内,另一个案例参与者转移到没有或很少有工业活动的地区;由于这一转移发生在第二次采访之后,因此本案例不包括在第二次采访时转移的四个案例中。在所有的情况下,如果经济上可行,人们都计划搬家或愿意搬家。

表 11.2 列出了截至第一次采访时间(包括第一次采访时间)的接触来源和每次接触的病例数,以及在第一次采访之后和第二次采访时间(包括第二次采访时间)之前确定的每次接触的病例数量。所有病例都有一种以上的接触类型。如果第二次采访时,人们已经搬走,那么接触就基于最近的地点。在上述马匹饲养的案例中,在第二次采访时确定了两个不同地点的接触情况:一个是经理和她自己的动物,另一个是留在农场的马。在发生表面污染且未尝试修复或修复失败的情况下,接触情况保持不变。超过一半的接触与钻井和水力压裂作业有关,随着时间的推移,这一比例略有下降。超过三分之一的接触与废水、加工和生产操作有关,随着时间的推移,这一比例略有增加。

表 11.2　接触源和每次接触的病例数

接触源	病例数	
	第一次采访	第二次采访
钻井或水力压裂		
井或泉水	16	17
市政用水	1	1
池塘或溪水	13	5

续表

接触源	病例数	
	第一次采访	第二次采访
钻井液和钻井液池泄漏或溢出	3	1
钻井液和钻井液井喷	1	1
钻井液流入小溪	1	0
井场至房屋的雨水径流	2	1
液压压裂液从储罐溢出	1	1
套管损坏	3	
扩眼	9	3
排气	2	9
废水	–	1
污水蓄水池渗漏	3	–
废水在道路上扩散	3	2
废水排入居民房屋	1	3
废水排入水道	2	2
污水蓄水池未被控制	4	4
污水蓄水池火灾	1	3
废水在转运过程中溢出,卡车事故,阀门打开	0	0
从蓄水池到房屋的暴雨径流	0	1
通过中控室雾化	3	
化粪池	3	1
加工生产	–	
管道泄漏(破裂)	2	1
管道爆炸	0	0
压缩机站故障	2	
压缩机站排放	0	1
采油过程中甲烷的燃烧	1	1
冷凝罐泄漏(破裂)	2	1
冷凝罐排气	1	1
井口排气	2	3
采油过程中甲烷的排放	1	1
冷凝液排入水道	1	1
加热器故障	1	1

在这4个人们搬到没有或很少有石油或天然气工业活动的地区的案例中,未发现有空气或水污染的报告。大多数没有转移的病例(14/17)都经历了空气和水污染,几乎所有没有转移的病例(16/17)都使用其他水源供自己和小动物饮用。这些水源包括瓶装水、过滤水或运

输水。许多食用动物(牛、山羊、鸡)和大型伴生动物(马、山羊和大品种狗)的主人经常被迫向动物提供受污染的水,因为他们没有水或买不起水。其中约有一半的人还使用其他水源为自己和动物洗澡、洗衣服和洗碗,以及除冲厕所外的所有其他用途。在空气污染的病例中(14/17),目前只有两例在使用空气过滤器。所有空气污染的病例都报告说,应尽可能经常关闭窗户,让儿童和小动物待在室内,并尽可能远离家。

图 11.9 描述了人类、伴生动物和食用动物的健康状况随时间的变化。用卡方分析检验显著性。在所有健康类别中都会报告特定的症状,但只显示了最常报告症状的健康类别。在第一次采访时,三个案例中的 17 只动物(鸣禽、猛禽和食用鱼)受到影响。在一个案例中,这家人搬迁了,并且第一个地点没有野生动物数量的信息;在另外两个案例中,随着工业活动的减少,野生动物数量也出现了反弹。

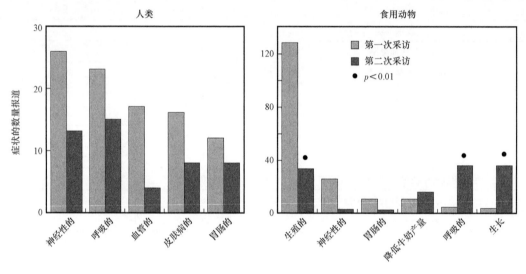

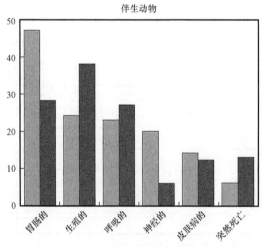

图 11.9　在对人类、伴生动物和食用动物的第一次和
第二次采访中报告的各种影响健康的症状数量

在人群中,采访时最常见的健康影响是神经、呼吸、血管、皮肤病和胃肠道问题;随着时间的推移,健康状况没有明显变化。在伴生动物中,采访时最常见的健康影响是胃肠道、生殖、呼吸、神经和皮肤问题以及猝死;与人类一样,随着时间的推移,健康状况没有明显变化。在食用动物中,采访时最常见的健康影响是生殖、神经、胃肠、产奶量减少、呼吸和生长问题;随着时间的推移,在生殖(减少)、呼吸(增加)和生长(增加)问题类别中,报告的症状数量发生了显著变化。

食用动物繁殖问题最初出现高峰是因为一些畜群直接接触钻井液、压裂液或废水;随着时间的推移,这些事件在减少。然而,在这些案例中,农民报告的生殖问题仍比他们多年养牛所见到的要多,尤其是农场里整个牛群都暴露在危险中。食用动物的呼吸道症状在第一次采访至第二次采访期间有所增加;部分原因可能是随着时间的推移,食用动物接触加工和生产操作的次数略有增加,而且食用动物在现场呆的时间很长,因此接触率很高。随着时间的推移,食用动物的生长问题也会增加,可能有许多原因,但当与化石燃料操作相关时,可能表明接触污染物会对内分泌产生影响(Colborn et al.,2011;Kassotis et al.,2014;Colborn et al.,2014)。

图11.10表明了生活在这三类活动地区的人类或动物的健康症状报告总数。活动减少的类别包括从原来的地点搬到很少或没有钻井活动的地区的家庭。工业活动的水平是通过以下几个来源确定的:案例参与者、国家环境管理机构、社区科学团体、独立研究人员以及案例参与者和邻居的事件记录。在3个案例中,工业活动随着时间的推移而增加;而在人类或动物身上都没有发现明显的健康变化。在9个病例中,工业活动在研究过程中保持不变,报告的症状总数在一段时间内没有显著变化。在工业活动随时间减少的10个案例中,报告的人类和动物症状总数也减少了。

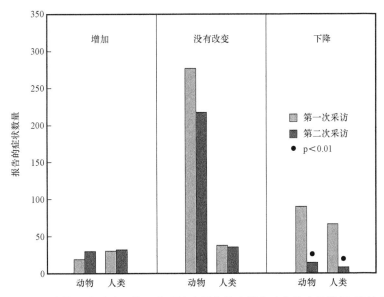

图11.10　在第一次采访和第二次采访中报告的人类和动物的症状数量,按钻井活动增加的病例、钻井活动保持不变的病例和钻井活动减少的病例进行分类

这项研究的主要发现是,搬出密集钻探区域或留在钻探活动减少的区域的家庭和动物的健康影响会降低。对于留在同一地区、该地区钻井活动保持不变或增加的家庭,未观察到对其健康有进一步影响。这一点特别有趣,因为在某些案例中,最初的采访是在事故发生后进行的,例如蓄水池的废水泄漏。

人类和伴生动物的症状分布没有变化,但食用动物的症状分布发生了显著变化。生殖功能衰竭的报告减少了,而呼吸问题和发育不良的报告增多。虽然这可能是案例选择的结果,但它代表了一个有趣的变化。在一些涉及食用动物的案例中,最初的采访是在废水泄漏到牧场或牲畜饮用水源等事件之后进行的。这些事件与繁殖问题密切相关。在第二次采访中,被污染的地区无法进入或得到补救;在一个案例中,牧群获得了另一种水源。

由于多种接触途径、多种可能的化学毒物、多种污染源以及毒物浓度随时间变化的复杂性,难以直接测量化学污染。基于这些原因,研究生活在油气钻井和加工设施附近的人类和动物的健康影响可以提供一种更直接的衡量标准,这不仅是因为健康影响代表了实际的利益影响,还因为它们反映了随时间变化和多种接触途径下的综合毒性损伤情况。钻探对人类健康的影响是一个复杂的话题,需要对石油和天然气开采领域的人类、伴生动物和食用动物之间的健康问题的普遍性进行广泛的分析测量。人们还了解到,可持续钻井项目必须使用与生态系统长期兼容的天然材料。

11.3 小结

安全和环境问题是钻井项目的主要影响方面。本章介绍了钻井作业产生的短期和长期的影响。尽管在处理短期影响方面取得了进展,但对长期影响却知之甚少。在保证钻井过程的可持续性之前,需要进行更多的研究来评估环境影响。

参 考 文 献

[1] Aadnoy, B. S. and Saetre, R. , 2003, New model improves deepwater fracture gradient values off Norway, Oil and Gas Journal, Feb. 3.

[2] Aadnoy, B. S. and Looyeh, R. 2011. Petroleum Rock Mechanics: Drilling Operations and Well Design, first edition. Oxford: Gulf Professional Publishing.

[3] Bakhtyar S and Gagnon M M 2012 Toxicity assessment of individual ingredients of synthetic – based drilling muds (SBMs), Environmental monitoring and assessment 184(9) 28 – 37.

[4] Bakke, T. , Klungsøyr, J. , and Sannic, S. , 2013, Environmental impacts of produced water and drilling waste discharges from the Norwegian offshore petroleum industry, Marine Environmental Research, Volume 92, December 2013, Pages 154 – 169.

[5] Bamberger, M. & Robert E. Oswald, R. E. , 2015, Longterm impacts of unconventional drilling operations on human and animal health, Journal of Environmental Science and Health, Part A

[6] Boothe, P. N. , and Presley, B. J. , 1987, The Effects of Exploratory Petroleum Drilling in the Northwest Gulf of Mexico on Trace Metal Concentrations in Near Rig Sediments and Organisms, Environ Geol Water Sci. , Vol. 9, No. 3, 173 – 182.

[7] Boothe, P. N. , and Presley, B. J. , 1987, The effects of exploratory petroleum drilling in the northwest gulf of mexico on trace metal concentrations in near rig sedi – ments and organisms, Environmental Geology and Water Sciences October 1987, Volume 9, Issue 3, pp 173 – 182. BP, 2017, BP Statistical Energy Review, June.

[8] Breuer, E. , Stevenson, A. G. , Howe, J. A. , Carroll, J. , Shimmield, G. B. , 2004. Drill cutting accumulations in the Northern and Central North Sea: a review of environmental interactions and chemical fate. Mar. Pollut. Bull. 48, 12e25.

［9］ Colborn, T.; Kwiatkowski, C.; Schultz, K.; Bachran, M., 2011, Natural gas operations from a public health perspective. Inter. J. Human Ecol. Risk Assess. 17, 1039 – 1056.

［10］ Colborn, T.; Schultz, K.; Herrick, L.; Kwiatkowski, C., 2014, An exploratory study of air quality near natural gas operations. Hum. Ecol. Risk. Assess. 20, 86 – 105.

［11］ Dusseault, M. B., 2011, Geomechanical Challenges in Petroleum Reservoir Exploitation, KSCE Journal of Civil Engineering, 15(4):669 – 678.

［12］ EPA, 2016, How Did the Environmental Justice Movement Arise? Available at https://www. epa. gov/environmentaljustice/environmental – justice – timeline

［13］ EPA, 2016, Oil and Gas Extraction Effluent Guidelines and Standards (40 CFR Part 435), original in 1979, modified in 2016.

［14］ GESAMP, 1996, The contributions of science to integrated coastal management, GESAMP Reports and Studies No. 61, available at http://www. fao. org/3/contents/dc824e26 – b1b7 – 568d – 8770 – 1f9347ecb063/W1639E00. HTM

［15］ Gobo, A. E., Richard, G., and Ubong, I. U. J., 2009, "Health Impact of Gas Flares on Igwuruta/Umuechem Communities in Rivers State," Applied Science & Environmental Management, Vol. 13, No. 3, pp. 27 – 33.

［16］ International Energy Agency (IEA), 2017, World Energy Outlook 2017, 782 pages, ISBN Print: 978 – 92 – 64 – 28205 – 6 / PDF: 978 – 92 – 64 – 28230 – 8.

［17］ Islam, M. R., Wei, D., and Balash, P., 2017, "Editor Editorial of Special Issue on Energy Economics', Journal of Sustainable Energy Engineering, vol. 5, issue 4, 243 – 245.

［18］ Ismail, O. S. and Umukoro, G. E., 2012, Global Impact of Gas Flaring, Energy and Power Engineering, 4, 290 – 302.

［19］ Kassotis, C. D.; Tillitt, D. E.; Wade Davis, J.; Hormann, A. M.; Nagel, S. C., 2014, Estrogen and androgen receptor activities of hydraulic fracturing chemicals and surface and ground water in a drilling – dense region. Endocrinology, 155(3), 897 – 907.

［20］ Khan, M. I. and Islam, M. R., 2007, True Sustainability in Technological Development and Natural Resource Management, Nova Science Publishers, NY, 381 pp.

［21］ Khan, M. M. and M. R. Islam, 2016, Zero – Waste Engineering: The era of inherent sustainability, 2nd Edition, John Wiley & Sons, Inc. Hoboken, New Jersey, and Scrivener Publishing LLC, Salem, Massachusetts, USA, 660 pp.

［22］ Mitchell, R. F. (ed.), 2007, Petroleum Engineering Handbook, Volume II: Drilling Engineering, SPE, 763 pp.

［23］ Moreau, R., 2009, Nautical activities: what impact on the environment? Report for European confederation of nautical industries – ECNI, June.

［24］ Myrzagaliyeva S A and Zaytsev V F 2012 Environmental assessment during drilling operations on oil – gas fields, SOCAR Proceedings 4 63 – 67.

［25］ Norwegian Oil and Gas, 2013, Norwegian Oil and Gas Environmental Report 2013, The Norwegian Oil and Gas Association (2013), available at http://www. norskoljeoggass. no/en/Publica/Environmental – reports/ Environmental – report – 2013.

［26］ OSPAR Commission, 2000, OSPAR Decision 2000/3 on the Use of Organic – phase Drilling Fluids (OPF) and the Discharge of OPF – contaminated Cuttings (2000), OSPAR 00/20/1 – E, Annex 18.

［27］ OSPAR Commission, 2012, OSPAR List of Substances Used and Discharged Offshore Which Are Considered to Pose Little or No Risk to the Environment (PLONOR) (2012), OSPAR Agreement 2012 – 06.

［28］ Shkitsa L. Y. and Yatsyshyn T. M. 2012 State environmental safety of the drilling rig territory depending in the intensity of the mud evaporation, Modeling and Information Technology 65 10 – 16.

[29] Shkitsa L. Y. and Yatsyshyn T. M. 2014 Increased environmental safety pump circulation system of the drilling rig, Exploration and development of oil and gas fields 3(52) 7 – 16.

[30] Skogdalen, J. E. , 2011, Risk management in the oil and gas industry Integration of human, organisational and technical factors, PhD Dissertation, University of Stavanger, Norway.

[31] Skogdalen, J. E. , Tveiten, C. , 2011, Safety perceptions and comprehensions among offshore installation managers on the Norwegian Continental Shelf. Journal of Safety Science.

[32] Skogdalen, J. E. , Utne, I. B. , Vinnem, J. E. , 2011, Developing safety indicators for preventing offshore oil and gas deepwater drilling blowouts. Safety Science, 49: 1187 – 1199.

[33] Turner, K. P. , 2002, Bioremediation of drill cuttings from oil based muds, PhD Dissertation, University of Nottingham, U. K.

[34] Wærnes, K. , 2013, Applying Dual Gradient Drilling in complex wells, challenges and benefits, MSc Thesis, Faculty of Science and Technology, University of Stavanger, Norway.

[35] Yousif K. Kharaka and Nancy S. Dorsey, 2005, Environmental issues of petroleum exploration and production: Introduction, Environmental Geosciences, v. 12, no. 2, June pp. 61 – 63.

[36] Zhang, S. , 2014, Petroleum geomechanics characterization using coupled numerical modeling and soft computing, PhD dissertation, Department of Chemical and Petroleum Engineering, University of Wyoming, Laramie, USA.

第 12 章　总结与结论

12.1　总结

石油和天然气行业的钻井实践与可持续性(即经济吸引力、环境吸引力、技术健全性和社会责任感)成正比。在钻井过程中的任何阶段遇到的小问题,都会造成经济损失(即经济和时间因素),并可能对可持续性造成威胁。本书基于对钻井过程中常遇到问题的研究,探索适用于这些问题在现场的实际解决方法。在这个先进的技术和信息时代,钻井实践已处于前沿水平,但问题仍然是相同的性质,如井眼不稳定、井漏、卡钻、浅层天然气切割、盐丘、井涌、井喷和回流等。本书涵盖了所有的问题,包括自然原因和人为原因。此外,本书还确定了问题的产生是由于人为错误还是由于钻井作业中对工具的不当操作。众所周知,这些问题对于时间因素和公司的预算分配都是至关重要的。因此,如果在钻井过程中出现这些问题,则应采取可能的补救措施,以节省时间和提高经济效益。在每一章中,本书都提供了补救措施,包括问题的解决方案,如根据给定的地层地球物理数据正确设计钻井组件、正确使用钻井液以避免钻头泥包和地层坍塌、保持静液柱压力和正确使用防喷器以控制井喷异常压力等。这些类型的行动保证了优越的钻井性能,可被视为石油工业的基准。

本书重建了一个观念,即有必要开发一个创新的钻井系统,这将有可能彻底改变整个钻井过程或钻井作业的任何阶段。因此,本书在每一章中都介绍了案例研究,而案例研究本身体现了创新解决方案的整体推力。此外,该领域的持续研究与开发对钻井成功、缩短施工时间和节约总体成本具有重要影响。为了克服小型的、难以捉摸的且易破裂的地下目标的钻井挑战,这种系统的建立越来越有必要。

石油资源是现代文明的主要"参与者",钻井作业是石油工业重建的最重要的组成部分。然而,钻井工程存在许多问题,解决这些问题也极具挑战性。本书旨在指导工程师、操作人员解决钻井作业中可能遇到的问题。当然,书中所列的问题清单并非详尽无遗,但解决问题所建立的科学系统是全面的,因此允许操作人员将本书与个人经验结合起来作为指导方针。

12.2　结论

通过对不同章节的介绍,可以得出以下结论。

12.2.1　第 1 章　概述

第 1 章介绍了钻井操作员、司钻、井队和相关专业人员所面临的钻井问题的基本方面。它确定了钻井问题出现的关键领域及其根本原因。通常情况下,一个问题又会引发另一个问题,使问题像滚雪球一样不断出现,从而使钻井过程无法进行。在这个过程中,不存在"小"问题或"大"问题,因为所有问题都错综复杂地联系在一起,最终危及安全和环境。本章的主要结论如下。

(1)遇到的每一个问题都为今后解决该问题和改进钻井实践提供了机会。

(2)案例研究中的每一个问题及解决方案都让读者对此过程有了清晰的认识,并积累了对现场问题和对应解决方法的专业知识。

(3)这一知识收集的过程将创造一种"预防措施文化",并最终形成可持续发展。

(4)与通常吹捧的成功案例相比,从失败中吸取的教训提供了一个更好的机会去提升自己的洞察力。

12.2.2　第2章　钻井作业相关问题

本章介绍了由于岩石和流体系统的自然特性或正在进行的钻井类型而导致的范围广泛的问题。其中包括对含硫化氢地层、浅层气地层钻井过程中出现的危险以及设备和人员相关问题的补救方案的讨论。也讨论了与钻机和作业相关的主要钻井问题及其解决方案,并给出了案例研究。在此基础上,可以得出以下结论:

(1)钻穿含硫化氢区域必须事先仔细规划,尽可能多地收集地质资料。应演练整个安全程序并制订应急计划。

(2)应进行浅层气层的储层特征描述,以便最大限度地了解地层。当有新的钻井数据时,应进行动态分析。

(3)在困难或危险地层中,应在可能存在浅层气的地区先钻一个导孔,因为小井眼将有利于动态压井作业。

(4)在可能存在浅层气的区域,应避免浅层井涌。这些区域的上部井段钻井作业应简单快速,以尽量减少可能出现的井眼问题。用于井涌作业的 BHA 也有流量限制,这将大大减少通过钻柱的最大流量。

(5)应建立适当的监测和记录系统,监测所有钻井参数的趋势变化。

(6)无论何时发生事故,在采取补救措施之前,必须进行现场诊断并确定事故原因。

(7)应根据钻穿的地形优化钻速。通常情况下必须使用低钻速以保证安全钻井。

(8)对于每一项操作,都应建立一系列困难清单。它可以成为邻近地区未来钻井作业的有价值指导。

12.2.3　第3章　钻井液系统相关问题

由于在钻井液体系方面取得的巨大进展,相关问题已大大减少。然而,这些创新的解决方案是以引进新一代具有一定毒性的化学品为代价的,尽管它们都通过了监管要求。此外,在复杂的钻井环境下,钻井液工程仍然是一个巨大的挑战。而且如果未能正确选择和配制钻井液也将会产生许多问题。本章试图涵盖与钻井液及其体系相关的所有钻井问题和解决方案。除了可能的解决方案、预防措施以及案例研究之外,还解释了钻井过程中的不同问题。根据本章的讨论,可以得出以下结论。

(1)许多新一代钻井液体系都采用了智能材料,包括引入了一些防漏化学物质。这些化学物质是有效的,但通常很昂贵,更重要的是,它们会产生怎样的长期影响还没有得到充分的研究。在使用这些材料时必须小心谨慎,研究人员应继续开发新一代的钻井液体系,使其易于为生态系统所接受。

（2）通过正确设计钻井液体系和采用动态特征（包括通过岩屑分析收集的最新储层数据），可将地层损害降至最低。

（3）在钻井作业中，如果要到达目标层位，就无法避免地会遇到一些地层，如裂缝性地层、溶洞性地层或高渗透性地层，因此完全防止漏失是不可能的。然而，钻井液性质的动态调整可以最大限度地减少井漏。在任何情况下，都必须制订应急计划，以预防薄弱地层出现事故。

（4）井漏预防措施包括：① 对操作员进行"理解"钻井数据的培训；② 维持适当的钻井液密度；③ 在钻井和起下钻过程中尽量减少环空摩擦压力损失；④ 保持足够的井眼清洁，避免环空受到限制；⑤ 设置套管以保护过渡带内较薄弱的地层；⑥ 利用测井和钻井数据更新地层孔隙压力和破裂梯度，以提高精度；⑦ 对待钻地区的井进行研究。经验法则是，如果预计会发生漏失，则在钻井液中加入防漏失材料。

（5）预防措施最适合于防止地层损害。

（6）易损害的地层和盐层都应考虑油基钻井液。

（7）如果油基钻井液不是一个可行的选择，那么就应该考虑低固相聚合物和盐浓度平衡的水基钻井液。

（8）在过去的几十年里，无论是直井还是水平井，都出现了许多新的井眼清洁技术。必须选择一种适合井眼特定需求的定制清洁技术。例如，垂直井段、倾斜井段或水平井段的井眼清洁技术可能不同。

（9）超声波去除滤饼是一项较新的技术，具有很好的应用前景。

12.2.4　第4章　钻井液压相关问题

钻井过程中液压系统起着发动机的作用。因此，液压系统运行中发生的任何问题都会像滚雪球一样引起问题的连锁反应，最终可能会通过更为复杂的问题表现出来。众所周知，液压系统的定期维护有助于预防可能发生的长期问题。在此过程中，需要考虑的重要因素有：（1）钻机每天和每周运行的时间；（2）系统在最大流量和压力下运行的时间占比；（3）环境和气候条件，包括酷热、寒冷、风、碎屑和灰尘的存在、湿度；（4）正在使用的流体的性质（钻井液、填充物、水泥等形式）；（5）机械钻速（ROP）；（6）岩性。通过本章的讨论，可以得出以下结论。

（1）由于地层复杂的地质条件，钻柱在持续暴露于应力（包括拉伸、压缩、弯曲和扭转）的情况下很容易发生故障。虽然不同地层的应力水平可能不同，但由于钻井作业的性质，每个地层都有可能发生故障。

（2）空气钻井、钻柱质量差（包括制造缺陷）或管件电化学劣化（存在腐蚀性材料）可导致液压系统故障。

（3）当钻柱发生卡钻时，过度上提钻柱或下放钻柱等不当操作会使钻柱承受过大的拉力和压力，从而导致钻柱疲劳或断裂。因此必须避免此类错误操作。

（4）井壁失稳和井眼尺寸不当除了与钻井液密度和其他岩石或流体参数有关外，还与液压系统有关。

（5）压裂、井眼坍塌、井眼轨迹偏移等问题与液压系统有着复杂的联系。

（6）保持钻杆和环空的理想流态是液压系统最重要的功能。此类流动状态应预先确定并经常检查，以确保适当的流动状态是有效的。

12.2.5 第5章 井控和防喷器问题

钻井作业本质上是不稳定的,因为它会在天然岩石和流体系统中产生不稳定性。就安全方面而言,钻井最关键部分是井控技术。任何失控都可能导致短期和长期的灾难性后果。井控系统包括控制流体侵入及保持井眼压力(即钻井液柱施加的压力)和地层压力(即地层孔隙空间中的压力)平衡的技术,以防止或引导地层流体流入井筒。为了保持控制,监控系统必须与防喷器系统同步,并配备训练有素的工作人员,他们可以通过使用真正的技术来修复整个过程中的任何故障。根据本章的讨论,可以得出以下结论。

(1)井涌的检测和早期补救是井控和预防井喷或重大钻井事故的关键。

(2)水下井涌检测是至关重要的,可以提供有关即将发生的麻烦事件的信息。

(3)监测井涌的早期信号很重要。为了做到这一点,有一个基准是很重要的。通常情况下,钻井作业没有标准或基准,在事故发生之前,很少注意正常作业和各种参数。日常维护操作和对所有数据的连续监测以及实时分析是钻井项目顺利运行的关键。

(4)事故之前总是有警告信号。有经验的工作人员应该对监测数据进行分析,并在油井失控前纠正控制系统中的所有缺陷。必须在发现异常行为的原因之后提供解决方案。

(5)必须立即报告并分析一些主要指标,如流量增加、钻井液池容积增加、关泵出井、起下钻过程中井眼充填不当等。

(6)次要指标,如泵压变化、钻井破裂、气、油或水泥浆的变化以及钻杆重量的减少,这些指标的优势在于,由于灾难性结果不会立即发生,因此可以给决策者留有余地。然而,由于次要指标的处理过程往往错综复杂,因此很难找到次要指标发生异常的根本原因。开发一种全面的诊断工具来确定根本原因仍然是一个研究项目,达到商业化的状态还需要数年时间。

(7)在钻井、试井、完井、生产和修井等任何作业阶段都可能发生井喷。对于每个阶段,都必须有一个完整的维护、补救、应急计划和人员培训计划,并在钻井作业之前和期间进行演练。

(8)有关井控的每一项都必须考虑到每个钻井现场的具体性质。如果是探井,必须采取额外的预防措施,并根据地质和地球物理数据,最大限度地提高信息表征的准确性。此外,随着钻探的进展,应实时分析收集的数据,不断完善地下模型。

(9)任何时候,在没有事先进行比例模型研究(包括在实际的现场条件下建模)的情况下,都不允许注入新的添加剂。此外,海上油井也不适合测试新产品,无论是作为钻井液系统的添加剂还是水泥添加剂。

(10)只有在已知主要条件、所有预防措施都到位并发挥良好作用的情况下,才能实施欠平衡钻井。

(11)如果存在异常压力条件或极端非均质性(包括压力聚集),则在钻井项目规划中必须采取额外的预防措施。

(12)任何控制作业均应进行研究,即使是在井喷事故后油井正在恢复的时候。

12.2.6 第6章 钻柱和底部钻具组合问题

每个钻井活动都是独特的,因此需要对底部钻具组合(BHA)进行定制设计,BHA通常是整个钻柱中最灵活的组件。底部钻具组合的组织方式将决定油井的性能。通过选择适当的BHA和其他部件,如稳定器、钻铤、钻头接头、震击装置(称为"震击器")、声波随钻工具、随钻测井、定向钻井设备等,可以避免许多潜在问题。正确的选择还将确保实现预期的轨迹,优化钻速,并将振动相关应力降至最低。根据第 6 章的讨论,可以得出以下结论。

(1)与钻柱相关的最常见问题是卡钻。确定卡钻点以及此类事件的原因非常重要。目前用于确定卡钻位置的方法是足够的,但如果使用这两种方法来提高精度,则会变得更有用。

(2)卡钻问题的原因往往能提供一个线索,即如何最有效地进行补救,以及如何在不复发的情况下继续跟进。卡钻的原因通常与地层岩性有关,因此必须与现场地质学家共享数据,他们应根据最新的可用钻井数据进行实时分析。

(3)压差卡钻可能是由于以下一种或多种原因造成的:

① 可渗透地层;

② 厚滤饼;

③ 钻柱与滤饼接触;

④ 存在失衡情况;

⑤ 钻柱移动不足;

⑥ 钻柱与滤饼之间缺乏循环。

针对特定应用进行的研究必须首先考虑释放钻柱,然后继续无故障作业。

(4)高压地层、反应性地层、松散地层、活动地层或裂缝(断层)地层在进行钻柱设计时需要特别考虑。

(5)应尽量减少振动,并定期检查钻柱的疲劳状态。据报道,最近开发的 Frank 的谐波隔离(HI)工具可以有效地控制振动。HI Tool® 是一种井下钻井工具,旨在减少钻头动态产生的振动载荷。

(6)商用防滑工具(AST)可以有效防止在钻入有问题的地层过程中产生的黏滑振动。通过这些工具收集的数据可以对正在钻的地层进行实时表征。

(7)通过优化欠平衡钻井、液压超高压(UHP)射流辅助钻井、新型切削清洗技术,结合实时监测和指导工具,可以实现机械钻速(ROP)的最大化。

(8)井下重的动态测量和实时分析可以成功预测许多与钻柱有关的问题。由经验丰富的现场工程师进行实时更新和控制对解决此类问题至关重要。

12.2.7　第 7 章　套管问题

套管系统是油井完整性的支柱。套管系统的任何故障都可能导致钻井过程的失败,2010 年"深水地平线"事故就是一个证明。许多问题都是由套管问题引起的。根据本章的讨论,可以得出以下结论。

(1)安装过程中发生卡套管时,不得强行下套管,否则会造成筛管变形或套管弯曲。相反,应采取预防措施,如在钻井过程中减小下拉压力,增加环空空间等。

(2)钻井作业中应避免屈曲,以尽量减少套管磨损和潜在的钻井时间损失。可通过以下程序减少或消除屈曲:

① 固井后,在地面井口下套管时施加拉力;

② 在候凝(WOC)的同时保持压力,使管柱处于拉伸状态;

③ 提高水泥顶部;

④ 采用扶正器提高套管抗弯刚度。

(3)表层套管起着至关重要的作用,它可能会影响后续的钻井作业。传统的表面套管设计计算受到许多假设的影响,这些假设限制了所钻土壤的性质。例如,如果套管鞋下方存在较弱的地层,则可能发生井喷。表面套管鞋的性能是防止地面破裂的最重要的参数,这一因素在油井的整个生命周期内都很重要。

(4)为了确定套管的设置深度,必须考虑淡水含水层、井漏区、盐层和低压区的保护。当确定基于钻井液重量的沉降深度时,必须考虑井涌标准。

(5)案例研究清楚地表明,可用数据越多,不确定性越小,有关套管布置的决策就越好。如果没有考虑和整合所有数据,钻井期间或之后就会出现套管问题。

(6)实例研究表明,由于套管顶部(TOC)和先前套管鞋设置深度之间的转换不当,导致套管层间流体运移,从而出现持续套管压力(SCP)情况。较高的水泥柱或较深的套管鞋放置可以避免许多SCP情况。

(7)以下因素会导致套管水泥失效:

① 水泥柱所需高度对套管鞋周围的地层造成了过大压力;

② 环空太紧,无法将水泥挤进狭小空间;

③ 水泥破坏地层。

(8)当所谓的水泥块出现并积聚在井底时,会将钻柱卡住。这种现象可能是由大尺寸套管和稳定器引起的,它们可以在水泥凝固和漏失测试完成后打破松散的水泥块。这种现象对套管完整性和固井都是有害的,可通过以下措施加以防止:

① 使套管鞋下的口袋长度最小化;

② 在继续钻进前,先对口袋或水泥塞扩孔;

③ 钻到套管鞋时要格外小心;

④ 在卡钻过程中,通过上下交替移动和震击,逐渐增加释放力直到钻柱释放,并使用酸溶解多余的水泥,移除或打破障碍物。

12.2.8 第8章 固井问题

固井工作对井壁的整体完整性至关重要,因为水泥只负责将井与周围环境隔离开来。然而,固井作业的效率取决于水泥的流变特性和当地的地质条件。这需要为每口井进行定制设计,并考虑到井的特性。本章重点讨论了导致固井和最终套管问题的故障,明确了哪些是良好的实践,并通过一系列固井作业成功和失败的案例研究来支持结论。根据本章的介绍,可以得出以下结论。

(1)每一次固井作业都必须根据当地的地质情况和井的主要特点进行定制设计。传统的固井标准对所有问题都只提供了一种解决方案,这远远不足以解决各种复杂的固井问题。以下因素对固井作业质量会有影响:

① 钻井液;

② 隔离液和冲洗液的使用;

③ 套管移动和旋转;

④ 套管居中;

⑤ 顶替速度;

⑥ 主要温度和压力条件;

⑦ 水泥成分;

⑧水泥浆体积和隔离液体积。

这些因素在固井作业之前都需要加以考虑。如果在固井作业期间发现问题,也需要对以上因素进行重新考虑。

（2）对有问题的固井作业进行补救并不能解决固井问题。应尽最大努力确保初次固井作业的充分进行。如果发现了持续的套管压力（SCP），在试图补救之前，应追踪其原因。潜在的来源可能是：腐蚀性流体、腐蚀材料、pH 值不匹配的流体、压力和温度条件。这些因素的结合可能是原因所在。

（3）保持稳定的温度条件对于确保水泥的适当凝固非常重要。不必要的载荷会引起温度和压力的突然变化，从而对固井质量产生不利影响。

（4）在生产套管外，必须同时考虑孔隙压力和破裂压力，以设计适当的套管顶部（TOC）。重要的是，TOC 要足够高，才能够以可接受的界限满足生产封隔器的设置要求。

（5）如果用同一钻井液钻穿两个含液层，必须采取预防措施。重要的是要确保下部区域的孔隙压力不太接近上部区域的破裂压力。

（6）在进行任何固井作业之前，尽可能清除水泥与地层界面上的滤饼也很重要，以防止黏结不良。

（7）油基钻井液（OBM）的存在阻碍了固井作业。养护时间过后形成的微空洞降低了水泥石的抗压强度，从而影响了水力密封的稳定性。这应考虑到所需水泥的抗压强度，或应加入添加剂以恢复凝结水泥的原始抗压强度。

（8）在固井作业期间，维持紊流状态至关重要。由于计算是基于速度剖面的均匀分布，因此偏心引起的任何变形都会在不同的管段中产生不同的流型。使用扶正器以确保套管相对于井筒的良好集中，从而避免环形空间中固井的不均匀和不完整。此外，在海上使用液体水泥预混料（LCP）的水泥封隔器完井已被证明对修井钻机是有益的。

（9）保持水泥浆重量至少比钻井液重量高出 0.24kg/L，并在极低流速下循环水泥以辅助顶替过程，这有助于在环空中保持活塞式顶替。

（10）较重的水泥在大位移井和水平井中的作用要比在垂直井中更重要。当水泥被泵入套管时，应用桥塞将水泥隔开，以确保水泥正确填充整个环空，并避免钻井液污染水泥。

（11）通过使用以下一种或多种技术，可以避免或纠正不良的固井作业：

① 下套管时使用扶正器；

② 用扩眼器、水力喷射或用酸处理技术下套管；

③ 下套管前稀释钻井液；

④ 泵送时用桥塞隔离水泥；

⑤ 建立水泥浆的湍流或活塞式流动。

（12）对于复杂地层，在固井前必须进行比例模型研究，以确定水泥浆成分、泵送速率和凝结时间。

（13）应识别早期预警信号。在进入下一阶段钻井之前，需密切监测 SCP 值并采取预防措施。

（14）最好是先发制人，制订符合零容忍政策的公司标准。

12.2.9　第 9 章　井壁失稳问题

井壁稳定性是可持续石油生产的代名词。井眼中的任何问题都可能像滚雪球一样演变成更大的危机，往往会耗尽运营公司的经济资源。井壁稳定性技术包括化学和机械修复技术，其目的是在油气田的整个生产周期内平稳钻井。保持井眼稳定需要平稳的操作，包括清除岩屑、清洁、润滑和冷却钻头、为钻柱提供浮力、控制地层流体压力、防止地层损害以及提供井眼支撑和化学稳定等。由于水平井水平段过长,井眼稳定性受到进一步的挑战。根据第9章的讨论,可以得出以下结论。

(1)井壁失稳是由力学或化学原因引起的。力学原因包括:地应力(包括岩石强度)引起的破坏、流体循环引起的侵蚀等。化学作用则包括:岩石与钻井液相互作用、钻井液与自然流体相互作用等。

(2)地层损害是井壁失稳中危害最小的方面。然而,地层损害也预示着后续可能会有更大的危险。空气基钻井液系统可以减少对地层的损害,并解决一些环境问题,前提是能够适当控制粉尘。

(3)影响井壁稳定性的不可控因素有:

① 天然裂缝和(或)断裂地层;

② 构造应力地层;

③ 高地应力;

④ 活动地层;

⑤ 松散地层;

⑥ 天然超压页岩坍塌;

⑦ 诱发超压页岩坍塌。

在任何钻井活动中,这些因素都可能引发油井不稳定性,因此必须在规划阶段予以考虑。

(4)影响井壁稳定性的可控因素有:

① 井底压力;

② 井斜和方位角;

③ 瞬时孔隙压力;

④ 物理化学—岩石—流体相互作用;

⑤ 钻柱振动;

⑥ 腐蚀;

⑦ 温度。

这些因素中的每一个都有其独特的影响,应仔细评估,以确保整体钻井参数达到最佳值。

(5)钻井液密度至少在钻井阶段可以保证井壁稳定。钻井液密度增加不宜过高,否则会造成地层漏失或压裂。因此,必须优化钻井液密度。

(6)通过钻井和起下钻作业调整钻井液密度和有效循环密度(ECD)以及轨迹控制,可以恢复应力—强度平衡,从而避免力学稳定性问题。这归根结底是要平衡液压系统与地层的内在特征。

(7)化学不稳定性是页岩地层的一个特征,可通过选择合适的钻井液和钻井液添加剂来减少或延迟流体与页岩的相互作用,并通过减少页岩暴露时间来防止化学不稳定性。选择合适的钻井液和添加剂,甚至可以使流体从页岩流入井筒,降低近井筒孔隙压力,防止页岩强度降低。

(8)通常建议使用聚合物以减少页岩的崩解。为了在页岩地层中取得有效的效果,聚合物必须能够扩散到大块页岩中,这需要短的柔性链。

(9)防止化学不稳定性的其他措施包括使用具有特殊性质的钻井液。而预防措施包括使用有效的裂缝封堵剂,如分级碳酸钙、低剪切速率下的高黏度和较低的ECD。

（10）由于盐层引起的机械不稳定,最好使用高浓度的钻井液盐水溶液或使用油基钻井液来解决。还有一些其他的添加剂也可以使用。

（11）现场案例研究表明,仅靠钻井液密度不能恢复泥质或裂缝性地层的井壁完整性。如果钻井密度过高,孔隙压力会增大,井筒周围有效应力就会降低,从而造成更大的破坏。而降低钻井液滤失、改善钻井液流变性有利于井壁稳定。

（12）井的倾斜程度越大,井壁失稳的可能性也就越大。但在层流裂缝存在的情况下,减小井筒轴线与层理法向的夹角有利于井壁稳定。

（13）在某些情况下,井壁坍塌是无法避免的,因此及时进行岩屑处理可以减少井下闲置时间。

（14）在存在高浓度地层水的情况下,应采用较高离子浓度的钻井液来平衡地层水。

（15）振动会导致井壁失稳,因此应采取一切措施将振动影响降至最低。

（16）实例研究证实了井斜在加剧井壁失稳中的作用。这种趋势一直延续到了水平井。

12.2.10 第10章 定向井和水平井钻井问题

在过去的40年里,水平井得到了极大的重视。每口水平井都有一个定向段。众所周知,水平井可以提高产能,从而弥补钻井成本的增加。然而,如果规划不当,水平井和定向井也会带来额外的困难,并且这些困难往往是难以克服的。根据第10章的讨论,可以得出以下结论。

（1）影响钻头轨迹的因素很多,这些因素的任何异常行为都会导致钻井过程中的大问题。所有可控因素如下:

① 地层影响（不同地层的边界）;

② 钻压（WOB）;

③ BHA 选择不当;

④ 监测工具校准不当;

⑤ 钻井液的磁性。

（2）弯曲是水平井（定向井）最重要的弱点之一。井眼弯曲的原因有很多。以下是一些重要的问题:

① 井眼弯曲的最重要原因是钻压过高;

② 地层倾角的存在有利于发生井眼弯曲;

③ 各向异性,大多数地层具有垂直渗透率和水平渗透率各向异性,垂直渗透率远小于水平渗透率（通常小于一个数量级）;

④ 钻铤长度不足;

⑤ 没有稳定器或稳定器位置不当都会造成意外侧钻。

（3）如果井眼已经弯曲,可采取以下补救措施:

① 回填和侧钻;

② 使用造斜器;

③ 使用扩眼器。

（4）冲蚀是一种常见的失效,但可能导致并发症。扭断并不常见,但在停机时间和设备损失方面更为严重。

（5）以下是使水平井和定向井容易出现钻井问题的一些情况。

① 扭矩和阻力:油基钻井液（OBM）由于其额外的润滑性能,应考虑用于更苛刻的情况。

② 井眼清洁:水平段易发生钻屑堆积和堵塞。高流速和聚合物钻井液有助于在不造成地层损害的情况下进行井眼清洁。对于页岩地层,油基钻井液可以控制页岩膨胀。

③ 定向控制:控制井眼轨迹但不影响钻压的 BHA 段应尽可能减轻重量,以减小扭矩和阻力。

④ 各向异性:各向异性对水平井的影响不同于垂直井。实例分析表明,沿最大水平应力方向钻水平井与沿最小水平应力方向钻水平井存在较大差异,需要重新定向。

12.2.11 第 11 章 钻井过程中的环境危害及问题

对环境的关注是出于安全和社会方面的考虑。随着对长期影响认识的加深,石油行业已经提出了许多可持续发展的措施。这些措施包括解决短期和长期问题。因此,石油工业改善了其环境和安全记录。根据第11章的讨论,可以得出以下结论。

(1)钻井过程中的声音造成的环境影响往往被忽视,主要是因为没有配备能够评估此类无形的长期影响的工具。然而,从安全方面考虑,声学不构成任何威胁。

(2)在钻井作业期间,空气质量会受到影响,但不会超出相对较小的区域。

(3)文化资源通常会被考虑到,但在文化敏感地区钻探的长期影响仍然是一个有争议的问题。

(4)环境评价是一个新的概念,近年来受到了广泛关注。

(5)在钻井作业期间,有足够的处理有害物质的协议。

(6)对于钻井液废弃物和钻屑的处理,由于对其长期影响的认识尚不清楚,因此仍有研究的空间。在这一分析中,重点是原油和天然材料,但从科学的角度来看,重点应该是添加到系统中的化学品。这一方面很少受到关注,基本上仍停留在学术研究领域。

(7)钻井活动可能影响地表水和地下水的流动。在钻井液、水泥和压裂液中使用化学品有影响地下水的风险。这突出了开发不使用有毒化学物质密封套管技术的必要性。

国外油气勘探开发新进展丛书（一）

书号：3592
定价：56.00元

书号：3663
定价：120.00元

书号：3700
定价：110.00元

书号：3718
定价：145.00元

书号：3722
定价：90.00元

国外油气勘探开发新进展丛书（二）

书号：4217
定价：96.00元

书号：4226
定价：60.00元

书号：4352
定价：32.00元

书号：4334
定价：115.00元

书号：4297
定价：28.00元

国外油气勘探开发新进展丛书（三）

书号：4539
定价：120.00元

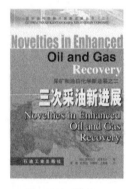

书号：4725
定价：88.00元

书号：4707
定价：60.00元

书号：4681
定价：48.00元

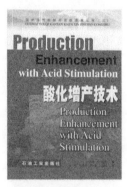

书号：4689
定价：50.00元

书号：4764
定价：78.00元

国外油气勘探开发新进展丛书（四）

书号：5554
定价：78.00元

书号：5429
定价：35.00元

书号：5599
定价：98.00元

书号：5702
定价：120.00元

书号：5676
定价：48.00元

书号：5750
定价：68.00元

国外油气勘探开发新进展丛书（五）

书号：6449
定价：52.00元

书号：5929
定价：70.00元

书号：6471
定价：128.00元

书号：6402
定价：96.00元

书号：6309
定价：185.00元

书号：6718
定价：150.00元

国外油气勘探开发新进展丛书（六）

书号：7055
定价：290.00元

书号：7000
定价：50.00元

书号：7035
定价：32.00元

书号：7075
定价：128.00元

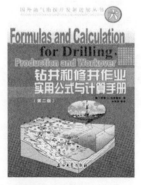

书号：6966
定价：42.00元

书号：6967
定价：32.00元

国外油气勘探开发新进展丛书（七）

书号：7533
定价：65.00元

书号：7802
定价：110.00元

书号：7555
定价：60.00元

书号：7290
定价：98.00元

书号：7088
定价：120.00元

书号：7690
定价：93.00元

国外油气勘探开发新进展丛书（八）

书号：7446
定价：38.00元

书号：8065
定价：98.00元

书号：8356
定价：98.00元

书号：8092
定价：38.00元

书号：8804
定价：38.00元

书号：9483
定价：140.00元

国外油气勘探开发新进展丛书（九）

书号：8351
定价：68.00元

书号：8782
定价：180.00元

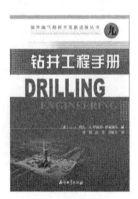

书号：8336
定价：80.00元

书号：8899
定价：150.00元

书号：9013
定价：160.00元

书号：7634
定价：65.00元

国外油气勘探开发新进展丛书（十）

书号：9009
定价：110.00元

书号：9989
定价：110.00元

书号：9574
定价：80.00元

书号：9024
定价：96.00元

书号：9322
定价：96.00元

书号：9576
定价：96.00元

国外油气勘探开发新进展丛书（十一）

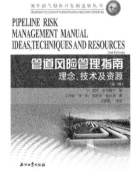

书号：0042
定价：120.00元

书号：9943
定价：75.00元

书号：0732
定价：75.00元

书号：0916
定价：80.00元

书号：0867
定价：65.00元

书号：0732
定价：75.00元

国外油气勘探开发新进展丛书（十二）

书号：0661
定价：80.00元

书号：0870
定价：116.00元

书号：0851
定价：120.00元

书号：1172
定价：120.00元

书号：0958
定价：66.00元

书号：1529
定价：66.00元

国外油气勘探开发新进展丛书（十三）

书号：1046
定价：158.00元

书号：1167
定价：165.00元

书号：1645
定价：70.00元

书号：1259
定价：60.00元

书号：1875
定价：158.00元

书号：1477
定价：256.00元

国外油气勘探开发新进展丛书（十四）

书号：1456
定价：128.00元

书号：1855
定价：60.00元

书号：1874
定价：280.00元

书号：2857
定价：80.00元

书号：2362
定价：76.00元

国外油气勘探开发新进展丛书（十五）

书号：3053
定价：260.00元

书号：3682
定价：180.00元

书号：2216
定价：180.00元

书号：3052
定价：260.00元

书号：2703
定价：280.00元

书号：2419
定价：300.00元

国外油气勘探开发新进展丛书（十六）

书号：2274
定价：68.00元

书号：2428
定价：168.00元

书号：1979
定价：65.00元

书号：3450
定价：280.00元

书号：3384
定价：168.00元

书号：5259
定价：280.00元

国外油气勘探开发新进展丛书（十七）

书号：2862
定价：160.00元

书号：3081
定价：86.00元

书号：3514
定价：96.00元

书号：3512
定价：298.00元

书号：3980
定价：220.00元

国外油气勘探开发新进展丛书（十八）

书号：3702
定价：75.00元

书号：3734
定价：200.00元

书号：3693
定价：48.00元

书号：3513
定价：278.00元

书号：3772
定价：80.00元

书号：3792
定价：68.00元

国外油气勘探开发新进展丛书（十九）

书号：3834
定价：200.00元

书号：3991
定价：180.00元

书号：3988
定价：96.00元

书号：3979
定价：120.00元

书号：4043
定价：100.00元

书号：4259
定价：150.00元

国外油气勘探开发新进展丛书（二十）

书号：4071
定价：160.00元

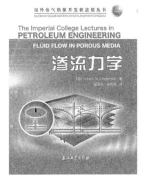

书号：4192
定价：75.00元

书号：4770
定价：118.00元

书号：4764
定价：100.00元

书号：5138
定价：118.00元

书号：5299
定价：80.00元

国外油气勘探开发新进展丛书(二十一)

书号：4005
定价：150.00元

书号：4013
定价：45.00元

书号：4075
定价：100.00元

书号：4008
定价：130.00元

书号：4580
定价：140.00元

国外油气勘探开发新进展丛书（二十二）

书号：4296
定价：220.00元

书号：4324
定价：150.00元

书号：4399
定价：100.00元

书号：4824
定价：190.00元

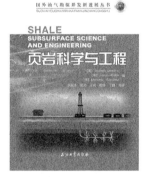

书号：4618
定价：200.00元

书号：4872
定价：220.00元

国外油气勘探开发新进展丛书（二十三）

书号：4469
定价：88.00元

书号：4673
定价：48.00元

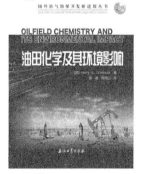

书号：4362
定价：160.00元

书号：4466
定价：50.00元

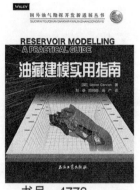

书号：4773
定价：100.00元

书号：4729
定价：55.00元

国外油气勘探开发新进展丛书(二十四)

书号：4658
定价：58.00元

书号：4785
定价：75.00元

书号：4659
定价：80.00元

书号：4900
定价：160.00元

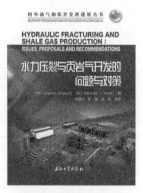

书号：4805
定价：68.00元

国外油气勘探开发新进展丛书（二十五）

书号：5349
定价：130.00元

书号：5449
定价：78.00元

书号：5280
定价：100.00元